河南省“十四五”普通高等教育规划教材

化学工业出版社“十四五”普通高等教育规划教材

食品分析

李翠翠　主编　　陆啟玉　审

化学工业出版社

·北京·

内 容 简 介

《食品分析》主要介绍了绪论、食品分析基本知识、数据处理与分析、食品物理特性分析、食品中营养成分分析（包括水分、糖类、脂类、蛋白质、维生素、矿物质等）、酸度分析、食品安全分析（包括食品添加剂、有毒有害物质、转基因食品、食品掺伪、辐照食品）、食药同源物质分析和食品分析综合实验设计等内容。结合食品行业最新技术动态和课程思政要求，为每章配备了相应的习题指导、电子学习资料（包括课件、相关政策、相关标准等）和案例分析等资源，使教材更具实用性和便捷性，力求将理论知识与实践应用深度融合，实现对学生知识、能力与素养的协同培养目标。

本书可作为高等院校食品科学与工程、食品质量与安全、食品营养与健康、粮食工程等专业师生教材；也可作为食品相关研究院所、食品卫生检验、食品质量监督、各类食品企业等相关人员的参考书。

图书在版编目（CIP）数据

食品分析 / 李翠翠主编. -- 北京 ：化学工业出版社，2025. 9. --（河南省“十四五”普通高等教育规划教材）（化学工业出版社“十四五”普通高等教育规划教材）. -- ISBN 978-7-122-48500-7

Ⅰ. TS207.3

中国国家版本馆 CIP 数据核字第 2025VD7622 号

责任编辑：尤彩霞　　文字编辑：张熙然
责任校对：田睿涵　　装帧设计：韩　飞

出版发行：化学工业出版社
（北京市东城区青年湖南街 13 号　邮政编码 100011）
印　　装：河北鑫兆源印刷有限公司
787mm×1092mm　1/16　印张 19　字数 470 千字
2026 年 3 月北京第 1 版第 1 次印刷

购书咨询：010-64518888　　售后服务：010-64518899
网　　址：http://www.cip.com.cn
凡购买本书，如有缺损质量问题，本社销售中心负责调换。

定　　价：59.00 元

本书编写人员名单

主　　　编： 李翠翠（南阳理工学院）

副　主　编： 周庆峰（商丘师范学院）

牛华伟（河南科技大学）

王彦花（郑州科技学院）

其他编写人员： 杨宏黎（沈阳师范大学）

袁利杰（河南省食品和盐业检验技术研究院）

游新勇（安阳工学院）

高姗姗（安阳工学院）

王振旭（河南省产品质量检验技术研究院）

徐　佳（漯河食品工程职业大学）

徐俊涛（河南双汇投资发展股份有限公司）

审： 陆啟玉（河南工业大学）

前言

食品是人类生存与发展的物质基础，食品质量安全关系国计民生。随着我国食品工业的快速发展和人民健康意识的提升，食品分析技术作为保障食品安全、提升食品品质的核心手段，其重要性日益凸显。当前，食品分析技术正经历从传统化学分析向智能化、快速化、精准化的转型，食品安全国家标准（如 GB 5009 系列）的持续更新也对教学提出新挑战。为适应新时代食品科学与工程领域人才培养需求，落实教育部“新工科”建设要求，本书编写团队以《普通高等学校本科专业类教学质量国家标准》为指导，结合食品行业最新技术动态和课程思政要求，为每章配备了相应的习题指导、电子学习资料（包括课件、国家标准等）、知识拓展（融入思政元素）等资源，使教材更具实用性和便捷性，力求将理论知识与实践应用深度融合，实现对学生知识、能力与素养的协同培养目标。

全书共 18 章，主要包括绪论、食品分析基本知识、数据处理与分析、食品物理特性分析、食品中营养成分分析（包括水分、糖类、脂类、蛋白质、维生素、矿物质等）、酸度分析、食品安全分析（包括食品添加剂、有毒有害物质、转基因食品、食品掺伪、辐照食品）、食药同源物质分析和食品分析综合实验设计。本书由南阳理工学院李翠翠担任主编，负责第 2、9、17、18 章的编写、参考文献整理和全书的审校整理工作；河南工业大学陆启玉审；商丘师范学院周庆峰（第 1 章）、河南科技大学牛华伟（第 6、7、12 章）、郑州科技学院王彦花（第 8、14 章）担任副主编；沈阳师范大学杨宏黎（第 3、4 章及第 16 章的 16.2 小节）、河南省食品和盐业检验技术研究院袁利杰（第 11 章）、安阳工学院游新勇（第 5 章）、安阳工学院高姗姗（第 10 章）、河南省产品质量检验技术研究院王振旭（第 15 章）、漯河食品工程职业大学徐佳（第 13 章）、河南双汇投资发展股份有限公司徐俊涛（第 16 章的 16.1 小节）参编。在本书编写过程中，也得到了许多同行的大力支持和帮助，在此表示衷心感谢。

由于编者水平有限，书中不妥之处恳请读者批评指正。

编　者

2025 年 6 月于南阳

目录

二维码索引

续表

正文页码	二维码名称
219	二维码 14-6 具体操作
220	二维码 14-7 具体操作
238	二维码 15-1 农业农村部公告 第 250 号
258	二维码 17-1 梯度洗脱程序
259	二维码 17-2 检测器电位波形程序
259	二维码 17-3 混合单糖标准工作溶液色谱图和空白试样色谱图
283	二维码 19-1 全书各章末练习题参考答案

第1章

绪 论

【学习重点与难点】

学习重点：食品分析在食品安全、质量控制、营养评价和科学研究中的地位和作用；食品分析的内容。

学习难点：食品分析的程序和方法选择，包括适用性、精确度、灵敏度、成本效益等；国内外现行食品分析标准的理解和应用。

1.1 食品分析概述

食品分析在食品安全与质量控制、食品科学研究、食品营养与健康和食品安全监管等方面具有极其重要的地位和作用。它是确保食品安全法规得到执行的技术支撑，是国家食品安全监管体系的重要组成部分。在食品生产过程中，食品分析可保证产品质量稳定、符合标准要求。通过食品分析，消费者可了解产品的真实情况，保障他们的知情权和选择权。在国际食品贸易中，食品分析报告是产品合格与否的重要依据，影响着食品的国际竞争力。

食品分析的作用可归纳为如下几点。

① 确保食品安全　检测食品中的有毒有害物质，如农药残留、重金属、微生物污染物等，确保食品不含有毒有害成分；监测食品添加剂的使用情况，防止添加剂和非法添加物的滥用。

② 评价食品品质　分析食品的营养成分，如水分、蛋白质、脂肪、糖类、维生素、矿物质、膳食纤维等，评价食品的营养价值；检测食品的感官特性，如色泽、气味、口感等，确保食品满足消费者的感官需求。

③ 指导食品生产　通过分析原辅料和成品，调整食品生产工艺，提高产品质量；监控食品生产过程中的质量安全，及时发现问题并采取应对措施。

④ 促进科学研究　食品分析技术的发展推动了食品科学研究的进步，为新产品的开发提供技术支持；通过分析食品成分的变化，研究食品在加工、储存过程中的变化规律。

⑤ 支持标准制定　为食品安全标准的制定和修订提供科学依据；帮助政府部门了解食品安全状况，制定相应的监管政策和措施。

⑥ 服务消费者　提供食品成分和营养信息，帮助消费者做出更加理性、健康的饮食选择；识别假冒伪劣产品，保护消费者的权益。

1.2 食品分析的主要内容

食品分析工作是食品质量管理过程中的一个重要环节，在确保原材料供应方面起着保障作用，在生产过程中起着“眼睛”的作用，在最终产品检验方面起着监督和标示作用。食品分析贯穿于原辅料选择、产品开发、研制、加工和销售的全过程。作为食品分析检验工作者，应根据待测样品的性质和项目的特殊要求选择合适的分析方法，分析结果的准确性取决于分析方法的合理选择、样品的制备、分析操作的准确实施、分析数据的正确处理和对分析结果的合理解释。而要正确做到这一切，食品分析工作者须具有扎实的理论基础知识、娴熟的操作技能和高度的责任心，全面了解分析方法，熟悉各种法规、标准和指标。食品分析的任务较多，内容包括化学、物理学、生物学等参数的测定。一般，人们习惯将食品的生物学特性（如有害微生物和寄生虫的检验）放在食品卫生检验检疫相关课程中讨论，食品分析课程更偏重阐述、分析食品的理化参数和指标。

1.2.1 食品物理特性分析

食品物理特性分析是指对食品的物理状态、外观、内部结构、质地等非化学特性的分析和评价。这些特性对食品的整体质量、口感、加工性能和储存稳定性等影响较大，具体指标包括食品的质地（如硬度、弹性、黏附性、黏聚性、咀嚼性、断裂度、回复力）、流变学特性（如黏度、触变性）、色泽（如色调、亮度、饱和度）、外观（如表面特征、大小）、光学特性（如折射率、透明度）、热特性（如熔点、热导率）、粒度（粒径大小、比表面积）、密度等。食品物理特性的分析方法有感官评价、仪器分析和实验测试等，常用的仪器有质构分析仪、流变仪、黏度分析仪、色差仪、折光仪、粒度分析仪、显微镜、热分析仪、密度计等。通过分析食品的物理特性，能更好地了解食品的性质，有利于食品的研发、生产和质量控制。

1.2.2 食品营养成分分析

食品营养成分分析是研究食品组成和评估食品营养价值的重要手段。它对促进公众健康、指导食品生产和消费以及制定相关法规标准都具有重要意义。包括对七大营养素和食品营养标签要求的全部项目指标的检验。食品营养标签法规要求生产者向所有消费者提供具有营养信息的食品，能够使消费者知道所选用的食品正是他们所需要的食品。根据食品营养标签法规要求，所有食品商品标签上均要注明该食品的主要原料、营养素和能量的信息及含量，保健食品或功能性食品还需注明功能因子的名称、含量及介绍。

1.2.3 食品酸度分析

食品酸度分析是评估食品中酸性物质种类和含量的过程，不仅影响食品的感官指标，还与食品中微生物的稳定性、加工工艺和储存条件紧密相关。其主要分析内容包括总酸度、可滴定酸度、pH 值、挥发性酸度、非挥发性酸度、有机酸组成的分析以及酸度对食品的口感、风味、色泽、储藏稳定性等品质的影响。常见的分析方法有酸碱滴定法、酸度计法、色谱分析法、电导率法和比色法。

1.2.4 食品添加剂分析

食品添加剂分析是指对食品中各类添加剂进行定性和定量的检测，以确保其符合《食品安全国家标准 食品添加剂使用标准》（GB 2760—2024）和其他相关法规要求。其主要内容包括添加剂种类的鉴定、含量的测定，以及根据添加剂的化学性质选择合适的分析方法。通常，食品添加剂的分析要求精确、灵敏、快速，以确保食品安全和消费者的健康。分析方法需经过验证，以确保结果的准确度和可靠性，常见的方法有光谱法、色谱法、质谱法、电化学分析法、免疫分析法、比色法等。此外，随着食品添加剂种类的不断更新和法规的变化，分析方法也需要不断更新和改进。

1.2.5 食品中有毒有害物质分析

食品中有毒有害物质分析是确保食品对人体健康无害、符合营养要求且在消费者接受的安全水平的过程，这种分析可以识别和评估食品中的潜在风险，确保食品符合国家和国际安全标准，防止食物中毒和食源性疾病的发生，保护消费者健康。它包括对食品中有毒有害物质或限量元素的分析，如各类农药残留、兽药残留、微生物毒素残留、重金属含量、食品添加剂超标、环境有害污染物、食品生产过程中有害微生物和其他有害物质的污染，以及食品原辅料、包装材料中固有的一些有毒有害物质的分析等。

食品有毒有害物质分析离不开相关权威部门发布的强制性食品质量标准，因此相关检验方法与操作有其特殊性。随着现代科学技术的快速发展和人们对食品安全水平的迫切要求，所需分析方法的检出限应越低越好。近年来，新的检测方法和技术不断涌现，新型检测仪器不断问世。如何用最快速、最简便、最经济、最灵敏、最准确的方法进行分析，是食品中有毒有害物质检验的一项重要内容。这贯穿食品生产的全过程，在生产、储存、运输、销售、流通等环节中，食品都有可能受到污染，都需要进行安全检验。生产企业、质控人员、质检人员、进出口商检、政府管理部门都希望能够尽快得到准确的测定结果。所以，准确、省时、省力、简便、成本低廉的快速分析方法是相关政府部门、社会、食品生产企业迫切需要的。

1.2.6 转基因食品分析

近年来，转基因农作物以及由这些农作物加工而成的转基因食品迅猛发展，世界各国试种的转基因植物已接近5000种。转基因食品对人和动物的健康，以及对环境的影响是世界各国及联合国等一直关心的焦点问题，涉及的安全问题主要是毒性、过敏性和营养成分变化，常用的分析方法包括分子生物学、蛋白质组学和毒理学方法。人们不确定转基因食品是否对人类无毒副作用，是否与非转基因食品“实质等同”、无显著性差异，这些不确定来源于转基因技术对人类社会经济影响的不可预见性，而且需要大量的实践和较长的时间来加以证明。为确保安全，联合国于2000年通过了《卡塔赫纳生物安全议定书》，确认预先防范原则，各国对转基因食品都采取限制或禁止进口活体转基因产品的措施。我国也出台了多项制度文件，如《农业转基因生物安全管理条例》《转基因食品卫生管理办法》《农业转基因生物安全评价管理办法》等，规定“绿色食品”不得使用转基因产品为原料，生产的转基因食品必须在包装上标明转基因成分及其原料名称。为确保非转基因食品不被转基因食品污染，世界各国都要求对转基因食品在研究、生产、储存、运输、销售、进出口等环节进行全程“跟踪”检测，转基因食品的检验分析已成为各主要贸易国的一项重要工作，许多国家专门建立了国家级转基因食品检测实验室以分析转基因产品的种类和成分。

1.2.7 食品掺伪分析

食品掺伪分析是指分析食品中是否存在非法添加或故意掺入的非食品成分，以欺骗消费者，提高产品的市场价值或降低成本。掺伪是食品掺杂、掺假和伪造的总称，常用的分析方法有感官检验、光谱分析、色谱分析、核磁共振法以及分子生物学方法等。随着我国食品加工业的快速发展，名优特食品和保健类功能性食品层出不穷，但相关食品安全法律法规相对滞后，一些食品及其成分分析缺乏科学有效的强制性标准，加之一些地方市场经济管理体系较为混乱，食品检验工作和执法落实不及时，使得一些不法分子为牟取暴利在食品中掺杂、掺假和伪造等非法经营活动时有发生。因此，食品掺伪分析是食品分析极其重要的内容之一，包括掺伪成分的识别、掺伪类型的鉴定、掺伪检测方法的优化、掺伪成分的定量分析。这要求分析方法和流程必须科学、严谨，并能快速响应市场变化。同时，相关政府部门和检测机构需要不断更新检测技术和标准，以应对不断变化的掺伪手段。加强食品质量和安全管理是时代的要求，及时进行食品掺伪分析势在必行，任重道远。

1.2.8 辐照食品分析

辐照处理是一种食品加工技术，通过电离辐射（如 γ 射线、X 射线或电子束）来消毒、杀虫、促进食品成熟或延长保质期。研究证实，辐照处理可能导致某些食品营养成分的损失，尤其是维生素 C 和 B 族维生素。辐照食品分析是指使用科学方法和检测技术来确定食品是否经过辐照处理，以及评估辐照处理后食品的品质和安全性的过程，也可能会在食品中产生新的化合物，即辐照诱导化合物。辐照食品分析的主要内容包括辐照指示剂的检测（如辐照特异性的 DNA 损伤等）、辐照后食品中的化学变化（如自由基和辐照产物）以及使用电子自旋共振、生物传感器、酶联免疫分析等手段检测辐照食品中的标志物。辐照食品分析的目的是确保辐照处理不会对食品的安全性、营养价值和感官特性产生不利影响，同时为消费者提供准确的信息。辐照剂量是分析的关键参数，需要精确测定。不同类型的辐照可能产生不同的效应，也需要区别对待。这些分析通常需要使用专业的实验室设备和标准化的检测方法。

1.2.9 食药同源物质分析

食药同源物质指的是那些既可以作为食品食用，又可作为药品使用的物质。在中国，这类物质有着悠久的历史和深厚的文化底蕴。近年来，关于食药同源物质的研究变得更加广泛和深入，我国政府在推进食药同源产业的发展上做出了重要部署，如陆续出台了《健康中国行动（2019—2030 年）》《“健康中国 2030”规划纲要》《全民健康素养提升三年行动（2024—2027 年）》等政策举措。这些为食药同源产业的发展提供了良好契机。同时，相关部门也在积极推动试点及目录认定工作，以促进食药同源产业的健康发展。2024 年的市场趋势分析报告显示，随着健康意识的提高和国潮文化的发展，特别是年轻一代对传统养生方式与现代生活结合的兴趣，食药同源物质及其相关功能性食品在消费市场上受到了前所未有的关注。从食品分析角度出发，对食药同源物质分析的内容主要包括食药同源物质基础理化指标分析、功能性因子的分析（如酚类物质、多糖、黄酮类、萜类）和易掺伪物质（如川贝母、山茱萸、玉竹、西红花、酸枣仁）的掺伪分析。对食药同源物质的分析可以发现新的生物活性成分，为药物开发、食品新资源开发提供资源，也对确保食品安全、有效性和质量控制至关重要。

1.3 食品分析的程序和方法选择

在食品分析工作中，分析任务各不相同，样品也种类繁多，食品分析工作者在进行具体分析测定之前，需了解食品分析的一般程序，充分做好各方面准备，确保分析过程的顺利实施，切实提高检测质量和分析结果的可靠性。食品分析过程是由许多相互关联的步骤有机结合的统一体系，每一步骤都会影响分析结果的准确性。分析的任务、对象、目的和所用方法、仪器不同，组成分析的步骤也不尽相同，但通常包含如下操作：①接受实验任务，明确实验目的；②查阅并收集相关文献资料；③选择分析方法、制订实验方案；④讨论具体实施细则，明确分工、落实任务；⑤准备所需场地、材料、试剂、仪器和实验记录本，必要时对所用仪器进行校正；⑥按所用方法规定采集样品；⑦处理样品、制备试液、配制及保存试剂；⑧测定样品、记录数据；⑨处理数据、分析实验结果、科学评价分析质量；⑩报告分析结果、总结项目实施工作和留存分析全过程资料等。

食品分析的方法很多，根据分析原理和所用仪器的不同可分为化学分析法和仪器分析法，化学分析法常用来测定含量大于1%的常量组分，仪器分析法有较高的灵敏度和准确度，倾向于自动化操作，常用来测定样品中的微量、痕量组分。仪器分析法是现代食品分析的发展方向，主要包括：①电化学分析法；②光化学分析法；③分离分析法；④免疫分析和酶催化生物化学分析法等。按照被测组分在样品中的相对含量可以分为常量组分分析、微量组分分析和痕量组分分析；按照分析时的取样量多少可分为常量分析、半微量分析和微量分析；按照分析方法所依据的标准可以分为国际标准方法、国家标准方法、行业标准方法、地方标准方法和企业标准方法等。

食品分析方法的选择通常要考虑样品的分析目的，分析方法本身的优缺点，如专一性、准确度、精密度、分析速度、设备条件、成本费用、操作要求等，以及方法的有效性和适用性。用于生产过程指导或企业内部的质量评估，可选用分析速度快、操作简单、费用低的快速分析方法，而对于成品质量鉴定或营养标签的产品分析，则应采用法定分析方法。我国的法定分析方法有中华人民共和国国家标准（GB）、行业标准和地方标准（DB）等，其中国家标准为仲裁法。采用标准分析方法，利用统一的技术手段，对比较与鉴别产品质量、在各种贸易往来中提供统一的技术依据、提高分析结果的权威性等方面有重要意义。

1.4 国内外现行食品分析标准简介

二维码 1-1 食品安全国家标准目录（截至2024年10月共1610项）

（1）我国食品标准体系

食品标准是整个食品安全标准体系的基石。如果将食品安全体系比作建筑，数不胜数的各项标准则共同构成了整个体系的地基。近年来，随着我国国民经济的高速发展以及人们对食品安全问题关注程度的提高，国家加大力度进行了标准化的更新与研究工作。2023年11月，国家卫生健康委（下文简称“卫健委”）颁布了《食品安全标准管理办法》，代替原卫生部

2010 年发布的《食品安全国家标准管理办法》，并已于 2023 年 12 月 1 日生效。目前，中国的食品安全国家标准包括 1610 项（截至 2024 年 10 月）（见二维码 1-1），涵盖 2 万多项指标，涉及 340 多个食品种类。这些标准覆盖从农田到餐桌的全链条、从原料到产品的各环节、从婴幼儿到老年人的全人群。食品分析方法标准体系是中国食品标准体系的重要内容。这些标准框架涵盖了世界多个国家、地区和组织的食品分析方法标准，研究了食品分析方法验证和确认的原则，旨在构建科学合理、结构完善、适用性强、符合中国国情的食品分析方法标准体系。中国的食品安全国家标准既与国际标准衔接，又适应中国国情和风险防控需要，旨在有效保障群众的饮食安全。

（2）国际标准

国际标准是国际标准化组织（ISO）、国际电工委员会（IEC）和国际电信联盟（ITU）所制定的标准，以及经 ISO 认可并收入《国际标准题内关键词索引》（KWIC Index）之中的标准。国际标准对各国来说可自愿采用，无强制含义，由于国际标准集中了一些先进工业国家的技术经验，各国考虑外贸上的原因和本国利益，也多积极采用国际标准。《国际标准题内关键词索引》收录包括 ISO、IEC 及其他 27 个国际组织所制定的且经 ISO 认可的各类标准，是 ISO 为促进《关税及贸易总协定（GATT）》/《技术性贸易壁垒协议（TBT）》的贯彻实施而发行的。这些国际组织中与食品质量安全有关的组织主要有 ISO、世界卫生组织（WHO）、国际食品法典委员会（CAC）、国际制酪业联合会（IDF）、国际放射防护委员会（ICRP）、国际葡萄与葡萄酒组织（OIV）。其他未列入《国际标准题内关键词索引》的国际组织所制定的某些标准也被国际公认，如联合国粮农组织（FAO）和国际种子检验协会（ISTA）。

（3）国际食品法典标准

国际食品法典委员会（CAC）是目前制定国际食品标准最重要的国际性组织，其发布的《国际推荐操作规范 食品卫生总则》虽是推荐性的，但自从 WTO/SPS 协定强调采用三大国际组织 CAC、世界动物卫生组织（OIE）、国际植物保护公约（IPPC）的标准后，国际食品法典标准在国际食品贸易中日益显示出重要作用。由 CAC 组织制定的食品标准、准则和建议称为《国际食品法典》（Codex），或称为国际食品法典标准。全部国际食品法典标准构成 CAC 食品标准体系，又称 CAC 农产品加工标准体系。CAC 食品标准体系的结构模式采用横向的通用原则标准和纵向的特定商品标准相结合的网格状结构。按照标准的具体内容可将国际食品法典标准分为商品标准、技术规范标准、限量标准、分析与取样方法标准、一般准则和指南五大类。

CAC 食品的商品标准覆盖国际食品贸易中重要的大宗商品，并与国际上食品贸易紧密结合，是 CAC 标准体系中的主要内容之一，约占国际食品法典标准总数的 67%。CAC 制定的 9 项限量标准，包括食品中农药残留最大限量标准、兽药最大残留限量标准、农药再残留最大限量标准、食品中污染物和毒素限量标准、食品添加剂最大使用限量标准、食品中放射性核素污染限量标准、食品中微生物限量标准、食品中加工污染物限量标准和有机食品中残留物限量标准。这类标准涵盖了食品卫生、食品标签及包装、食品添加剂、农药和兽药残留标准、污染物、取样和分析方法、食品进出口检验和认证体系、特殊膳食和营养食品、食品加工、贮藏规范等多个方面。

（4）国际 AOAC

国际 AOAC 不属于标准化组织，但它所记载的分析方法在国际上有很大的参考价值，故在此一并简介如下。国际 AOAC 是世界性的会员组织，其宗旨在于促进分析方法及相关实验室品质保证的发展及规范化。其前身是始创于 1885 年的美国官方农业化学家协会（Association of Official Agricultural Chemists，AOAC）。美国官方农业化学家协会于 1965 年更名为美国官方分析化学家协会（Association of Official Analytical Chemists），1991 年又更名为 AOAC International，而此处的 AOAC 代表的是“分析团体协会”（Association of Analytical Communities）。AOAC 致力于食品和农业领域的分析方法验证和认可，被国际公认为金标准的颁布者和验证者。上海市质量和标准化研究院（SIS）收藏有 AOAC International 全套 29 种资料，其中与食品分析方法密切相关的包括：《官方分析方法》（Official Methods of Analysis，OMA）、《食品分析方法》（Food Analysis）、《US EPA 杀虫剂化学方法手册》（US EPA Manual of Chemical Methods for Pesticides）、《农用抗生素的化学分析方法》（Chemical Analysis for Antibiotics Used in Agriculture）、《农业化学制品免疫测定的新前沿》（New Frontiers in Agrochemical Immunoassay）、《营养成分微生物分析法》（Methods for the Microbio-logical Analysis of Nutrient）、《无机污染物的分析技术》（Analytical Techniques for Inorganic Contaminants）等。

（5）国际先进标准

国际先进标准是指国际上有权威的区域标准、世界上主要经济发达国家的国家标准和通行的团体标准，包括知名跨国企业标准在内的其他国际上公认的先进标准。

1.5 食品分析的现状和发展方向

随着人口增长、消费升级和城市化进程的加快，各国都在加速技术创新和科技进步。从定性分析和定量分析技术两方面考虑，准确、可靠、灵敏、方便、快速、简单、经济、安全、自动化的分析方法和技术是当前食品分析的发展方向，尽可能使快速分析的灵敏度和准确度都能达到食品标准的限量要求，至少与食品分析标准方法检测结果相当，并在尽可能短的时间内分析大量的样品。目前，食品分析正在进行着更为深刻的变革，在分析理论上与其他学科相互渗透，在分析方法上趋于各种方法相互融合，在分析手段上趋向灵敏、快速、准确、简便、标准化和自动化，原有的检验方法不断更新，灵敏快速的新型分析技术不断涌现并日趋完善，如 2023 年就已出现人工智能（AI）分析技术的应用，新型包装材料可通过传感器实时分析监测食品的新鲜度和安全性，高分辨分离分析技术，如在线质谱耦合技术、高分辨筛查技术、食品中过敏原高效精准检测新技术以及微型质谱仪等创新发展技术，也得到了广泛应用。

当前，国际上严格的技术标准要求对我国食品行业构成了新的技术性贸易壁垒，对我国的食品出口造成了重大影响，农产品和食品遭退运的情况呈上升趋势。为应对国际挑战和保护消费者的利益，我们必须及时建立准确、灵敏、先进的快速检测方法和分析体系，对关键技术进行攻关，研究开发当前亟需的食源性危害快速检测及评价技术，研制具有自主知识产权的先进检测设备和仪器，用现代分析技术装备我国的食品分析和食品安全管理体系。同学们在学习过程中应积极追求科学真理，培养创新思维和探索精神，勇于面对挑战，共同推动我国食品分析技术的进步。

课后练习

1. 判断题

(1) 食品分析在保障食品安全和质量方面具有重要作用。( )

(2) 选择食品分析方法时，无须考虑方法的准确性和可靠性。( )

(3) 我国现行的食品分析标准与国际标准完全一致。( )

(4) 食品分析的发展方向是不断提高分析速度和降低分析成本。( )

(5) 食品分析现状表明，仪器分析已成为食品分析的主流方法。( )

2. 单项选择题

(1) 食品分析在以下哪方面具有重要作用？( )

A. 保障食品安全　　B. 提高食品生产效率

C. 促进食品包装设计　　D. 降低食品营销成本

(2) 食品分析的主要内容不包括以下哪项？( )

A. 食品成分分析　　B. 食品添加剂分析

C. 食品包装材料分析　　D. 食品广告内容分析

(3) 选择食品分析方法时，以下哪个因素不需要考虑？( )

A. 分析方法的准确度　　B. 分析方法的精密度

C. 分析方法的成本效益　　D. 分析方法的观赏性

(4) 以下哪个选项不是国内外现行食品分析标准的一部分？( )

A. 国家标准 (GB)　　B. 行业标准 (QB)

C. 地方标准 (DB)　　D. 国际标准 (ISO) 以外的标准

(5) 食品分析的发展方向不包括以下哪项？( )

A. 提高分析速度　　B. 降低分析成本

C. 减少分析方法的种类　　D. 提高分析方法的准确性和可靠性

3. 问答题

(1) 请阐述食品分析在食品安全监管和质量控制体系中的地位和作用，并举例说明食品分析如何保障公众健康。

(2) 食品分析的主要内容可以分为哪几个主要类别？请分别说明这些类别在食品质量控制中的具体应用。

(3) 简要介绍国内外现行食品分析标准的主要差异，并讨论这些差异对食品国际贸易的影响。

(4) 当前食品分析技术面临的挑战有哪些？请结合实例说明这些挑战是如何影响食品分析结果的准确性和可靠性的。

(5) 食品分析的发展方向有哪些？请从技术创新、方法标准化、数据分析自动化等角度进行分析。

知识拓展

食品安全，与民生息息相关。中国工程院院士、著名食品科学检测技术专家庞国芳带领团队成员跨越了气相色谱、液相色谱、低分辨质谱、高分辨质谱等多个发展阶段，研究了农药多残留检测技术，显著提高了检测的效率和准确性，先后研发了测定蜂蜜中300多种农药残留的方法、茶叶中653种农药多残留高通量分析方法、食用农产品（如水果、蔬菜、粮谷、茶叶、中草药、食用菌、动物组织、水产品、原奶及奶粉、蜂蜜、蜂王浆、果汁果酒等）中1000多种农药残留检测等先进技术，拥有了一系列相关国内外专利，曾参与制定了140余项相关的国家标准和国际标准，组织26个国家和地区67个实验室的300多位专家参加3项AOAC协同研究，并建立3项AOAC先进标准，填补了相关标准空白，为我国食品安全提供了技术保障。他曾说："创新是发展的第一动力，必须掌握自主知识产权的食品检测技术，才能为食品安全和对外贸易保驾护航。"

他们的研究体现了科技创新的重要性。在食品安全领域，通过技术创新解决实际问题，不仅提升了检测技术水平，也与我国环境保护和可持续发展的理念不谋而合，更推动了整个行业的发展。

第2章 食品分析基本知识

【学习重点与难点】

学习重点： 样品的采集、保存、制备方法；固相萃取、液液萃取、微波消解等样品预处理的操作步骤。

学习难点： 样品采集方法的选择；样品预处理技术。

样品的采集、制备和预处理不仅是食品分析和科学研究的基础，也是确保产品质量、保护环境和公共安全的重要环节。正确的采样、制备和保存可减少实验误差，保证实验数据的准确性和可靠性。良好的样品处理可以保证实验结果在不同时间、不同地点、不同人员操作下具有可重复性。样品采集是食品分析的第一步，它是指从大量分析对象中抽取有代表性的一部分作为分析材料或分析样品，简称采样。采样时，需要从一大批被测样本中抽取能代表整批被测物质质量的少量样品，须采用适当的方法，遵守相关规定，避免某些成分损失或被外来物质污染。

2.1 样品的采集

2.1.1 采样原则

采样前须对样品所处的环境和现场进行充分调研，搞清楚如下问题。

① 明确采样的具体目标和要求，是为了监测、研究还是质量控制。

② 采样地点和现场条件如何。

③ 评估采样过程中可能遇到的风险，制订相应的安全措施和应急预案。

④ 样品的状态、主要组分及其含量范围如何。

⑤ 需对样品做哪些分析项目；选择什么采样方法和设备。

⑥ 样品应如何保存和运输。

⑦ 明确采样后数据如何处理和分析，以便提前准备相应的工具和方法。

被检样品可能是原料、半成品或食品产品，状态有固态、液态或半流体等。颗粒大小、均匀度、堆放位置不同等均会导致采样结果有误差。因此，为了确保样品的可靠性和有效性，正确采样须遵循如下原则。

① 代表性　样品必须能够代表所研究或分析的整体情况，在时间、空间和特性上具有代表性。

② 真实性　样品应真实反映分析对象的实际情况，避免在采集、保存、运输过程中样

品受到外来因素的影响和污染，确保预测组分不发生化学变化或丢失。

③ 准确性 采样方法须与分析目的保持一致，且要标准、规范，确保样品的采集位置、数量、时间等准确无误。

④ 安全性 在采样过程中，要保证操作人员的安全，避免接触有害物质，同时也要确保样品不会对环境和他人构成威胁。

⑤ 简易性 样品的处理过程尽可能简单易行，所用样品处理装置尺寸应当与处理的样品量相适应。

⑥ 可追溯性 真实记录样品的采集信息，包括采样地点、时间、条件、方法、采样人员等，便于对样品进行追溯和核验。

2.1.2 样品相关定义

① 总体 也称母体，指被研究对象的全体或被研究对象的某个数量指标所有可能取值的集合，通常是一批原料或一批食品。

② 样本 也称检样、子样，指从总体中经过一定的方法随机抽取的一组有限个体的集合或测定值。

③ 样本容量 也称样本大小，指样本中所包括的测定值的数量或个数。

④ 检样 指由组批或货批中抽取的样品，检样的多少按其产品标准中检验规则所规定的抽样方法和数量执行。

⑤ 原始样品 将许多份检样综合在一起称为原始样品，其数量根据受检物品的特点、数量和满足分析的要求而定。

⑥ 平均样品 将原始样品按照规定方法混合平均，均匀地分出一部分，称为平均样品。应一式三份，每份不少于 0.5kg，一份用于全部项目检验；一份用于在对检验结果有争议或分歧时作复检用，也称复检样品；另一份为保留样品，需封存保留一段时间（常为 1 个月），以备有争议时再作验证，但易变质样品不作保留。检样、原始样品和平均样品是根据采样过程依次得到的。

2.1.3 采样方法

采样方法一般分为随机抽样和代表性抽样两类。随机抽样是按照随机原则，均衡地、不加选择地从大批物料中抽取一部分样品。操作时，所有物料的各个部分都应有同等被抽到的概率，具体方法有掷骰子、查阅随机数表、计算机生成随机数、抽签等。代表性抽样是根据样品随空间（位置）、时间变化的规律，用系统抽样法采集能代表其相应部分的组成和质量的样品。具体方法有分层取样、按比例取样、随生产过程流动定时取样、按批次取样、按生产日期取样、定期抽取货架商品取样等。随机抽样可避免人为倾向，减少抽样偏差，提高样本的代表性，但也不是在所有场合适用。如对不均匀样品而言，须用随机抽样结合代表性抽样法，从有代表性的各个部分分别抽样，才能保证样品的代表性。

国家标准《食品卫生检验方法 理化部分 总则》（GB/T 5009.1—2003）对食品样品的采样量和注意事项做了规定。在实际操作中，采样方法常因分析对象的不同而不同，这取决于食品的类型、包装、存储条件以及分析目的，总结如下。

① 散装固体食品（如谷物、豆类、油料类） 常采用圆锥五点法和多点取样法，前者是将样品容器倾斜，用铲子或勺子在容器底部形成一个小圆锥，然后从圆锥顶部取五个不同点

的样品；后者是在堆放的不同位置和深度随机取多个样品，然后将它们混合在一起。

② 袋装或箱装食品（如面粉、食糖） 如果分析的是整包食品，可选择整包作为样品；若只需部分样品，可以打开包装，从多个位置和中间部分取出样品，确保样品均匀混合。

③ 液体食品（如食用油、牛奶、果汁、饮用水、酱油） 可在输送过程中，从流动的液体中连续取样，或者在不同时间点取样；如果液体能分层，可分别从上层、中层和下层取样后再混合。

④ 冷冻食品（如鱼、肉类） 通常采用随机块取样，即从冷冻食品的不同部位随机取出几块样品，确保覆盖不同的部位和层次。如果关注食品的表面污染，则可能需要专门从食品表面取样。

⑤ 罐装食品（如罐头、罐装豆类） 如果检测整罐食品，可以选择整罐作为样品；如果需要开罐取样，则打开罐头，用无菌工具从罐中不同深度和位置取出样品。

⑥ 包装零食（如薯片、饼干） 如果从包装内取样，则从多个包装中取出一定数量的零食，混合在一起作为样品；如果分析整包零食，可以选择整包作为样品。

⑦ 新鲜农产品（如水果、蔬菜） 可以从不同的水果或蔬菜中随机选择几个个体作为样品，分析蔬菜（全菜）的营养成分则要从茎、枝、叶分别取样，粉碎后混匀；也可以使用无菌擦拭棒或纱布擦拭产品表面，用于检测农药残留或微生物。

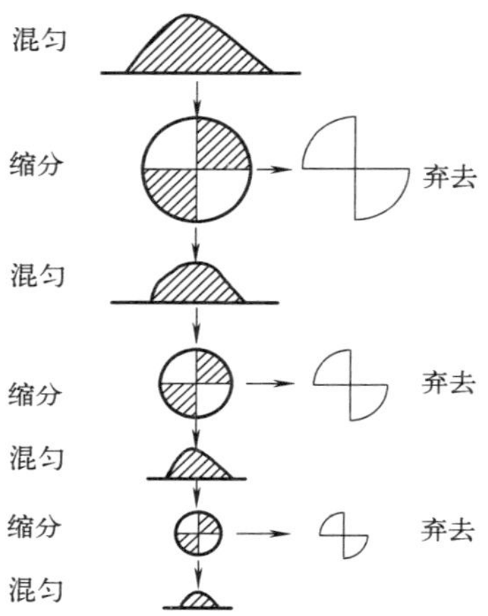

图 2-1 四分法示意图

对于粮食、油料类等散装固体物料，先将原始样品充分混合均匀，进而分取平均样品或试样的过程，称为分样，常用的方法有四分法和自动机械式分样法。四分法经济有效，操作步骤简单，无需复杂的设备。首先从大批物料的不同部位随机采集一定量的样品，混合均匀后形成一个较大的样品集合。再将初步样品平铺成一个均匀的、厚度适中的层，常为方形或圆形，如果样品量较大，也可分批进行。将铺平的样品层划分为四个等面积的象限或扇形区域，随机选择两个相对的象限（如左上和右下、左下和右上），取出这两个象限中的全部物料，弃去另外两个象限的物料。将取出的物料再次铺平，重复上述划分和取样步骤，直至样品量减少到所需的分析量，经过多次四分后，最终剩下的样品即为所需的代表性样品，如图 2-1 所示。

机械式分样法是指利用机械设备进行样品分取的方法，这些机械装置可以是分样器、缩分机、旋转式分样器等，如图 2-2 所示。该法通常适用于固体物料的采样，如粮食（如小麦、玉米、大米、大豆）、食品粉末（如面粉、奶粉、糖粉）、饮料冲剂、咖啡豆、茶叶等。机械式分样可以提供比手工分样更高的精确度和重复性，适用于大批量物料的快速分样，机械操作也减少了人为因素对样品代表性的影响。

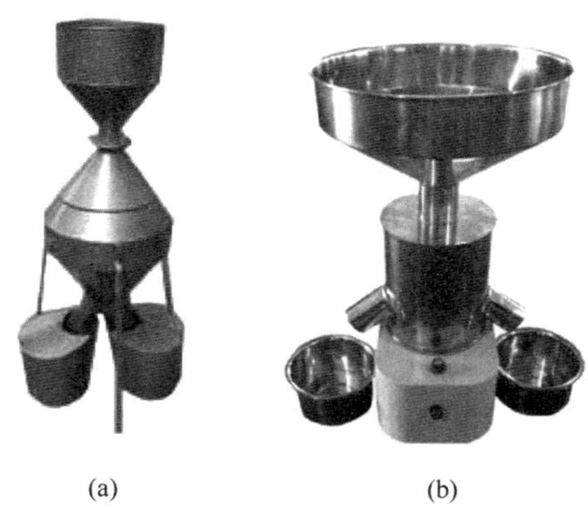

(a) (b)

图 2-2 钟鼎式分样器（a）和离心式分样器（b）

需要注意的是，随机采样时并非采样点越多越好，因为取样数越多，花费的时间和成本就越多。AOAC 在其法定分析方法 925.08 中明确规定了抽取袋装面粉时，是通过批量中总袋数的平方根来决定抽样的最少袋数，采样袋数若低于此值，则样品的代表性差。对粮食、面粉等均匀的固体试样，取样点的数量（记为 n）也可用被测样品的总数目（记为 m）（如袋、箱、件、桶、包等）的一半的平方根进行计算，见式（2-1）。例如，一批小麦面粉共计 800 袋，根据公式计算取样点的数量应为 20 袋，那么应均匀地从这堆 800 袋小麦面粉的上、中、下及边角处抽取至少 20 袋进行分析。

$$n=\sqrt{\frac{m}{2}} \tag{2-1}$$

2.2　样品的制备与保存

按照有关标准和方法采样后获得的原始样品量一般较多，有时是不均匀的，需进一步通过振摇、搅拌、粉碎、过筛、缩分等方法对样品进行分取、混匀等处理工作。如蔬菜、水产、水果等样品在存放过程中其化学成分会发生变化，各组织的营养成分含量差异也较大。为防止其中的水分、易挥发组分的散失以及其他待测物质含量发生变化，无论何种样品都应立即制备、分析。

① 制备方法　随产品类型不同而异，液体、浆体或悬浮液体需摇匀、充分搅拌；互不相溶的液体需先分离再分别取样；固体样品需切细、破碎、研磨；罐头类样品需去核、去骨、去刺、去调味品、捣碎。常用工具有粉碎机、研钵、高速组织捣碎机、绞肉机、离心机等。

② 制备步骤　通常包括如下几点：按食用习惯预先去除非食用部分；除去机械杂质，如植物种子、茎、叶、泥沙、金属碎屑、昆虫等异物；对切碎或混匀的样品进行均匀化处理。

如果样品不能立即测定，须按照相关标准规定的方法加以妥善保存或进行预处理。保存时应选择安全的地方，特别是对于有毒、易燃或腐蚀性的样品。使用清洁、未受污染、密封良好的容器，避免使用可能与样品发生反应的材料，如某些塑料可能与有机溶剂反应；易吸湿物料一般放在干燥、密闭容器内保存；某些样品对光敏感，应避光保存；冷冻样品应保持原冷冻状态；易腐败变质或新鲜的样品需放在 0～4℃冰箱内短期冷藏保存；易分解、易氧化的样品要避免高温、光照保存。某些特殊情况下，可加入不影响分析结果的食品防腐剂保存。随后应做好标记和记录，在容器上明确标记样品的名称、编号、预处理日期和其他相关信息，如实记录样品的保存条件，如温度、湿度、光照等。定期检查样品的状态，确保保存条件没有发生变化，还应注意样品的任何异常变化，如颜色、气味或相态的变化。

理化分析后的样品应保留 1 个月，以备复检；微生物检验的样品，一般样品在发出报告后 3d 才能处理样品；进口食品的阳性样品，需保存 3 个月方能处理，阴性样品可及时处理。

2.3　样品的预处理

2.3.1　样品预处理的原则

食品种类繁多，组成复杂，因此，各种食品分析的标准测定方法中都要对样品进行分析前的预处理。它是指样品分析前经消解、分离提取、净化、浓缩富集等步骤，使被测组分转变成可测定形式的过程。在预处理过程中通常要遵循如下原则：

① 使用固相萃取、液-液萃取、沉淀、蒸馏等方法消除干扰因素；
② 完整保留被测组分，避免在预处理过程中造成待测组分的损失；
③ 若待测组分的浓度低于检测限，需对样品或被测组分进行浓缩。

2.3.2 样品预处理的方法

2.3.2.1 蒸馏法

蒸馏法是利用待测物质中各组分挥发性的不同来进行分离的方法。可用于除去干扰组分以及抽提被测组分。如测定某样品中挥发性酸含量时，可用水蒸气蒸馏样品，将馏出的蒸汽冷凝并收集冷凝液，测定其中酸的含量即为样品中挥发性酸含量。根据样品中待测成分性质的不同，可采用常压蒸馏、减压蒸馏、水蒸气蒸馏等方式。常压蒸馏通常适用于沸点在常压下低于 250℃的液体混合物，样品需在加热过程中保持稳定，不易分解，如纯化某些有机溶剂，常压蒸馏装置示意图如图 2-3 所示。减压蒸馏适用于沸点在常压下高于 250℃或容易在高温下分解的物质，对于蒸气压较低的物质，减压可以降低其沸点，使其更容易蒸发，如香料和精油的预处理。减压蒸馏装置示意图如图 2-4 所示。水蒸气蒸馏适用于那些在高温下容易分解或变质的物质，样品不应与水发生化学反应，应具有一定的挥发性，能够在较低温度下与水蒸气一起蒸发，如提取植物精油、植物活性成分、制备农药。水蒸气蒸馏装置示意图如图 2-5 所示。

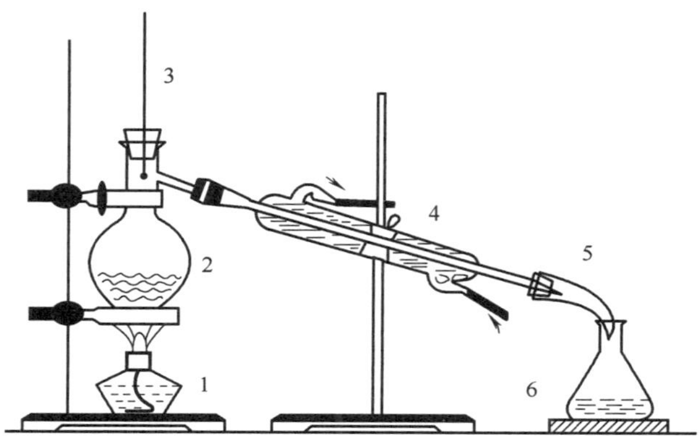

图 2-3 常压蒸馏装置示意图
1—热源；2—蒸馏烧瓶；3—温度计；4—冷凝管；5—牛角管；6—接收烧瓶

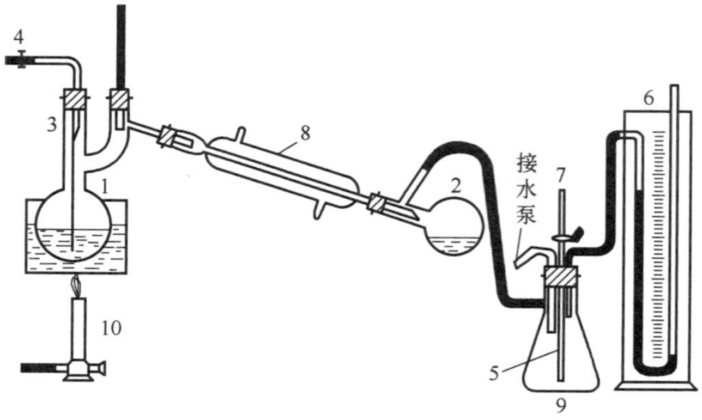

图 2-4 减压蒸馏装置示意图
1—蒸馏瓶；2—收集器；3—毛细管；4—螺旋夹；5—玻璃导管；6—压力计；7—旋转活塞；8—冷凝管；9—安全瓶；10—热源

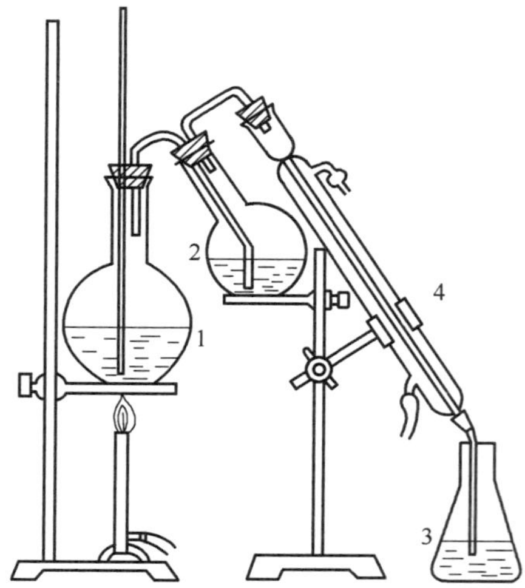

图 2-5 水蒸气蒸馏装置示意图
1—蒸汽发生器；2—样品瓶；3—接收器；4—冷凝管

近年来已有带微处理器的自动控制蒸馏系统，使分析人员能够控制加热速度、蒸馏容器和蒸馏头的温度，以及系统中的冷凝器和回流阀门等，使蒸馏法的安全性和效率进一步提高。

2.3.2.2 浓缩法

样品经提取、净化后，溶液体积相对较大，被测组分的含量较低，在测定前就需采用一定的手段提高待测组分的浓度。浓缩法可将溶液中的溶剂部分去除，从而增加溶质浓度。该法在食品加工、化工、制药和环境工程等领域都有广泛应用。根据压力大小可分为常压浓缩和减压浓缩，前者主要用于待测组分为非挥发性的样品净化液的浓缩，若要回收溶剂，则可用一般蒸馏装置或旋转蒸发器；后者主要用于待测组分为热不稳定性或易挥发的样品净化液的浓缩，通常采用K-D浓缩器，需水浴加热并抽气减压。以下是一些常见的浓缩方法。

① 蒸发浓缩　通过加热使溶剂蒸发，从而增加溶质的浓度。适用于耐高温、不易分解的溶液，如食盐水、糖浆等。所需设备有蒸发器、蒸发锅、蒸发皿等。

② 膜浓缩　利用半透膜的选择透过性，使溶剂分子通过膜而溶质分子不能通过，从而实现浓缩。该方法在水处理、食品加工、药物提纯等方面应用广泛，所需设备有反渗透装置、超滤装置等。

③ 冷冻浓缩　通过冷冻使溶剂（通常是水）结晶，然后分离出晶体，达到浓缩的目的。适用于热敏性物质的浓缩，如果汁、生物制品等。所需设备有冷冻机、结晶器等。

④ 真空浓缩　在真空条件下降低溶剂的沸点，使其更容易蒸发，从而实现浓缩。适用于易挥发、热敏或高温下易分解的溶液。所需设备有真空蒸发器、旋转蒸发仪等。

⑤ 吸附浓缩　利用吸附剂对溶质的选择性吸附，使溶质从溶液中分离出来，达到浓缩的目的。适用于气体净化、水处理、有机物提纯等。所需设备有吸附塔、固定床反应器等。

⑥ 离心浓缩　利用离心力将溶液中的不同组分分离，实现浓缩。适用于悬浮液或乳浊液的分离和浓缩。所需设备有离心分离机等。

2.3.2.3 有机物破坏法

有机物破坏法主要用于测定食品或食品原料中的无机元素，包括金属元素和某些非金属元素，如铁、铬、铅、砷、硫、氮、磷等。这些元素有的是蛋白质等高分子有机化合物的成分，有的则是受污染带入的，常与蛋白质等有机物紧密结合。因此，在分析前必须使有机物在高温或强氧化条件下被破坏，使被测元素以简单的无机化合物形式残留下来，再进行分析测定。有机物破坏法可分为干法灰化、湿法消化、微波消解、压力密闭消解和紫外线分解等，由于样品的组成、被测元素的性质及所用仪器设备的不同，这些方法的操作条件和要求也有区别。选择时应考虑如下因素：

① 方法尽量简便快捷，使用试剂越少越好；

② 控制好加热温度和时间，防止样品损失或形成难溶的炭化物；

③ 消解应彻底，被测元素应不受损失，破坏后的溶液易处理，不影响后续分析。

(1) 干法灰化

干法灰化，又称灼烧法，是将样品放入坩埚中先用电炉低温加热，使有机物脱水、炭化。再高温灼烧（一般为500～600℃）数小时，有机物被灼烧分解，直至坩埚内只剩下白色或浅灰色的无机物。如果样品水分较大，水分在高温下剧烈蒸发可使样品溅失，一些易发泡、膨胀的物质在高温下也会发泡而溢出，故该法需先对样品进行炭化，还可防止灰化时样品外部在高温下焦化，炭粒被包裹住，内部不能充分氧化，从而导致灰化不彻底。

该法的优点是使用试剂少，基本不加或加入很少的试剂，空白值低；有机物分解彻底，操作简便，适用于除 Hg、As、Se 等以外的金属元素测定；灰分体积很小，故可处理较多的样品，可富集被测组分。缺点是灰化温度高易造成易挥发元素的损失（如 Hg、As、Se 等）；坩埚可能会吸收某些被测组分，使测定结果和回收率偏低；耗时较长。当然，在实际操作中为了缩短灰化时间，使样品灰化完全，通常加入数滴硝酸、过氧化氢等灰化助剂，加速灰化，或添加氧化镁、硝酸盐、碳酸盐等物质，使炭粒不被包裹。

（2）湿法消化

湿法消化是在样品中加入强酸、强氧化剂后加热消煮，有机物被分解，其中的 C、H、O 等元素以 CO_2、水蒸气的形式挥发逸出，金属元素和无机盐则留在溶液中。由于整个消化过程都在液体状态下加热进行，故称为湿法消化。常用的强氧化剂有浓硫酸、浓硝酸、高氯酸及其混合液，助氧化剂有高锰酸钾、过氧化氢等。由于该法产生大量有刺激性气味的 SO_2、NO_2 等气体，故常在通风橱中进行。

湿法消化的优点是有机物分解速度快，所需时间短；加热温度较干法低，减少了金属挥发逸散的损失；容器吸留无机元素的量也比干法灰化少。缺点是会产生大量有毒气体，操作需在通风橱中进行；在消化初期易产生大量泡沫并冲出瓶颈，造成损失，故需操作人员随时查看；试剂用量大，空白值偏高；消化时还应随时调整火力，注意防爆。

（3）微波消解

微波消解是一种利用微波能量加热样品和消解试剂的湿法消解方法，可分为常压消解、高压消解和连续流动微波消解法，适于处理大批量样品及萃取极性与热不稳定的化合物，包括溶解、干燥、灰化、浸取等步骤。首先将样品放入耐酸耐碱的聚四氟乙烯高压密封罐中，加入氧化剂后，在微波消解仪中加热消解。有时为了防止消解过程中压力过高，通常会在消解罐中加入适量的抑制剂（如石英砂、沸石等）。

该法的优点是物料瞬时高温、氧化剂用量少、消解快速彻底、节省能源、易于实现自动化。通过微波加热，样品内部的分子在微波场中发生极化和旋转，产生摩擦热，这种内部加热方式比传统的传导加热更为均匀和高效，已用于消解废水、淤泥、废渣、生物组织、流体、医药等多种试样，被认为是“理化分析实验室的一次技术革命”。美国公共卫生组织已将该法作为测定金属离子时消解植物样品的标准方法。

（4）压力密闭消解

近年来，压力密闭消解法得到广泛应用。该法所用的压力密闭消解装置是一个带盖的聚四氟乙烯溶样罐，外面紧套一个带有螺旋丝扣的不锈钢外套，可以耐受较高压力。聚四氟乙烯溶样罐耐强酸、强碱、强氧化剂以及 120～250℃的高温，消解时所取样品和试剂都比常压湿法消解法少得多，所以成本低廉。此法克服了常压湿法消解的一些缺点。

该法的优点是试剂的利用率高；在较高的温度和压力下，氧化性酸与样品的作用加快，使样品分解更加完全，而且消解溶液不会污染环境也不会被环境污染。缺点是速度较慢，这是因为紧固不锈钢外套、升温和降温都需要一定的时间，完成 1 个样品的消解需要 6～8h；若消解装置密闭性不好，消解过程中逸出的酸蒸气会腐蚀不锈钢外套并可能造成较大的误差，故对消解罐的密封程度要求高；高压消解罐的使用寿命有限，这也额外增加了工作量和成本。

（5）紫外线分解

紫外线分解是一种利用紫外线能量来分解样品中有机物的方法，它主要基于紫外线的能量足够高，可以打断化学键，引发化学反应，从而将有机化合物消解，测定其中的无机离子，该方法在食品分析、环境科学和生态工程领域有着重要应用。紫外线由高压汞灯提供，在（85±5)℃下便可光解。为了加速有机物的降解，在光解过程中常加入强氧化剂（如双氧水）。光解时间随样品类型和有机物含量不同而不同。测定面粉或植物样品中的 Cl^-、SO_4^{2-}、Br^-、PO_4^{3-}、Cd^{2+}、Zn^{2+}、Cu^{2+}、Co^{2+} 等离子时，一般称取 0.05～0.3g 已粉碎过筛、混匀的样品置于石英管中，加入 1～2mL 30%双氧水后，用紫外线光解 1～2h 便可将样品中的有机物完全分解。

(6) 自动回流消化法

自动回流消化法是一种采用流水冷却的湿法消化方法，密闭的回流消化仪可避免汞蒸气等的挥发逸散，主要用于砷、汞等高温易挥发无机元素检测的预处理。

2.3.2.4 溶剂抽提法

抽提法又称浸提法，是使用无机溶剂，如水、稀酸、稀碱溶液，或有机溶剂，如乙醇、乙醚、石油醚、氯仿、丙酮等，从样品中抽提被测物质或除去干扰物质。该法是根据食品或天然产物中各种成分在溶剂中的溶解度，选用对有效成分溶解度大，而对不需要溶出成分溶解度小的溶剂，将有效成分从原料中溶出来。

(1) 溶剂及其选用原则

抽提法常用的溶剂分为水、亲水性有机溶剂和亲脂性有机溶剂三大类，极性由强到弱依次排序为：水＞甲醇＞乙醇＞丙酮＞乙酸乙酯＞乙醚＞氯仿＞二氯甲烷＞甲苯＞苯＞环乙烷＞石油醚。水是最常用的极性溶剂，适用于抽提极性或离子型化合物，如糖类、氨基酸、无机盐等；甲醇、乙醇、异丙醇和丙酮等亲水性有机溶剂，适用于苷类、生物碱盐、鞣酸等物质的提取；乙醚、二氯甲烷、正己烷、三氯甲烷等亲脂性有机溶剂常用于油脂、挥发油、游离甾体及三萜类化合物等的提取。有时为了调节 pH 值，增强某些化合物的提取效率，还会加入酸/碱水溶液（如盐酸、硫酸、氢氧化钠溶液）。常用溶剂的基本信息见表 2-1。一般根据“相似相溶”原理选择溶剂，还要考虑溶剂的稳定性和沸点。沸点低的溶剂易挥发，稳定性差，而沸点高的溶剂不易蒸发去除，因此，溶剂的沸点多在 45～80℃范围内。

表 2-1 常用溶剂的基本信息

溶剂名称	沸点/℃	密度/(kg/m³)	溶剂名称	沸点/℃	密度/(kg/m³)
水	100.0	1	正己烷	68.95	0.66
甲醇	64.7	0.79	苯	80.1	0.88
乙醇	78.0	0.79	甲苯	110.6	0.87
异丙醇	68.9	0.8	乙酸乙酯	77.1	0.9
丙酮	56.1	0.79	二氯甲烷	40.8	1.34
乙醚	34.6	0.71	氯仿	61.2	1.49
石油醚	30～60 或 60～90	0.68～0.72	乙腈	81.6	0.78
环己烷	80.8	0.78			

(2) 传统提取法

传统提取法依据提取溶剂温度不同分为冷提法和热提法，浸渍法是常用的冷提法，回流提取法和索氏抽提法等是常用的热提法。

① 浸渍法　该法是用水或醇类浸渍原料一定时间后合并提取液，减压蒸干溶剂并浓缩待测物。常在低温或常温下进行，适合挥发性成分和受热易分解成分的提取，在植物中有效成分的提取方面应用广泛。被提取的样品可以是固体或液体。用溶剂浸泡固体样品，抽提其中的溶质，习惯上称为浸提，例如，用水浸提固体原料中的糖分，用石油醚浸提肉制品中的

油脂等。用溶剂提取与其互不相溶或部分相溶的液体样品中的溶质，称为萃取。例如，测定饮料中糖精钠、苯甲酸的含量时，用乙醚（酸性条件下）萃取出饮料中的糖精钠或苯甲酸后，再挥发除去溶剂，最后用色谱法或比色法测定。

② 回流提取法　回流提取法是以有机溶剂为提取剂，在回流装置中对原料进行加热蒸发冷凝后再回流的提取方法。该法消耗溶剂少，浸出效率高，适用于热稳定性较强的成分提取，但操作较麻烦。有时样品处理量大时需配合机械搅拌，实验室多用水浴加热，工业上多用蒸汽加热。

③ 连续回流提取法　目前，在回流提取法的基础上衍生出其他更为有效的方法，如连续回流提取法，此法消耗溶剂量更小，提取效率更高，常用索氏提取器或其他连续回流装置。该装置主要利用溶剂回流和虹吸原理，使固体物质连续不断地为纯溶剂所萃取。主要应用于从植物等样品中提取有效成分，提取食品中的色素、油脂、香精等成分，从不良样品中提取污染物等方面。

（3）现代提取方法

随着技术的发展，一些现代提取方法，如超临界流体萃取、微波辅助提取、超声波辅助提取、酶辅助提取等，也在逐渐取代传统提取法。

① 超临界流体萃取（supercritical fluid extraction，SFE）　超临界流体萃取是一种利用超临界流体作为溶剂的萃取技术，作为样品预处理技术，用于从复杂样品中提取目标分析物，以便进行后续的色谱或质谱分析。超临界流体是指处于临界温度和临界压力以上的物质状态，此时物质既不是液体也不是气体，而是具有介于两者之间的独特性质。在超临界状态下，流体的密度接近液体，而其扩散系数和黏度则接近气体。这使得超临界流体具有很好的溶解性能和传输性能，能够有效地从固体或液体中萃取出目标成分。最常用的超临界流体是二氧化碳（CO_2），因为它在温和的条件下就能达到超临界状态，且对环境友好、无毒、不燃。

从咖啡豆中提取咖啡因、提取天然香料和色素、从种子和坚果中提取高品质的植物油、提取玫瑰油和柑橘油等高级香料、提取植物中的有效成分（如丹参中的丹参酮、银杏中的黄酮类化合物）、提取海洋生物中的活性物质（如虾青素）均可用此法。已有人将其用于色谱分析样品处理中，也可与色谱仪实现在线联用，如 SFE-GC（气相色谱）、SFE-HPLC（高效液相色谱）和 SFE-MS（质谱）等。超临界流体萃取法的萃取速度快、效率高，操作温度较低，适合热敏性物质的提取，对环境无污染，还具有可调节性。但需要专门的设备和高压泵，初期投资较高，需在高压下操作，有一定的安全风险。

② 微波辅助提取（microwave assisted extraction，MAE）　微波辅助提取是一种利用微波能量加热样品和溶剂，以加速目标成分从固体样品中提取到溶剂中的技术。当微波穿过含有极性分子的样品时，极性分子会随着微波电场的变化而快速旋转，导致分子间的摩擦生热，从而使样品内部迅速升温。这种内部加热方式比传统的加热方法更为高效，因为它直接作用于样品，而不是通过样品容器传递热量。微波辅助提取通常只需要几分钟到十几分钟，使用的溶剂较少，减少了溶剂的消耗和废物的产生，可以选择性地提取特定成分，减少杂质的干扰。可用于色谱分析的样品制备，特别是从一些固体样品，如蔬菜、粮食、水果、茶叶、土壤以及生物样品中萃取六六六、滴滴涕（DDT）等残留农药。因其高效、快速、环保和选择性高等特点，在食品工业、分析化学、环境科学、药物提取等领域得到了广泛应用。当然，微波辅助提取设备相对较贵，初期投资较大，对于大量样品的处理可能存在一定的限制，使用时还需要妥善处理微波泄漏和设备安全问题。微波辅助提取适合使用能够有效吸收微波能量的溶剂。理想的溶剂通常具有以下特性。

a. 有极性　极性溶剂能够很好地吸收微波能量，因此它们是微波辅助提取的首选。极性溶剂的分子结构中含有不对称的电荷分布，这使得它们能够在微波场中快速旋转和摩擦生热。表 2-2 列出了一些微波辅助提取的常用极性溶剂。需要注意的是，虽然极性溶剂是首选，但也有一些非极性溶剂在特定条件下可以用于微波辅助提取，尤其是当它们与极性溶剂混合使用时，可以形成能够吸收微波的混合溶剂体系。

表 2-2　微波辅助提取的常用极性溶剂

溶剂名称	特点
水	最常用的溶剂,极性很强,适合微波辅助提取
甲醇	极性较强,常用于植物成分的提取
乙醇	极性较强,常用于植物成分的提取
丙酮	极性较强,适用于多种有机化合物的提取
乙酸乙酯	极性适中,适用于某些特定的提取应用
乙腈	极性较强,常用于高效液相色谱的样品制备

b. 低沸点　低沸点的溶剂在微波加热时容易挥发，因此需要考虑提取过程中的温度控制。

c. 化学稳定性　溶剂应该在与样品接触的温度和微波条件下保持化学稳定，不与样品发生不必要的化学反应。

d. 不与样品反应　溶剂不应与目标提取物或样品基质发生化学反应。

e. 环保和安全　选择的溶剂应尽量环保，对人体和环境无害，且不易燃。

③ 超声波辅助提取（ultrasonic assisted extraction，UAE）　超声波辅助提取是一种利用超声波的物理作用来提高提取效率的技术。超声波在液体中传播时会产生空化效应、机械振动和热效应，空化效应是指超声波在液体中传播时产生的高频压力波导致液体中形成并迅速坍塌的微小气泡（空化泡），这些气泡的坍塌产生局部的高温（可达几千摄氏度）和高压（可达几千个大气压），能够破坏细胞壁和细胞膜，释放出细胞内的物质；机械振动是指超声波的振动作用可以促进溶剂与固体样品之间的混合，增加接触面积，从而提高提取效率；热效应是指超声波在液体中传播时也会产生热量，有助于提高溶剂的温度，加速溶解过程。这些效应有助于打破植物细胞壁和固液之间的界面张力，从而加速目标成分从固体材料中释放到溶剂中。

超声波辅助提取的优点是可以快速破坏细胞结构，提高提取速度和效率；设备相对简单，操作方便，易于控制；超声波提取可以在较低的温度下进行，避免高温对热敏感成分的破坏；适用范围广，适于多种固体样品的提取，如植物、动物组织、矿物等；通常使用的溶剂较少，减少了溶剂的消耗和废物的产生。缺点是超声波辅助提取通常适用于小规模或实验室规模的提取，大规模生产时可能存在效率问题；虽然单个设备成本不高，但大规模生产时需要多个设备，成本会增加；需要选择适合的溶剂，以最大化提取效率。目前，超声波辅助提取法广泛应用于食品营养、功效成分的提取，以及作为辅助手段应用于农兽药残留检测的样品预处理中。

④ 酶辅助提取（enzyme assisted extraction，EAE）　酶辅助提取是一种新颖且有效的提取技术，主要用于从各种天然来源中提取生物分子。这项技术因其潜在的用途，特别是在食品和营养品领域的应用，而受到了广泛关注。其基本原理是利用酶作为生物催化剂，对中药材等植物性原料的细胞壁进行分解，破坏细胞壁的结构，减少溶剂提取时来自细胞壁和细胞间质的阻力，从而加快有效成分的溶出速率，提高提取效率。

酶辅助提取技术因其高效、环保、操作简便等优点，在多个行业中都有重要的应用价值。例如，利用酶对植物细胞壁进行分解，降低传质阻力，从而提高有效成分的提取率。这种方法不仅提高了提取效率，还缩短了提取时间。在国内，如上海中药制药一厂就率先应用酶法成功地制备了生脉饮口服液。常用的酶包括纤维素酶、果胶酶和木瓜蛋白酶等。在提取植物中的天然色素、香料和其他有价值成分时，酶法提取能够提高提取效率和产品质量。该技术在天然产物提取中的应用也非常广泛，如提取多糖、黄酮、油脂、生物碱、皂苷和有机酸等各类天然活性物质。酶辅助提取不仅提高了提取率，还改善了产品的品质和生物活性。

此外，酶辅助提取技术还可以与其他提取方法结合使用，如超声、微波、高压和超临界二氧化碳萃取等，以进一步提高提取效率。该法的不足之处是对提取条件要求较高，需掌握最适温度、pH 及最适作用时间等，而且酶的成本也较高。

⑤ 加速溶剂提取（accelerated solvent extraction，ASE） 加速溶剂提取是一种先进的样品预处理技术，广泛应用于化学分析领域。这种技术在较高的温度和压力下使用有机溶剂对固体或半固体样品进行萃取。通过提高温度，可以加快待测物从基体上的解吸和溶解动力学过程，从而大大缩短提取时间。同时，加热的溶剂具有较强的溶解能力，可以减少溶剂的用量。在萃取过程中保持一定的压力可提高溶剂的沸点，使其保持液态，从而保证萃取过程的安全性。

与传统的萃取方法相比，如索氏提取和超声提取，采用加速溶剂提取技术可以在短时间内获得更好的萃取效率，并且溶剂用量明显减少，使得单个样品的提取费用也显著降低。这种技术可满足美国国家环境保护局的各项要求，适用于酸性、碱性和中性物质，有机氯和有机磷农药，氯代除草剂，多氯联苯类物质、二噁英、多氯二苯并呋喃，总石油烃、柴油和废油等的萃取。ASE 技术的优点包括有机溶剂用量少（1g 样品仅需 1.5mL 溶剂）、快速（约15min）、基质影响小、回收率高和重现性好，已成为样品预处理最佳方式之一，广泛用于环境、药物、食品、农业和高聚物等样品的预处理，特别是残留农药的分析，目前市面上已有加速溶剂萃取仪商品供应。

(4) 色谱法

色谱法（chromatography），也称为色层分离法，是一种用于分离混合物中各个组分的技术。它基于不同组分在固定相（静止相）和流动相之间的分配系数差异来实现分离。当流动相通过固定相时，混合物中的不同组分会以不同的速度移动，因为它们在两相之间的分配系数不同。结果，这些组分在色谱系统中被分离出来。相关的几个概念如下。

固定相（stationary phase）：通常是固体或液体，固定在色谱柱、板或纸上。

流动相（mobile phase）：通常是液体或气体，携带样品通过固定相。

样品（sample）：待分离的混合物。

分配系数（distribution coefficient）：某一组分在固定相和流动相之间的浓度比。

色谱法广泛应用于化学、生物化学、医药、环境科学等领域。根据分离原理的不同，可分为吸附色谱、分配色谱、离子交换色谱、凝胶色谱等。

① 吸附色谱分离 利用聚酰胺、硅胶、硅藻土、氧化铝、活性炭等吸附剂经活化处理后所具有的适当的吸附能力，对被测成分或干扰组分进行选择性吸附而进行的分离称为吸附色谱分离。吸附色谱具有高度的选择性，可以通过选择合适的吸附剂和实验条件来优化分离过程。设备相对简单，操作容易。可以分离多种类型的化合物，包括极性、非极性、大分子和小分子。如聚酰胺对色素有强大的吸附力，而其他组分则难以被其吸附，在测定食品中色素含量时，常用聚酰胺吸附色素，经过滤洗涤，再用适当溶剂解吸，可以得到较纯净的色素

溶液，供测试用。

② 分配色谱分离　分配色谱分离是基于组分在两相之间分配系数的不同来实现分离的一种色谱技术。这两相通常是一个流动液相和一个固定液相，但也可以是两个液相系统。分配系数（K）是指在一定条件下，组分在两相中的浓度（c）比，其计算见式（2-2）。不同组分的分配系数不同，这是分离的基础。被分离的组分在流动相中沿着固定相移动的过程中，由于不同物质在两相中具有不同的分配比，当溶剂渗透过固定相并向上展开时，这些物质在两相中的分配作用反复进行，从而达到分离的目的。

$$K=c_{有机相}/c_{水相} \tag{2-2}$$

③ 离子交换色谱分离　离子交换色谱分离是一种利用离子交换树脂作为固定相的色谱技术，主要用于分离带电粒子，如离子、蛋白质、多肽和其他生物大分子。离子交换树脂含有固定在惰性载体上的离子交换官能团，功能团可以是阴离子交换基团（如磺酸基）或阳离子交换基团（如季铵基）。当样品通过装填有离子交换树脂的色谱柱时，带有相反电荷的粒子会与树脂上的官能团发生相互作用并被吸附。通过改变流动相的离子强度、pH 值或使用竞争性离子，可以洗脱吸附在树脂上的目标粒子，实现分离。阳离子交换和阴离子交换的交换作用可用下列反应式表示。

$$阳离子交换：R—H+M^{+}X^{-}=R—M+HX \tag{2-3}$$

$$阴离子交换：R—OH+M^{+}X^{-}=R—X+MOH \tag{2-4}$$

式中　R——离子交换剂的母体；

$M^{+}X^{-}$——溶液中被交换的物质。

当将被测离子溶液与离子交换剂一起混合振荡，或将样液缓慢通过离子交换剂时，被测离子或干扰离子留在离子交换剂上，被交换出的 H^{+} 或 OH^{+}，以及不发生交换反应的其他物质留在溶液内，从而达到分离的目的。离子交换色谱具有高度的选择性，可以分离具有相似性质的离子，通过改变操作条件，如 pH、离子强度和洗脱条件，可以优化分离过程。离子交换过程通常是可逆的，这意味着被吸附的物质可以通过改变条件重新释放。在从细胞裂解液中分离和纯化特定蛋白质、从复杂混合物中提取和纯化核酸、药物分析和环境监测中分离和分析离子、糖类和氨基酸的分离和纯化等方面应用广泛。

④ 凝胶色谱分离　凝胶色谱分离，也称为凝胶过滤色谱或尺寸排阻色谱，是一种基于分子大小进行分离的色谱技术。它主要用于蛋白质、多肽、核酸和其他生物大分子的分离、纯化和分子量测定。凝胶色谱柱内填充有多孔的凝胶颗粒，这些凝胶由聚合物构成，具有特定的孔径。当混合物通过凝胶柱时，不同大小的分子会以不同的速度流经凝胶颗粒。小分子可以进入凝胶颗粒的孔隙，因此在柱中行进的路径较长，移动速度较慢；而大分子无法进入孔隙，只能在颗粒外部移动，路径较短，移动速度较快。因此，在凝胶色谱分离中，较大的分子首先被洗脱出来，而较小的分子则随后洗脱，从而实现分离。凝胶色谱分离是一种温和的分离技术，不会破坏生物分子的结构和活性。分离过程不依赖于分子与固定相之间的特定相互作用，而是基于分子大小。设备相对简单，操作步骤较为简便。常见凝胶类型有：葡聚糖凝胶，如 Sephadex，适用于蛋白质和核酸的分离；聚丙烯酰胺凝胶，如 Bio-Gel P，适用于小分子量蛋白质和肽的分离；琼脂糖凝胶，如 Sepharose，适用于大分子量蛋白质的分离。

(5) 化学分离法

① 磺化法　本法是用浓硫酸处理样品提取液，能有效除去脂肪、色素等干扰杂质。其原理是浓硫酸能使脂肪磺化，并与脂肪和色素中的不饱和键发生加成作用，形成可溶于硫酸和水的强极性化合物，不再被弱极性的有机溶剂所溶解，从而达到分离净化的目的。磺化反

应通常涉及以下两种主要类型：

a. 电子亲和磺化　在此过程中，磺酸基团取代了有机分子中的氢原子。这种反应通常需要强酸环境，如浓硫酸或三氧化硫（SO_3）。

b. 亲核取代磺化　这种反应涉及亲核试剂攻击含有离去基团的有机分子，从而引入磺酸基团。

此法简单、快速、净化效果好，但仅适用于对强酸稳定的被测组分的分离。如用于农药分析时，仅限于在强酸介质中稳定的农药（如有机氯农药中六六六、DDT）提取液的净化，其回收率在 80%以上。磺化反应是一个强烈放热的过程，因此需要严格控制反应条件以避免过热和副反应。此外，处理强酸和 SO_3 需要采取适当的安全措施，以防止腐蚀和中毒。

② 皂化法　本法是用热碱溶液处理样品提取液，以除去脂肪等干扰杂质，最常用的碱是氢氧化钠（NaOH）或氢氧化钾（KOH）。其原理是利用氢氧化钾-乙醇溶液将脂肪等杂质皂化除去，以达到净化目的。皂化反应是一个水解反应，其中脂肪或油脂（甘油三酯）在碱性条件下被水解成甘油和脂肪酸盐。

此法仅适用于对碱稳定的组分，如维生素 A、维生素 D 等提取液的净化。处理强碱时需要小心，因为它具有腐蚀性。皂化过程中产生的废水和副产品需要妥善处理，以减少对环境的影响。

③ 沉淀分离法　沉淀分离法是基于将溶液中的目标物质通过形成沉淀的方式分离出来的方法。在特定条件下（如改变 pH 值、添加沉淀剂、改变温度等），在试样中加入适当沉淀剂，使被测组分沉淀下来，或将干扰组分沉淀下来，经过滤或离心将沉淀与母液分开，从而达到分离目的。常见类型如下。

a. 直接沉淀　向溶液中加入沉淀剂，直接形成沉淀。

b. 共沉淀　目标物质与另一种更容易沉淀的物质一起形成沉淀。

c. 絮凝沉淀　通过加入絮凝剂使溶液中的微小颗粒聚集成絮状物，然后沉淀。

d. 盐析　通过增加溶液中的盐浓度，降低目标物质的溶解度，使其沉淀。

沉淀分离法通常操作简便，不需要复杂的设备。相比其他分离技术，沉淀分离法成本较低，可以用于多种不同类型的溶液和物质。例如，测定混合溶液中糖精钠的含量时，可在试剂中加入碱性硫酸铜，将蛋白质等干扰杂质沉淀下来，而糖精钠仍留在混合溶液中，经过滤除去沉淀后，取滤液进行分析。在水质监测中，通过加入适当的沉淀剂（如氢氧化钠、硫化钠等），可以将水样中的重金属离子（如铅、镉、汞等）以沉淀形式分离出来，便于后续分析和测定。在果汁预处理中，通过添加果胶酶或其他絮凝剂，使果汁中的悬浮颗粒沉淀，从而得到澄清的果汁。

④ 掩蔽法　掩蔽法是利用掩蔽剂与样液中干扰成分反应，形成稳定的络合物或沉淀，使干扰成分转变为不干扰测定的状态，即被掩蔽起来。运用这种方法可以不经过分离干扰成分的操作而消除其干扰作用，简化分析步骤，因而在食品分析中应用十分广泛，常用于测定金属元素的预处理阶段。常见掩蔽剂的类型如下。

a. 络合掩蔽剂　通过与干扰离子形成稳定的络合物来掩蔽，如 EDTA（乙二胺四乙酸）常用于掩蔽金属离子。

b. 沉淀掩蔽剂　通过与干扰离子形成不溶的沉淀来掩蔽。

c. 氧化还原掩蔽剂　通过改变干扰离子的氧化态来掩蔽。

d. 吸附掩蔽剂　通过吸附干扰离子来掩蔽。

如用二硫腙比色法测定铅含量时，Cu^{2+}/Cd^{2+} 等离子对测定有干扰，加入氰化钾和柠檬酸铵掩蔽，可消除它们的干扰。在检测 Co^{2+} 时，Fe^{3+} 可能产生干扰，可使用 NaF（氟化钠）作为掩蔽剂，NaF 能与 Fe^{3+} 结合生成无色的氟化铁离子，从而消除其对 Co^{2+} 检测的视觉干扰。这些例子展示了掩蔽法在化学分析中的重要作用，特别是在提高分析选择性和准确度方面。通过合理选择和使用掩蔽剂，可以有效地应对复杂样品中的干扰离子，从而为科学研究和工业应用提供精确的数据支持。

（6）样品预处理技术的发展趋势

样品预处理对分析检测来说非常重要，其占据整个分析过程 60%以上的时间，且主要的分析误差也来自这一环节。近年来，随着各种技术的快速发展，样品预处理技术也不断发展和创新，呈现诸多新的发展趋势。

① 集成化　是将几种预处理技术集成在一起，用来完成多项样品预处理操作的综合性预处理方式，适合复杂样品的预处理。例如，高通量蛋白质组学分析中，研究人员正在开发集成化的样品预处理技术以提升整体性能和灵敏度。同时，多功能在线样品预处理联用系统的研制也有利于解决复杂体系分析中的样品预处理瓶颈问题。将凝胶色谱、全自动固相萃取和自动浓缩装置组合在一起的预处理手段，适用于食品、生物和医学样品的多项预处理的连续自动操作。利用凝胶色谱先除去样品基体中的生物大分子，固相萃取进一步将目标组分从小分子混合物中分离、富集出来，自动浓缩可进一步提高富集倍数。

② 自动化　近年来，样品预处理技术的国产化和自动化发展迅速。仪器自动化速度快、重现性好。样品预处理的自动化也为在线样品预处理技术奠定了基础。如自动化移液工作站的出现使得样品预处理逐渐实现自动化，能够实现高通量的样品预处理。固相萃取最初基本是手工操作，一次只能处理一个样品，随后出现了简易的固相萃取仪，可多样品同时操作，还可通过抽真空调节洗脱液的流速。截至目前，全自动固相萃取仪已实现商品化，连同组分收集和样品浓缩均可全自动操作。

③ 微量化　为了满足现场检测、野外实验不断增长的需求，减少样品和溶剂的消耗，同时提高分析的精确度，微量化技术正在得到发展。这包括微萃取、芯片分离等技术，它们能够在极小的尺度上进行样品处理。目前已经可以在微流控芯片上进行溶剂萃取、固相萃取、膜分离等多种样品预处理操作。

④ 绿色化　环保意识的提升促使样品预处理技术向更环保的方向发展，如采用固相涂层纤维直接从样品中提取目标化合物，无需或极少使用有机溶剂；使用绿色溶剂，如使用具有低挥发性、高稳定性和可重复使用性的离子液体替代传统有机溶剂；在样品预处理过程中，使用溶剂回收系统来循环使用溶剂，减少废物产生；采用环保方法处理固体废物，如吸附剂再生和回收；使用可生物降解的萃取相和吸附剂，减少对环境的影响。

简言之，样品预处理方法的发展趋势是自动化、集成化、高效率和环境友好，同时也面临着技术复杂性、成本和可访问性等方面的挑战。

课后练习

1. 名词解释

采样；原始样品；平均样品；样品的预处理

2. 判断题

（1）在进行样品采集时，应该使用无菌或清洁的工具，以避免样品受到外部污染。（　）

（2）样品预处理过程中，所有的样品处理步骤都是标准化的，不需要根据样品的具体情况作出调整。（　　）

（3）在样品预处理过程中，确保样品的均匀性是非常重要的，因为这直接影响到分析结果的准确性和可重复性。（　　）

（4）食品样品采集后，可以直接将其放置在非食品级容器中运输到实验室。（　　）

（5）食品样品的预处理可以完全自动化，无需人工干预。（　　）

3. 单项选择题

（1）下列关于样品采集的说法，哪项是正确的？（　　）

A. 样品采集时应尽量选择代表性强的部位

B. 样品采集可以随意选择任何时间进行

C. 样品采集前不需要了解样品的性质

D. 样品采集的数量越多越好

（2）在进行样品预处理时，以下哪项操作是不正确的？（　　）

A. 使用干净的容器盛放样品

B. 在预处理过程中避免样品污染

C. 预处理过程中可以随意改变样品的物理状态

D. 预处理后的样品应尽快进行分析

（3）以下哪种情况不适合作为样品采集的时机？（　　）

A. 在生产过程中　　B. 在产品包装完成后

C. 在产品运输途中　　D. 在产品储存期满后

（4）关于样品的采集和预处理，以下哪项说法是错误的？（　　）

A. 样品的采集和预处理对分析结果有重要影响

B. 样品的采集和预处理应根据分析目的和方法来决定

C. 样品的采集和预处理可以由未经培训的人员进行

D. 样品的采集和预处理应遵循相应的标准规范

（5）以下哪种方法不是食品样品预处理中常用的固液分离方法？（　　）

A. 过滤　　B. 离心

C. 蒸发　　D. 沉降

4. 问答题

（1）请阐述在食品监测中，如何确保样品采集的代表性和准确性？试举例说明在特定环境条件下应采取的采样策略。

（2）在食品样品的预处理过程中，常见的污染源有哪些？请详细描述如何通过实验室操作来避免这些污染源对样品的影响。

（3）在食品质量控制中，样品的采集和预处理有哪些特殊要求？试讨论不同食品类型（如固体、液体、气体）在采集和预处理过程中的注意事项。

（4）在进行痕量分析时，样品的采集和预处理有哪些特殊挑战？请提出一种或多种解决方案，以减少或消除这些挑战对分析结果的影响。

（5）在食品样品预处理中，为什么需要进行固液分离？

知识拓展

某城市的市场监督管理部门进行了一次食品样品采集活动。在检测市售蔬菜的农药残留时，为了确保样品的代表性和准确性，采取了以下步骤：①从多个蔬菜市场随机选择摊位，每个摊位随机选取蔬菜样本；②由于蔬菜的种类繁多，针对不同种类的蔬菜（如叶菜类、根茎类等）分别进行取样，确保样品能够反映不同种类蔬菜的农药残留情况；③在采集现场，对蔬菜样品进行初步清洗，去除表面的泥土和可能残留的农药，然后装入清洁的采样袋中，密封并标记；④将样品保持在低温条件下运输到实验室，以防止样品中农药残留量的变化。在检测某品牌奶粉中的三聚氰胺含量时，样品预处理的关键步骤如下：①将奶粉样品充分混合，取出适量的样品进行后续处理；②利用超声波提取技术将奶粉中的三聚氰胺提取到溶液中；③通过固相萃取技术去除样品中的杂质，确保检测结果的准确性；④将提取液进行浓缩，以提高检测的灵敏度；⑤最后，使用高效液相色谱法对浓缩后的样品进行检测，确定三聚氰胺的含量。

这些案例显示了食品样品采集和预处理过程中的关键步骤，工作人员要严格按照操作规程进行操作，要具备严谨求实的科学精神、娴熟的实验技能和创新能力。团队协作在食品样品采集和预处理过程中也非常重要，从业人员需要互相配合，共同完成任务。同学们应注重团队协作意识的培养，提升沟通协调能力，增强集体荣誉感。

第 3 章

数据处理与分析

【学习重点与难点】

学习重点：准确度、精确度和误差的概念；有效数字的修约规则；检验数据的分析与评价。

学习难点：误差的表示方法；原始数据记录与计算规则；提高检测结果准确度的方法。

在食品分析中，无论操作方法多么完善，操作技术怎样娴熟，即使是同一分析工作者重复实验数次，所测得结果也总是不能完全一致，而且总与真实值有差别，这说明客观上存在难以避免的误差。但随着科学技术的进步和人类认识客观世界能力的提高，误差可以被控制得越来越小，但难以降至为零。一个定量分析要经过若干步骤，每一步测量的误差，都会影响分析结果的准确性。因此，为了提高测定结果的准确性和可靠程度，分析工作者必须有正确的误差概念，能够准确判断误差的种类，分析出产生误差的原因，采取有效措施减小误差，以提高测定准确度。

3.1 食品分析的误差

3.1.1 误差的来源和种类

食品分析中的误差是指测量结果与真实值之间的差异。误差是不可避免的，但可以通过适当的方法进行识别、控制和减小。根据误差的性质和来源，可将其分为偶然误差、系统误差和过失误差。

偶然误差，也称随机误差，源于一系列难以控制的偶然因素，如环境温度、湿度、气压的微小波动，以及电压和仪器性能的不稳定等。这些因素不可预测且难以量化，它们可能相互抵消，也可能相互叠加，从而影响测量结果的精确度。偶然误差的特点在于其不确定性和随机性。在一系列测量中，误差可能有时为正，有时为负，且大小不一，看似无规律可循。然而，当进行大量重复测量时，可以发现小误差出现的频率较高，而大误差，尤其是极端的正负误差，出现的机会则相对较少。此外，相等大小的正负误差出现的机会大致相同，这符合正态分布的特征。尽管偶然误差通常数值较小，但它对测量结果的离散程度，即精密度，有着决定性影响。

系统误差，亦称作可测误差，是在分析过程中由某些明确且持续的因素所引起。其特点表现在对分析结果的稳定影响，其误差方向是单一的，幅度呈现出一定的规律性。在相同条件下进行多次测量时，这种误差会持续出现，且通常数值较大。可以通过采取措施来减少或进行校正，以下是系统误差产生的一些常见原因汇总。

① 仪器和试剂误差　如仪器表头的刻度不准确或使用未经校准的实验室玻璃器皿（如滴定管、移液管、容量瓶）都可能导致误差。同样，试剂或蒸馏水中含有的干扰杂质或待测组分也会引起试剂误差。

② 操作误差　多由分析工作者在执行实验操作时与标准操作规程的微小偏差造成。这可能包括取样代表性不佳、样品消解不彻底、沉淀不完全或在洗涤过程中溶解损失、滴定管读数偏差以及对滴定终点颜色变化观察不敏锐。

③ 方法误差　由分析方法本身的固有特性引起的，与操作者的技术水平和细心程度无关。如在过滤沉淀时，总有一部分留在滤液中，这是无法避免的。为减小这种误差，可以结合化学分析法和仪器分析法，分别测定沉淀和滤液中的被测组分含量，从而提高测定的准确度。

④ 环境因素　实验室的温度、湿度等环境条件如果不在控制范围内，可能会影响仪器的性能和分析过程。

过失误差源于工作不负责任、操作不当或粗心大意等因素，如操作失误、样品混淆、试剂污染、加错试剂、环境条件突变、样品损坏、用错仪器、读错数据、溶液溅失、记录和计算错误等。过失误差并非测量过程中的正常现象，而是一种可以通过严格遵守操作规程、加强责任心和培养科学工作态度来避免的错误。在实际操作中，若出现显著误差，应认真分析原因，若为过失误差所致，应弃去该次结果并重新进行测量。

3.1.2　准确度和精密度

3.1.2.1　准确度

二维码 3-1
相关计算实例

准确度指观测值与其真值的接近程度，可说明测定结果的可靠性。设某一试验指标或性状的真值为 μ，观测值为 x，若 x 与 μ 相差的绝对值 $|x-\mu|$ 越小，则观测值 x 的准确性越高；反之则低。误差是衡量测量准确度高低的尺度，有绝对误差和相对误差两种表示方法，相关计算实例见二维码 3-1。

① 绝对误差（absolute error）　可用测量值与真实值之差表示，可按式（3-1）计算。

$$E=|x-\mu| \tag{3-1}$$

式中　E——绝对误差；

x——测量值；

μ——真实值。

绝对误差可正可负，其绝对值越小，表示测量值越接近真值，测量的准确度越高。

② 相对误差（relative error）　可用绝对误差 E 与真实值 μ 的比值表示，可按式（3-2）计算。

$$E_r=E/\mu\times 100\% \tag{3-2}$$

式中　E_r——相对误差；

E——绝对误差；

μ——真实值。

相对误差反映了误差在测量结果中所占比例，同样可正可负，无单位。

相对误差的大小，还能为正确选择分析方法提供依据。对于常量分析的相对误差应要求小些，而对微量分析的相对误差可以允许大些。例如，用质量法进行常量分析时，允许的相对误差仅为千分之几；而用光谱法、色谱法等仪器分析法进行微量分析时，允许的相对误差可为百分之几甚至更高。因此，允许的相对误差不是越小越好，应根据选择的分析方法、样品中待测组分的含量确定，满足工作需要即可。表 3-1 显示了一般食品分析允许的相对误差。

表 3-1 一般食品分析允许的相对误差

质量分数/%	80～90	40～80	20～40	10～20	5～10	1～5	0.1～1.0	0.01～0.1	0.001～0.01
允许相对误差	0.4～0.1	0.6～0.4	1.0～0.6	1.2～1.0	1.6～1.2	5.0～1.6	20～5.0	50～20	100～50

3.1.2.2 精密度

精密度又称精确性，是指测量值在平均值附近的分散程度。这个参数的作用是衡量重复性或平行测定的一系列数据的接近程度，即数据在中心值（平均值）附近的分散程度，可以用偏差（deviation）来表示。偏差越大，数据越分散；偏差越小，平行测定的精密度越高。偏差包括绝对偏差、相对平均偏差、标准偏差与相对标准偏差，相关计算实例见二维码 3-2。

二维码 3-2
相关计算实例

（1）绝对偏差（absolute deviation，d）

绝对偏差为测量值与平均值之差。绝对偏差越大，精密度越低。

$$d=x_i-\bar{x} \tag{3-3}$$

式中 d——绝对偏差；

x_i——单个测量值；

$\bar{x}$——代表一组平行测定值的平均值。

（2）平均偏差（average deviation，$\bar{d}$）

平均偏差（$\bar{d}$）为单个偏差绝对值的平均值，即

$$\bar{d}=\frac{\sum_{i=1}^{n}|x_i-\bar{x}|}{n} \tag{3-4}$$

式中 n——测量次数。

（3）相对平均偏差（relative average deviation）

$$\frac{\bar{d}}{\bar{x}}\times 100\%=\frac{\sum_{i=1}^{n}|x_i-\bar{x}|/n}{\bar{x}}\times 100\% \tag{3-5}$$

① 标准偏差（standard deviation） 标准偏差，简称标准差，是离均差平方的算术平均数的平方根，用 S 表示。

$$S=\sqrt{\frac{\sum_{i=1}^{n}(x_i-\bar{x})^2}{n-1}} \tag{3-6}$$

② 相对标准偏差（relative standard deviation，RSD） 相对标准偏差又称变异系数（coefficient of variation，CV），变异系数是标准差相对于平均数的比例（%），记为 CV。变异系数同标准差一样是衡量资料变异程度的统计量。当资料所带的单位不同或单位虽相同而平均数相差较大时，不能直接用标准差比较各样本资料的变异程度大小。变异系数消除了不同单位和平均数的影响，可以用来比较不同样本资料的相对变异程度。变异系数的计算公式为：

$$\mathrm{RSD}=\frac{S}{\bar{x}}\times 100\% \tag{3-7}$$

3.1.2.3　准确度与精密度的关系

准确度是表示测定结果与真实值符合的程度，而精密度是表示测定结果的重现性。由于真实值是未知的，因此常常根据测定结果的精密度来衡量分析结果是否可靠，但是精密度高的测定结果，不一定是准确的，两者关系可用图 3-1 说明。甲测量结果的准确度和精密度都好；乙的准确度不好，但精密度高；丙的准确度好，但精密度不好；丁准确度及精密度都不好。从以上例子可以得出结论：一组测量值的精密度高，其平均值的准确度未必也高。这是因为每个测量值中可能都包含一种恒定的系统误差，而使测量值偏高或偏低。进而说明精密度好的测量值，可以用加校正值的方法减免系统误差。精密度与准确度都好的测量值才最可取。因此，精密度是保证准确度的先决条件，并且只有在消除了系统误差的情况下，才能用精密度表达准确度。

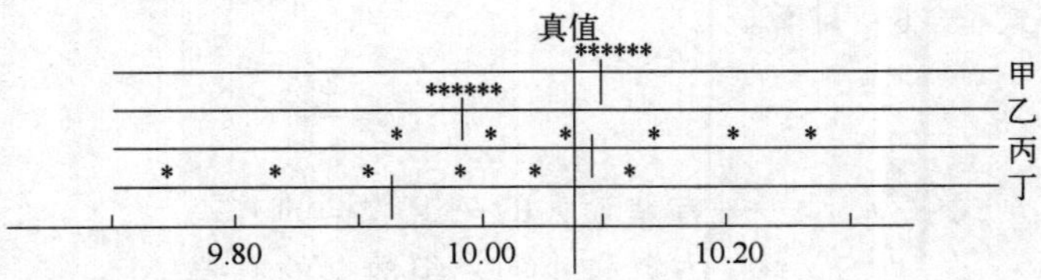

图 3-1　准确度与精密度

* 一个别测量值，| 一平均值

3.1.3　误差的检验

3.1.3.1　检验的意义和基本原理

误差检验方法是一种常用的统计分析方法，用于评估数据集中的误差水平。误差检验方法可以帮助食品分析人员确定数据集是否可靠，并提供有关数据质量的信息。其基本原理是先对总体的特征做出某种假设，然后通过抽样研究的统计推理，对此假设应该被拒绝还是接受做出推断。

3.1.3.2　检验的步骤

第一步，确定误差类型，建立假设。首先需要确定所研究的数据集中存在哪些类型的误差。常见的误差类型包括测量误差、抽样误差等。对样本所属总体提出假设，包括无效假设 H_0 和备择假设 H_A。假设的内容依两尾或一尾检验而有所不同。

第二步，选择合适的检验方法。根据所研究数据集中存在的误差类型，选择合适的检验方法。常用的检验方法包括 t 检验、F 检验、χ^2 检验等。

第三步，确立显著性水平 α。在进行误差检验之前，需要设定显著性水平。显著性水平 α 通常设定为 $\alpha=0.05$ 或 $\alpha=0.01$，表示在这个置信水平下，结果被认为是显著性的。

第四步，收集数据并计算统计量。收集所需数据，并根据所选择的检验方法计算相应的统计量。例如，在进行 t 检验时需要计算 t 值和自由度。从无效假设 H_0 出发，根据所得检验统计量的抽样分布（不同的假设检验，所得统计量不同），计算表面效应仅由误差造成的概率。

第五步，计算 p 值并做出决策。根据所得到的统计量，计算 p 值。如果 p 值小于设定的显著性水平，则拒绝原假设，认为结果是显著性的；否则，接受原假设 H_0。

第六步，统计推断。需要解释所得到的结果，并说明其意义和影响。如果结果是显著性的，则需要进一步分析数据集中存在的误差类型，并采取相应的措施来降低误差水平。

3.1.3.3 检验的类型

统计检验的方法有很多种，食品分析中最常用的是 F 检验、t 检验和 χ^2 检验等。尽管这些检验方法的用途及使用条件不同，但其检验的基本原理是相同的，使用示例见二维码 3-3。

二维码 3-3
相关示例

(1) F 检验

F 检验主要通过比较两组数据的方差 S^2，以确定它们的精密度是否有显著性差异，检验判断两组数据间存在的偶然误差是否有显著性的不同，可以按式 (3-8) 计算。

$$F=\frac{S_{大}^2}{S_{小}^2} \tag{3-8}$$

二维码 3-4
F 值表

式中 $S_{大}$——方差较大的一组数据的方差；

$S_{小}$——方差较小的一组数据的方差。

将计算所得 F 值与 F 值表（见二维码 3-4）中的 F 值（置信度 95%）进行比较，若 $F>F_{表}$，说明数据的精密度存在显著差异；反之，则说明两组数据的精密度不存在显著性差异。

(2) t 检验

t 检验（t-test）是利用 t 分布来进行统计量的概率计算的假设检验方法，需查 t 值表（见二维码 3-5）。它主要应用于总体方差未知时的小样本资料（$n<30$）。在食品分析中，t 检验主要用来检查、判断某一分析方法或结果是否存在较大的系统误差。

二维码 3-5
t 值表

在一定的置信度时，平均值的置信区间为 $\mu=\bar{x}\pm|\bar{x}-\mu|$。可以看出，如将标准值 μ 包含在这一区间内，即使 $\bar{x}$ 与 μ 不完全一致，也能做出 $\bar{x}$ 与 μ 之间不存在显著性差异的结论，因为按 t 分布规律，这些差异是偶然误差造成的，而不属于系统误差，按式 (3-9) 计算。

均数标准误：

$$S_{\bar{x}}=\frac{S}{\sqrt{n}} \tag{3-9}$$

统计量：

$$t=\frac{\bar{x}-\mu}{S_{\bar{x}}} \tag{3-10}$$

式中 $\bar{x}$——平均值；

S——标准偏差；

μ——真实值；

n——测定次数。

3.1.4 误差的控制和消除

3.1.4.1 选择恰当的分析方法

由于不同分析方法的准确度和灵敏度不同，因此需要深入了解不同方法的灵敏度和准确度。滴定分析法和质量分析法灵敏度虽然都不高，但测定常量组分时，均能获得比较准确的分析结果，相对误差一般也不超过千分之几。但却无法准确测定微量或痕量组分。同时仪器分析法灵敏度高、绝对误差小，虽然其分析结果相对误差较大，但结果可以符合要求；可用于微量或痕量组分的测定，而对常量组分测定，却常常无法测准。因此，仪器分析法主要用于微量和痕量组分的分析；而化学分析法则主要用于常量组分的分析。选择分析方法不但要考虑被测组分的含量，还要考虑与被测组分共存的其他物质的干扰问题，以便排除干扰。总之，必须根据分析对象、样品情况及对分析结果的要求，选择适当的分析方法。

3.1.4.2 减小测量误差

为了保证分析结果的准确度，必须尽量减小各实验操作步骤的测量误差。一般分析天平的称量误差为±0.0001g，用减重法称量两次的最大误差是±0.0002g。为了使称量的相对误差≤0.1%，取样量就必须≥0.2g。在有滴定步骤的分析方法中，要设法减小滴定管的读数误差。一般滴定管会有±0.01mL的读数误差，一次滴定需两次读数，因此可能产生的最大误差是±0.02mL。为了使滴定的相对误差小于0.1%，应消耗的滴定剂的体积必须大于20mL。

此外，还需要说明的是，各分析步骤的准确度应与分析方法的准确度相当。如用滴定分析法进行分析，若想要其相对误差≤0.1%，则称取0.2g样品时，应读取至0.0001g，需要用万分之一的天平进行称量。但当采用比色法进行分析，允许的相对误差≤2%，则称量的绝对误差应≤0.004g（0.2g×2%=0.004g），即读取至0.001g即可。由此可见，一切称量都要求用万分之一分析天平称量至0.0001g是不正确的。

3.1.4.3 增加平行测定次数

偶然误差的出现虽然有时无法控制，但如果多次测量就会发现，它们的出现服从统计规律，即大偶然误差出现的概率小，小偶然误差出现的概率大；绝对值相等的正、负偶然误差出现的概率大体相等；多次平行测定结果的平均值趋向于真实值。因此在消除了系统误差的情况下，增加平行测定次数，可以减少偶然误差对分析结果的影响。

3.1.4.4 用标准方法进行对照实验

为减小系统误差，用含量已知的标准试样或纯物质，以同一方法对其进行定量分析，由分析结果与已知含量的差值，求出分析结果的系统误差。用此误差对实际样品的定量结果进行校正。

用标准品进行对照实验（国家有关部门出售的标准试样）的分析结果是比较可靠的，标准品与待测样组成相近时，可在相同的条件下，按所选的测定方法进行对照分析，求得测定方法的校正值（标准品的标准值与标准品分析结果的比值），比值越接近于1，则测定结果越准确，说明不存在显著的系统误差，分析方法和过程是可靠的。

3.1.4.5 空白试验

在不加入试样的情况下，按与测定试样相同的条件和步骤进行分析试验，称为空白试验，所得的结果称为空白值。从试样的分析结果中扣除此空白值，即可消除由试剂、蒸馏水及实验器皿等引入的杂质所造成的误差。空白值不宜大，当空白值较大时，应通过提纯试剂、使用合格的蒸馏水或改用其他器皿等途径减小空白值。

3.1.4.6 校准仪器

在准确度要求较高的分析工作中，所使用的计量及测量仪器，如砝码、移液管、滴定管、容量瓶、分光光度计及天平等，容易受到环境条件、使用频率等因素的影响，需要对仪器定期进行校准，以减小系统误差。

3.1.4.7 回收试验

当采用所建方法测出试样中某组分含量后，可在相同试样（$n \geq 5$）中加入适量待测组分的纯品，以相同条件进行测定，按式（3-11）计算回收率（recovery）：

$$\text{回收率} = \frac{(x_2 - x_1)}{x} \times 100\% \tag{3-11}$$

式中 x_1——加入待测组分前纯品的质量，g；

x_2——加入待测组分后纯品的质量，g；

x——加入待测组分的质量，g。

回收率越接近于 100%，系统误差越小，方法准确度越高。回收试验常在微量组分分析中应用。

3.2 实验数据处理

3.2.1 可疑值的取舍

在食品分析过程中，由于各种因素的影响，在一组平行测定数值中，常发现有个别测定值比其余测定值明显地偏大或偏小，这种明显偏大或偏小的数值称为可疑值。判别可疑值常用的方法有两种：一是物理判别法，即在观测过程中及时发现并纠正因仪表、人员及试验条件等情况变化而造成的错误；二是统计判别法，如果原因不明，如查明的确是因“过失”造成，则这一数据必须舍去；如果不能确定是由“过失”引起，则不能随便舍去或轻易保留，特别是当测量数据较少时可疑值的取舍对分析结果产生很大的影响，必须慎重对待。可借助统计学方法来决定取舍。统计检验方法有多种，各有其优缺点，较简单的处理方法有 Q 检验法、$4\bar{d}$ 法和格鲁布斯检验法（G 检验法）（见二维码 3-6）。

二维码 3-6
Q 检验法、$4d$ 法和格鲁布斯检验法（G 检验法）

3.2.2 有效数字的修约和运算

3.2.2.1 有效数字

有效数字是指在分析工作中实际上能测量得到的数字，即在一个数据中，除最后一位数是不确定的或可疑的外，其他各位都是确定的。如使用 50mL 滴定管滴定，最小刻度为 0.1mL，所得到的体积读数是 25.87mL，表示前三位数是准确的，只有第四位是估读出来的，属于可疑数字，那么这四位都是有效数字，它不仅表示了滴定体积为 25.87mL，而且说明计量的精确度为±0.01mL。

在确定有效数字位数时，第一应注意“0”的意义。“0”既可以是有效数字，也可以做定位用的无效数字。例如，在数据 0.06050g 中，6 后面的两个 0 都是有效数字；而 6 前面的两个 0 则是用于定位的无效数字，它的存在表明有效数字的首位 6 是 0.06g；末位 0 说明该质量可准确至十万分之一，因此该数据为 4 位有效数字。对于特别小或特别大的数，可用 10 的幂次表示。例如，0.006050g 可写成 6.050×10^{-3}，仍然是 4 位有效数字；又如，2500L，若为 3 位有效数字，则可写成 2.50×10^{3}L。第二，有效数字的位数应与测量仪器的精确程度相对应。例如，如果使用 50mL 滴定管，由于它可读至±0.01mL，那么数据的记录就必须而且只能记到小数点后第二位。第三，对于化学计算中常遇见的一些分数和倍数关系，由于它们都是自然数，并非测量所得，应看成是足够有效，即需要几位写几位。第四，常遇到的pH、pM（负对数浓度）、lg$K$（对数平衡常数）等数值，它们的有效数字仅取决于小数部分的位数，整数部分只说明该数的方次。例如pH＝11.02，它只有两位有效数字，因为$c(H^+)=9.5\times10^{-12}$ mol/L。

3.2.2.2 有效数字修约规则

在数据处理过程中各测量值的有效数字的位数可能不同，在运算时按一定的规则舍入多余的尾数，不但可以节约计算时间，而且可以避免误差累积。按运算法则确定有效数字的位数后，舍入多余的尾数，称为数字修约。其基本原则如下。

(1) 四舍六入五成双（或尾留双）规则

测量值中被修约数等于或小于4时，舍弃；等于或大于6时，进位。若5后还有数，若进位后测量值的末位数变成偶数，则进位；若进位后，变成奇数，则舍弃。如5.155修约为三位数为5.16；5.145修约为5.14；5.105修约为5.10（0视为偶数）。

(2) 对原测量值一次修约至所需位数

不能分次修约，只允许对原测量值一次修约至所需位数。例如，2.15491修约为三位有效数字不能先修约为2.155，再修约为2.16，只能一次修约为2.15。

在取舍有效数字时还要注意下列几点：①在计算过程中，可多保留一位数字，计算出结果后，再按照修约规则，将结果修约至应有的有效数字位数；②在分析化学中，经常会遇到一些分数，如化学计量数之比等，它们是纯数，是准确数字；③若某一数据第一位有效数字大于或等于8，则有效数字的位数可多算一位，如8.37虽只有三位，但可以看作四位有效数字；④在修约标准偏差值或其他表示不确定度的数值时，修约的结果应使准确度的估计值变得更差一些，例如，标准偏差（S）＝0.213，如取两位有效数字，应修约为0.22，取一位则为0.3；⑤有关化学平衡的计算（如求平衡状态下某离子的浓度），由于pH、lg$K$等数值，只有小数部分才为有效数字，通常只需取一位或两位有效数字即可；⑥大多数情况下，表示误差时，取一位有效数字已足够，最多取两位，采用计算器连续运算的过程中可能保留了过多的有效数字，但最后结果应当修约成适当的位数，以正确表达测定结果的准确度。

3.2.2.3 有效数字运算规则

(1) 加减法

几个有效数字相加或相减时，根据加减法中误差传递规律，它们的和或差的小数点后的位数应与绝对误差最大（也就是小数点后位数最少）的有效数字的位数相同。先按小数点后位数最少的数据，保留其他各数的位数，再进行加减计算，计算结果也使小数点后保留相同的位数。例如求0.1235、15.34、2.457及11.37689四个数的和，则以小数点后位数最少的15.34为依据，将其余三个数先修约后再相加。

(2) 乘除法

在几个数据的乘除运算中，根据乘除法误差传递规律，所得结果的有效数字的位数取决于相对误差最大的那个数，亦即有效数字位数最少的那个数。先按有效数字最少的数据保留其他各数，再进行乘除运算，计算结果仍保留相同位数的有效数字。

(3) 混合运算

在混合运算（即包含加法、减法、乘法、除法的运算）中，应先进行乘法和除法运算，然后将结果修约到适当的有效数字位数，最后进行加法和减法运算，并再次修约。在运算过程中，临时结果可以保留更多的小数位数，但在最终结果中应修约到适当的有效数字位数。在进行连续运算时，避免过早修约，以免累积误差。

3.2.2.4　有效数字的应用

有效数字及其有关规则在食品定量分析中占有极为重要的地位，是否能够牢固地掌握它并将有关规则贯穿和应用于分析的全过程，是考核和衡量食品分析工作者自身素质的重要指标。所以，作为未来食品技术工作者的同学们应该高度重视，严格按规则办事，自觉地按规则去处理测定中的所有问题。二维码 3-7 展示了有效数字在食品分析中的一些具体应用。

二维码 3-7
有效数字
具体应用

3.2.3　分析结果的计算和报告

3.2.3.1　分析结果的表示方法

食品分析的结果可用多种方法表示。按照我国现行国家标准的规定，通常采用质量分数、体积分数或质量浓度加以表示。

（1）质量分数（w_A）

食品中某组分 A 的质量（m_A）与物质总质量（m）之比，称为组分 A 的质量分数。

$$w_A = \frac{m_A}{m} \tag{3-12}$$

其比值可用小数或百分数表示。例如，某动物肝脏中含有维生素 A 的质量分数为 0.0202 或 2.02%。

（2）体积分数（Φ_A）

气体或液体的食品混合物中某组分 A 的体积（V_A）与混合物总体积（V）之比，称为 A 的体积分数。

$$\Phi_A = \frac{V_A}{V} \tag{3-13}$$

其比值可用小数或百分数表示。例如，全脂牛奶中脂肪的体积分数为 0.03～0.04 或 3%～4%，蛋白质的体积分数约为 3.3%，乳糖的体积分数约为 4.8%。

（3）质量浓度（ρ_A）

气体或液体食品混合物中某组分 A 的质量（m_A）与混合物总体积（V）之比，称为 A 的质量浓度。

$$\rho_A = \frac{m_A}{V} \tag{3-14}$$

其常用单位为克每升（g/L）或毫克每升（mg/L）。例如，生活用水中铁含量一般小于 0.3mg/L，乙酸溶液中乙酸的质量浓度为 360g/L。

3.2.3.2　分析结果的报告

不同的样品、检验对象、目的和具体内容，分析结果报告的格式和参数会有所差异。一份优质的检验报告应具备以下特点：外观上，打印或手写应工整，字迹清晰，页面整洁有序；在内部质量上，数据应准确有效，计量单位精确，检验结论正确。为了达到这些要求，以下事项需特别注意。

(1) 精心编纂，严格记录

报告内容应包括：页码、印章、受检单位、产品名称、样品描述（涵盖生产厂家、规格型号、产品等级、批号、生产日期、保质期或保存期；抽样地点与时间、抽样或送样数量、基数）、检验方法及其检出限、标准编号、样品称量、检验参数指标、计算公式及结果（注意有效数字）、置信区间及置信度、RSD（%）或允许误差、测量不确定度、操作者、结果与标准对比、结论依据及异常情况说明、三级审核（主检审核、承检室负责人审核、单位技术负责人审核）签字及报告发送日期等。

(2) 全面校对，严格审查

校对重点包括：检验项目是否齐全，印章是否加盖且位置正确，记录是否翔实，使用的仪器设备及其准确度以及与检验相关的环境条件（如温度、湿度、噪声等）是否满足检验需求；检验所采用的实验方法、步骤，各环节的计算、校正值、数据处理、计量单位使用是否准确，检测过程中的异常情况是否有完整记录。同时，需核对检测过程中引用的图纸资料、检验原始记录、报告编号、封面、首页、附图及抽样单或委托单与原始记录是否一致，产品名称与标识是否相符，受检单位或委托单位名称是否完整。

(3) 实施严格的审批流程

尽管检验报告经过三级审核和签字，出错的可能性已大幅降低，但检验报告作为体现质量检测机构形象和受检企业信誉的重要“产品”，我们必须致力于消除任何缺陷。要严格按照制度和程序进行校核和签字审批，确保报告的完整性、科学性和准确性。

(4) 分析结论的确定

分析结论是检验工作完成后对产品整体质量的综合评价，它决定了生产企业产品是否可以出厂，经营企业是否可以接收产品，同时也是质量技术监督部门、法院或其他执法机构执法的依据，以及消费者维护权益的重要凭证，更是质量检测机构信誉和自我保护的关键。因此，检验结论必须慎重且满足以下要求：准确无误、科学严谨、依据充分、简洁明了，并注意以下问题。

① 结论的精确性　在检验产品时，若依据多个标准进行多项指标检测，检验结论应全面反映这些标准的检测结果。需细致对照相关标准和国家规定，针对具体问题进行具体分析，然后得出结论。对于企业送检的样品，由于可能是企业特别加工或经过多次内部检测合格后才送检的，其代表性通常较弱，可能缺乏公正性。因此，在一般情况下，对于委托检验，不宜直接做出合格与否的结论，而应仅报告分析结果，并在报告上明确标注“仅对送检样品负责”的字样。

② 结论的逻辑性　根据产品标准，有的产品有明确的等级划分，例如优等、一等、合格品，或者一等、二等、三等、等外品；有的需要进行全项目检验以确定等级，有的则只需检验几个特定参数。对于前者，检验结论应基于产品等级进行判定；对于后者，则应针对特定参数给出结论。若产品不合格，结论应表述为：“该产品根据××标准××等级的要求，××参数不符合（不合格）。因此，该产品判定为不合格（委托检验除外）”这样的表述更为科学严谨。

③ 结论的一致性　检验结论中的检验项目必须与任务书、检验委托单、原始记录以及报告首页上的检验项目栏保持一致。对于非全项目检验，结论应明确指出，例如：“该产品按照××标准进行了××项检验，所检项目的质量情况如下……”，并根据标准规定或涉及安全、健康等强制性要求的项目，对产品的符合性或合格性做出明确结论。不应简单地使用“合格”“不合格”“经检验，××项不符合标准要求”或“此栏空白”等模糊不清的结论。

课后练习

1. 判断题

(1) 在化学定量分析中，常采用的分析方法是微量分析。(　　)

(2) 金属指示剂与金属离子生成的配合物的稳定性应比金属 EDTA 配合物的稳定性要差一些。(　　)

(3) 指示剂的变色范围越窄越好。(　　)

(4) 酸碱滴定中溶液越浓，突跃范围越大，可供选择的指示剂越多。(　　)

(5) 当金属离子与指示剂形成的显色配合物的稳定性大于金属离子与 EDTA 形成的配合物的稳定性时，易产生封闭现象。(　　)

2. 单项选择题

(1) 下列数据中有效数字为四位的是（　　）

A. 0.060　　B. 0.0600　　C. pH＝6.009　　D. 0.6000

(2) 下列数据中有效数字不是三位的是（　　）

A. 4.00×10^{-5}　　B. 0.400　　C. 0.004　　D. $pK_a=4.008$

(3) 消除 0.0002000kg 中的非有效数字后，正确表示为（　　）

A. 0.2g　　B. 0.20g　　C. 0.200g　　D. 0.2000g

(4) 下列数据中有效数字不是四位的是（　　）

A. 0.2500　　B. 0.0025　　C. 2.005　　D. 20.50

(5) 下面数据中含有非有效数字的是（　　）

① 0.02537　　② 0.2009　　③ 1.000　　④ 20.00

A.①，②　　B.③，④　　C.①，③　　D.②，④

3. 简答题

(1) 食品分析中若存在系统误差，应该采用什么措施降低？

(2) 分析天平每次的称量误差为±0.1mg，称样量分别为 0.05g、0.2g、1.0g 时可能引起的相对误差各为多少？这些结果说明什么问题？

(3) 为什么要进行误差检验？误差检验包括哪些内容、方法和对象？

知识拓展

在研究某地区居民膳食结构的数据统计分析中，发现该地区居民蔬菜摄入量较低，而肉类和油脂类摄入相对较高。这一数据通过对该地区多个家庭的食物消费记录、营养成分分析等统计手段得出。例如，当地超市的食品销售数据以及家庭饮食调查问卷结果显示，肉类产品的销售额占食品总销售额的比例达到了35%，而蔬菜销售额仅占20%左右。同时，对部分居民血液样本的营养成分检测发现，血脂、胆固醇等指标偏高的人群比例达到了40%。采用多元线性回归分析等统计方法，将居民的年龄、性别、收入水平、饮食习惯等因素作为自变量，健康指标（如血压、血脂、血糖等）作为因变量。结果发现，蔬菜摄入量与健康指标呈正相关，肉类和油脂类摄入量与健康指标呈负相关。

在数据处理过程中，同学们应该尊重科学事实。在分析数据时不能主观臆断，要以严谨的科学态度对待。同时，通过这些结果，我们可以呼吁社会重视健康饮食，这也是为了提高国民整体健康素质，符合国家发展“健康中国”的战略目标。

第 4 章

食品物理特性分析

【学习重点与难点】

学习重点：对食品密度、折射率、色度、黏度、质构等指标的分析；色度、白度与浊度测定，味道与挥发性成分的测定。

学习难点：食品基本物理特性在实际生产中的应用；密度法、折光法、旋光法的原理及相关仪器的使用。

食品分析中的物理特性分析有两大类型：

① 利用食品的物理常数如密度、相对密度、折射率、旋光度等，与食品的组成成分及其含量之间存在着一定的数学关系，通过物理常数的测定来间接地分析食品的组成成分及其含量；

② 根据某些食品的重要质量指标，如淀粉的黏度，面包、馒头的比体积，水的色度，罐头的真空度，液体的浊度、透明度、色度等，直接对这一类物理量进行测定。

物理特性测定的意义在于：

① 鉴别食品真伪，食品中含有糖类、氨基酸、乳酸、苹果酸、酒石酸等具有旋光性的物质，可通过测定其物理常数比旋光度，鉴别样品的真伪；

② 判断食品质量，当液态食品中有掺杂、脱脂、浓度改变或品种改变时，均会出现相对密度的变化，测定液体食品的相对密度可初步判断该食品质量是否达标；

③ 推断食品质量状况，通过食品的各个物理性状在贮藏过程中的变化（如硬度、弹性和色泽的变化），可以推断食品的质量状况，并及时采取相应措施抑制质变；

④ 实现对食品成分的无损检测，多功能近红外分析仪利用食品的光学性质可实现对食品成分的无损检测，操作方便、快速、准确、可靠。可用于食品水分、蛋白质、脂肪、纤维素、pH 等的检测，测样速度快（3～8s）；无需样品制备；可减少操作者失误和提高效率。因此，食品物理特性测定对保证食品安全、提高食品质量和推动食品工业的发展具有重要意义。

4.1 密度法

4.1.1 测定密度与相对密度的意义

各种液态食品都有一定的密度和相对密度，当其组分及其浓度发生变化时，其密度和相对密度也会发生改变，因此测定液态食品的密度和相对密度可用于检验食品的纯度和浓度。

① 酒精、蔗糖的相对密度随着体积分数（酒精）、质量浓度（蔗糖）的增加而增高，而且已经通过实验制定了相对密度与溶液浓度的对应表，只需测定物质相对密度即可在专用的表格上查出其相应的浓度。

② 对于某些液态食品（如果汁、番茄酱等），测定相对密度并通过换算或查专业经验表可以确定可溶性固形物或总固形物的含量。

③ 正常的液态食品，其相对密度都在一定范围内。例如全脂牛乳为 1.028～1.034（15℃），脱脂乳为 1.034～1.040（15℃），植物油（压榨油）为 0.9090～0.9295（15℃）。当因掺杂、变质等原因引起这些液体食品的组成成分发生变化时，均会出现相对密度的变化。同时牛乳的相对密度与其脂肪含量、总乳固体含量有关，脱脂乳相对密度升高，掺水乳相对密度下降。

④ 油脂的相对密度与其脂肪酸的组成有关，不饱和脂肪酸含量越高，脂肪酸不饱和程度越高，脂肪的相对密度越大；游离脂肪酸含量越高，相对密度越小；油脂越酸败，相对密度越大。因此，测定相对密度可初步判断食品是否正常以及纯净程度。需要注意的是当食品的相对密度异常时，可以肯定食品的质量有问题，当相对密度正常时，并不能肯定食品质量无问题，必须配合其他理化性质分析，才能确定食品的质量。总之，相对密度是食品生产过程中常用的工艺控制指标和质量控制指标。

⑤ 某些固体食品的一些物理参数，如面包的比体积、罐头的真空度等，均可采用物理特性分析法进行检测分析。

4.1.2 密度与相对密度

密度和相对密度是两个不同的物理概念，它们在定义、单位和应用方面有所不同。密度（density）是指物质在某一温度下单位体积的质量，符号为 ρ，单位为 g/cm^3 或 g/mL。相对密度（relative density）是指物质的密度与参考物质的密度在各自规定的条件下之比，符号为 d。相对密度是一个无量纲量，一般参考物质为空气或水。

物质因具有热胀冷缩的性质，所以物质的密度以及相对密度均会随着温度的变化而变化，因此标示密度时，应标示出测定时物质的温度，表示为 ρ_t；相对密度应标示出测定时物质的温度及水的温度，表示为 d_{T2}^{T1}，其中 T_1 表示物质的温度，T_2 表示水的温度。

某一液体在 20℃时的质量与同体积纯水在 4℃时的质量之比，称为真密度，以符号 d_4^{20} 表示。普通的密度瓶或密度计法测定中，以测定溶液对同温度水的相对密度比较方便，以 d_{20}^{20} 表示，称为视密度，d_{20}^{20} 表示某一液体在 20℃时相对水在 20℃时的相对密度。d_{20}^{20} 和 d_4^{20} 之间按式（4-1）换算。

$$d_4^{20}=d_{20}^{20}\times 0.99823 \tag{4-1}$$

式中　0.99823——水在 20℃时的密度，g/cm^3。

二维码 4-1
相对密度参数

水在不同温度下的相对密度参数见二维码 4-1。水的相对密度和温度的关系主要体现在不同温度下水的密度会发生变化。水的密度在 4℃时达到最大值，约为 $1g/cm^3$，而在其他温度下，水的密度会发生变化。

温度变化对水密度的影响：0～4℃，在这个温度范围内，水的密度随温度的升高而增大；当温度高于 4℃时，水的密度随温度的升高而减小，即热胀冷缩现象；当温度低于 0℃时，水结冰，冰的密度约为 $0.9g/cm^3$，比液态水的密度小。这些变化主要是由于水分子间的氢键作用和温度对分子运动的影响。

4.1.3　相对密度的测定

依据《食品安全国家标准 食品相对密度的测定》（GB 5009.2—2024），测定液态食品相对密度的方法有密度瓶法、密度计法、天平法和 U 型振荡管数字密度计法，前两种方法较常用。其中密度瓶法测定结果准确，但消耗时间较长。密度计法虽简易迅速，但测定结果准确度较差。

4.1.3.1　密度瓶法

密度瓶法是一种基于阿基米德原理的测量方法，用于测定固体试样密度。同样适用于液体试样相对密度的测定。

（1）原理

在一定温度（20℃）下，用同一密度瓶（容积一定）分别称量带样品溶液和蒸馏水的质量，二者质量之比即为该样品的相对密度。

（2）仪器与试剂

蒸馏水、乙醇（分析纯，AR）等。

密度瓶是测定液体相对密度的专用精密仪器，其种类和规格有多种，常用的有带毛细管的普通密度瓶和带温度计的精密密度瓶，如图 4-1 所示。

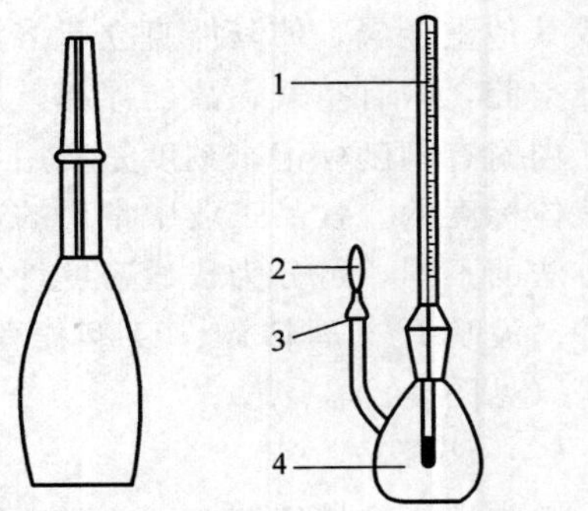

图 4-1　密度瓶

(a) 带毛细管的普通密度瓶（适用于黏稠液体样品）；
(b) 带温度计的精密密度瓶（适用于挥发性液体样品）
1—温度计；2—盖；3—毛细管；4—瓶子

（3）分析步骤

① 将密度瓶洗净，用乙醇洗涤，烘干并冷却后，连同温度计及侧管帽一起在分析天平上精密称重。同时，确保密度瓶、温度计及侧管帽配套，且密度瓶内无气泡。

② 将密度瓶洗干净，称其质量；取下温度计及侧管帽，装满样液，插入温度计，置入 20℃ 的恒温水浴中，待样液温度达到 20℃时保持 0.5h，用滤纸吸去支管标线上的样液，盖上侧管帽后取出。用滤纸擦干瓶外液体，置天平室内 0.5h，称重，即可测出 20℃时一定容积样液的质量。将样液倾出，洗净并烘干密度瓶后，装入煮沸 0.5h 并冷却至 20℃以下的蒸馏水，按上述方法同样操作，测出同体积（20℃）蒸馏水的质量。

（4）计算相对密度

按式（4-2）计算。

$$d_{20}^{20}=\frac{m_2-m_0}{m_1-m_0} \tag{4-2}$$

式中　d_{20}^{20}——试样在 20℃时的相对密度；

m_0——密度瓶的质量，g；

m_1——密度瓶和蒸馏水的质量，g；

m_2——密度瓶和样液的质量，g。

(5) 注意事项

① 该法适用于测定各种液体食品的相对密度，测定结果准确，但操作较烦琐。

② 测定挥发性的样液时，宜选用带温度计的精密密度瓶；测定较黏稠的样液时，宜选用具有毛细管的密度瓶。

③ 水及样品必须装满密度瓶，瓶内不得有气泡。

④ 取恒温后的密度瓶时，不得用手直接接触，应戴隔热手套或用工具夹取；天平室温度不得高于 20℃，以免液体受热膨胀流出。

⑤ 水浴中的水必须清洁无油污，防止瓶外壁被污染。

4.1.3.2 密度计法

(1) 原理

密度计是根据阿基米德原理制成的，其种类很多，但结构和形式基本相同，都具有玻璃外壳。其头部呈球形或圆锥形，里面灌有铅珠、水银或其他重金属，使其能直立于溶液中，中部是胖肚空腔，内有空气，故能浮起，尾部是一细长管，内附有刻度标记，刻度是利用各种不同密度的液体标度的。食品工业中常用的密度计按其标度方法的不同，可分为普通密度计、锤度计、乳稠计、波美计、酒精计、U 型振荡管数字密度计等（见图 4-2）。

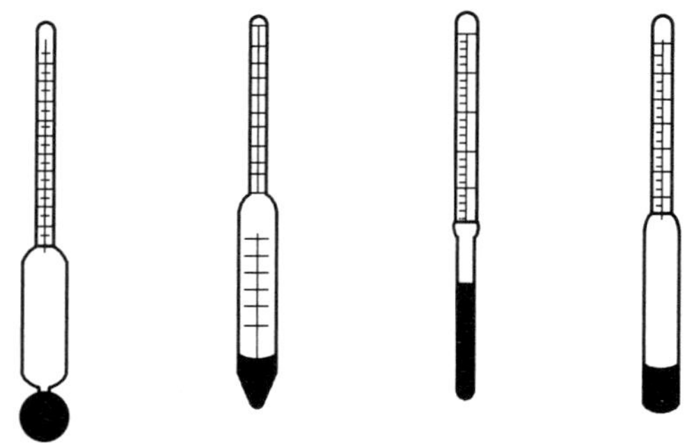

图 4-2 各种密度计

1—普通密度计；2—附有温度计的糖锤度计；3、4—波美计

(2) 仪器

密度计法是最便捷适用的测定液体相对密度的方法，但准确度不如密度瓶法。密度计是根据阿基米德原理制成的，其种类很多，但结构形式基本相同；一个封口的玻璃管，中间部分略粗，内有空气，故能浮在液体中；下部有小铅球重锤，使密度计能直立在液体中；上部是一细长有刻度的玻璃管，如图 4-2 所示。

① 普通密度计　普通密度计是直接以 20℃时的密度值为刻度，由几支刻度范围不同的密度计组成一套。密度值＜1 的（0.700～1.000）称为轻表，用于测定比水轻的液体；密度值＞1 的（1.000～2.000）称为重表，用于测定比水重的液体。

② 锤度计　锤度计是专用于测定糖液浓度的密度计，是以蔗糖溶液的质量比例（%）为刻度，以符号°Bx 表示。标度方法：20℃时 10g/L 纯蔗糖溶液为 1°Bx，20g/L 纯蔗糖溶液为 2°Bx，以此类推。若实测温度不是 20℃，则应进行温度校正。

③ 乳稠计　乳稠计是专用于测定牛乳相对密度的密度计，测量相对密度为 1.015～1.045。其刻度是将相对密度值减去 1.000 后再乘以 1000，以度来表示，符号为（°），刻度为 15°～45°。若实测温度不是 20℃，则应进行温度校正。

使用时把测得的读数按上述关系换算为相对密度值。乳稠计按其标度方法不同分为两种：一种是按 20°/4°标定的，另一种是按 15°/15°标定的。两者的关系是：后者读数是前者读数加 2，即：

$$d_{15}^{15}=d_{4}^{20}+0.002 \tag{4-3}$$

使用乳稠计时，若测定温度不是标准温度，应将读数校正为标准温度下的读数。对于

20°/4°乳稠计，在10～25℃范围内，温度每升高1℃，乳稠计读数平均下降0.2°，即相当于相对密度值平均减小0.0002。故当乳温高于标准温度20℃时，每高1℃应在得出的乳稠计读数上加0.2°，乳温低于20℃，每低1℃应减去0.2°。

④ 波美计　波美计是以波美度（°Bé）来表示液体的浓度。按标度方法的不同分为多种类型，常用波美计的刻度方法是以20℃为标准，在蒸馏水中为0°Bé，在0.15g/mL氯化钠溶液中为15°Bé，在纯硫酸（相对密度为1.8427）中为66°Bé，其余刻度等距离划分。波美计也有轻表和重表之分，分别用于测定相对密度小于1和大于1的液体。波美度与相对密度之间存在着如式（4-4）的关系。

$$轻表:°Bé=\frac{145}{d_{20}^{20}}-145;重表:°Bé=145-\frac{145}{d_{20}^{20}} \tag{4-4}$$

⑤ 酒精计　酒精计是用以测量乙醇浓度的密度计，其刻度是用已知乙醇浓度的乙醇溶液来标定的，10g/L的乙醇溶液为1°。

⑥ U型振荡管数字密度计法　U型振荡管数字密度计是具有自动黏度修正及温度热平衡功能的密度计。其根据电磁引发玻璃U型管产生振荡，该振荡频率二次方的大小与测量池中试样的密度呈线性关系，从而测定试样的密度。利用20℃下测得液体试样的密度以及水的密度可获得试样在20℃的相对密度。

（3）分析步骤

将混合均匀的被测样液沿壁慢慢倒入适当容积的清洁量筒中，避免起泡沫。将密度计洗净擦干，缓缓放入样液中央，待其静止后，再轻轻按下少许，然后待其自然上升，静置至无气泡冒出后，从水平位置读取与液面相交处的刻度值。同时测量样液的温度，如不是20℃，应加以校正。

在U型振荡管数字密度计法中，在测定前需按照仪器说明书要求对仪器进行校正。在试样溶液的测定中，使用5mL注射器或自动进样器将均匀试样溶液注入并充满清洁干燥的U型管测量池中，确认测量池无气泡，温度平衡稳定在（20±0.05）℃，当仪器稳定时读取试样20℃的相对密度值。

（4）注意事项

① 该法操作简便迅速，但准确性较差，需要样液量多，且不适用于极易挥发的样液。

② 操作时应注意不要使密度计接触量筒的壁及底部，待测液中不得有气泡。

③ 读数时应以密度计与液体形成的弯月面的下缘为准。样液温度不是标准温度，应进行校正。

④ 一般密度计的刻度是上小下大，但酒精计相反，是上大下小，因为乙醇浓度越大其相对密度越小。

⑤ U型振荡管数字密度计的温度需在（15±0.05）～（50±0.05）℃之间，测定结果表示到小数点后第3位。

4.1.3.3　天平法，即韦氏天平法（Westphal balance）

这是一种基于阿基米德定律设计的方法，使用不等臂天平，即液体相对密度天平进行测量。通过称量水和试样的质量，可以计算出试样的相对密度（图4-3）。

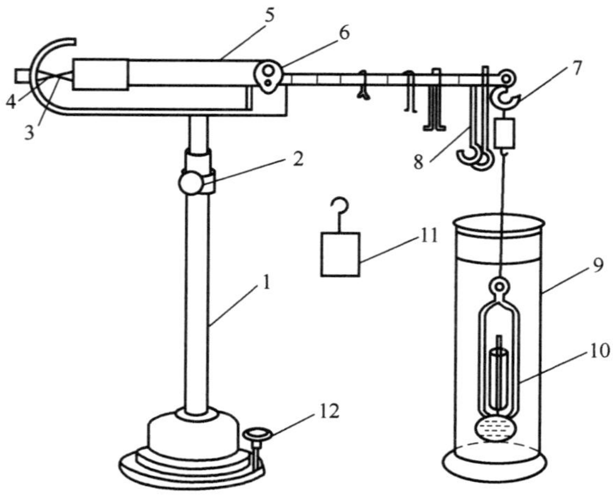

图 4-3　韦氏相对密度天平示意图

1—支架；2—升降调节旋钮；3、4—指针；5—横梁；6—刀口；7—挂钩；8—游码；9—玻璃圆筒；10—玻锤；11—砝码；12—调零旋钮

4.2　折光法

通过测量物质的折射率来鉴别物质的组成，确定物质的纯度、浓度及判断食品品质的分析方法为折光法。

4.2.1　原理

4.2.1.1　光的反射现象与反射定律

光的反射是指光波从一个介质的边界面射入另一个介质后，一部分光波继续传播，另一部分光波则返回原介质。若两种介质的折射率不同，光波在两种介质之间传播速度就会不同，光波将会发生反射，见图 4-4。光的反射遵循以下定律：

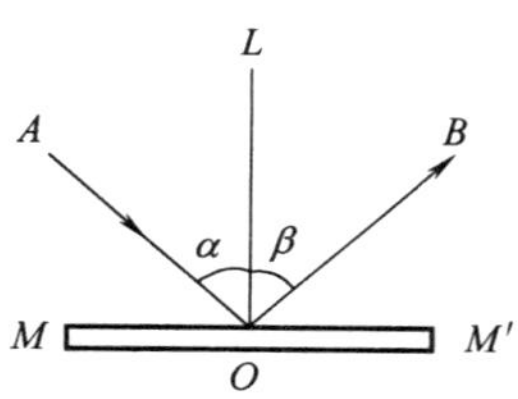

图 4-4　光的反射

① 入射线、反射线、法线在同一平面内；

② 入射线和反射线分居于法线的两侧；

③ 反射角等于入射角。

4.2.1.2　光的折射现象与折射定律

光的折射现象是指当光线从一种介质（如空气）斜射入第二种介质（如水）时，除了一部分光线反射回第一种介质外，另一部分进入第二种介质后在界面上部分光偏离原来路线而与原来路线产生夹角的现象，这种现象称为折射现象（见图 4-5）。

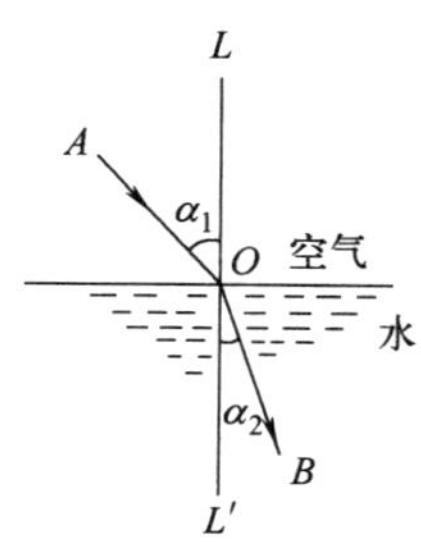

图 4-5　光的折射

折射现象的特点：

① 光路可逆性　在两种介质的分界处，不仅会发生折射，也发生反射。光路是可逆的，这意味着光线在两种介质之间的传播路径是可以反向追踪的。

② 无论入射角怎样改变，入射角的正弦与折射角的正弦之比，恒等于光在两种介质中的传播速度之比，如式（4-5）。即：

$$\frac{\sin\alpha_1}{\sin\alpha_2}=\frac{v_1}{v_2} \tag{4-5}$$

式中　v_1——光在第一种介质中的传播速度；

v_2——光在第二种介质中的传播速度；

α_1——入射角；

α_2——折射角。

4.2.1.3　全反射与临界角

光从光密介质（折射率大）射入光疏介质（折射率小）时，在界面处一部分光被反射回原介质中，一部分光被折射到另一种介质中，随着入射角的增大，折射角逐渐增大，且折射光线越来越弱，反射光线越来越强，当入射角增大到某一角度，使折射角达到 90°时，折射光完全消失，只剩下反射光线，这种现象叫作全反射。发生全反射的入射角称为临界角。

当光线从光疏介质进入光密介质（如光从空气进入水中，或从光疏介质的样品溶液射入棱镜中）时，因光疏介质折射率 n_1＜光密介质折射率 n_2（此处，n_1 是光疏介质的样品溶液的折射率，n_2 是棱镜的折射率），由折射定律可知（如图 4-6 中，假设光线从上向下照射，入射角为 α_1，折射角为 α_2），折射角 α_2＜入射角 α_1，即折射线靠近法线；反之，当光线从光密介质进入光疏介质（如从棱镜射入光疏介质的样品溶液）时，因光密介质折射率 n_1＞光疏介质折射率 n_2（此处，n_1 是棱镜的折射率，n_2 是光疏介质的样品溶液的折射率），入射角 α_2＞折射角 α_1（此时如图 4-6 中，假设光线从下向上照射，入射角为 α_2，折射角为 α_1），即折射线偏离法线。在后一种情况下如逐渐增大入射角，折射线会进一步偏离法线，当入射角增大到某一角度，如图 4-6 中 4 的位置时，其折射线 4′恰好与 *OM* 重合，此时折射线不再进入光疏介质而是沿两介质的接触面 *OM* 平行射出，这种现象称为全反射。全反射时折射角等于 90°，所以有如下的关系：

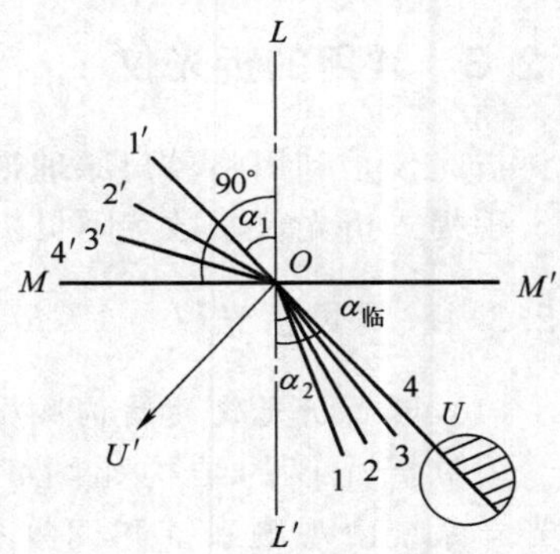

图 4-6　光的全反射

$$\frac{n_2}{n_1}=\frac{\sin\alpha_1}{\sin\alpha_2}=\frac{\sin\alpha_{监}}{\sin 90°} \tag{4-6}$$

$$n_2=n_1\sin\alpha_{临}$$

式中，n_1——棱镜的折射率，是已知的；

n_2——样品溶液的折射率，是未知的；

因此，只要测得了临界角 $\alpha_{临}$ 就可以求出被测样品溶液的折射率 n_2。

4.2.2　测定折射率在食品工业中的应用

4.2.2.1　控制工艺指标

通过测定液态食品的折射率，可以鉴别食品的组成，确定食品的浓度，判断食品的纯净程度及品质。例如，蔗糖溶液的折射率随浓度增大而升高，因此可以通过测定折射率来确定糖液的浓度及饮料、糖水罐头等食品的糖度。还可以测定以糖为主要成分的果汁、蜂蜜等食品的可溶性固形物的含量。

4.2.2.2 液体食品掺杂检测

① 各种油脂具有一定的脂肪酸构成，每种脂肪酸均有其特定的折射率。含碳原子数目相同时不饱和脂肪酸的折射率比饱和脂肪酸的折射率大得多；不饱和脂肪酸分子量越大，折射率也越大；酸度高的油脂折射率低。因此测定折射率可以鉴别油脂的组成和品质。

② 正常情况下，某些液态食品的折射率有一定的范围，如正常牛乳乳清的折射率在1.34199～1.34275，当这些液态食品因掺杂、浓度改变或品种改变等原因而引起食品的品质发生变化时，折射率常常会发生变化。所以测定折射率可以初步判断某些食品是否正常，如牛乳掺水，其乳清折射率降低，故测定牛乳乳清的折射率即可了解乳糖的含量，从而判断牛乳是否掺水。

③ 折光法测得的只是可溶性固形物含量，但对于番茄酱、果酱等个别食品已通过实验编制了总固形物与可溶性固形物的关系表的情况，先用折光法测定可溶性固形物的含量，再查出总固形物的含量。

4.2.3 常用的折光仪

折光仪是利用临界角原理得到物质折射率的仪器。我国食品工业中最常用的是阿贝折光仪、手提式折光仪、数字阿贝折光仪等。

4.2.3.1 阿贝折光仪

(1) 阿贝折光仪的结构及原理

阿贝折光仪的结构如图4-7所示。其光学系统由观测系统和读数系统两部分组成（见图4-8）。适用于测量透明、半透明液体或固体的折射率和平均色散。仪器接有恒温水浴可测定温度在0～70℃的折射率，并能测出糖溶液内的含糖量。

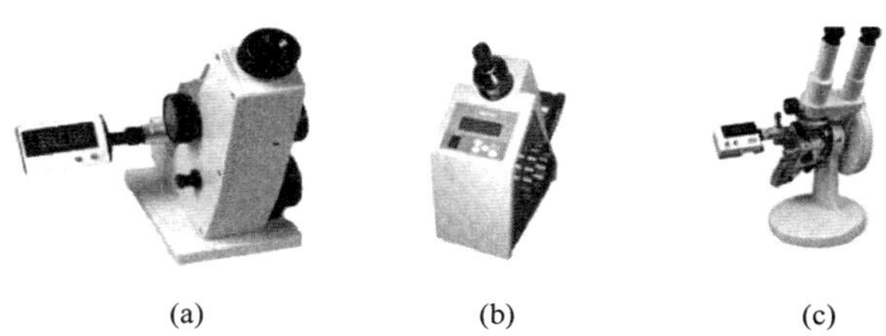

图4-7 单目阿贝折射仪（a）、数字阿贝折射仪（b）和双目阿贝折射仪（c）

① 观测系统 光线由反光镜1反射，经进光棱镜2、折射棱镜3及其间的被测样液薄层折射后射出。再经色散补偿器4消除由折射棱镜及被测样液所产生的色散，然后由物镜5将明暗分界线成像于分划板6上，经目镜7、8放大后成像于观测者眼中。

② 读数系统 光线由小反光镜14反射，经毛玻璃13射到刻度盘12上，经转向棱镜11及物镜10将刻度成像于分划板9上，通过目镜7、8放大后成像于观测者眼中。

(2) 分析步骤

① 在开始测量之前，需要确保阿贝折光仪的清洁和适当的环境条件。首先，将阿贝折光仪放置在光亮处，但要避免阳光直射，以防液体试样受热迅速蒸发。接下来，使用超级恒温槽将恒温水通入棱镜夹套内，并检查棱镜上温度计的读数是否符合要求，通常选择的温度是（20.0±0.1)℃或（25.0±0.1)℃。

② 如果棱镜表面不清洁，可以滴加少量丙酮，用擦镜纸朝单一方向轻擦镜面。待镜面洗净干燥后，用滴管滴加数滴试样于辅助棱镜的毛镜面上，迅速合上辅助棱镜，旋紧闭合旋钮。如果试样易挥发，动作要迅速，或先将两棱镜闭合，然后用滴管从加液孔中注入试样。

③ 转动镜筒使之垂直，调节反射镜使入射光进入棱镜。同时调节目镜的焦距，使目镜中十字线清晰明亮。调节色散补偿器使目镜中彩色光带消失。再调节读数螺旋，使明暗的界面恰好同十字线交叉处重合。

④ 阿贝折射仪可读至小数点后第四位，为了使读数准确，一般应将试样重复测量三次，每次相差不能超过 0.0002，然后取平均值。现在的阿贝折光仪一般都将刻度盘装在罩内，读数时先打开罩壳上方的小窗，使光线射入，然后从读数望远镜中读出标尺上相应的示值。为减少偶然误差，应转动手柄，重复测定三次，将界面调整为一根线，让其正好通过斜十字的交点再读数。

⑤ 测定后用擦镜纸擦干棱镜面。仪器应放在干燥的环境中，避免光学零件发霉。每次使用完后，用蘸有乙醇的擦镜纸将棱镜擦拭干净后，放入盒中。

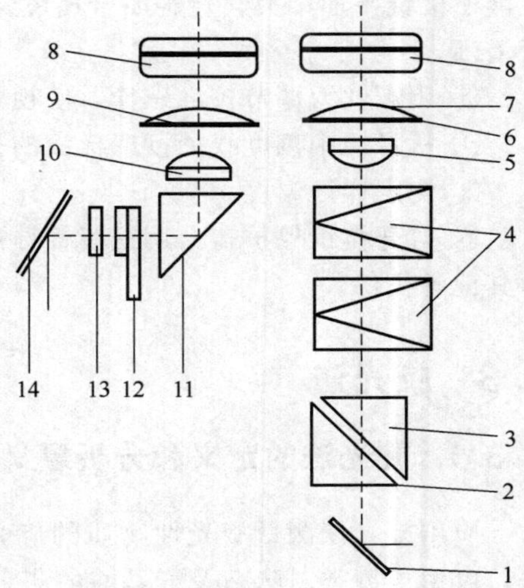

图 4-8　阿贝折射仪的光学系统

1—反光镜；2—进光棱镜；3—折射棱镜；4—色散补偿器；5，10—物镜；6，9—分划板；7，8—目镜；11—转向棱镜；12—刻度盘；13—毛玻璃；14—小反光镜

(3) 注意事项

① 测量前必须先用标准玻璃块校正；

② 棱镜表面擦拭干净后才能滴加被测液体；

③ 滴在棱镜面上的液体要均匀分布在棱镜面上，并保持水平状态，合上两棱镜保证镜隙中充满液体；

④ 手上沾有被测液体时不要触摸折光仪各部件以免不好清洗；

⑤ 测量完毕，擦拭干净各部件后放入仪器盒中。

4.2.3.2　手提式折光仪法

(1) 手提式折光仪的结构与原理

手提式折光仪，也称为糖度计，其主要结构包括光学系统（光源、棱镜和透镜等组件）、温度补偿装置（ATC）、显示屏和测量池。该仪器操作简单，便于携带，可便携式检验。

(2) 手持式折光仪

手持式折光仪由棱镜、盖板及镜筒组成，结构见图 4-9。其光学原理与阿贝折光仪相同。仪器操作简单，便于携带，常用于生产检验。

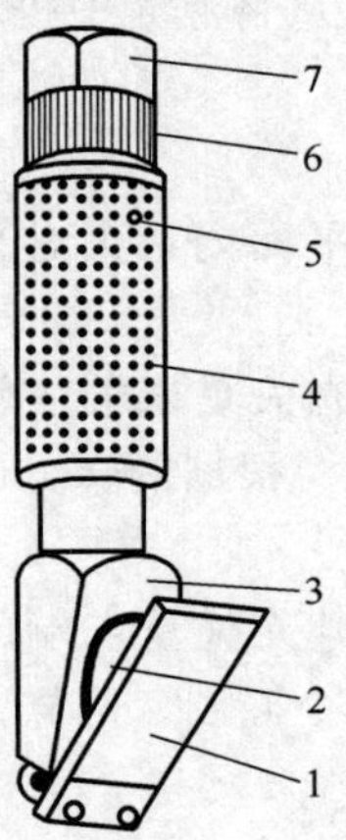

图 4-9　手持式折光仪

1—盖板；2—检测棱镜；3—棱镜座；4—望远镜筒和外套；5—调节螺丝；6—视度调节阀；7—目镜

(3) 分析步骤

① 以脱脂棉球蘸取少量乙醇擦净镜面，待乙醇挥发后，滴 1～2 滴蒸馏水于棱镜表面中央，轻轻闭合棱镜保护盖，使溶液均匀分布于棱镜表面，将仪器进光板对准光源或明亮处，眼睛通过目镜观察视野，如果视场明暗分界线不清晰，则转动调节手轮使视野清晰，再用螺丝刀调节校准螺栓，使明暗分界线处于十字线交叉点。

② 用脱脂棉球朝一个方向轻轻擦干蒸馏水，滴 1～2 滴

样液于棱镜平面中央，轻轻闭合棱镜保护盖，将仪器进光板对准光源或明亮处，使目镜内视野清晰。

③ 用螺丝刀调节校准螺栓，使视野中明暗分界线处于十字线交叉点。

④ 从目镜中刻度线处读取样液的折射率或质量浓度。

⑤ 测定样液温度。

⑥ 打开棱镜保护盖，用脱脂棉球蘸取水或乙醇朝一个方向轻轻擦净棱镜表面，同时擦净其他各机件。

4.3 旋光法

4.3.1 旋光法的定义和分析意义

应用旋光仪测量旋光性物质的旋光度以确定其浓度、含量及纯度的分析方法称为旋光法，可用于糖类、味精及氨基酸的测定，也可用于谷类食品中淀粉含量的测定。

4.3.2 旋光法的基本原理

4.3.2.1 自然光与偏振光

自然光是指由各种光源（如太阳、白炽灯等）发出的光，有无数个与光线前进方向互相垂直的光波振动面，没有固定的偏振方向。若光线前进的方向指向我们，则与之互相垂直的光波振动平面可表示为图 4-10 中的（a），图中箭头表示光波振动方向。若使自然光通过尼科尔棱镜，由于尼科尔棱镜只能让振动面与尼科尔棱镜光轴平行的光波通过，所以通过尼科尔棱镜的光只有一个与光线前进方向垂直的光波振动面如图 4-10 中的（b）。偏振光则是指光波振动方向被限制在一个特定方向上的光。偏振光可以通过某些物质或装置（如偏振片）从自然光中提取出来。

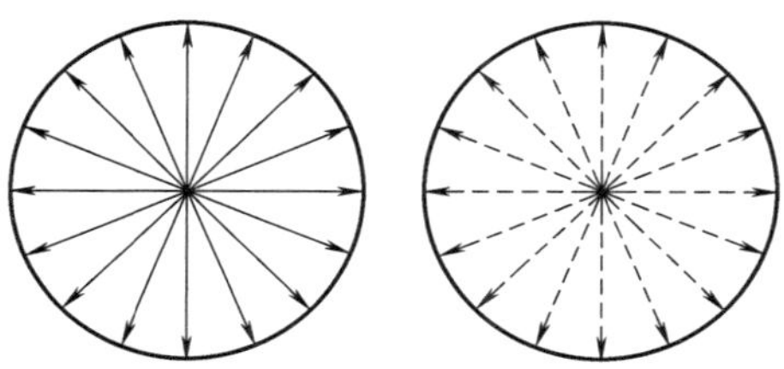

(a) (b)

图 4-10 自然光与偏振光

4.3.2.2 偏振光的分类

① 直线偏振光 又称平面偏振光，光线的振动方向都在同一个平面内，正对光的传播方向看去，这种光的振动方向是一条直线。

② 圆偏振光 偏振面相对于传播方向随时间以圆频率旋转，其光矢量末端的轨迹位于一个圆形螺线上，并且在垂直于传播方向的平面上的投影构成一个圆。根据旋转方向，可以进一步分为左旋圆偏振光和右旋圆偏振光。

③ 椭圆偏振光 偏振面相对于传播方向随时间以圆频率旋转，其光矢量末端的轨迹位于一个椭圆形螺线上，并且在垂直于传播方向的平面上的投影构成一个椭圆。同样，根据旋转方向，可以分为左旋椭圆偏振光和右旋椭圆偏振光。

4.3.2.3 旋光度

旋光度是指当平面偏振光通过含有某些光学活性物质（能把偏振光的偏振面旋转一定角度的物质）的溶液时，引起旋光现象，使偏振光的振动平面向左或向右旋转的角度，以 α 表示。旋光度有右旋和左旋之分，能把偏振光的振动面向右旋转的称为右旋，即具有右旋性，以“+”号表示；反之，左旋，具有左旋性，以“-”号表示。

对于特定的光学活性物质，在光波波长和测定温度一定的情况下，其旋光度 α 与溶液的浓度 c 和液层的厚度 L 成正比。按式（4-7）计算。

$$\alpha = KcL \tag{4-7}$$

当光学活性物质的浓度为100g/100mL，液层厚度为1dm（10cm）时所测得的旋光度称为比旋光度，以 $[\alpha]_\lambda^t$ 表示。由式（4-8）可知：

$$[\alpha]_\lambda^t = K \times 100 \times 1 \tag{4-8}$$

则旋光度的计算依据式（4-9）：

$$\alpha = [\alpha]_\lambda^t \frac{cL}{100} \tag{4-9}$$

式中 $[\alpha]_\lambda^t$——比旋光度，(°)；

t——测定温度，℃；

λ——光源波长，nm；

α——旋光度，(°)；

L——液层厚度或旋光管长度，dm；

c——样液质量浓度，g/mL。

比旋光度与光波波长及测定温度有关。通常规定用钠光 D 线（λ=589.3nm）在 20℃时测定，比旋光度用 $[\alpha]_D^{20}$ 表示。主要糖类的比旋光度如表 4-1 所示。

表 4-1 糖类的比旋光度

糖类	$[\alpha]_D^{20}$	糖类	$[\alpha]_D^{20}$
葡萄糖	+52.5	乳糖	+53.3
果糖	-92.5	麦芽糖	+138.5
转化糖	-20.0	糊精	+194.8
蔗糖	+66.5	淀粉	+196.4

因在一定条件下比旋光度 $[\alpha]_\lambda^t$ 是已知的，L 为一定值，故测得了旋光度 α 就可以计算出该溶液的浓度。

4.3.2.4 变旋光作用

具有光学活性的还原糖类（如葡萄糖、果糖、乳糖、麦芽糖等）溶解后，其旋光度从变化迅速，到变化缓慢，到达到恒定值，这种现象称为变旋光作用。这是由于这些还原性糖类存在两种异构体，即 α 型和 β 型。因此，在用旋光法测定蜂蜜或商品葡萄糖等含有还原糖的样品旋光度时，宜将配制成溶液后的样品放置过夜。

4.3.3 旋光度的测定方法

旋光度的测定通常使用旋光计进行，旋光计的检定可用标准石英旋光管进行校正，以确保读数的准确性。测定步骤如下：

① 确保使用的是经过检定的旋光计；

② 将固体供试品按照药品项下的方法制成溶液；

③ 用溶剂清洗旋光计的检测管，并进行空白校正，以确保初始读数为零；

④ 将配制好的溶液缓缓注入检测管，避免产生气泡，然后放入旋光计中进行读数，需

要注意的是，测量时应调节温度至（20±0.5)℃（或各品种项下规定的温度）；

⑤ 记录每次测量的旋光度数值，并计算平均值，在分析数据时，应注意旋光度与物质的结构、浓度、温度以及测定波长等因素有关，因此在报告旋光度时应注明这些测定条件。

4.4 色度、浊度、白度分析法

4.4.1 色度的测定

色度（chroma）是指被测水样与特别制备的一组有色标准溶液的颜色比较值。洁净的天然水的色度一般在15°～25°，自来水的色度多为5°～10°。水的色度有“真色”与“表色”之分。“真色”是指用澄清或离心法等去除悬浮物后的色度；“表色”是指溶于水样中物质的颜色和悬浮物颜色的总称。在分析报告中必须注明测定的是水样的真色还是表色。

水质色度的测定方法有铂钴比色法和稀释倍数法，两种方法独立使用，一般没有可比性。稀释倍数法适用于污染较严重的地面水和工业废水。本节重点阐述铂钴比色法，铂钴比色法适用于清洁水、轻度污染并略带黄色调的水、比较清洁的地面水、地下水和饮用水等，操作简便，色度稳定，标准比色系列保存适宜，可长时间使用，但其中所用的氯铂酸钾成本较高，大量使用时不经济。

将水样与已知浓度的标准比色系列进行目视比色以确定水的色度。标准比色系列用氯铂酸钾（K_2PtCl_6）和六水合氯化钴（$CoCl_2 \cdot 6H_2O$）试剂配制而成，规定水中含1mg/L铂$(PtCl_6)^{2-}$和2mg/L六水合氯化钴时所具有的颜色作为一个色度单位，以1°表示。

取50mL透明的水样于比色管中，在白色背景下沿轴线方向用目视比色法与标准系列进行比较。如水样色度过高，可取少量水样，用蒸馏水稀释后再比色，然后将测定结果乘以稀释倍数。如水样与标准系列的色调不一致，即为异色，可用文字描述。按式（4-10）计算。

$$C=\frac{M}{V}\times 500 \tag{4-10}$$

式中 C——水样的色度，(°)；

M——铂-钴标准溶液的用量，mL；

V——水样的体积，mL；

500——铂-钴标准储备液色度数。

4.4.2 浊度的测定

浊度（turbidity）是由于不溶性物质的存在而引起液体的透明度降低的一种量度。不溶性物质是指悬浮于水中的固体颗粒物（泥沙、腐殖质、浮游藻类等）和胶体颗粒物。水的浊度表征水的光学性质，表示水中悬浮物和胶体物对光线透过时所产生的阻碍程度。浊度大小不仅与水中悬浮物和胶体物的含量有关，而且与这些物质的颗粒大小、形状和表面对光的反射、散射等性能有关。

浊度计的常用单位有FTU——formazine浊度单位、NTU——散射浊度单位、mg/L——总悬浮固体物质浓度单位、EBC——欧洲酿造业浊度单位。现在普遍采用的是NTU单位，NTU与FTU在数值上相同，即1NTU＝1FTU。mg/L目前用得较少，应当注意，作为浊度单位的mg/L和作为浓度单位的mg/L是两个完全不同的概念。前者是光学单位，后者是质量含量单位，二者之间不存在数值上的相应或等同关系。浊度相同的悬浊液，其浓度可能完全不同；浓度相同的悬浊液，其浊度差异也往往较大。对于啤酒而言，浊度是一个重要的指标，直接影响到其外观质量和非生物稳定性。浊度主要是由非常小的微粒高度散射造成的。

4.4.3　白度的测定

白度（whiteness）是指在规定条件下，样品表面蓝光反射率与标准白板表面蓝光反射率的比值。通过对比样品对蓝光的反射率与标准白板对蓝光的反射率，以白度仪测得的样品白度值来表示。淀粉白度是在规定条件下，淀粉样品表面光反射率与标准白板表面光反射率的比值。本节重点介绍《淀粉白度测定》（GB/T 22427.6—2008）的测定方法，该法适用于干燥的粉末状淀粉和变性淀粉的白度测定。

4.4.3.1　原理

通过对比样品对蓝光的反射率与标准白板对蓝光的反射率，得到样品的白度。

4.4.3.2　仪器

白度仪波长调至 457nm，有适合的样品盒及标准白板、压样器。

4.4.3.3　分析步骤

① 按白度仪所规定的操作方法进行操作，用标有白度的优级纯氧化镁制成的标准白板进行校正。

② 将样品进行充分混合，用白度仪所提供的样品盒装样，并根据白度仪所规定的方法制作样品白板。

③ 用白度仪对样品白板进行测定，仪器显示数即为白度值。对同一样品进行两次测定。实验结果允许差≤0.2，求其平均数，即为测定结果，测定结果保留小数点后一位。

4.5　黏度法

黏度又称液体的黏稠程度，它指液体在外力作用下发生流动时，分子间所产生的内摩擦力。黏度的大小会随着温度的变化而变化，温度越高，黏度越小。纯水在 20℃时的绝对黏度为 10^{-3}Pa·S。根据测定方法的不同，将黏度分为三种，即绝对黏度、运动黏度和条件黏度。

绝对黏度又称动力黏度，它是液体以 1cm/s 的流速流动时，在每 $1cm^2$ 液面上所需切向力的大小，用落球黏度计或旋转黏度计测定。运动黏度也称动态黏度。它是在相同温度下液体的绝对黏度与其密度的比值，单位为“m^2/s”。实际测定中常用厘斯（cst）表示，即 $1cst=1mm^2/s$。一般用毛细管黏度计测定。条件黏度是在规定温度下，在指定的黏度计中，一定量液体流出的时间（s）或将此时间与规定温度下同体积水流出时间之比，主要包括：

① 恩氏黏度　是指一定量的试样，在规定温度下，从恩氏黏度计流出 200mL 试样所需的时间与蒸馏水在 20℃流出相同体积所需要的时间（s）之比。用符号 Et 表示，一般用恩格勒黏度计测定。

② 赛氏黏度　是指一定量的试样，在规定温度下从赛氏黏度计流出 200 mL 所需的时间，以“s”为单位。赛氏黏度又分为赛氏通用黏度和赛氏重油黏度［或赛氏弗罗（Furol）

黏度］两种，用赛波特黏度计测定。

③ 雷氏黏度 是指一定量的试样，在规定温度下，从雷氏黏度计流出 50mL 所需的时间，以“s”为单位。雷氏黏度又分为雷氏 1 号（Rt）和雷氏 2 号（用 RAt 表示）两种，用雷德乌德黏度计测定。上述 3 种条件黏度测定法，在欧美各国常用，我国除采用恩氏黏度计测定深色外，其余两种黏度计很少使用。

黏度的测定一般采用毛细管黏度计法，其原理是取一定体积的液体在严格的温度与固定的液面高度的控制下，使其流经毛细管黏度计而计算其流经时间。根据流经时间与黏度计的校正常数的乘积即可得运动黏度。此法设备简单、操作方便、精度高。毛细管黏度计的常用孔径有 0.8mm、1.0mm、1.2mm、1.5mm 四种，出厂时附有黏度计常数检定证书。如购置的毛细管黏度计没有标定常数或需校正时，可取纯净的 20 号或 30 号机器润滑油，用已知常数的毛细管黏度计在（50±0.1)℃的水浴中测定运动黏度（5 次测定结果的偏差应小于 0.05cst）进行标定或校正。

4.6 热分析法

热分析技术是指在程序温度控制下研究材料各种转变与反应的重要分析测试技术。通过程序控制温度的升降，热分析技术可以研究材料的各种理化转变和反应，如脱水、结晶、熔融、蒸发和相变等，以及各种无机和有机材料的热分解过程和反应动力学问题等。

根据国际热分析及量热学联合会（International Confederation for Thermal Analysis and Calorimetry，ICTAC）的归纳分类，分析方法主要分为以下几类。

① 差示扫描量热法（DSC） 这种方法用于测量样品在加热或冷却过程中的热量变化，常用于研究材料的相变、反应热等。

② 热重分析法（TG） 在程序温度控制下测量样品质量随温度的变化，主要用于研究材料的热稳定性、分解过程等。

③ 差热分析法（DTA） 测量样品与参比物之间的温度差，常用于检测物质在加热过程中的吸热或放热反应。

④ 动态热机械分析（DMA） 用于研究材料在动态力作用下的机械性能，如储能模量、损耗模量等。

⑤ 热机械分析（TMA） 测量样品在温度变化下的尺寸变化，常用于研究材料的热膨胀行为。

⑥ 导数热重分析（DTG） 测量质量变化速率，常用于分析材料的分解动力学。

⑦ 逸气检测（EGD）和逸气分析（EGA） 用于检测样品在加热过程中的气体释放。

4.6.1 差示扫描量热法

差示扫描量热法是测量物质与参比物之间能量差随温度变化的技术。根据测量方法的不同，分为功率补偿型 DSC 和热流型 DSC 两种。它能克服差热分析在定量测定上存在的不足。通过对试样能量变化进行及时补偿，保持试样与参比物始终无温差，无热传递，热损失小。因此，灵敏度和精度都大有提高，可进行热量的定量分析工作。

(1) 原理

在程序控制温度下，测量输入的试样和参比物的功率差。差示扫描量热仪记录到的曲线称为 DSC 曲线，它以样品吸热或放热的速率即热流率 dH/dt（单位 mJ/s）为纵坐标，以温

度 T 或时间 t 为横坐标，可以测定多种热力学和动力学参数，例如比热容、反应热、转变热、结晶速率、相图、反应速率、高聚物结晶度、样品纯度等。该法使用温度范围宽（−150～800℃）、分辨率高、试样用量少。

（2）仪器

差示扫描量热仪内含独立加热元件，是一种用于测量材料热性能的重要分析仪器。其工作原理基于物质在经历相变（如熔化、结晶、玻璃转变等）或化学反应时，会产生或吸收热量。在加热和冷却过程中，当试样和参比物随着时间或温度变化时，用两个独立的加热元件和温度传感器就可保持二者温度相同所需的热流量不同，加热或冷却在可控速率下进行。根据试样与参比物的热容给试样区和参比物区分别加热，以达到一定的加热速率。

（3）应用范围

① 淀粉特性的测定　淀粉是一种半结晶态聚合物，其结晶区主要由支链淀粉的短侧链有序排列构成，非结晶区则包含支链淀粉的分支点及直链淀粉的松散分子链。在加工和储藏过程中，淀粉颗粒会发生糊化和老化，影响含淀粉的食品尤其是谷物食品的品质、结构和组织。采用差示扫描量热仪可以研究其他添加物（如糖脂）对淀粉糊化和老化特性的影响。

② 蛋白质特性的测定　差示扫描量热分析对研究球状蛋白的热变性温度非常有效，通过对蛋白质变性温度的分析可用来估计蛋白质的纯度。例如，在分离纯化皱胃酶的研究中，用 DSC 测定皱胃酶的变性温度时发现，在 90～110℃有两种蛋白的热变性峰值，表明皱胃酶中至少含有两种蛋白，而且其中一种较为耐热。但凝胶电泳实验只看到一条谱带。另有报道采用 DSC 研究牛乳浆蛋白-水-氯化钠体系的玻璃化转变，从而初步解释了蛋白质溶液的玻璃化转变机制。

③ 脂肪熔化和结晶的测定　DSC 法通过研究加热或煎炸过程中不断产生的杂质（游离脂肪酸、部分甘油酯和氧化产物）对油脂结晶特性的影响，从而预测煎炸油热降解的程度。DSC 法得到的参数（峰值温度、热焓）与标准方法测得的结果有很好的相关性，且所用样品量少、制备简单、省时省力，无须使用有毒的化学试剂。

④ 玻璃化转变温度的确定　物质在受热过程中，其玻璃化转变温度（T_g）前后会发生比热容的变化，在 DSC 曲线上通常表现为阶段性变化，如出现较小的吸热峰，吸热方向的改变等，可据此确定玻璃化转变温度。另外，DSC 法亦可测定油脂固/液相比例。

4.6.2　热重分析法

热重分析法是在程序控制温度下，测量物质的质量与温度或时间的关系的方法，其特点为定量性强，能准确测量物质的质量变化及变化速率。热重分析法包括静态法和动态法。静态法包括等压质量变化测定和等温质量变化测定。等压质量变化测定是指在程序控制温度下，测量物质在恒定挥发物分压下平衡质量与温度关系的一种方法。动态法即微商热重分析，又称导数热重分析（derivative thermogravimetry，DTG），它是 TG 曲线对温度（或时间）的一阶导数，以物质的质量变化速率（dm/dt）对温度 T（或时间 t）作图，即得 DTG 曲线。以上两种方法的精度相近，相对来说，动态法则要迅速得多。

（1）原理

热重分析法主要特点是定量性强，能准确地测量物质的质量变化及变化的速率，只要物质受热时发生质量变化就可以用热重分析法来研究其变化过程。通过分析热重分析曲线，可以了解物质在加热或冷却过程中的质量变化，进而推断出物质的分解、化合、脱水、吸附、解吸、熔化、凝固、升华、蒸发等现象。

(2) 影响热重曲线的主要因素

① 升温速率、炉内气压、坩埚材料、支持器和炉子的几何形状、走纸速度、记录仪量程、天平和记录设备的灵敏度等因素。

② 样品量、样品的几何形状、样品的装填方式和样品的属性等因素。

(3) 应用范围

① 热重分析法可以研究晶体性质的变化，如熔化、蒸发、升华和吸附等物质的物理现象。

② 研究物质的热稳定性、分解过程、脱水、解离、氧化、还原、成分的定量分析、添加剂与填充剂影响、水分与挥发物、反应动力学等化学现象。

③ 广泛应用于塑料、橡胶、涂料、药品、催化剂、无机材料、金属材料与复合材料等各领域的研究开发、工艺优化与质量监控。

④ 在食品领域，热重分析法可测定食品中水分含量、食品添加剂的影响、油脂的氧化稳定性和组分含量等。

4.7 质构法

食品质构（texture）又称食品质地，是食品重要的品质因素，是指眼睛、口腔中的黏膜及肌肉所感觉到的食品的性质，包括脆度、胶黏性、硬度、弹性、凝胶强度、恢复性、耐压性、可延伸性和剪切性等特性。食品质构的属性以物理特征为主。其中，机械一次特性包括硬度、凝聚性、黏性、弹性和黏附性等属性；机械二次特性包括酥脆性、咀嚼性、胶黏性等属性；同时包括粒子的大小、形状和方向等几何特性，还包括水分含量和脂肪含量、油性等其他特性。因此，质构属于机械和流变学的物理性质，是多因素决定的复合性质，主要通过食品与口腔、手等部位的接触感觉，与风味等无关。

质构法在食品领域应用广泛：①质构法可用于评估食品的质地和结构特性；②通过质构法，科学家和研究人员可以了解食品在不同条件下的物理行为，如硬度、弹性、黏附性等。这对优化食品加工工艺、改进食品配方以及提高产品质量具有重要意义。

质构仪（texture analyzer）是模拟人的触觉，通过精确的感官量化检测触觉中的物理特征的新型仪器，可对样品的物性概念做出数据化的表述，包括主机、专用软件、备用探头及附件。其基本结构一般是由一个能对样品产生变形作用的机械装置，一个用于盛装样品的容器和一个对力、时间和变形率进行记录的系统组成。质构法测试围绕着距离、时间、作用力三者进行，所反映的主要是与力学特性有关的食品质地特性，其结果具有较高的灵敏性与客观性，并可通过配备的专用软件对结果进行准确的数据量化处理，以量化的指标来客观全面地评价食品，从而避免了人为因素对食品品质评价结果的主观影响。

仪器主要通过距离、时间和作用力对试验对象的物性和质构进行测定，并通过对它们相互关系的处理和研究，获得试验对象的物性测试结果。测试分为准备阶段、测试阶段和分析阶段。测试前根据不同的食品形态和测试要求，选择不同的测样探头。如柱形探头常用于测试果蔬的硬度、脆性、弹性等；锥形探头可对黄油及其他黏性食品的黏度和稠度进行测量；模拟牙齿咀嚼食物动作的检测夹钳可以测量肉制品的韧性和嫩度；利用球形探头则可以测量休闲食品（如薯片）的酥脆性；挂钩形的探头可测量面条的拉伸性等。

4.8　电子鼻和电子舌

电子鼻技术，也称人工嗅觉识别技术，是一种模拟哺乳动物的嗅觉系统，用于分析和识别挥发性成分的技术，根据各种不同的气味检测到不同的信号，可得到被测样品中某种或某几种成分的信号。通过数据处理算法分析传感器输出的电压信号，根据信号的特征值和模式识别算法判别气味类型和浓度，可用于控制从原料、工艺到产品的整个生产过程。电子鼻技术系统处理中常用的模式识别技术包括基于统计理论的算法（如 k-近邻算法 k-NN、主成分分析 PCA、聚类分析 CA、判别分析 DA）和基于人工神经网络的算法（如概率神经网络 PNN、学习矢量量化 LVQ、自组织映射 SOM、反向传播人工神经网络 BP-ANN）。这些模式在电子鼻应用领域的模式识别中发挥重要作用，提高了识别的准确率和自适应能力。

电子舌（electonic tongue）技术，又称味觉传感器（taste sensor）技术或人工味觉识别（artificial taste recognition）技术，是 20 世纪 80 年代中期发展起来的一种智能味觉仿生系统。电子舌技术是模拟人的舌头对待测样品进行分析、识别和判断的技术，它以多传感阵列为基础，感知样品的整体特征响应信号，用多元统计方法对得到的数据进行处理，从而快速地反映出样品整体的质量信息，实现对样品的识别和分类，是一种新型的分析检测技术。电子舌技术主要由味觉传感器阵列（包括电位型传感器、伏安型传感器、阻抗谱型传感器等类型）、信号采集系统和模式识别系统组成。传感器阵列对液体试样响应并输出信号，经过计算机系统进行数据处理后，得到反映样品味觉特征的结果。电子鼻和电子舌技术的原理和应用范围见二维码 4-2。

二维码 4-2　电子鼻和电子舌技术的原理和应用范围

课后练习

1. 判断题

(1) 密度瓶法特别适用于样品量较少的场合，但对挥发性样品不适用。(　　)

(2) 测定较黏稠样液时，宜使用具有毛细管的密度瓶。(　　)

(3) 偏振光能完全通过晶轴与其偏振面垂直的尼科尔棱镜。(　　)

(4) 用标准色卡与试样进行颜色比较时，光线非常重要，光线的照射角度要求是 45°。(　　)

(5) 测定水的色度时，需要以白纸为衬底，使光线从顶部向下透过比色管，然后观察。(　　)

2. 单项选择题

(1) 密度是指物质在一定温度下单位体积的（　　）。

A. 体积　　B. 溶剂　　C. 黏度　　D. 质量

(2) 对于同一物质的溶液来说，其折射率大小与其浓度成（　　）。

A. 正比　　B. 反比

C. 没有关系　　D. 有关系，但不是简单的正比或反比关系

(3) 要测定牛乳产品的相对密度，可以选用（　　）。

A. 普通密度计　　B. 酒精计

C. 乳稠计　　D. 波美计

(4) 酸碱滴定时使用的指示剂变色情况与溶液的（　　）有关。

A. pH　　B. 浓度　　C. 体积　　D. 渗透压

(5) 质量分析法主要用于测定（　　）组分。

A. 大于1%　　B. 小于1%　　C. 0.1%～1%　　D. 5%

3. 简答题

(1) 什么是密度和相对密度？测定相对密度的意义？

(2) 食品的物理特性包括哪些方面？

(3) 色度、白度和浊度的测定方法有什么？

(4) 阿贝折光仪利用反射光测定样液浓度的基本原理是什么？

知识拓展

在阿贝折光仪发明之前，测量折射率主要依靠传统的棱镜折射仪，这种方法操作复杂，精度不高。19世纪70年代，恩斯特·阿贝发明了阿贝折光仪。他利用光学原理，设计了一种结构简单、精度高的折射率测量仪器。阿贝折光仪的核心是使用了“临界角”的概念，当光线从高折射率介质进入低折射率介质时，超过一定角度（临界角）就会发生全反射。阿贝折光仪最初的设计是手动对准和读取，但随着技术的进步，后续的设计逐渐引入了机械对准和自动读数系统。为了提高测量精度，阿贝不断改进仪器的光学系统和制造工艺。蔡司公司开始商业化生产阿贝折光仪，这些仪器被广泛应用于化学、制药、食品工业等领域。20世纪末到21世纪初，随着数字技术的发展，现代阿贝折光仪开始采用数字显示和计算机接口，使得测量更加准确、方便。现代的阿贝折光仪不仅用于实验室研究，还广泛应用于工业质量控制，如测量糖溶液的浓度、石油产品的质量等。技术创新持续进行，例如使用更精确的光学元件、开发微型化折光仪以及结合其他分析技术等。

阿贝折光仪的发明是光学仪器发展史上的一个重要里程碑，它不仅推动了物理学和化学分析技术的发展，也体现了恩斯特·阿贝对于科学仪器精密化的不懈追求。阿贝折光仪的发展历程鼓励人们保持持续学习的态度，不断更新知识和技能，以适应不断变化的世界。阿贝追求卓越、精益求精的态度对于提高产品质量和技术水平至关重要，他在设计和改进折光仪的过程中展现了科学研究的严谨性，对每一个细节都进行了精确的计算和实验验证，这种态度是科学研究的基本要求，也是食品专业技术人员必备的素质。

第5章

水分和水分活度分析

【学习重点与难点】

学习重点：食品中水的存在形式、水分及水分活度的测定方法；常用水分测定方法的特征及其应用场景、范围。

学习难点：水分活度的测定程序，包括方法选择、样品处理、适用性及精确度等；国内外现行食品水分活度标准的理解和应用，尤其是如何通过控制和检测水分活度调节实际食品生产、加工、保藏过程。

5.1 概述

各种各样的食品中均含有或多或少的水分。蔬菜和水果水分含量可达80%以上，而比较干的坚果类食品也有2%～5%的水分含量。为了保证食品的性状、储藏及功能等方面的品质，不同食品均有其必需或允许的水分限量。

食品中的水分含量直接影响食品的感官性状，并且对胶体状态的形成和测定也存在一定的影响。除了以纯水状态存在外，水常常作为可溶性物质（如糖类、盐类）的溶剂，并与淀粉、蛋白质等亲水性高分子物质形成凝胶分散体系。其次，不溶于水的食品组分如脂肪和某些蛋白质也可在适当的条件下分散于水中成为乳浊液或胶体溶液。但是，食品中的水分增加或减少到一定程度时也会影响食品品质。例如，脱水蔬菜的水分含量增加会导致非酶褐变反应增加；而一些食品水分含量减少也会诱导蛋白质的变性、糖和盐的结晶等不利于食品保持稳定性状的现象。食品的变质或腐败是由微生物的生长引起的，这与食品的水分含量也有直接关系。例如，为抑制全脂乳粉中微生物生长，其水分含量被要求控制在2.5%～3.0%。此外，水分含量的减少对食品包装、储藏、运输十分有利，并且能降低食品仓储、物流等成本。所以，控制食品中的水分含量，对于保持食品良好的感官性状、维持食品中其他组分的平衡关系、保证食品具一定的保存期均起着重要作用。

食品中水分含量与食品腐败变质密切相关。与食品水分相关的各类分析更应按照国家标准严格执行，这对食品安全至关重要。食品安全是保障公众身体健康和生命安全的重要基石。为了全面保障食品安全，需要从法规标准、食品加工、原材料质量控制、食品添加剂管理、微生物风险控制、存储运输安全、消费者健康指导以及食品安全监管体系等多个方面进行严格管理和控制。

5.1.1 水分测定的意义

水分含量的测定是食品分析中最基本、重要的方法之一。以下一些实例充分说明了水分在食品中的重要性。

① 水分含量是食品保藏过程中的关键控制因子，其直接影响食品的稳定性。例如，脱水类食品（脱水蔬菜、脱水水果）、乳粉、香料香精等，控制这些食品的水分含量可有效抑制微生物生长，进而延长保质期。

② 水分含量与食品质量密切相关。例如，为保证果酱和果冻的形态，防止产品中的糖结晶，需控制水分含量在一定的范围内。但在生产水果硬糖时则应控制水分含量在3.0%以下，并且不可过低防止出现返砂甚至返潮现象。

③ 降低部分食品的水分含量有利于包装和运输。例如，浓缩果汁、浓缩牛乳及脱水产品等。

④ 部分食品的水分含量受国家标准管控，检测水分含量是控制产品品质，进而使产品达到国家标准的重要途径。

⑤ 食品营养价值的计量值要求列出水分含量。

⑥ 水分含量数据可用于表示样品在同一计量基础上的其他分析的测定结果（如干基）。

此外，各种食品生产原料的水分含量直接与产品品质、贮藏稳定性及生产成本相关。因此，食品中水分含量的测定通常是食品分析的重要项目之一。

5.1.2 水分的存在状态

食品中通常含有大量的水，根据水在食品中所处的状态不同，可把食品中的水分为自由水和结合水两类。

① 自由水　自由水是指由分子（通常是低浓度的大分子）所构成基质物理截留的水。自由水保留了水本身的物理性质，可作为胶体的分散剂和盐的溶剂，如食盐、砂糖、氨基酸、蛋白质或植物胶的水溶液中的水。自由水在被截留的区域内可以自由流动，能使食品变质的反应及微生物活动在其中进行。在高水分含量的食品中，自由水可以达到总水量的90%以上。

② 结合水　结合水是指食品中的非水成分与水借助化学力或物理化学力相结合的水。通常是指存在于溶质或其他非水组分附近的那部分水，它与同一体系中的自由水相比，其分子流动性显著降低，且水的蒸气压、冰点等物理化学性质也发生明显改变。

单分子层结合水是指通过氢键与非水物质中以离子形式存在的一些强极性基团结合紧密的水，在非水组织的外层形成一层水膜。单分子层结合水在−40℃不结冰，结合力较大，很难用蒸发的方法分离出去。单分子层结合水在食品内部不能作为溶剂，微生物孢子也不能利用它来进行发芽和繁殖。这部分水如葡萄糖、麦芽糖、乳糖的结晶水或果胶、明胶所形成凝胶中的结合水。

多分子层结合水是指强极性基团单分子水层外的几个水分子层所包含的水，以及与非水组分中弱极性基团以氢键结合的水。多分子层结合水在−40℃基本不结冰，它向外蒸发的能力也较弱，与自由水相比，蒸发时需吸收较多的能量。多分子层结合水可存在于细胞壁或原生质中，与蛋白质牢固地结合在一起。

食品中的自由水容易分离，而结合水难以分离。为保证食品品质，水分测定时需要控制对食品进行加热干燥的时间和温度，保证分析结果的合理性。因此，水分测定时需要保证一定的温度、一定的时间和规定的操作条件，这样得到的测定结果才是可靠的。

5.2　水分含量的分析

水分含量分析现行标准为《食品安全国家标准 食品中水分的测定》（GB 5009.3—2016），其中主要包括干燥法、蒸馏法和卡尔·费休法。

5.2.1　干燥法

干燥法测定水分含量是指在一定的温度和压力条件下，将样品加热干燥，蒸发以排除其中水分并根据样品前后失重来计算水分含量的方法。干燥法又分为直接干燥法和减压干燥法。该法测定水分含量费时较长，但操作简单且适用范围广泛。下面主要介绍直接干燥法，减压干燥法的操作步骤见二维码 5-1。

二维码 5-1
减压干燥法
的操作步骤

5.2.1.1　直接干燥法

5.2.1.1.1　原理

利用食品中水分的物理性质，在 101.3kPa（一个大气压），温度 101～105℃下采用挥发方法测定样品中干燥减失的质量，包括吸湿水、部分结晶水和该条件下能挥发的物质，再通过干燥前后的称量数值计算出水分的含量。

5.2.1.1.2　仪器与试剂

仪器：电热恒温干燥箱、干燥器、天平等。

试剂：氢氧化钠、盐酸、海砂等。

5.2.1.1.3　分析步骤

① 固体样品　测定步骤按照以下方法进行。准备洁净称量瓶，将其放入 101～105℃的干燥箱中，瓶盖斜靠在瓶边，加热 1h。取出后盖好，放入干燥器中冷却 0.5h，然后进行称量。此过程需重复干燥，直到前后两次的质量差不超过 2mg，方可认为达到恒重。将混合均匀的样品磨细成小于 2mm 的颗粒，对于不易研磨的样品，应尽量切碎。称量 2～10g 样品放入称量瓶中，使样品厚度不超过 5mm。如果是较为疏松的样品，其厚度不应超过 10mm。加盖后称量并记录，然后将其放入 101～105℃的干燥箱中，瓶盖斜靠在瓶边，干燥 2～4h。随后取出盖好，放入干燥器中冷却 0.5h 后再次称量并记录。再次放入干燥箱中干燥约 1h，取出后放入干燥器中冷却 0.5h 后再进行称量记录。重复以上步骤，直到前后两次的质量差不超过 2mg，方可认为达到恒重。

② 半固体或液体样品　在洁净的称量瓶中加入 10g 海砂，并放入 101～105℃的干燥箱中，干燥 1.0h 后取出，放入干燥器中冷却 0.5h 后进行称量。需重复干燥，直至恒重。随后称量 5～10g 的样品，放入称量瓶中，用干燥玻璃棒搅拌均匀后置于沸水浴中蒸干，并保持搅拌，及时擦去瓶底水滴。将其放入 101～105℃的干燥箱中干燥 4h，放入干燥器中冷却 0.5h 后称量并记录。再将其放入 101～105℃的干燥箱中干燥约 1.0h，取出后放入干燥器中冷却 0.5h 后再次称量，直至恒重。

5.2.1.1.4 结果计算

样品中的水分含量，按式（5-1）进行计算。

$$X=\frac{m_1-m_2}{m_1-m_3}\times 100 \tag{5-1}$$

式中 X——样品中水分的含量，g/100g；

m_1——称量瓶（加海砂、玻璃棒）和样品的质量，g；

m_2——称量瓶（加海砂、玻璃棒）和干燥后样品的质量，g；

m_3——称量瓶（加海砂、玻璃棒）的质量，g；

100——单位换算系数。

水分含量≥1g/100g时，计算结果保留三位有效数字；水分含量<1g/100g时，计算结果保留两位有效数字。

5.2.1.1.5 说明与注意事项

① 直接干燥法是国家标准中用于测定食品水分的首选方法。然而，由于该方法无法完全去除食品中的结合水，因此无法准确反映食品的真实水分含量。尽管直接干燥法的设备和操作相对简单，但其所需时间较长，并且不适用于胶体、高脂肪、高糖的食品，以及那些含有大量易氧化和易挥发物质的食品。

② 测得的水分质量中还包括在100℃下蒸发的挥发性物质，如微量的芳香油、醇类和有机酸等。该方法没有直观的指标来判断水分是否完全蒸发，只能通过达到恒重来进行判断。

③ 直接干燥法的最低检出限为0.002g，当取样量为2g时，方法的检出限为0.10g/100g，且相对误差为5%。在烘箱干燥法中，所选用的温度、压力和干燥时间会根据样品的性质和分析目的的不同而有所调整。通常，干燥温度设定在70～100℃，对于热稳定性较好的食品，甚至可以使用120℃、130℃或更高的温度，这样可以显著缩短干燥时间，这种方法被称为高温干燥。

5.2.1.2 其他干燥法

5.2.1.2.1 化学干燥法

化学干燥法是将一种对水蒸气具有强烈吸附能力的化学药品与含水样品一起放入干燥容器中，例如普通玻璃干燥器或真空干燥器。通过等温扩散和吸附作用，使样品达到干燥恒重，然后根据干燥前后样品的质量差来计算水分含量。然而，这种方法的缺点在于所需时间较长，可能需要数天、数周甚至数月。用于吸收水蒸气的化学药品被称为干燥剂，主要包括五氧化二磷、氧化钡、高氯酸镁、熔融氢氧化钾、氧化铝、硅胶、100%硫酸、氧化镁、熔融氢氧化钠、氧化钙、无水氯化钙和95%硫酸等，其干燥效率依次降低。其中，浓硫酸、固体氢氧化钠、硅胶、活性氧化铝和无水氯化钙是最常用的干燥剂。这种方法适用于热不稳定和含有易挥发成分的样品，如茶叶和香料等。

5.2.1.2.2 微波烘箱干燥技术

微波是指频率在300MHz～300GHz范围内的电磁波。微波加热通过电磁波将能量传递到被加热物体的内部，从而使其内部温度迅速上升。这种加热方式具有多项优点：

① 加热速度快，无需依赖热传导，能够迅速提升物体内部温度；

② 加热均匀性好，由于其内部加热的特性，通常具备自动平衡的能力，从而实现更均匀的加热效果；

③ 加热控制简便，微波的热惯性小，能够立即产生热量并迅速升温，便于调控；

④ 选择性吸收，某些成分对微波的吸收能力较强，而另一些成分则较弱，这种特性有助于提升产品质量，例如，食品中的水分对微波能量的吸收远高于干物质，导致水分温度显著升高，有利于其蒸发，而干物质吸收的微波能量较少，温度较低，不易过热，同时加热时间也较短，从而能够更好地保持食品的色、香、味等特性；

⑤ 加热效率高，由于加热源自物料本身，几乎不产生辐射热能，因此热效率较高。

在食品工业中，某些食品在包装前可以通过微波烘箱干燥法快速测定其在生产过程中的水分含量，并据此进行调整。例如，在加工干酪的过程中，可以在原料放入容器之前使用这种方法分析成分，并在搅拌前进行成分的调整。在接下来的几个月里，微波烘箱干燥法将被有效地用于水分的控制。

5.2.1.2.3　红外线干燥法

红外线干燥法是一种快速测定水分的技术。该方法利用红外线发热管作为热源，通过红外线辐射和直接加热的方式，使样品中的水分迅速蒸发。通过比较干燥前后样品的质量差异，可以计算出水分含量。与传统的热传导和对流方式的烘箱相比，红外线干燥法显著缩短了水分蒸发所需的时间，通常只需 10～25min。然而，该方法的精确度相对较低，适合用于测定 2～3 份样品的大致水分含量，或在一定偏差范围内进行快速检验。

在食品领域，还有许多其他水分分析方法，如气相色谱法和冰点分析法等。这些方法在相关文献中已有详细讨论，因篇幅限制，此处不再赘述。

5.2.2　蒸馏法

5.2.2.1　原理

通过利用食品中水分的物理化学特性，采用水分测定仪将食品中的水分与甲苯或二甲苯一同蒸发。根据收集到的水的体积，可以计算出样品中的水分含量。该方法特别适用于含有较多其他挥发性成分的食品，如香辛料等。

5.2.2.2　仪器与试剂

仪器：水分测定器（见图 5-1）、水分接收管、天平等。

试剂：甲苯或二甲苯等。

5.2.2.3　分析步骤

准确称取适量的样品（最终蒸出的水量应在 2～5mL 之间，但取样量不得超过蒸馏瓶的 2/3），将其放入 250mL 的蒸馏瓶中，加入 75mL 新蒸馏的甲苯（或二甲苯）。然后，连接冷凝管和水分接收管，并从冷凝管的顶端注入甲苯，直至水分接收管装满。同时，进行甲苯（或二甲苯）的试剂空白试验。

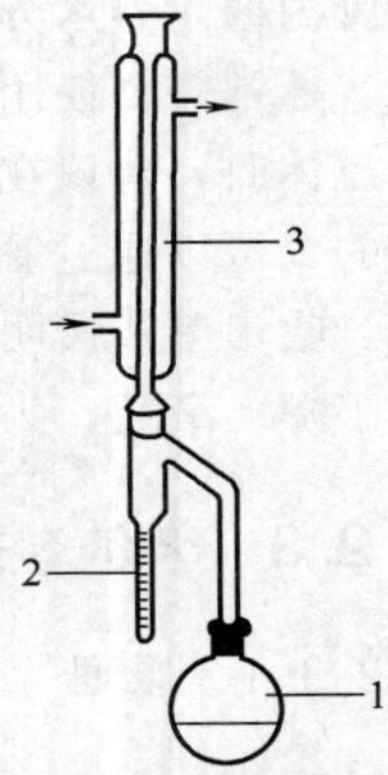

图 5-1　水分测定器

1—250mL 蒸馏瓶；2—具刻度水分接收管；3—冷凝管

缓慢加热进行蒸馏，使每秒钟馏出液体为 2 滴。当大部分水分蒸发后，加快蒸馏速度至每秒 4 滴。当水分完全蒸发，接收管内的水分体积不再增加时，从冷凝管的顶端加入甲苯进行冲洗。如果冷凝管壁上有水滴，可以用带小橡皮头的铜丝轻轻擦拭。然后再继续蒸馏一段时间，直到接收管上部和冷凝管壁上不再有水滴附着。保持接收管的液面不变 10min，即可确定蒸馏的终点，并记录接收管中水层的容积。

5.2.2.4 结果计算

样品中水分的含量，按式（5-2）进行计算。

$$X=\frac{V-V_0}{m}\times 100 \tag{5-2}$$

式中 X——样品中水分的含量，mL/100g；或按水在20℃的相对密度0.998，20g/mL计算质量；

V——接收管内水的体积，mL；

V_0——做试剂空白时，接收管内水的体积，mL；

m——样品的质量，g；

100——单位换算系数。

以重复性条件下获得的两次独立测定结果的算术平均值表示，结果保留三位有效数字。

5.2.2.5 说明与注意事项

① 蒸馏法与干燥法存在显著差异。干燥法主要依据干燥后质量的减少，而蒸馏法则是根据蒸馏过程中收集到的水量来进行测定，这样可以避免因挥发性物质的损失和脂肪氧化对水分测定带来的误差。在选择有机溶剂时，需要考虑多个因素，如溶剂是否能完全湿润样品、热传导的适宜性、化学惰性、可燃性以及样品的特性等，其中样品的特性是选择溶剂的重要依据。对于热不稳定的食品，通常选择低沸点的溶剂，如苯、甲苯或甲苯-二甲苯的混合液；而对于一些含糖分且能释放水分的样品，如脱水洋葱和脱水大蒜，推荐使用苯作为溶剂。对于比水重的溶剂，其特点是样品会漂浮在上面，避免过热和炭化，同时也更安全防火。然而，这类溶剂在蒸馏冷凝后，可能会穿过水面进入接收管下方，从而增加形成乳浊液的风险。

② 蒸馏法测量误差的产生原因有很多，例如样品中的水分未能完全蒸发、冷凝器和连接管内壁附着水分、水分溶解于有机溶剂、形成乳浊液以及馏出水溶性成分等。在加热过程中，通常需要使用石棉网；如果样品含糖量较高，使用油浴加热效果更佳。当样品为粉状或半流体时，建议在瓶底铺上一层干净的海砂，然后再加入样品和甲苯。所用的甲苯必须是无水的，可以通过氯化钙或无水硫酸钠对甲苯进行脱水处理，过滤后蒸馏，弃去最初的馏出液，收集澄清透明的溶液以获得无水甲苯。为了防止乳浊液的产生，可以添加少量的戊醇或异丁醇。最后，为了避免接收管和冷凝管上附着水珠，所使用的仪器必须彻底清洗干净。

5.2.3 卡尔·费休法

5.2.3.1 原理

碘能与水和二氧化硫发生化学反应，在有吡啶和甲醇共存时，1mol碘只与1mol水作用，反应式如下：

$$C_5H_5N\cdot I_2+C_5H_5N\cdot SO_2+C_5H_5N+H_2O+CH_3OH\rightarrow 2C_5H_5N\cdot HI+C_5H_6N[SO_4CH_3]$$

卡尔·费休水分测定法可分为库仑法和容量法。在容量法中，碘作为已知浓度的滴定剂被加入，通过测量消耗的滴定剂体积来计算消耗的碘量，从而确定被测物质中的水分含量。以下主要介绍容量法。

5.2.3.2 仪器与试剂

仪器：卡尔·费休水分测定仪、天平等。

试剂：卡尔·费休试剂、无水甲醇等。

5.2.3.3 分析步骤

① 在反应瓶中加入一定体积的甲醇（浸没铂电极），在搅拌的条件下，使用卡尔·费休试剂进行滴定，直至达到终点。随后，加入10mg水，再次进行滴定至终点，并记录卡尔·费休试剂的用量（V）。

卡尔·费休试剂的滴定度按式（5-3）进行计算。

$$T=\frac{m}{V} \tag{5-3}$$

式中 T——卡尔·费休试剂的滴定度，mg/mL；

m——水的质量，mg；

V——滴定水消耗的卡尔·费休试剂的用量，mL。

② 样品前处理 对于可粉碎的固体样品，应尽量将其粉碎至均匀状态。对于难以粉碎的样品，可以将其切碎。

③ 样品中水分测定 在测定样品中的水分时，需在反应瓶中加入一定体积的甲醇或卡尔·费休测定仪所规定的溶剂，以浸没铂电极，并在搅拌的条件下，用卡尔·费休试剂进行滴定至终点。对于易溶于甲醇或指定溶剂的样品，应迅速将其直接加入滴定杯中；而对于不易溶解的样品，则应通过加热滴定杯或加入已测定水分的其他溶剂来辅助溶解，然后再用卡尔·费休试剂滴定至终点。建议采用容量法测定样品中的水分时，样品的含水量应大于100μg。对于在滴定过程中平衡时间较长且可能导致漂移的样品，需要扣除其漂移量。

④ 漂移量的测定 在滴定杯中加入与待测样品相同的溶剂，进行滴定直至达到终点。然后静置至少10min后，再次进行滴定至终点。两次滴定之间单位时间内的体积变化即为漂移量（D）。

5.2.3.4 结果计算

固体样品中水分的含量按式（5-4），液体样品中水分的含量按式（5-5）进行计算：

$$X=\frac{(V_1-D\times t)\times T}{m}\times 100 \tag{5-4}$$

$$X=\frac{(V_1-D\times t)\times T}{V_2\rho}\times 100 \tag{5-5}$$

式中 X——样品中水分的含量，g/100g；

V_1——滴定样品时消耗卡尔·费休试剂体积，mL；

D——漂移量，mL/min；

t——滴定时所消耗的时间，min；

T——卡尔·费休试剂的滴定度，g/mL；

m——样品质量，g；

100——单位换算系数；

V_2——液体样品体积，mL；

ρ——液体样品的密度，g/mL。

水分含量≥1g/100g 时，计算结果保留三位有效数字；水分含量<1g/100g 时，计算结果保留两位有效数字。

5.2.3.5 说明与注意事项

① 在应用卡尔·费休法时，确保水分完全萃取的关键在于样品的颗粒大小。通常，样品应达到约 40 目细度，建议使用破碎机进行处理，避免使用研磨机以防止水分损失。同时，在粉碎样品时，还需确保其含水量的均匀性。

② 卡尔·费休法是一种用于测定食品中微量水分的技术，但不适用于那些能与卡尔·费休试剂的主要成分反应并生成水的样品，以及能够还原碘或氧化碘化物的样品。如果食品中含有氧化剂、还原剂、碱性氧化物、氢氧化物、碳酸盐、硼酸等物质，都会与卡尔·费休试剂发生反应，从而干扰测定结果。样品溶剂可以选择甲醇或吡啶，也可以使用其他溶剂，如甲酰胺或二甲基甲酰胺。在滴定过程中，吡啶会释放出强烈的异味，因此目前有研究在探索用其他胺类替代吡啶以溶解碘和二氧化硫。

③ 目前发现某些脂肪胺和其他杂环化合物较为适合。在这些新型胺盐的基础上，分别制备了单组分试剂（将溶剂和滴定组分合并）和双组分试剂（将溶剂和滴定组分分开），单组分试剂使用更为方便，而双组分试剂则更适合于大批量试剂的储存。

5.2.4 其他方法

① 介电容量法　是一种通过测量样品的介电常数与水分含量之间的关系来确定食品水分含量的技术。在这一方法中，含水食品被用作电极之间的填充介质，电容的变化反映了水分的含量。由于水的介电常数（在 20℃时为 80.37）显著高于大多数其他溶剂，因此该方法特别适合用于水分的测定。例如，介电容量法常用于测定谷物中的水分含量，因为水的介电常数为 80.37，而蛋白质和淀粉的介电常数仅为 10。在进行样品检测时，可以通过仪器读数与预先建立的标准曲线相对照，获得水分含量的测定值。需要注意的是，样品的密度和温度等因素对测量结果有较大影响，因此在测定时必须加以考虑。此外，使用该方法的仪器需要通过已知水分含量的标准样品进行校准。介电容量法具有测量速度快的优点，非常适合于需要进行连续质量控制的加工过程，但不适用于水分含量低于 35%的食品检测。

② 电导率法　基本原理是当样品中的水分含量发生变化时，其电流导电性也会随之变化。因此，通过测量样品的电阻，可以快速且相对准确地进行分析。根据欧姆定律，电流强度等于电压与电阻的比值。例如，含水量为 13%的小麦的电阻是含水量为 14%的小麦电阻的 7 倍。在使用电导率法进行样品测定时，必须保持温度恒定，并且每个样品的测定时间应固定为 1 分钟。

③ 红外法　红外线是一种电磁波，通常指波长范围在 0.75 到 1000μm 之间的光。水分子对红外线具有选择性吸收的特性。红外吸收光谱法用于测定食品中分子对辐射的吸收情况，即不同频率的红外辐射被食品分子中不同的官能团所吸收，这与紫外可见光谱中紫外线或可见光的应用相似。通过建立水分对特定波长红外线的吸收强度与其在样品中含量之间的关系，形成了红外吸收光谱测水分法。目前，日本、美国和加拿大等国家已将近红外吸收光谱法应用于谷物、咖啡、可可、核桃、花生、肉类、牛乳和马铃薯等样品的水分测定。总的

来说，红外吸收光谱法具有准确、快速和方便的优点，展现出广阔的应用前景。

④ 折光法　目前已被广泛用于测定水果及其相关产品中的可溶性固形物。这种方法实际上是通过测定食品中的固形物来间接推算水分含量。有关折光法测量的详细步骤，请参见第四章的相关内容。

5.3 水分活度的分析

5.3.1 水分活度分析的意义

食品中的水分主要存在两种状态，然而除了自由水之外，其余水分通常以不同程度的束缚状态存在。本章第二节介绍了多种测定水分的方法，但仅仅依靠水分含量并不能准确反映食品的稳定性。因为在食品存放过程中，腐败现象时常发生，虽然这与水分含量有关，但腐败程度并不总是与水分含量呈正相关。相同含水量的食品可能会表现出不同的腐败和变质现象，这在一定程度上是水分与食品中其他成分结合的方式不同所导致的。为了更好地定量分析食品中的水分状态，并阐明水分含量与食品保藏性能之间的关系，我们引入了水分活度（water activity）这一概念。

根据平衡热力学定律，水分活度可定义为溶液中水的逸度（fugacity）与纯水逸度的比值，即：

$$A_w = \frac{f}{f_0} \tag{5-6}$$

式中　A_w——水分活度；

f——溶剂（水）的逸度，逸度是溶剂从溶液中逃脱的趋势；

f_0——纯溶剂（水）的逸度。

在低压（如室温）时，f/f_0 与 p/p_0 之间的差别小于 1%，因此水分活度也可近似地表示为溶液中水蒸气分压与纯水蒸气压之比：

$$A_w = \frac{p}{p_0} = \frac{\text{ERH}}{100} \tag{5-7}$$

式中　p——溶液或食品中的水蒸气分压，一般说来，p 随食品中易蒸发的自由水含量的增多而加大；

p_0——纯水的蒸气压，可从有关手册中查出。

式中，ERH 代表平衡相对湿度（equilibrium relative humidity），指的是食品中水分蒸发达到平衡的状态。在这个状态下，单位时间内从食品中蒸发的水的物质的量与返回食品的水的物质的量相等。此时，食品上方的水蒸气分压与该温度下水的饱和蒸气压的比值（乘以 100 并用整数表示）即为平衡相对湿度。

水分含量、水分活度和相对湿度是三个不同的概念。水分含量指的是食品中水的总量，即在一定量的食品中水的质量分数；水分活度则反映了食品中水分的状态，具体表现为水分与食品成分的结合程度或游离程度。结合程度越高，水分活度越低；反之，结合程度越低，水分活度越高。在同类食品中，通常水分含量越高，其水分活度也会相应增大，但在不同种类的食品中，即使水分含量相同，水分活度也可能存在差异。相对湿度则是指食品周围空气的状态。测定食品的水分活度具有重要意义，因为水分活度对食品的色泽、香气、味道、质地以及稳定性都有显著影响。不同水分含量的食品由于水分活度的差异，其储存稳定性也会有所不同。通过控制食品的水分活度，可以提升产品质量并延长保鲜期。例如，在水果软糖中添加琼脂、在主食面包中使用乳化剂、在糕点生产中加入甘油等，均能有效调整食品的水分活度，改善其质构和口感，并延长保存时间。因此，水分活度的测定已逐渐成为食品检验中的一项重要指标。

5.3.2 水分活度分析的方法

在食品工业中，测定水分活度的方法有多种，包括蒸汽压力法、电湿度计法、溶剂萃取法、近似计算法以及水分活度测定仪法等。以下将介绍几种常用的测定方法。

5.3.2.1 康卫氏皿扩散法

5.3.2.1.1 原理

在密封且恒温的康卫氏皿中，样品中的自由水会与水分活度（A_w）较高和较低的标准饱和溶液进行扩散。经过一段时间的平衡后，通过测量样品质量的变化，计算出样品的水分活度。

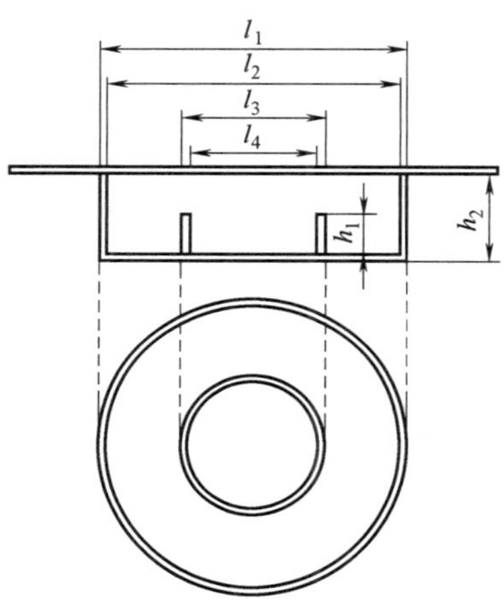

图 5-2 带磨砂玻璃盖的康卫氏皿

l_1—外室外直径，100mm；l_2—外室内直径，92mm；l_3—内室外直径，53mm；l_4—内室内直径，45mm；h_1—内室高度，10mm；h_2—外室高度，25mm

5.3.2.1.2 仪器和试剂

仪器：康卫氏皿（见图 5-2）、称量皿、天平、恒温培养箱、电热恒温鼓风干燥箱等。

试剂：溴化锂、氯化锂、氯化镁、碳酸钾、硝酸镁、溴化钠、氯化钴、氯化锶、硝酸钠、氯化钠、溴化钾、硫酸铵、氯化钾、硝酸锶、氯化钡、硝酸钾、硫酸钾等。

5.3.2.1.3 分析步骤

（1）样品制备

① 粉末状固体、颗粒状固体及糊状样品　需取至少 200g 的代表性样品，进行充分混合后，放入密闭的玻璃容器中。

② 块状样品　需取可食用部分的代表性样品，至少 200g。在室温 18～25℃、湿度 50%～80%的环境下，迅速将其切割成小于 3mm×3mm×3mm 的块状，切忌使用组织捣碎机，混合均匀后同样放入密闭的玻璃容器中。

③ 瓶装的固体和液体混合样品　需取其液体部分。

④ 质量多样的混合样品　需取代表性的均匀样品。

⑤ 液体或流动酱汁样品　需直接取均匀样品进行称重。

（2）样品预测定

在 25℃±1℃的条件下，将装有样品的密闭容器、康卫氏皿和称量皿放入恒温培养箱中，保持恒温 30min。取出后立即进行后续操作和测定。

分别在四个康卫氏皿的外室中加入 12.0mL 的饱和溴化锂溶液、饱和氯化镁溶液、饱和氯化钴溶液和饱和硫酸钾溶液。使用经过恒温处理的称量皿，在预先干燥并称量的称量皿中，迅速称取与标准饱和盐溶液等量的样品，约 1.5g，然后将其放入盛有标准饱和盐溶液的康卫氏皿的内室。沿着康卫氏皿的上口平行移动，盖上涂有凡士林的磨砂玻璃片，然后将其放入 25℃±1℃的恒温培养箱中，恒温 24h。最后，取出盛有样品的称量皿，立即进行称量。按照式（5-8）进行测定结果计算。

$$X=\frac{m_1-m}{m-m_0} \tag{5-8}$$

式中　X——样品质量的增减量，g；

m_1——25℃扩散平衡后，样品和称量皿的质量，g；

m——25℃扩散平衡前，样品和称量皿的质量，g；

m_0——称量皿的质量，g。

（3）绘制二维直线图

在 25℃下，所选的饱和盐溶液的水分活度（A_w）作为横坐标，而对应的标准饱和盐溶液样品的质量变化则作为纵坐标，绘制出二维直线图。通过横坐标的截距值，可以得到该样品的水分活度预测值，如图 5-3 所示。

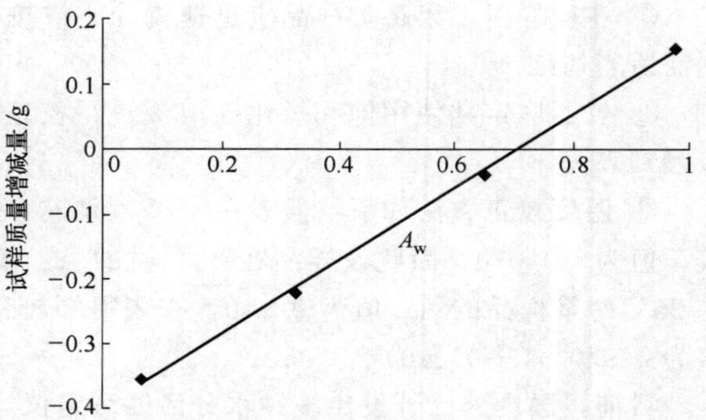

图 5-3　样品水分活度预测结果图

（4）样品的测定

根据预测结果，选择水分活度值大于和小于样品预测结果的三种饱和盐溶液，各取 12.0mL，注入经过恒温处理的称量皿中。称量皿在预先干燥并称重后，迅速称取与标准饱和盐溶液等量的样品约 1.5g，放入康卫氏皿的内室中。然后，将涂有凡士林的磨砂玻璃片平行于康卫氏皿的上口盖好，放入 25℃±1℃的恒温培养箱中，恒温 24h。最后，取出盛有样品的称量皿，立即进行称量。

（5）结果计算

计算方法同前取横轴截距值，即为该样品的水分活度值。当符合精密度所规定的要求时，取三次平行测定的算术平均值作为结果。计算结果保留两位有效数字。其他需要注意的事项见二维码 5-2。

二维码 5-2
注意事项

5.3.2.2　水分活度仪扩散法

5.3.2.2.1　原理

在一个密闭且恒温的水分活度仪测量舱内，样品中的水分达到了扩散平衡。此时，水分活度仪测量舱内的传感器或数字探头所显示的响应值（与相对湿度对应的数值）即为样品的水分活度（A_w）。

5.3.2.2.2　仪器和试剂

仪器：水分活度测定仪、样品皿、天平等。

试剂：溴化锂、氯化锂、氯化镁、碳酸钾、硝酸镁、溴化钠、氯化钴、氯化锶、硝酸钠、氯化钠、溴化钾、硫酸铵、氯化钾、硝酸锶、氯化钡、硝酸钾、硫酸钾等。

5.3.2.2.3　分析步骤

样品的制备方法与康卫氏皿扩散法相同。在室温 18～25℃、湿度 50%～80%的环境下，使用饱和盐溶液对水分活度仪进行校正。称取约 1g 的样品，迅速放入样品皿中，并封闭测量仓。在温度 20～25℃、相对湿度 50%～80%的条件下进行测定。每隔 5min 记录一次水分活度仪的响应值。当相邻两次的响应值差异小于 0.005 时，即可视为测定值。在仪器达到充分平衡后，对同一样品进行三次重复测定。

5.3.2.2.4 结果计算

当符合精密度所规定的要求时，取两次平行测定的算术平均值作为结果。计算结果保留两位有效数字。

5.3.2.2.5 说明与注意事项

① 在取样时，果蔬类样品应迅速捣碎，或按比例提取汤汁与固形物；肉类和鱼类样品则需适当切细。

② 仪器应定期使用饱和氯化钡溶液进行校正。在测定过程中，切勿让样品盒内的样品接触到表头。

③ 温度校正方法如下：假设在 15℃时测得某样品的 A_w 值为 0.930，查表得知 15℃的校正值为－0.010，因此该样品在 20℃时的 A_w 值为 0.930＋(－0.010)＝0.920；反之，若在 25℃时某样品的 A_w 值为 0.940，查表得知校正值为＋0.010，则该样品在 20℃时的 A_w 值为 0.940＋(＋0.010)＝0.950。

目前，国内外已开发出多种水分活度测定仪，其原理各异，大多基于二电极中吸湿性物质的电导变化或气体热传导的湿度传感器进行检测。这类仪器具有快速、灵敏和高精度的优点。然而，现阶段这些电子仪器的成本较高，部分仍需进口，这对其推广造成了一定的障碍。

5.3.2.3 溶剂萃取法

5.3.2.3.1 原理

食品中的水可用与其不混溶的溶剂苯来萃取。在一定温度下，苯所萃取出的水量与样品中水相的水分活度成正比。用卡尔·费休法分别测定苯从食品和纯水中萃取出的水量并求出两者之比值，即为样品的水分活度值。

5.3.2.3.2 水分活度的计算

$$A_w=\frac{V_n}{V_0} \tag{5-9}$$

式中 V_n——从食品中萃取的水量（用卡尔·费休试剂滴定度乘以滴定样品所消耗该试剂的体积）；

V_0——从纯水中萃取的水量（卡尔·费休试剂滴定度乘以滴定 10mL 纯水萃取液时所消耗该试剂的体积）。

5.3.2.3.3 说明与注意事项

① 在溶剂萃取法中，除了使用光谱纯的苯来提取样品中的水分外，其余步骤与卡尔·费休法的水分测定过程相同。

② 所有用于溶剂萃取法的玻璃器皿必须保持干燥，这种方法所获得的结果与仪器测定法相当。

课后练习

1. 名词解释

水分活度；结合水；自由水

2. 判断题

(1) 食品水分含量和食品水分活度是同一指标。( )

(2) 选择某种食品的水分分析方法时，无需考虑样品含水量。( )

(3) 食品中水分分为自由水和结合水，结合水包括单分子层结合水和多分子层结合水。( )

(4) 水分活度的测定已逐渐成为食品检验中的一项重要指标。( )

(5) 水分活度测定时康卫氏皿应具备良好的密封性。( )

3. 单项选择题

(1) 以下不是水分含量测定方法的是？( )

A. 直接干燥法　　B. 减压干燥法

C. 蒸馏法　　D. 康卫氏皿扩散法

(2) 结合水的主要特点不包括以下哪项？( )

A. 与蛋白质结合　　B. 作为糖类或盐类物质溶剂

C. 不易结冰　　D. 蒸发能力弱

(3) 选择水分含量分析方法时，以下哪个因素不需要考虑？( )

A. 样品形态　　B. 方法的精密度

C. 方法的成本效益　　D. 方法的观赏性

4. 问答题

(1) 在下列情况下，采用直接干燥法测定水分含量的结果是偏高还是偏低？为什么？①粉碎不充分；②存在高浓度的挥发性风味化合物；③含高脂肪、高糖的食品。

(2) 为什么经加热干燥的称量瓶要迅速放到干燥器内且要冷却后再称量？

(3) 在水分测定过程中，干燥器有什么作用？怎样正确使用和维护干燥器？

(4) 卡尔·费休法是测定食品中微量水分的方法，在下列情况下，被测食品的水分含量是否可能偏低或偏高，并解释。①样品颗粒较大；②样品中含有还原性物质，如维生素 C。

(5) 蒸馏法测定水分的原理是什么？其优缺点和适用范围是什么？

知识拓展

大食物观是一种全新的食品生产和消费理念，强调食物的多样性和全面性，不仅仅局限于传统的主食和肉类，而是包括所有能够提供营养、满足人体健康需求的物质。它倡导在保障粮食安全的基础上，拓宽食物来源，丰富食品种类，提升食品品质。推动我国食品产业高质量发展，必须提升食品营养价值和健康效益，开发利用新食物资源，坚持以科技创新为引领，践行绿色发展理念。将营养学理念融入食品生产、加工和消费的全过程，旨在通过科学的食物选择和合理的膳食结构，预防和减少疾病的发生，提高人民健康水平。这要求食品行业不仅要关注食品的口感和外观，更要注重其营养价值和健康效益。随着人口增长和经济发展，传统食物资源已难以满足日益增长的需求。食物资源多元化成为解决这一问题的关键。通过开发利用新食物资源，如海洋生物、昆虫蛋白、植物基替代品等，可以有效增加食物供给，提高食品营养价值。通过生物技术、信息技术、纳米技术等现代科技的应用，可以培育高产、优质、抗逆性强的作物品种，开发新型食品原料和加工技术，提高食品的营养价值和安全性，促进食品产业的转型升级。强调在食品生产和消费过程中，应尽量减少对环境的负面影响，实现资源的节约和循环利用。这包括采用生态农业技术，减少化肥和农药的使用，发展可持续的养殖和捕捞方式，以及推广环保包装和减少食物浪费等。

综上所述，大食物观是一个涉及多学科、多领域的综合性概念。它要求我们在保障食品安全和营养的基础上，拓宽食物来源，丰富食品种类，提升食品质量，同时注重环境保护和可持续发展。通过科技创新的支撑，我们可以更好地满足人民日益增长的食品营养和健康需求，推动食品产业的高质量发展。

第6章

糖类分析

【学习重点与难点】

学习重点： 糖类结构、性质及分布；糖类的测定方法（如直接滴定法等）及其在食品分析中的应用。

学习难点： 糖类样品前处理方法的选择和操作；新型低聚糖和膳食纤维的测定及营养评估。

6.1 概述

糖类是由碳、氢、氧三种元素组成的一大类物质，也称为碳水化合物，是人体热能的主要来源（约占70%），并参与细胞的多种代谢过程，广泛存在于水果、蔬菜、谷物等自然界食品中。根据聚合度，糖类可分为单糖、寡糖和多糖三大类。在食品工业中，糖类具有重要的应用价值，不仅为食品提供甜味和质构特性，还影响食品的色泽、风味和保质期。葡萄糖、果糖等常用作甜味剂，淀粉则作为增稠剂和稳定剂广泛应用。某些寡糖因具有促进肠道健康等生理功能，被添加到功能性食品中。糖类的测定对食品分析和营养学研究具有重要意义，有助于了解食品的营养价值，为加工和配方设计提供依据，并评估食品的质量和功能性。

6.2 可溶性糖类的分析

6.2.1 可溶性糖类的提取和澄清

6.2.1.1 提取剂的选择

当样品中含有大量蛋白质、淀粉和糊精时，常用70%～75%的乙醇溶液作为提取剂。乙醇浓度足够高时，这些杂质不会溶解，从而得到有效提取。水也是常用的提取剂，尤其在40～50℃时提取效果较好。然而，高温下可能会提取出可溶性淀粉和糊精，因此需控制温度。

6.2.1.2 提取液的澄清

提取液中常含有色素、蛋白质、可溶性果胶、淀粉等杂质，这些杂质会影响后续的测定，因此需要进行澄清处理。在糖类分析中主要使用的澄清剂有中性乙酸铅、乙酸锌-亚铁氰化钾溶液、硫酸铜-氢氧化钠溶液、碱性乙酸铅、氢氧化铝溶液（铝液）、活性炭。除上述澄清剂外，还有硅藻土、六甲基二硅烷等也可作为澄清剂。

6.2.2 还原糖的分析

还原糖的分析是糖类测定中的重要环节，根据《食品安全国家标准 食品中还原糖的测定》（GB 5009.7—2016）的规定，第一法为直接滴定法，第二法为高锰酸钾滴定法，第三法为铁氰化钾法，第四法为奥氏试剂滴定法。此处仅介绍第一法。

6.2.2.1 原理

直接滴定法是一种常用的测定食品中还原糖含量的方法。其原理是在加热条件下，还原糖（如葡萄糖、果糖等）将碱性酒石酸铜溶液中的二价铜离子还原为一价铜离子，生成红色的氧化亚铜沉淀。当还原糖稍微过量时，它会将蓝色的亚甲基蓝指示剂还原为无色，从而指示滴定终点。通过记录消耗的碱性酒石酸铜溶液的体积，可以计算出样品中还原糖的含量。

6.2.2.2 仪器与试剂

仪器：天平、水浴锅、可调温电炉、酸式滴定管等。

试剂：碱性酒石酸铜甲液、碱性酒石酸铜乙液、乙酸锌、亚铁氰化钾、葡萄糖标准品等。

6.2.2.3 分析步骤

（1）试样处理

① 含淀粉的食品　称取粉碎或混匀后的试样 10～20g，置 250mL 容量瓶中，加水 200mL，在 45℃水浴中加热 1h，并时时振摇，冷却后加水至刻度，混匀，静置，沉淀。吸取 200.0mL 上清液置于另一 250mL 容量瓶中，缓慢加入乙酸锌溶液 5mL 和亚铁氰化钾溶液 5mL，加水至刻度，混匀，静置 30min，用干燥滤纸过滤，弃去初滤液，取后续滤液备用。

② 酒精饮料　称取混匀后的试样 100g，置于蒸发皿中，用氢氧化钠溶液中和至中性，在水浴上蒸发至原体积的 1/4 后，移入 250mL 容量瓶中，缓慢加入乙酸锌溶液 5mL 和亚铁氰化钾溶液 5mL，加水至刻度，混匀，静置 30min，用干燥滤纸过滤，弃去初滤液，取后续滤液备用。

③ 碳酸饮料　称取混匀后的试样 100g 于蒸发皿中，在水浴上微热搅拌除去二氧化碳后，移入 250mL 容量瓶中，用水洗涤蒸发皿，洗液并入容量瓶，加水至刻度，混匀后备用。

④ 其他食品　称取粉碎后的固体试样 2.5～5g 或混匀后的液体试样 5～25g，置 250mL 容量瓶中，加 50mL 水，缓慢加入乙酸锌溶液 5mL 和亚铁氰化钾溶液 5mL，加水至刻度，混匀，静置 30min，用干燥滤纸过滤，弃去初滤液，取后续滤液备用。

（2）碱性酒石酸铜溶液的标定

吸取碱性酒石酸铜甲液 5.0mL 和碱性酒石酸铜乙液 5.0mL，于 150mL 锥形瓶中，加水 10mL，加入玻璃珠 2～4 粒，从滴定管中加葡萄糖或其他还原糖标准溶液约 9mL，控制在 2min 内加热至沸，趁热以 1 滴/2s 的速度继续滴加葡萄糖或其他还原糖标准溶液，直至溶液蓝色刚好褪去为终点，记录消耗葡萄糖（或其他还原糖标准溶液）的总体积，同时平行操作 3 份，取其平均值，计算每 10mL 碱性酒石酸铜溶液（碱性酒石酸甲、乙液各 5mL）相当于葡萄糖（或其他还原糖）的质量（mg）。也可以按上述方法标定 4～20mL 碱性酒石酸铜溶液（甲、乙液各半）来适应试样中还原糖的浓度变化。

(3) 试样溶液预测

吸取碱性酒石酸铜甲液 5.0mL 和碱性酒石酸铜乙液 5.0mL 于 150mL 锥形瓶中，加水 10mL，加入玻璃珠 2～4 粒，控制在 2min 内加热至沸，保持沸腾以先快后慢的速度，从滴定管中滴加试样溶液，并保持沸腾状态，待溶液颜色变浅时，以 1 滴/2s 的速度滴定，直至溶液蓝色刚好褪去为终点，记录样品溶液消耗体积。

(4) 试样溶液测定

吸取碱性酒石酸铜甲液 5.0mL 和碱性酒石酸铜乙液 5.0mL，置于 150mL 锥形瓶中，加水 10mL，加入玻璃珠 2～4 粒，从滴定管滴加比预测体积少 1mL 的试样溶液至锥形瓶中，控制在 2min 内加热至沸，保持沸腾继续以 1 滴/2s 的速度滴定，直至蓝色刚好褪去为终点，记录样液消耗体积，同法平行操作三份，得出平均消耗体积（V）。

6.2.2.4 结果计算

试样中还原糖质量分数（以某种还原糖计）按式（6-1）进行计算。

$$X=\frac{m_1}{m\times F\times\frac{V}{250}\times 1000}\times 100 \tag{6-1}$$

式中 X——试样中还原糖质量分数（以某种还原糖计），g/100g；

m_1——碱性酒石酸铜溶液（甲、乙液各半）相当于某种还原糖的质量，mg；

m——试样质量，g；

F——系数，对于含淀粉的食品试样为 0.8，对于其他类别食品试样为 1；

V——测定时平均消耗试样溶液体积，mL；

250——定容体积，mL；

1000——换算系数。

当浓度过低时试样中还原糖的质量分数（以某种还原糖计）按式（6-2）进行计算。

$$X=\frac{m_2}{m\times F\times\frac{10}{250}\times 1000}\times 100 \tag{6-2}$$

式中 X——试样中还原糖的质量分数（以某种还原糖计），g/100g；

m_2——标定时体积与加入样品后消耗的还原糖标准溶液体积之差相当于某种还原糖的质量，mg；

m——试样质量，g；

F——系数，对于酒精饮料试样为 0.8，对于其他类别食品试样为 1；

10——样液体积，mL；

250——定容体积，mL；

1000——换算系数。

6.2.2.5 说明与注意事项

当样液中还原糖浓度过高时，应适当稀释后再进行正式测定，使每次滴定消耗样液的体积控制在与标定碱性酒石酸铜溶液时所消耗的还原糖标准溶液的体积相近，10mL 左右，结果按式（6-1）计算；当浓度过低时则直接加入 10mL 样品液，免去加水 10mL，再用还原糖标准溶液滴定至终点，记录消耗的体积与标定时消耗的还原糖标准溶液体积之差相当于 10mL 样液中所含还原糖的量，结果按式（6-2）计算。当称样量为 5g 时，定量限为 0.25g/100g。

6.2.3 蔗糖的分析

蔗糖是一种非还原性双糖，由一分子葡萄糖和一分子果糖通过糖苷键连接而成，需水解为还原性单糖后才能用还原糖测定方法测定其含量。根据《食品安全国家标准 食品中果糖、葡萄糖、蔗糖、麦芽糖、乳糖的测定》（GB 5009.8—2023）的规定，第一法为高效液相色谱法，第二法为离子色谱法，第三法为酸水解-莱因-埃农氏法，第四法为莱因-埃农氏法。此处仅介绍第三法，该法适用于食品中蔗糖的测定。

6.2.3.1 原理

酸水解-莱因-埃农氏法是通过酸催化作用将蔗糖水解为葡萄糖和果糖。水解后的溶液中含有还原性的单糖，可以通过还原糖的测定方法来间接测定蔗糖的含量。

6.2.3.2 仪器与试剂

同 6.2.2.2。

6.2.3.3 分析步骤

（1）样品处理

① 胶基糖果和巧克力等难溶解试样　称取试样 2.5～5g 于烧杯中，加入约 50mL 50～60℃热水搅拌溶解，再缓慢加入 5mL 乙酸锌溶液和 5mL 亚铁氰化钾溶液，混匀，放冷后移至 250mL 容量瓶中并用水定容，混匀，静置 30min，用滤纸过滤，弃去初滤液，取后续滤液备用。

② 含淀粉试样　称取粉碎或混匀后的试样 10～20g，置于烧杯中，加入约 200mL 水，在 45℃水浴中加热 1h，并振摇，冷却后转移至 250mL 容量瓶中并定容，混匀，静置，沉淀。吸取 200mL 上清液于另一 250mL 容量瓶中，缓慢加入 5mL 乙酸锌溶液和 5mL 亚铁氰化钾溶液，用水定容至刻度，混匀，静置 30min，用滤纸过滤，弃去初滤液，取后续滤液备用。

③ 含气体和酒精试样　称取混匀后的试样 100g，置于蒸发皿中，用氢氧化钠溶液（40g/L）中和至中性，在水浴上微热搅拌去除气体和酒精，待冷却后移至 250mL 容量瓶中，缓慢加入 5mL 乙酸锌溶液和 5mL 亚铁氰化钾溶液，用水定容至刻度，混匀，静置 30min，用滤纸过滤，弃去初滤液，取后续滤液备用。

④ 其他试样　称取粉碎或混匀后的固体试样 2.5～5g 或液体试样 5～25g，置于烧杯中，加入约 50mL 水，缓慢加入 5mL 乙酸锌溶液和 5mL 亚铁氰化钾溶液，搅拌混匀移至 250mL 容量瓶中并用水定容，混匀，静置 30min，用滤纸过滤，弃去初滤液，取后续滤液备用。

（2）酸水解

吸取 2 份试样处理液各 50.0mL，分别置于 100mL 容量瓶中。转化前，1 份用水定容至刻度，混匀。转化后，1 份加 5mL 盐酸溶液，在 68～70℃水浴中加热 15min，冷却后加 2 滴甲基红指示液，用氢氧化钠溶液（200g/L）中和至中性，用水定容至刻度，混匀。

（3）标定碱性酒石酸铜溶液和试样测定

同 6.2.2.3。

6.2.3.4 结果计算

试样中还原糖的质量分数（以葡萄糖计）按式（6-3）进行计算。

$$R=\frac{A}{m\times\frac{50}{250}\times\frac{V}{100}\times 1000}\times F\times 100 \tag{6-3}$$

式中　R——试样中还原糖的质量分数（以葡萄糖计），g/100g；

A——碱性酒石酸铜溶液（甲液、乙液各半）相当于葡萄糖的质量，mg；

m——试样质量，g；

50——酸水解（2）中吸取样液体积，mL；

250——试样处理（1）中定容体积，mL；

V——测定时平均消耗试样溶液体积，mL；

100——酸水解（2）中定容体积，mL；

1000——换算系数；

F——当使用含淀粉试样的样品处理方法时，$F=1.25$；当使用其他试样的样品处理方法时，$F=1$；

100——换算系数。

以葡萄糖为标准滴定溶液时，按式（6-4）计算试样中蔗糖质量分数。

$$X=(R_2-R_1)\times 0.95 \tag{6-4}$$

式中　X——试样中蔗糖质量分数，g/100g；

R_2——水解处理后还原糖质量分数，g/100g；

R_1——不经水解处理还原糖质量分数，g/100g；

0.95——还原糖（以葡萄糖计）换算为蔗糖的系数。

6.2.4 总糖的分析

总糖是指具有还原性的糖和在测定条件下能水解为还原性单糖（如蔗糖）的总量。根据《肉制品　总糖含量测定》（GB/T 9695.31—2008）的规定，第一法为分光光度法，第二法为直接滴定法。此处仅介绍第二法，该法适用于肉制品中总糖含量的测定。

6.2.4.1　原理

试样先除去蛋白质后，经盐酸水解，在加热条件下，以亚甲基蓝作指示剂，滴定标定过的碱性酒石酸铜溶液，根据消耗样品液的量得到试样总糖的含量。

6.2.4.2　测定方法

测定方法同 6.2.2.3，此处不再赘述。

6.2.5　多种可溶性糖的分离与定量分析

食品中的可溶性糖通常是指葡萄糖、果糖等游离单糖，以及蔗糖等低聚糖。测定可溶性糖时一般须选择适当的溶剂提取样品，并对提取液进行纯化，排除干扰物质，然后才能测定。根据《粮油检验 谷物、豆类中可溶性糖的测定 铜还原-碘量法》（GB/T 37493—2019）的规定，该法适用于谷物、豆类中可溶性糖的测定。

6.2.5.1　原理

可溶性糖水解成还原糖后，与碱性铜试剂反应生成 Cu_2O，再用碘量法测定，通过滴定差值及线性方程计算可溶性糖含量。本方法的定量测定线性范围为 0～2.5mg 还原糖。

6.2.5.2 仪器与试剂

仪器：分析天平、实验磨、电热水浴锅、碱式滴定管等。

试剂：硫酸铜、碱性铜试剂、乙醇、碘化钾-草酸钾溶液、硫酸、硫酸锌、亚铁氰化钾、盐酸、氢氧化钠、硫代硫酸钠标准品等。

6.2.5.3 分析步骤

（1）试样处理

称取试样 1～5g（以含可溶性糖在 40～80mg 为宜）至 100mL 容量瓶中，加入约 80mL 乙醇溶液于 80℃水浴中提取 30min，其间摇动数次。冷却后用乙醇溶液定容，过滤。取滤液 50mL 于 100mL 蒸发皿中，置 60～70℃水浴上蒸发除去乙醇至 2～3mL 时，加入硫酸锌溶液、亚铁氰化钾溶液各 1mL，摇匀，然后用水洗入 50mL 容量瓶中，定容，过滤。取滤液 25mL 于 50mL 容量瓶中，加盐酸溶液 2.5mL，80℃水浴中水解 10min，冷却后加甲基红指示剂两滴，用氢氧化钠溶液中和至中性，用水定容至刻度。

（2）标准曲线的绘制

准确吸取 1.00mL、2.00mL、3.00mL、4.00mL、5.00mL 葡萄糖标准溶液（相当于 0.5mg、1.0mg、1.5mg、2.0mg、2.5mg 葡萄糖）于 50mL 具塞刻度试管中，加水补齐至 5.00mL。加入 5.0mL 碱性铜试剂置于沸水浴中加热 15min。取出后立即置于冷水中冷却 5min，沿管壁加入 2mL 碘化钾-草酸钾溶液，再加入 3mL 硫酸溶液，立即摇动，使氧化铜完全溶解（未加酸之前请勿摇动）。用硫代硫酸钠标准工作溶液滴定至浅黄绿色时，加入 6 滴淀粉指示剂，继续滴定至蓝色消失为终点。同时以水代替葡萄糖标准溶液做空白。

以系列标准葡萄糖的质量（mg）为横坐标，以空白试验与标准葡萄糖液滴定差值为纵坐标，绘制标准曲线。

（3）试样的测定

根据不同样品中可溶性糖的含量，吸取试样处理液 1.00～5.00mL，加水补齐至 5.00mL。以下按自（2）“加入 5.0mL 碱性铜试剂……”起依法操作，同时以水代替样液做为空白。将空白与试样滴定差值代入标准曲线即可求得样液中糖的含量，从而计算样品中可溶性糖的含量。

6.2.5.4 结果计算

试样中总糖的含量（以葡萄糖汁）按式（6-5）计算。

$$X=\frac{A}{\frac{m}{100}\times\frac{25}{50}\times V\times 100\times(1-H)}\times 100 \tag{6-5}$$

式中 X——试样中可溶性糖的含量（以干基结果表示），g/100g；

A——将空白与试样滴定差值代入标准曲线求得样液中葡萄糖的质量，mg；

m——试样质量，g；

V——测定时吸取的样液体积，mL；

H——试样水分含量，g/100g。

6.3 淀粉的分析

6.3.1 淀粉含量的分析

食品中的淀粉，或来自原料，或是生产过程中为改变食品的物理性状作为添加剂而加入的。淀粉含量作为某些食品主要的质量指标，是食品生产管理中常做的分析检测项目。根据《食品安全国家标准 食品中淀粉的测定》(GB 5009.9—2023) 的规定，第一法为酶水解法，第二法为酸水解法，第三法为皂化-酸水解法。此处仅介绍第一法，该法适用于食品（肉制品除外）中淀粉的测定。

6.3.1.1 原理

试样经去除脂肪及可溶性糖类后，淀粉用淀粉酶水解成小分子糖，再用盐酸水解成单糖，最后按还原糖测定，并折算成淀粉含量。

6.3.1.2 仪器与试剂

仪器：40 目筛、天平、恒温水浴锅、组织捣碎机、电炉、滴定管等。

试剂：甲基红，碱性酒石酸铜甲液、乙液，淀粉酶，α-萘酚乙醇溶液，葡萄糖标准品等。

6.3.1.3 分析步骤

(1) 试样制备

取试样可食部分磨碎，过 40 目筛，称取 2～5g；不易磨碎试样，可准确加入适量水并记录质量，匀浆后称取相当于原样质量 2～5g。置于放有折叠慢速滤纸的漏斗内，先用 50mL 石油醚或乙醚分 5 次洗除脂肪（可用玻璃棒轻轻搅动分散样品），再用乙醇溶液（85%，体积分数）分次洗去可溶性糖类至微糖检验结果为阴性。含有麦芽糊精的试样，先用 100mL 乙醇溶液（85%，体积分数）洗涤，再用乙醇溶液（40%，体积分数）洗涤至微糖检验结果为阴性。滤干乙醇溶液，将残留物移入 250mL 烧杯内，用 50mL 水洗净滤纸，洗液并入烧杯内，将烧杯置于沸水浴加热至糊化完全，一般需 15min，放冷至 60℃以下，加 20mL 淀粉酶溶液，在 55～60℃保温 1h，并时时搅拌。然后取 1 滴此液加 1 滴碘溶液，应不显现蓝色。若显蓝色，再加热糊化并加 20mL 淀粉酶溶液，继续保温，直至加碘溶液不显蓝色为止。加热至沸，冷后移入 250mL 容量瓶中，用适量体积的水洗涤烧杯，并转入容量瓶中，加水至刻度，混匀，过滤，并弃去初滤液。

取 50.00mL 滤液，置于 250mL 锥形瓶中，加 5mL 盐酸（1+1），装上回流冷凝器，在沸水浴中回流 1h，冷后加 2 滴甲基红指示液，用氢氧化钠溶液（200g/L）中和至中性，溶液转入 100mL 容量瓶中，洗涤锥形瓶，洗液并入 100mL 容量瓶中，加水至刻度，混匀备用。

(2) 微糖检验方法

取洗涤液 2mL 在试管中，加入 α-萘酚乙醇溶液（10g/L）4 滴，沿管壁缓缓加入浓硫酸 1mL。在水与酸的界面出现紫色环，判定为阳性；在水与酸的界面出现黄绿色环，判定为阴性。

(3) 测定

① 标定碱性酒石酸铜溶液　吸取 5.00mL 碱性酒石酸铜甲液及 5.00mL 碱性酒石酸铜乙液，置于 150mL 锥形瓶中，加水 10mL，加入玻璃珠 2 粒，从滴定管滴加约 9mL 葡萄糖标准溶液，控制在 2min 内加热至沸，保持溶液呈沸腾状态，以 2s 1 滴的速度继续滴加葡萄糖，直至溶液蓝色刚好褪去为终点，记录消耗葡萄糖标准溶液的总体积，同时做 3 份平行，取其平均值，计算标定碱性酒石酸铜溶液（甲、乙液各半）相当于葡萄糖的质量 m_1 (mg)，结果按照式 (6-6) 计算。也可以按上述方法标定 4～20mL 碱性酒石酸铜溶液（甲、乙液各

半）来适应试样中还原糖的浓度变化。试样溶液测定使用碱性酒石酸铜溶液体积与标定碱性酒石酸铜溶液体积相同。

② 试样溶液预测　吸取 5.00mL 碱性酒石酸铜甲液及 5.00mL 碱性酒石酸铜乙液，置于 150mL 锥形瓶中，加水 10mL，加入玻璃珠 2 粒，控制在 2min 内加热至沸，保持沸腾以先快后慢的速度，从滴定管中滴加试样溶液，并保持溶液沸腾状态，待溶液颜色变浅时，以每 2s 1 滴的速度滴定，直至溶液蓝色刚好褪去为终点。记录试样溶液的消耗体积。当试样溶液中葡萄糖浓度过高时，应适当稀释后再进行正式测定，使每次滴定消耗试样溶液的体积控制在与标定碱性酒石酸铜溶液时所消耗的葡萄糖标准溶液的体积相近，约 10mL。

③ 试样溶液测定　吸取 5.00mL 碱性酒石酸铜甲液及 5.00mL 碱性酒石酸铜乙液，置于 150mL 锥形瓶中，加水 10mL，加入玻璃珠 2 粒，从滴定管滴加比预测体积少 1mL 的试样溶液至锥形瓶中，使其在 2min 内加热至沸，保持沸腾状态继续以每 2s 1 滴的速度滴定，直至蓝色刚好褪去为终点，记录试样溶液消耗体积。同法平行操作 3 份，得出平均消耗体积。结果按式（6-7）计算。

当试样溶液浓度过低，25.00mL 无法滴定至终点时，则直接加入 10.00mL 试样溶液，免去加水 10mL，再用葡萄糖标准溶液滴定至终点，计算消耗的体积与标定时消耗的葡萄糖标准溶液体积之差相当于 10mL 试样溶液中所含葡萄糖的量。结果按式（6-8）、式（6-9）计算。

④ 试剂空白测定　同时量取 20.00mL 水及与试样溶液处理时相同量的淀粉酶溶液，按反滴定法做试剂空白试验。即用葡萄糖标准溶液滴定试剂空白溶液至终点，记录消耗的体积与标定时消耗的葡萄糖标准溶液体积之差相当于 10mL 样液中所含葡萄糖的量。按式（6-10）、式（6-11）计算试剂空白中葡萄糖的含量。

6.3.1.4　结果计算

① 标定碱性酒石酸铜溶液相当于葡萄糖质量，按式（6-6）计算。

$$m_1 = \rho V_s \tag{6-6}$$

式中　m_1——标定用碱性酒石酸铜溶液（甲、乙液各半）相当于葡萄糖的质量，mg；

ρ——葡萄糖标准溶液质量浓度，mg/mL；

V_s——标定碱性酒石酸铜溶液（甲、乙液各半）时消耗的葡萄糖标准溶液的体积，mL。

② 试样中葡萄糖含量按式（6-7）计算。

$$X_1 = \frac{m_1}{\frac{50}{250} \times \frac{V_1}{100}} \tag{6-7}$$

式中　X_1——所称试样中葡萄糖的质量，mg；

m_1——标定用碱性酒石酸铜溶液（甲、乙液各半）相当于葡萄糖的质量，mg；

50——测定用样品溶液体积，mL；

250——样品定容体积，mL；

V_1——测定时平均消耗试样溶液体积，mL；

100——测定用样品的定容体积，mL。

③ 当试样中淀粉浓度过低时葡萄糖含量按式（6-8）、式（6-9）进行计算。

$$X_2=\frac{m_2}{\frac{50}{250}\times\frac{10}{100}} \tag{6-8}$$

$$m_2=m_1\left(1-\frac{V_2}{V_s}\right) \tag{6-9}$$

式中 X_2——所称试样中葡萄糖的质量，mg；

m_2——标定碱性酒石酸铜溶液（甲、乙液各半）时消耗的葡萄糖标准溶液的体积与加入试样后消耗的葡萄糖标准溶液体积之差相当于葡萄糖的质量，mg；

50——测定用样品溶液体积，mL；

250——样品定容体积，mL；

10——直接加入的试样体积，mL；

100——测定用样品的定容体积，mL；

m_1——标定用碱性酒石酸铜溶液（甲、乙液各半）相当于葡萄糖的质量，mg；

V_2——加入试样后消耗的葡萄糖标准溶液体积，mL；

V_s——标定碱性酒石酸铜溶液（甲、乙液各半）时消耗的葡萄糖标准溶液的体积，mL。

④ 试剂空白值按式（6-10）、式（6-11）计算。

$$X_0=\frac{m_0}{\frac{50}{250}\times\frac{10}{100}} \tag{6-10}$$

$$m_0=m_1\left(1-\frac{V_0}{V_s}\right) \tag{6-11}$$

式中 X_0——试剂空白值，mg；

m_0——标定碱性酒石酸铜溶液（甲、乙液各半）时消耗的葡萄糖标准溶液的体积与加入空白后消耗的葡萄糖标准溶液体积之差相当于葡萄糖的质量，mg；

50——测定用样品溶液体积，mL；

250——样品定容体积，mL；

10——直接加入的试样体积，mL；

100——测定用样品的定容体积，mL；

m_1——标定用碱性酒石酸铜溶液（甲、乙液各半）相当于葡萄糖的质量，mg；

V_0——加入空白试样后消耗的葡萄糖标准溶液体积，mL；

V_s——标定碱性酒石酸铜溶液（甲、乙液各半）时消耗的葡萄糖标准溶液的体积，mL。

⑤ 试样中淀粉的含量按式（6-12）计算。

$$X=\frac{(X_1-X_0)\times0.9}{m\times1000}\times100 \text{ 或 } X=\frac{(X_2-X_0)\times0.9}{m\times1000}\times100 \tag{6-12}$$

式中 X——试样中淀粉的含量，g/100g；

0.9——葡萄糖折算成淀粉的换算系数；

m——试样质量，g。

结果＜1g/100g，保留2位有效数字。结果≥1g/100g，保留3位有效数字。

6.3.2 淀粉α化度的分析

淀粉悬浮液加热至一定温度会形成黏性淀粉糊，即淀粉糊化。此过程涉及淀粉分子氢键断裂，由β型转变为α型，晶体结构被破坏。淀粉α化度即糊化度，是食品加工中的重要指标，影响酶解和消化。方便食品要求高糊化度，国家相关标准规定方便面α化度需达85%。

6.3.2.1 原理

糊化淀粉在酶作用下水解成糖，糊化程度越高糖越多。以充分糊化样品为100%标准，比较未糊化样品水解糖量，计算相对糊化程度（α化度）。

6.3.2.2 仪器与试剂

仪器：天平等。

试剂：除非另有规定，本法中所用的试剂均为分析纯。

6.3.2.3 操作步骤

① 样品制备　除去杂质，稻谷研成精米，用四分法分取样品。用植物粉碎机将样品粉碎，全部通过0.18mm孔径筛，混匀备用。按粗脂肪测定的方法放入索氏抽提器中，抽净脂肪。

② 糊化和水解　取5个100mL锥形瓶，分别以A_1、A_2、A_3、A_4、B标记，称取0.1000g经上述处理的样品4份，分别放入A_1、A_2、A_3、A_4锥形瓶中，于上述5个锥形瓶中加入50mL水。将A_1、A_2两个锥形瓶用电炉加热至沸，保持15min，迅速冷却至20℃，于A_1、A_3、B三个锥形瓶中各加入5mL淀粉酶溶液。将上述5个锥形瓶均放入50℃的恒温水浴锅中保持90min，并不时摇动，到时取下，冷却至室温，加入1mol/L盐酸溶液2mL，以停止酶解作用，分别移入100mL容量瓶中，加水定容，以干燥滤纸过滤。

③ 测定　用移液管取A_1、A_2、A_3、A_4、B试液及蒸馏水各10mL，分别放入6个150mL碘量瓶中，用移液管各加入0.05mol/L碘溶液10mL和0.1mol/L氢氧化钠溶液18mL，加塞，摇匀，冷却15min，然后用移液管快速在各瓶中加入2mL 10%硫酸，用0.05mol/L硫代硫酸钠溶液滴定，记录各瓶消耗的硫代硫酸钠溶液体积。

6.3.2.4 结果计算

从记录纸上绘制的黏度曲线读出下列各项糊化特性指标，并注明实验所采用的测力弹簧的规格及称样量和加水量，α化度按式（6-13）计算。

$$\alpha_{化度}=\frac{(c-a_3)-(c-a_4)-(c-b)}{(c-a_1)-(c-a_2)-(c-b)}\times 100\% \tag{6-13}$$

式中　a_1、a_2、a_3、a_4——分别为A_1、A_2、A_3、A_4试液消耗硫代硫酸钠溶液的体积，mL；

c——空白消耗的硫代硫酸钠溶液体积，mL；

b——B试液消耗的硫代硫酸钠溶液体积，mL。

6.3.2.5 说明与注意事项

脂肪含量高的样品应预先脱脂。样品预脱脂时，加热温度不可超过50℃，防止样品淀粉糊化。反应完后立即用硫代硫酸钠标准溶液滴定，防止碘挥发。

6.4　纤维素的分析

6.4.1　粗纤维的分析

粗纤维是植物细胞壁中的主要成分，包括纤维素、半纤维素和木质素等。这些成分在植物体内起支撑和保护作用，但在人体和动物体内难以被消化吸收。根据《植物类食品中粗纤维的测定》（GB/T 5009.10—2003）的规定，该法适用于植物类食品中粗纤维含量的测定。

6.4.1.1　原理

在硫酸作用下，试样中的糖、淀粉、果胶质和半纤维素经水解除去后，再用碱处理，除去蛋白质及脂肪酸，剩余的残渣为粗纤维。如其中含有不溶于酸碱的杂质，可灰化后除去。

6.4.1.2　仪器与试剂

仪器：水浴锅、G2 垂熔坩埚或同型号的垂熔漏斗、高温炉等。

试剂：盐酸、氢氧化钠等。

6.4.1.3　分析步骤

① 称取 20～30g 捣碎的试样（或 5.0g 干试样），移入 500mL 锥形瓶中，加入 200mL 煮沸的 1.25%硫酸，加热使微沸，保持体积恒定，维持 30min，每隔 5min 摇动锥形瓶一次，以充分混合瓶内的物质。

② 取下锥形瓶，立即用亚麻布过滤后，用沸水洗涤至洗液不呈酸性。再用 200mL 煮沸的 1.25%氢氧化钾溶液，将亚麻布上的存留物洗入原锥形瓶内加热微沸 30min 后，取下锥形瓶，立即以亚麻布过滤，以沸水洗涤 2～3 次后，移入已干燥称量的 G2 垂熔坩埚或同型号的垂熔漏斗中，抽滤，用热水充分洗涤后，抽干。再依次用乙醇和乙醚洗涤一次。将坩埚和内容物在 105 ℃烘箱中烘干后称量，重复操作，直至恒量。

如试样中含有较多的不溶性杂质，则可将试样移入石棉坩埚，烘干称量后，再移入 550℃高温炉中灰化，使含碳的物质全部灰化，置于干燥器内，冷却至室温称量，所损失的量即为粗纤维量。

6.4.1.4　结果计算

结果按式（6-14）进行计算。

$$X=\frac{G}{m}\times 100\% \tag{6-14}$$

式中　X——试样中粗纤维的含量；

G——残余物的质量（或经高温炉损失的质量），g；

m——试样的质量，g。

6.4.2　膳食纤维的分析

膳食纤维（DF）为不能被人体小肠消化吸收但具有健康意义的、植物中天然存在或通过提取或合成的、聚合度≥3 的糖类，包括纤维素、半纤维素、果胶及其他多聚体成分等。可溶性膳食纤维（SDF）是能溶于水的膳食纤维部分，包括低聚糖和部分不能消化的多聚糖等。不溶性膳食纤维（IDF）不能溶于水，包括木质素、纤维素、部分半纤维素等。总膳食纤维（TDF）是可溶性膳食纤维和不溶性膳食纤维之和。

根据《食品安全国家标准 食品中膳食纤维的测定》（GB 5009.88—2023）的规定，该法适用于植物性食品及其制品以及添加了膳食纤维组分的食品中总膳食纤维、可溶性膳食纤维、不溶性膳食纤维的测定。

6.4.2.1 原理

试样均质化后酶解除去淀粉和蛋白质得酶解液，用 78%乙醇沉淀测 TDF［含 IDF 和 SDFP（可溶性膳食纤维的沉淀部分）］，或直接抽滤测 IDF，滤液再用 78%乙醇沉淀测 SDFP，液相色谱法测 SDFS（可溶性膳食纤维的上清液部分），算得 SDF 和 TDF。各残渣质量需扣除残留物后得膳食纤维含量。

6.4.2.2 仪器与试剂

仪器：膳食纤维测定装置、坩埚、高效液相色谱仪（HPLC）、马弗炉等。

试剂：顺丁烯二酸、三羟甲基氨基甲烷（Tris）、蛋白酶、酸洗硅藻土、重铬酸钾、甘醇、D-葡萄糖标准品等。

6.4.2.3 分析步骤

（1）试样制备

所有试样均需均质处理。必要时可根据水分、脂肪和糖的含量进行脱水、脱脂或脱糖处理。

① 均质处理　固体试样经碾磨、粉碎、混匀后备用，半固体、液体试样经匀浆混匀后备用。

② 脱水　水分含量≥70%且不易混匀的固体、半固体及含有沉浮物的液体试样，称取适量试样（m_c，不少于 50g），置于（105±2）℃烘箱干燥 4h。将试样转至干燥器中，待试样温度下降到室温后称量（m_D）。根据干燥前后试样质量，计算试样质量变化因子（f）。干燥后试样均质化处理后，置于干燥器中待用。

③ 脱脂　脂肪含量≥10%的试样，称取适量试样（m_c，不少于 50g），置于 1000mL 锥形瓶中，加入 500mL 石油醚混匀、放气，振摇 2min，放置 10min 后，去除石油醚，连续 3 次。脱脂后试样混匀再按②脱水所述方法进行干燥，称量（m_D），计算处理后试样质量变化因子（f）。试样匀质化处理后，置于干燥器中待用。

④ 脱糖　称适量试样（m_c，不少于 50g），置于 1000mL 锥形瓶中，加入 500mL 85%乙醇溶液，混匀，振摇 2min，去除乙醇溶液部分，连续 3 次。脱糖后试样置于 40℃烘箱内干燥过夜，称量（m_D），计算处理后试样质量变化因子（f）。试样均质化处理后，置于干燥器中待用。一般情况下试样无需脱糖处理，如试样因糖含量较高导致黏度过大，影响后续酶解、抽滤效果，宜采用脱糖处理；需要测定 SDFS 的试样不宜进行脱糖处理。

（2）称样

准确称取 2 份待测试样（m），一般固体试样称取 0.25～3g，液体试样称取 1.0～5.0g。

(3) 酶解

将试样转置于400～600mL高脚烧杯中，加入50mmol/L顺丁烯二酸缓冲液35mL，用磁力搅拌器搅拌直至试样完全分散在缓冲液中。同时制备2个空白样品同步操作。

① 淀粉酶酶解

a. 酶解条件1（适用于不含抗性淀粉的试样）

热稳定α-淀粉酶酶解：向高脚烧杯中加入50μL热稳定α-淀粉酶液，缓慢搅拌，加盖铝箔，置于95～100℃的恒温振荡水浴箱中，当温度升至95℃开始计时，振摇反应35min。将烧杯取出，冷却至60℃，打开铝箔盖，用刮勺将烧杯内壁的糊状物以及烧杯底部的胶状物刮下，用5mL 50mmol/L顺丁烯二酸缓冲液冲洗烧杯壁和刮勺。为帮助淀粉分散，可适当加入10～15mL二甲基亚砜。

淀粉葡糖苷酶酶解：向高脚烧杯中边搅拌边加入100μL淀粉葡萄糖苷酶液，盖上铝箔，继续置于（60±1)℃水浴中，当水温至60℃时计时，振摇反应30min。

b. 酶解条件2（适用于所有试样）

向高脚烧杯中加入5mL胰α-淀粉酶和淀粉葡萄糖苷酶混合酶溶液，缓慢搅拌，加盖铝箔，置于37℃的恒温振荡水浴箱中持续振摇，当温度升至37℃开始计时，酶解16h。如采用高浓度混合酶溶液，酶解时间可适当缩减，不少于4h。

打开铝箔盖，向试样溶液中加入3.0mL 0.75mol/L Tris溶液，调试样溶液pH至8.2±0.2。盖上铝箔，置于95～100℃水浴箱中水浴加热约20min，不时轻摇烧杯。取出烧杯冷却至（60±1)℃。

② 蛋白酶酶解　向每个烧杯中加入100μL蛋白酶溶液（如为动物性食品加入500μL蛋白酶溶液)，盖上铝箔，置于（60±1)℃水浴中持续振摇30min。打开铝箔盖，边搅拌边加入4mL 2mol/L乙酸溶液，用1mol/L氢氧化钠溶液或1mol/L盐酸溶液调pH至4.3±0.2。

③ 加入内标溶液　如测定SDFS，向酶解液中加入2mL 100mg/mL二甘醇内标溶液，混匀。

(4) 总膳食纤维的测定

① 沉淀　向试样酶解液中，加入4倍体积已预热至（60±1)℃的95%乙醇。取出烧杯，盖上铝箔，室温条件下沉淀1～2h。

② 抽滤　取已处理的坩埚，用15mL 78%乙醇润湿硅藻土并展平，接上真空抽滤装置，抽去乙醇使坩埚中硅藻土平铺于滤板上。将试样乙醇沉淀液转移入坩埚中抽滤，用刮勺和78%乙醇将高脚烧杯中所有残渣转至坩埚中，用15mL 78%乙醇洗涤残渣2次。收集滤液转移至500mL容量瓶中，使用78%乙醇定容至刻度，用于SDFS的测定，残渣用于IDF和SDFP的测定。

③ 残渣测定

残渣质量：残渣分别用15mL 95%乙醇洗涤2次，15mL丙酮洗涤2次，抽滤去除洗涤液。将坩埚连同残渣置于烘箱内于（105±2)℃烘干过夜。将坩埚转移至干燥器内冷却1h，称量坩埚及残渣质量（m_{GR}），减去坩埚质量，计算试样残渣质量（m_R）。

蛋白质和灰分的测定：取1份试样残渣参照GB 5009.5—2025测定蛋白质含量（m_p），折算系数为6.25。取另一份试样参照GB 5009.4—2016测定灰分含量，即在（550±25)℃灰化4h后转至干燥器中，冷却后精确称量坩埚及残渣总质量（m_{GA}），减去坩埚质量，计算灰分质量（m_A）。

（5）不溶性膳食纤维测定

① 按（2）称样，按（3）酶解。

② 抽滤　取已处理的坩埚，用 3mL 水润湿硅藻土并展平，抽去水分使坩埚中的硅藻土平铺于滤板上。将试样酶解液全部转移至坩埚中抽滤，残渣用 10mL 70℃热水洗涤 2 次，用于 IDF 的测定。

③ 残渣测定　按（4）操作。

（6）可溶性膳食纤维测定

① 按（2）称样，按（3）酶解。

② 按（5）抽滤。

③ 收集滤液。收集滤液至另一已预先称量的 600mL 高脚烧杯中，称量"烧杯＋滤液"的总质量，扣除烧杯质量，估算滤液体积。

④ 沉淀　按乙醇与滤液体积 4∶1 的比例加入预热至（60±1)℃的 95％乙醇，盖上铝箔，室温下沉淀 1h 以上。

⑤ 再抽滤　按（5）操作。滤液用于 SDFS 的测定，残渣用于 SDFP 的测定。

⑥ 测定　残渣按（4）测定 SDFP；滤液按（5）测定 SDFS。SDFP 与 SDFS 之和为可溶性膳食纤维。

6.4.2.4 结果计算

① 试样制备中质量变化因子按式（6-15）计算。

$$f=\frac{m_c}{m_D} \tag{6-15}$$

式中　f——试样制备过程中质量变化因子；

m_c——试样制备前试样质量，g；

m_D——试样制备后试样质量，g。

注：如果试样没有经过脱水、脱脂、脱糖等处理，$f=1$。

② 坩埚中残渣质量按式（6-16）计算。

$$m_R=m_{GR}-m_G \tag{6-16}$$

式中　m_R——坩埚中残渣质量，g；

m_{GR}——坩埚及残渣质量，g；

m_G——坩埚质量，g。

③ 试剂空白质量按式（6-17）计算。

$$m_B=\frac{m_{BR1}+m_{BR2}}{2}-m_{BP}-m_{BA} \tag{6-17}$$

式中　m_B——试剂空白质量，g；

m_{BR1}、m_{BR2}——2 份试剂空白残渣质量，g；

m_{BP}——试剂空白残渣中蛋白质质量，g；

m_{BA}——试剂空白残渣中灰分质量，g。

④ 根据残渣测定获得的 IDF、SDFP 和不含 SDFS 的 TDF 含量按式（6-18）计算。

$$X_{DF}=\frac{\frac{m_{R1}+m_{R2}}{2}-m_P-m_A-m_B}{\frac{m_1+m_2}{2}\times f}\times 100 \tag{6-18}$$

式中 X_{DF}——试样中膳食纤维的含量，g/100g.

m_{R1}、m_{R2}——2份试样残渣质量，g；

m_P——试样残渣中蛋白质质量，g；

m_A——试样残渣中灰分质量，g；

m_B——试剂空白质量，g；

m_1、m_2——2份试样称量质量，g；

f——试样制备过程中质量变化因子；

100——换算为g/100g的系数。

⑤ SDFS的含量按式（6-19）计算。

$$X_{SDFS}=\frac{PA_{SDFS}\times m_{IS}}{PA_{IS}\times \frac{m_1+m_2}{2}\times R_f\times f}\times \frac{100}{1000} \tag{6-19}$$

式中 X_{SDFS}——试样中SDFS含量，g/100g；

PA_{SDFS}——试样上机液中待测物质峰面积；

PA_{IS}——试样上机液中内标物峰面积；

m_{IS}——试样酶解液中加入内标物质量，mg；

m_1、m_2——2份试样称量质量，g；

R_f——标准物质与内标物质响应因子；

f——试样制备过程中质量变化因子；

100——换算系数；

1000——换算系数。

6.4.2.5 说明与注意事项

如需降低淀粉酶解时间，可配制高浓度混合酶溶液，即胰α-淀粉酶和淀粉葡萄糖苷酶浓度分别为800U/mL和340U/mL。清洗后的坩埚在马弗炉中（550±25）℃灰化6h，炉温降至130℃以下取出，于重铬酸钾洗液中室温浸泡2h，分别用自来水和水冲洗干净，最后用15mL丙酮冲洗后风干。用前加入约1.0g硅藻土，（130±3）℃烘至恒重；取出坩埚，在干燥器中冷却后称量记录坩埚质量。

6.5 果胶物质的分析

6.5.1 原理

果胶是一种多糖，存在于植物细胞膜中，以原果胶、果胶和果胶酸三种形态存在。质量法是通过提取样品中的果胶物质，然后将其转化为果胶酸钙沉淀，经过干燥后称重，从而计算出果胶物质的含量。该方法基于果胶在碱性条件下能与钙离子反应生成不溶于水的果胶酸钙沉淀，通过沉淀的质量来间接测定果胶的含量。

6.5.2 仪器与试剂

仪器：电子分析天平、烘箱、磁力搅拌器、离心机、真空泵或抽滤装置、pH计等。

试剂：盐酸、氢氧化钠、乙酸、氯化钙等。

6.5.3 分析步骤

（1）样品处理

① 新鲜样品　称取试样 30～50g，用小刀切成薄片，置于预先放有 99%乙醇的 500mL 锥形瓶中，装上回流冷凝器，在水浴上沸腾回流 15min 后，冷却，用布氏漏斗过滤，残渣置于研钵中一边慢慢磨碎，一边滴加 70%的热乙醇，冷却后再过滤，反复操作至滤液不呈糖的反应为止（用苯酚-硫酸法检验）。残渣用 99%乙醇洗涤脱水，再用乙醚洗涤以除去脂类和色素，风干乙醚。

② 干燥样品　研细，使之通过 60 目筛，称取试样 5～10g 于烧杯中，加入热的 70%乙醇，充分搅拌以提取糖类，过滤。反复操作至滤液不呈糖的反应为止。残渣用 99%乙醇洗涤脱水，再用乙醚洗涤以除去脂类和色素，风干乙醚。

（2）提取果胶

① 水溶性果胶提取　用 150mL 水将上述漏斗中残渣移入 250mL 烧杯中，加热至沸并保持 1h，随时补足蒸发的水分，冷却后移入 250mL 容量瓶中，加水定容，摇匀，过滤，弃去初滤液，收集滤液即得水溶性果胶提取液。

② 总果胶的提取　用 150mL 加热至沸的 0.05mol/L 盐酸溶液把漏斗中残渣移入 250mL 锥形瓶中，装上冷凝器，在沸水浴中回流加热 1h，冷却后移入 250mL 容量瓶中，加甲基红指示剂 2 滴，加 0.5mol/L 氢氧化钠溶液中和后，用水定容，摇匀，过滤，收集滤液即得总果胶提取液。

（3）测定

取 25mL 提取液（能生成果胶酸钙约 25g）于 500mL 烧杯中，加入 0.1mol/L 氢氧化钠溶液 100mL，充分搅拌，放置 0.5h，再加入 1.0mol/L 醋酸溶液 50mL，放置 5min，边搅拌边缓缓加入 1.0mol/L 氯化钙溶液 25mL，放置 1h（陈化），加热煮沸 5min，趁热用烘干至恒重的滤纸（G2 垂熔坩埚）过滤，用热水洗涤至无氯离子（用 10%硝酸银溶液检验）为止。滤渣连同滤纸一同放入称量瓶中，置 105℃烘箱中（G2 垂熔坩埚可直接放入）干燥至恒重。

6.5.4 结果计算

计算公式如式（6-20）所示。

$$X=\frac{(m_1-m_2)\times 0.9233}{m\times\frac{25}{250}}\times 100\% \tag{6-20}$$

式中　m_1——果胶酸钙和滤纸或垂熔坩埚质量，g；

m_2——滤纸或垂熔坩埚的质量，g；

m——样品质量，g；

25——测定时取果胶提取液的体积，mL；

250——果胶提取液总体积，mL；

0.9223——由果胶酸钙换算为果胶酸的系数。果胶酸钙的实验式定为 $C_{17}H_{22}O_{11}Ca$，其中钙含量约为 7.67%，果胶酸含量约为 92.33%。

6.5.5 说明与注意事项

新鲜样品中含果胶酶，会将果胶类物质水解，因此，将样品加入95%的乙醇中，煮沸回流，使酶钝化。加入氯化钙时，边搅拌边滴加，以减小过饱和度，并避免局部过浓。

课后练习

1. 名词解释

糖类；还原糖；总糖；膳食纤维；果胶

2. 判断题

(1) 糖类是食品中提供能量的主要营养素之一。(　　)

(2) 所有糖类都具有还原性。(　　)

(3) 总糖测定中包括淀粉的水解产物。(　　)

(4) 膳食纤维对人体健康有益，但人体不能消化吸收。(　　)

(5) 果胶是一种水溶性膳食纤维。(　　)

3. 单项选择题

(1) 下列哪种糖类不具有还原性？(　　)

A. 葡萄糖　B. 果糖　C. 蔗糖　D. 乳糖

(2) 淀粉水解的最终产物是（　　）

A. 麦芽糖　B. 糊精　C. 葡萄糖　D. 果糖

(3) 下列哪项不属于膳食纤维的生理功能？(　　)

A. 促进肠道蠕动　B. 降低血糖

C. 提供能量　D. 预防心脑血管疾病

(4) 在糖类测定中，常用的澄清剂不包括（　　）

A. 中性乙酸铅　B. 硫酸铜-氢氧化钠溶液

C. 盐酸　D. 乙酸锌-亚铁氰化钾溶液

(5) 下列哪种方法适用于总糖的测定？(　　)

A. 直接滴定法　B. 蒽酮比色法

C. 两者均可　D. 两者均不可

4. 简答题

(1) 简述糖类的分类及其主要生理功能。

(2) 简述用直接滴定法测定食品中还原糖的原理及操作步骤。

(3) 膳食纤维对人体健康有哪些益处？

(4) 测定食品中蔗糖时，为什么要严格控制水解条件？

(5) 利用酶法测定淀粉的原理是什么？具体的分析步骤是什么？

知识拓展

根据《食品安全国家标准　预包装食品营养标签通则》，声称无糖或不含糖食品，其每

100g 固体或 100mL 液体中糖类（碳水化合物）含量应小于等于 0.5g。这一标准是判断食品是否符合无糖声称的关键依据，也是保障消费者权益、维护市场秩序的重要法律支撑。近年来，中国无糖食品行业呈现出了快速发展势头。数据显示，近年来我国无糖食品需求量逐年增长，产量也呈现递增趋势。预计未来几年，随着消费者健康意识的进一步提升和市场需求的持续增长，无糖食品市场规模有望继续保持快速增长。

食品安全与诚信经营不仅是商业领域的核心议题，也蕴含深厚的思政教育元素。教师可以通过分析无糖食品市场中的虚假宣传、夸大宣传等违背诚实守信原则的行为，强调诚信的重要性，并引导学生在实际生活中践行诚信原则。同时，通过企业在食品安全和诚信经营方面的成败案例，培养学生的社会责任感，使他们认识到企业应承担起对消费者、社会和环境的责任。

第 7 章

脂类物质分析

【学习重点与难点】

学习重点： 脂类定义、分类、存在形式及作用；脂类含量测定方法，如索氏提取法、酸水解法、氯仿-甲醇提取法等；食用油脂理化特性测定。

学习难点： 脂类样品前处理方法的选择和操作；提取剂选择及复杂样品脂类成分的准确测定。

7.1 概述

脂类是食品中的重要营养物质，提供能量、脂肪酸等，国际上常用“总脂”概念。食品脂类主要包括脂肪（95％为甘油三酯）和类脂，多以游离态存在，结合态较少。脂肪是一种富含热能的营养素，是人体热能的主要来源，每克脂肪在体内可提供 37.62kJ（9kcal）热能，比糖类和蛋白质高一倍以上；脂肪还是脂溶性维生素的良好溶剂，有助于脂溶性维生素的吸收；脂肪与蛋白质结合生成的脂蛋白、在调节人体生理机能和完成体内生化反应方面都起着十分重要的作用。

在食品加工生产过程中，原料、半成品、成品的脂类含量对产品的风味、组织结构、品质外观、口感等都有直接的影响。蔬菜本身的脂肪含量较低，在生产蔬菜罐头时，添加适量的脂肪可以改善产品的风味，对于面包之类的焙烤食品，脂肪含量特别是卵磷脂等组分，对面包心的柔软度、面包的体积及其结构都有影响。因此，在含脂肪的食品中，脂肪含量都有一定的规定，是食品质量管理中的一项重要指标。测定食品的脂肪含量，可以用来评价食品的品质、衡量食品的营养价值，而且对实行工艺监督、生产过程的质量管理、研究食品的储藏方式是否恰当等方面都有重要的意义。

7.2 脂类的分析方法

食品的种类不同，其脂肪的含量及其存在形式不同，测定脂肪的方法也就不同。根据《食品安全国家标准 食品中脂肪的测定》（GB 5009.6—2016）的规定，第一法为索氏抽提法，第二法为酸水解法，第三法为碱水解法，第四法为盖勃法。此处仅介绍第一法、第二法和第三法。第一法适用于水果、蔬菜及其制品、粮食及粮食制品、肉及肉制品、蛋及蛋制品、水产及其制品、焙烤食品、糖果等食品中游离态脂肪含量的测定。第二法适用于水果、蔬菜及其制品、粮食及粮食制品、肉及肉制品、蛋及蛋制品、水产及其制品、焙烤食品、糖果等食品中游离态脂肪及结合态脂肪总量的测定。第三法适用于乳及乳制品、婴幼儿配方食品中脂肪的测定。

7.2.1 索氏抽提法

7.2.1.1 原理

脂肪易溶于有机溶剂。试样直接用无水乙醚或石油醚等溶剂抽提后，蒸发除去溶剂，干燥，得到游离态脂肪的含量。

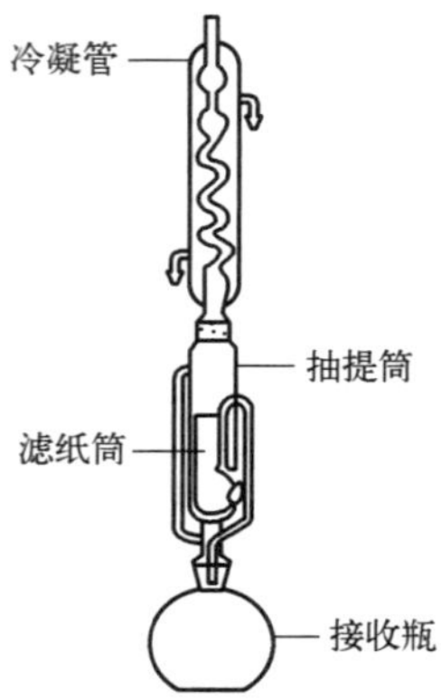

图 7-1 索氏抽提器

7.2.1.2 仪器与试剂

仪器：索氏抽提器（图 7-1）、恒温水浴锅、分析天平、电热鼓风干燥箱等。

试剂：无水乙醚、石油醚等。

7.2.1.3 分析步骤

（1）试样处理

① 固体试样　称取充分混匀后的试样 2～5g，全部移入滤纸筒内。

② 液体或半固体试样　称取混匀后的试样 5～10g，置于蒸发皿中，加入约 20g 石英砂，于沸水浴上蒸干后，在电热鼓风干燥箱中于（100±5）℃干燥 30min 后，取出，研细，全部移入滤纸筒内。蒸发皿及粘有试样的玻璃棒，均用沾有乙醚的脱脂棉擦净，并将棉花放入滤纸筒内。

（2）抽提

将滤纸筒放入索氏抽提器的抽提筒内，连接已干燥至恒重的接收瓶，由抽提器冷凝管上端加入无水乙醚或石油醚至瓶内容积的三分之二处，于水浴上加热，使无水乙醚或石油醚不断回流抽提（6～8 次/h），一般抽提 6～10h。提取结束时，用磨砂玻璃棒接取 1 滴提取液，磨砂玻璃棒上无油斑表明提取完毕。

（3）称量

取下接收瓶，回收无水乙醚或石油醚，待接收瓶内溶剂剩余 1～2mL 时在水浴上蒸干，再于（100±5）℃干燥 1h，放干燥器内冷却 0.5h 后称量。重复以上操作直至恒重（直至两次称量的差不超过 2mg）。

7.2.1.4 结果计算

试样中脂肪的含量按式（7-1）计算。

$$X=\frac{m_1-m_0}{m_2}\times 100 \tag{7-1}$$

式中　X——试样中脂肪的含量，g/100g；

m_1——恒重后接收瓶和脂肪的质量，g；

m_0——接收瓶的质量，g；

m_2——试样的质量，g；

100——换算系数。

7.2.2 酸水解法

某些食品中的结合态脂类用索氏提取法无法完全提取，需用酸水解法将淀粉、蛋白质、纤维素水解，使结合态脂肪游离，再用有机溶剂提取测定总脂肪含量。

7.2.2.1 原理

食品中的结合态脂肪必须用强酸（如盐酸）使其游离出来，游离出的脂肪易溶于有机溶剂。试样经盐酸水解后用无水乙醚或石油醚提取，除去溶剂即得游离态和结合态脂肪的总含量。

7.2.2.2 仪器与试剂

仪器：恒温水浴锅、电热板、分析天平、电热鼓风干燥箱等。

试剂：石油醚、盐酸、碘液等。

7.2.2.3 分析步骤

（1）试样酸水解

① 肉制品　称取混匀后的试样3～5g，置于250mL锥形瓶中，加入50mL 2mol/L盐酸溶液和数粒玻璃细珠，盖上表面皿，于电热板上加热至微沸，保持1h，每10min旋转摇动1次。取下锥形瓶，加入150mL热水，混匀，过滤。锥形瓶和表面皿用热水洗净，热水一并过滤。沉淀用热水洗至中性（用蓝色石蕊试纸检验，中性时试纸不变色）。将沉淀和滤纸置于大表面皿上，于（100±5）℃干燥箱内干燥1h，冷却。

② 淀粉　根据总脂肪含量的估计值，称取混匀后的试样25～50g，倒入烧杯并加入100mL水。将100mL盐酸缓慢加到200mL水中，并将该溶液在电热板上煮沸后加入样品液中，加热此混合液至沸腾并维持5min，停止加热后，取几滴混合液于试管中，待冷却后加入1滴碘液，若无蓝色出现，可进行下一步操作。若出现蓝色，应继续煮沸混合液，并用上述方法不断地进行检查，直至确定混合液中不含淀粉为止，再进行下一步操作。

将盛有混合液的烧杯置于水浴锅（70～80℃）中30min，不停地搅拌，以确保温度均匀，使脂肪析出。用滤纸过滤冷却后的混合液，并用干滤纸片取出黏附于烧杯内壁的脂肪。为确保定量的准确性，应将冲洗烧杯的水进行过滤。在室温下用水冲洗沉淀和干滤纸片，直至滤液用蓝色石蕊试纸检验不变色。将含有沉淀的滤纸和干滤纸片折叠后，放置于大表面皿上，在（100±5）℃的电热恒温干燥箱内干燥1h。

③ 其他食品　固体试样：称取2～5g，置于50mL试管内，加入8mL水，混匀后再加10mL盐酸。将试管放入70～80℃水浴中，每隔5～10min以玻璃棒搅拌1次，至试样消化完全为止，约40～50min。液体试样：称取约10g，置于50mL试管内，加10mL盐酸。其余操作同固体试样。

（2）抽提

① 肉制品、淀粉　将干燥后的试样装入滤纸筒内，其余抽提步骤同7.2.1。

② 其他食品　取出试管，加入10mL乙醇，混合。冷却后将混合物移入100mL具塞量筒中，以25mL无水乙醚分数次洗试管，一并倒入量筒中。待无水乙醚全部倒入量筒后，加塞振摇1min，小心开塞，放出气体，再塞好，静置12min，小心开塞，并用乙醚冲洗塞及量筒口附着的脂肪。静置10～20min，待上部液体澄清，吸出上清液于已恒重的锥形瓶内，再加5mL无水乙醚于具塞量筒内，振摇，静置后，仍将上层乙醚吸出，放入原锥形瓶内。

(3) 称量

同7.2.1。

7.2.2.4 结果计算

同7.2.1。

7.2.3 碱水解法

7.2.3.1 原理

碱水解法又称罗兹-哥特里法、碱性乙醚提取法，是乳及乳制品脂类定量的国际基准法。用无水乙醚和石油醚抽提样品的碱（氨水）水解液，通过蒸馏或蒸发去除溶剂，测定溶于溶剂中的抽提物的质量。

7.2.3.2 仪器与试剂

仪器：分析天平、离心机、电热鼓风干燥箱、恒温水浴锅、抽脂瓶等。

试剂：淀粉酶（酶活力≥1.5U/mg）、氨水、石油醚、碘溶液、刚果红等。

7.2.3.3 分析步骤

(1) 试样碱水解

① 巴氏杀菌乳、灭菌乳、生乳、发酵乳、调制乳　称取充分混匀试样10g于抽脂瓶中。加入2.0mL氨水，充分混合后立即将抽脂瓶放入(65±5)℃的水浴中，加热15～20min，不时取出振荡。取出后，冷却至室温。静置30s。

② 乳粉和婴幼儿食品　称取混匀后的试样，高脂乳粉、全脂乳粉、全脂加糖乳粉和婴幼儿食品约1g，脱脂乳粉、乳清粉、酪乳粉约1.5g，其余操作同①。

a. 不含淀粉样品　加入10mL(65±5)℃的水，将试样洗入抽脂瓶的小球，充分混合，直到试样完全分散，放入流动水中冷却。

b. 含淀粉样品　将试样放入抽脂瓶中，加入约0.1g的淀粉酶，混合均匀后，加入8～10mL 45℃的水，注意液面不要太高。盖上瓶塞于搅拌状态下，置(65±5)℃水浴中2h，每隔10min摇混1次。为检验淀粉是否水解完全可加入2滴约0.1mol/L的碘溶液，如无蓝色出现说明水解完全，否则将抽脂瓶重新置于水浴中，直至无蓝色产生。抽脂瓶冷却至室温。其余操作同①。

③ 炼乳　脱脂炼乳、全脂炼乳和部分脱脂炼乳称取3～5g、高脂炼乳称取约1.5g，用10mL水，分次洗入抽脂瓶小球中，充分混合均匀。其余操作同①。

④ 奶油、稀奶油　先将奶油试样放入温水浴中溶解并混合均匀后，称取试样约0.5g，稀奶油称取约1g于抽脂瓶中，加入8～10mL约45℃的水。再加2mL氨水充分混匀。其余操作同①。

⑤ 干酪　称取约2g研碎的试样于抽脂瓶中，加10mL 6mol/L盐酸，混匀，盖上瓶塞，于沸水中加热20～30min，取出冷却至室温，静置30s。

(2) 抽提

① 加入10mL乙醇，缓和但彻底地进行混合，避免液体太接近瓶颈。如果需要，可加入2滴刚果红溶液。

② 加入 25mL 乙醚，塞上瓶塞，将抽脂瓶保持在水平位置，小球的延伸部分朝上夹到涡旋混合器上，按约 100 次/min 振荡 1min，也可采用手动振摇方式。但均应注意避免形成持久乳化液。抽脂瓶冷却后小心地打开塞子，用少量的混合溶剂冲洗塞子和瓶颈，使冲洗液流入抽脂瓶。

③ 加入 25mL 石油醚，塞上重新润湿的塞子，按②所述，轻轻振荡 30s。

④ 将加塞的抽脂瓶放入离心机中，在 500～600r/min 下离心 5min，否则将抽脂瓶静置至少 30min，直到上层液澄清，并明显与水相分离。

⑤ 小心打开瓶塞，用少量混合溶剂冲洗塞子和瓶颈内壁，使冲洗液流入抽脂瓶。如果两相界面低于小球与瓶身相接处，则沿瓶壁边缘慢慢地加入水，使液面高于小球和瓶身相接处［见图 7-2（a）］，以便于倾倒。

⑥ 将上层液尽可能地倒入已准备好的加入沸石的脂肪收集瓶中，避免倒出水层［见图 7-2（b）］。

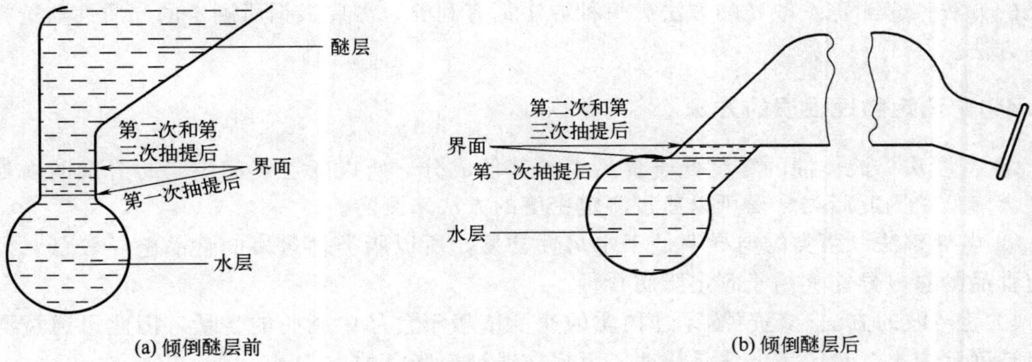

图 7-2　抽脂瓶操作示意图

⑦ 用少量混合溶剂冲洗瓶颈外部，冲洗液收集在脂肪收集瓶中。应防止溶剂溅到抽脂瓶的外面。

⑧ 向抽脂瓶中加入 5mL 乙醇，用乙醇冲洗瓶颈内壁，按步骤①所述进行混合，重复步骤②～步骤⑦操作，用 15mL 无水乙醚和 15mL 石油醚进行第 2 次抽提。

⑨ 重复步骤②～步骤⑦操作，再次用 15mL 无水乙醚和 15mL 石油醚进行第 3 次抽提。

⑩ 空白试验与样品检验同时进行，采用 10mL 水代替试样，使用相同步骤和相同试剂。

（3）称量

合并所有提取液，既可采用蒸馏的方法除去脂肪收集瓶中的溶剂，也可于沸水浴上蒸发至干来除掉溶剂。蒸馏前用少量混合溶剂冲洗瓶颈内部。将脂肪收集瓶放入（100±5）℃的烘箱中干燥 1h，取出后置于干燥器内冷却 0.5h 后称量。重复以上操作直至恒重。

7.2.3.4　结果计算

试样中脂肪的含量按式（7-2）计算。

$$X=\frac{(m_1-m_2)-(m_3-m_4)}{m}\times 100 \tag{7-2}$$

式中　X——试样中脂肪的含量，g/100g；

m_1——恒重后脂肪收集瓶和脂肪的质量，g；

m_2——脂肪收集瓶的质量，g；

m_3——空白试样中，恒重后脂肪收集瓶和抽提物的质量，g；
m_4——空白试样中，恒重后脂肪收集瓶的质量，g；
m——样品的质量，g；
100——换算系数。

7.2.3.5 说明与注意事项

当样品中脂肪含量≥15%时，两次独立测定结果之差≤0.3g/100g；当样品中脂肪含量在5%～15%时，两次独立测定结果之差≤0.2g/100g；当样品中脂肪含量≤5%时，两次独立测定结果之差≤0.1g/100g。

7.2.4 仪器法

根据被测食品的物理化学性质，仪器法可分为三类：①测定物理性质的方法；②测定吸收光的方法；③测定发散光的方法。每种方法都有利弊，需要根据所测定的物质性质选择合适的方法。

7.2.4.1 测定物理性质的方法

① 密度法　液体油的密度低于食品中的其他成分，所以随着食品中脂肪含量的增加其密度会降低，因此脂类含量可以通过测定密度的方法来测定。

② 电导率法　脂类的电导率低于水溶性物质，所以脂类含量多的食品电导较低，因此测定食品的总电导能够用于测定脂肪含量。

③ 超声波的方法　超声波穿过物质的速度依赖于食品中脂肪的含量，因此可通过测定超声波确定脂类含量，该方法是快速、无损在线测定脂类的方法。

7.2.4.2 测定吸收光的方法

① 紫外可见吸收光的方法　一定脂类的含量可以通过测定其紫外可见吸收光的方法来测定。但是脂类需经萃取并且溶于合适的有机溶剂中，因此该方法比较耗时耗力。

② 红外的方法　该方法基于脂肪分子的分子振动和转动能量在波长为7730nm处有最大吸收。如果有一个好的标准曲线，红外的方法是快速在线分析脂类含量很有用的方法。

③ X射线吸收的方法　瘦肉对X射线的吸收大于脂肪，因此X射线吸收随着脂类含量的增加而降低，目前已有商品化利用该现象测定肉和肉产品中脂肪含量的仪器。

7.2.4.3 测定发散光的方法

① 光散射法　在稀的食品乳化液中油滴的含量可以通过测定光散射的方法测定，因为乳液的浊度和油滴含量成正比。

② 超声散射法　在浓缩的食品乳化液中油滴的含量可以通过超声散射的方法来测定，因为乳液吸收超声波及其速度和油滴的含量有关。

7.3 酰基甘油酯和磷脂组成分析

食品中的脂类包括甘油三酯和脂质伴随物，分为简单脂质（酰基甘油酯，含甘油一酯、甘油二酯、甘油三酯）、复合脂质（磷脂和糖脂）、衍生脂类（脂肪酸及其衍生物）、不皂化脂类（天然色素、维生素、固醇等）。

7.3.1　薄层色谱法

薄层色谱法（TLC）使用硅胶 G 作为吸附剂，己烷-乙醚-甲酸（体积比 80：20：2）作为展开剂（见图 7-3），将 2′，7′-二氯荧光素的甲醇溶液喷洒在薄板上，在黑色背景下，用紫外线照射后，脂类中的各种组分会呈现相应色谱带。

该操作步骤可以快速分析脂类萃取液中存在的各种脂类组分。如果要进行小规模某些脂类组分样品的制备，可以在 TLC 板上刮下某些区带，以便用 GC 或其他方法进一步分析。通过改变参数，TLC 可以用于分离各种脂类。薄板通过硝酸银溶液浸渍后，可以根据双键数目对不同脂肪酸甲酯进行分离。含有 6 个双键的脂肪酸甲酯因为银离子而大部分保留在薄板上，而不含双键的脂肪酸甲酯只有少量被保留下来。正因如此，这种方法对于复杂混合物中脂肪酸甲酯的鉴定很有用（将相应区带刮下，溶于适当溶剂，然后用 GC 分析）。

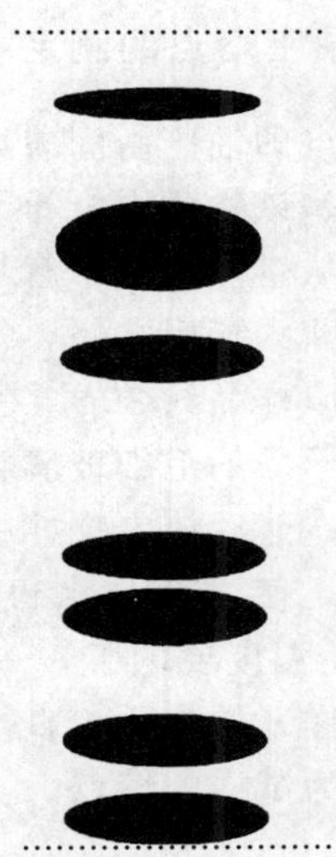

图 7-3　薄层色谱法（TLC）在硅胶 G 上分离脂类组分的示意图

7.3.2　丙酮不溶物测定法

磷脂具有双亲性，当与水接触时，磷脂能吸水膨胀而使其在油脂中的溶解度大大降低。因此加水至油脂中，其中的磷脂将沉淀下来，又依据磷脂不溶于丙酮的特性，用丙酮洗涤沉淀除去油脂等其他物质，烘干残余物，称量、计算即得磷脂含量。

该法的操作方法如下：取经 90℃保温、过滤、混匀的样品约 10mL，置于已知恒重的离心管中，放入小烧杯，在分析天平上准确称重。用移液管加入蒸馏水 1.0mL 于样品中，再预热至 60～70℃，盖上塞子，充分振荡 1～2min。将充分水化的样品放入离心机中，4000r/min 离心 20min 后，取出离心管，弃去上层清油，再用 10mL 丙酮洗涤沉淀及管壁，离心 5min，吸去丙酮液，如此反复洗涤，直至用滤纸检验无油迹为止。依据式（7-3）计算结果。

$$\text{丙酮不溶物的含量}=\frac{m_1-m_2}{m}\times 100\% \tag{7-3}$$

式中　m_1——离心管＋沉淀物质量，g；

m_2——离心管质量，g；

m——试样质量，g。

7.4　油脂性质的分析

7.4.1　油脂物理性质的分析

7.4.1.1　油脂相对密度的测定

各种纯净的油脂，在一定的温度下均有其特定的相对密度范围，通过试验测定样品油脂的相对密度，可作为确定样品纯度和种类的重要依据。采用密度瓶法测定油脂的相对密度见本书第 4 章内容。

7.4.1.2 油脂熔点的测定

油脂熔点即油脂由固态熔化成液态的温度，也就是固态和液态的蒸气压相等的温度。纯物质的熔点是该物质在标准大气压下，固态和液态平衡时的温度。每种纯物质都有它的熔点，因此，从熔点可以了解物质的纯度。根据熔点能判断油脂的纯度、类别和新鲜程度，是油脂纯度判断的指标之一，常用方法是毛细管法。

方法：取样品约 20g，在低于 150℃的条件下加热，使油相和水相分层，过滤、烘干油相。取洁净干燥的毛细玻璃管 3 支，分别吸取试样达 10mm 高度，用喷灯火焰将吸取试样的管端封闭，然后放入烧杯中，置于 4～10℃冰箱中过夜。之后取出用橡皮筋将 3 支管紧扎在温度计上，使试样与水银球相平。将试样与温度计放入水浴中加热，水银球浸入水中 30mm。开始温度要低于 8～10℃，同时搅动水，使水温以 0.5℃/min 上升。随着温度升高，玻璃管内试样开始软化，直至溶解为透明液体，此时立即读取温度计的读数，计算 3 支管的平均值，即为试样的熔点。

7.4.1.3 油脂透明度、气味、滋味、色泽以及折射率的测定

7.4.1.3.1 透明度

油脂透明度是指油样在一定的温度下，静置一定时间后，目测油样的透明程度，是一种感官评价方法。通常量取 100mL 样品置于比色管中，在 20℃下静置 24h，于白色灯光前或白色背景下观察其透明度。比色用“透明”“微浊”“浑浊”表示。

7.4.1.3.2 气味、滋味的测定

各种油脂都有特定的气味和滋味，通过油脂气味和滋味的鉴定，可以了解油脂种类、品质的好坏、酸败程度等。取样 10～15mL 加热至 50℃，之后嗅其气味，品尝。

7.4.1.3.3 色泽的测定

我国植物油国家标准是以罗维朋比色计进行测定的。将样品注入比色槽，固定黄色，调整红色至色度相等，读取黄色、红色玻璃片数字即为油脂色泽值。

7.4.1.3.4 折射率的测定

折射率是指光线由空气进入油脂中入射角正弦和折射角正弦之比。通常采用阿贝折光仪，以钠黄光 D 线为光源。20℃作为标准温度，结果以 n_D^{20} 表示。用玻璃棒取样两滴于棱镜上，转动上棱镜，关紧两块棱镜，经约 3min，待样品温度稳定后，转动手轮使视野中清晰可见两个明暗部分，分界线恰在十字交叉线的交点上。标尺上的读数即为该温度下的折射率。

7.4.1.4 油脂黏性测定

油脂中脂肪分子量越大，黏度越大。脂肪酸不饱和程度越大，黏度越小。常用测定方法为旋转式黏度计法。选适当的转子，将样品装于 100mL 烧杯中，调整升降开关至转子液标与液面平行。开启开关调速，开始测定，读数并计算。

7.4.2 油脂化学性质的分析

7.4.2.1 酸价的测定

油脂酸价是反映油脂酸败的指标，新鲜精制油脂酸价小，粗制或储存不当油脂酸价高，

测定酸价可评价油脂品质和贮藏方法，指导油脂碱炼加碱量。根据《食品安全国家标准 食品中酸价的测定》(GB 5009.229—2025) 的规定，第一法为冷溶剂指示剂滴定法，第二法为冷溶剂自动电位滴定法，第三法为热乙醇指示剂滴定法，第四法为分光光度法，此处仅介绍第一法。第一、第二、第三法适用于食品［植脂奶油、粉末油脂、人造奶油、复合调味料(蛋黄酱、沙拉酱、油基辣椒酱、坚果与籽类的酱、火锅底料和其他半固体调味料) 除外］中酸价的测定。第四法适用于植脂奶油、粉末油脂、人造奶油、复合调味料(蛋黄酱、沙拉酱、油基辣椒酱、坚果与籽类的酱、火锅底料和其他半固体调味料) 中酸价的测定。

7.4.2.1.1 原理

根据酸碱中和反应的原理，用氢氧化钾或氢氧化钠标准滴定溶液中和试样溶液中的游离脂肪酸，以酸碱指示剂确定滴定终点，根据标准滴定溶液的消耗量计算试样的酸价。

7.4.2.1.2 仪器与试剂

仪器：滴定管、天平、恒温水浴锅、恒温干燥箱、离心机、旋转蒸发仪、索氏脂肪提取器、植物油料粉碎机或研磨机等。

试剂：乙醚-异丙醇混合液 (1∶1)、酚酞指示剂、百里香酚酞指示剂、碱性蓝 6B 指示剂等。

7.4.2.1.3 分析步骤

(1) 试样制备

① 动植物油脂、食用氢化油、起酥油、代可可脂 常温下，液态样品充分混匀后直接取样检测；固态(或半固态) 样品取具有代表性的样品置于温水浴或恒温鼓风干燥箱内加热熔化，混匀后取油脂检测。

② 植物油料、坚果与籽类食品 生干芝麻等易受脂肪酶影响的样品采用直接压榨法，取具有代表性的样品，使用实验室榨油机在常温下压榨，刷集榨出物立即用滤纸过滤后取油脂进行测定。其他样品采用索氏抽提法，样品制备好后，应立即将粉碎后的样品用滤纸筒装好后放入索氏抽提装置中，由抽提装置冷凝管上端加入无水乙醚或石油醚至瓶内容积的三分之二处，于水浴上加热抽提 4h。回收提取液于烧瓶中，置于水浴温度不高于 40℃的旋转蒸发仪内，减压蒸干有机溶剂，残留物作为油脂试样进行酸价测定。

③ 其他含油脂食品 将粉碎后的试样置于广口瓶中，加入 2～3 倍样品体积的石油醚搅拌混合，密封后浸提 12h 以上。搅拌后静置片刻，经装有无水硫酸钠的漏斗过滤，取滤液，在不高于 40℃的水浴中，用旋转蒸发仪减压蒸干石油醚，残留物作为油脂试样进行酸价测定。

以上样品残留物若有明显浑浊、乳化、分层或沉淀，应进行除杂和脱水处理。

(2) 试样称量

根据制备试样的颜色和估计的酸价，按照表 7-1 规定称量试样。

表 7-1 试样称样表

估计的酸价/(mg/g)	试样的最小称样量/g	使用滴定液的浓度/(mol/L)	试样称重的精确度/g
0～1	20(动植物油脂) 5(动植物油脂除外)	0.05 或 0.1	0.001
1～4	10(动植物油脂) 5(动植物油脂除外)	0.05 或 0.1	0.001
4～15	2.5	0.1	0.001
15～75	0.5～3.0	0.1 或 0.5	0.001
>75	0.2～1.0	0.5	0.001

试样称样量和滴定液浓度应使滴定液用量在0.2～10mL之间（扣除空白后）。若检测后，发现样品的实际称样量与该样品酸价所对应的应有称样量不符，应按照表7-1要求，调整称样量后重新检测。

（3）试样测定

取250mL的锥形瓶，用天平称取制备的油脂试样，其质量m单位为g。加入乙醚-异丙醇混合液50～100mL和3～4滴酚酞指示剂，充分振摇溶解试样。再用装有标准滴定溶液的刻度滴定管对试样溶液进行手工滴定，当试样溶液初现微红色，且15s内无明显褪色时，为滴定的终点。立刻停止滴定，记录下此滴定所消耗的标准滴定溶液的体积（V，mL）

对于深色的油脂样品，可用百里香酚酞指示剂或碱性蓝6B指示剂取代酚酞指示剂，滴定时，当颜色变为蓝色时为百里香酚酞的滴定终点，碱性蓝6B指示剂的滴定终点为由蓝色变为红色。米糠油（稻米油）的冷溶剂指示剂法测定酸价只能用碱性蓝6B指示剂。

（4）空白试验

另取一个干净的250mL的锥形瓶，准确加入与（3）中试样测定时相同体积、相同种类的有机溶剂混合液和指示剂，振摇混匀。然后再用装有标准滴定溶液的刻度滴定管进行手工滴定，当溶液初现微红色，且15s内无明显褪色时，为滴定的终点。立刻停止滴定，记录下此滴定所消耗的标准滴定溶液的体积（V_0，mL）。

对于冷溶剂指示剂滴定法，也可在配制好的试样溶解液中滴加数滴指示剂，然后用标准滴定溶液滴定试样溶解液至相应的颜色变化且15s内无明显褪色后停止滴定，表明试样溶解液的酸性正好被中和。然后以这种酸性被中和的试样溶解液溶解油脂试样，再用同样的方法继续滴定试样溶液至相应的颜色变化且15s内无明显褪色后停止滴定，记录下此滴定所消耗的标准滴定溶液的体积（V，mL），如此无需再进行空白试验，即$V_0=0$。

7.4.2.1.4　结果计算

酸价（又称酸值）按照式（7-4）的要求进行计算；

$$X_{\mathrm{Av}}=\frac{(V-V_0)\times c\times 56.1}{m} \tag{7-4}$$

式中　X_{Av}——酸价，mg/g；

V——试样测定所消耗的标准滴定溶液的体积，mL；

V_0——相应的空白测定所消耗的标准滴定溶液的体积，mL；

c——标准滴定溶液的物质的量浓度，mol/L；

56.1——氢氧化钾的摩尔质量，g/mol；

m——油脂样品的称样量，g。

7.4.2.2　油脂过氧化值的测定

油脂储藏时会因光、热、氧、水分、酶作用而酸败，产生过氧化物，过氧化值高则油脂辛辣甚至有毒，不能食用。根据《食品安全国家标准 食品中过氧化值的测定》（GB 5009.227—2023）的规定，第一法为指示剂滴定法，第二法为电位滴定法。此处仅介绍第一法，该法适用于食品中过氧化值的测定。

7.4.2.2.1　原理

制备的油脂试样在三氯甲烷和冰乙酸中溶解，其中的过氧化物与碘化钾反应生成游离碘，用硫代硫酸钠标准溶液滴定析出的碘。用过氧化物相当于碘的质量分数或1kg样品中活性氧的物质的量（mmol）表示过氧化值。

7.4.2.2.2　仪器与试剂

仪器：电热恒温干燥箱、旋转蒸发仪、恒温水浴振荡器、高速冷冻离心机等。

试剂：三氯甲烷-冰乙酸溶液（2∶3）、淀粉指示剂、碘化钾等。

7.4.2.2.3　分析步骤

（1）试样制备

样品制备过程应避免强光，制备后油脂密闭保存，尽快测定。

① 动植物油脂　对液态样品，振摇装有试样的密闭容器，充分混匀后直接取样；对固态样品，选取有代表性的试样置于密闭容器中混匀后取样。如有必要，将盛有固态试样的容器置于恒温水浴中，加温至开始熔化，在该温度下待其全部熔化后，振摇混匀，趁试样为液态时立即取样测定。

② 油脂制品

a. 食用氢化油、起酥油、代可可脂　同①。

b. 人造奶油　将样品置于密闭容器中，于 60～70℃的电热恒温干燥箱中加热至熔化，振摇混匀后，继续加热至破乳分层并将油层通过快速定性滤纸过滤到烧杯中，烧杯中滤液为待测试样，待测试样应澄清。趁待测试样为液态时立即取样测定。

c. 植脂奶油　取有代表性样品于烧杯中，加入约 5 倍样品体积的石油醚，使用顶置搅拌器搅拌 2min。边搅拌边加入约样品 1.6 倍质量的无水硫酸钠，继续搅拌混合 5min，取下静置使石油醚分层。将上清液倒出，向烧杯中加入约 2 倍样品体积的石油醚，重复以上操作，将石油醚合并，过滤，将滤液转入棕色旋蒸瓶中，在不高于 40℃的水浴中，用旋转蒸发仪减压蒸干石油醚，残留物即为待测试样，提取量不少于 5g。

d. 粉末油脂制品　称取代表性样品于棕色碘量瓶中，每 1g 样品加入 0.02g 木瓜蛋白酶和 0.02g 淀粉酶。加入 2 倍样品体积的水混匀，盖塞。将碘量瓶置于 50℃恒温水浴振荡器，60～100 次/min 振荡 30min，取出冷却。加入与水等体积的丙酮，混匀。加入 3 倍样品体积的石油醚振摇提取 1min，将其转入分液漏斗静置 30min 分层，弃去下层。若出现乳化现象，可高速冷冻离心分层（5000r/min，15℃，3min），再将有机相转入分液漏斗。加入与石油醚等体积的水洗涤有机相，弃去下层，将上层有机相转入装有无水硫酸钠的漏斗进行过滤。将滤液转入棕色旋蒸瓶中，在不高于 40℃的水浴中，用旋转蒸发仪减压蒸干石油醚，残留物即为待测试样，提取量不少于 5g。

③ 植物性食品及其制品（经油炸、膨化、烘烤、调制、炒制、蒸煮等加工工艺制成）及动物性食品制品（经速冻、干制、腌制、油炸等加工工艺制成）　从所取全部样品中取出有代表性样品的可食部分，除去其中不含油脂部分，含水分较多的速冻调理肉样品可用纱布将水沥干再进行制备。破碎并充分混匀，置于广口瓶中，加入 2～3 倍样品体积的石油醚，摇匀，充分混合，封口后静置浸提 12h 以上，必要时超声 5～10min。经装有无水硫酸钠的漏斗过滤，取滤液，在不高于 40℃的水浴中，用旋转蒸发仪减压蒸干石油醚，残留物即为待测试样，提取量不少于 5g。

（2）试样测定

应避免在阳光直射下进行试样测定。称取制备的试样 2g，置于 250mL 碘量瓶中，加入 30mL 三氯甲烷-冰乙酸溶液，轻轻振摇试样至完全溶解。准确加入 1.00mL 碘化钾饱和溶液，塞紧瓶盖，并轻轻振摇 0.5min，在暗处放置 3min。取出加 100mL 水，摇匀后立即用硫代硫酸钠标准滴定溶液（过氧化值估计值在 0.15g/100g 及以下时，用 0.002mol/L 标准滴定溶液；过氧化值估计值大于 0.15g/100g 时，用 0.01mol/L 标准滴定溶液）滴定析出的碘，滴定至淡黄色时，加 1mL 淀粉指示剂，继续滴定并强烈振摇至溶液蓝色消失为终点。同时进行空白试验。空白试验所消耗硫代硫酸钠标准滴定溶液体积 V_0 不得超过 0.1mL。

7.4.2.2.4 结果计算

① 用过氧化物相当于碘的质量分数表示过氧化值时，按式（7-5）计算。

$$X_1=\frac{(V-V_0)\times c\times 0.1269}{m}\times 100 \tag{7-5}$$

式中 X_1——油脂的过氧化值，g/100g；

V——试样消耗的硫代硫酸钠标准溶液体积，mL；

V_0——空白试验消耗的硫代硫酸钠标准溶液体积，mL；

c——硫代硫酸钠标准溶液的浓度，mol/L；

m——试样质量，g；

0.1269——与 1.00mL 硫代硫酸钠标准滴定溶液［$c(Na_2S_2O_3)=1.000mol/L$］相当的碘的质量；

100——换算系数。

② 用 1kg 样品中活性氧的物质的量（mmol）表示过氧化值时，按式（7-6）计算。

$$X_2=\frac{(V-V_0)\times c\times 1000}{2\times m} \tag{7-6}$$

式中 X_2——油脂的过氧化值，mmol/kg；

V——试样消耗的硫代硫酸钠标准溶液体积，mL；

V_0——空白试验消耗的硫代硫酸钠标准溶液体积，mL；

c——硫代硫酸钠标准溶液的浓度，mol/L；

1000——换算系数；

2——硫代硫酸钠和活性氧之间的转换系数；

m——试样质量，g。

7.4.2.2.5 说明与注意事项

仅含蛋白质壁材样品可只加木瓜蛋白酶；仅含糖类壁材样品可只加淀粉酶。

7.4.2.3 油脂碘值的测定

碘值是衡量油脂不饱和程度的指标，碘值高则脂肪酸双键多、油脂不稳定，但不饱和脂肪酸含量越高，营养价值越高。测定碘值可了解脂肪酸组成、检测掺杂、计算加氢量和监测氧化过程。《动植物油脂　碘值的测定》（GB/T 5532—2022）适用于动植物油脂中碘值的测定，但不适用于鱼油。

7.4.2.3.1 原理

在溶剂中溶解试样，加入韦氏（Wijs）试剂反应一定时间后，加入碘化钾和水，用硫代硫酸钠溶液滴定析出的游离碘。

7.4.2.3.2 仪器与试剂

仪器：玻璃称量皿、分析天平、移液管、滴定管等。

试剂：碘化钾、淀粉溶液、硫代硫酸钠标准溶液、环己烷-冰乙酸溶剂、韦氏（Wijs）

试剂等。

7.4.2.3.3　分析步骤

（1）试样及空白样品的制备

根据样品预期的碘值，称取适量样品于玻璃称量皿中，推荐的称样量见二维码 7-1。如果不知道预期的碘值，采用不同的样品质量进行预实验，样品的质量应保证韦氏（Wijs）试剂的添加量过量 50%～60%，即 Wijs 试剂总量应为理论需要量的 1.5～1.6 倍。

二维码 7-1
碘值测定推荐的称样量

（2）测定

① 将样品置于 500mL 锥形瓶中，加入溶剂溶解试样，加入量与试样质量相对应。用移液管准确加入 25.00mL 韦氏（Wijs）试剂，盖好塞子，摇匀后将锥形瓶置于暗处。当预估碘值≤20 时（硬脂），需要将其溶解在 60℃溶剂中。当加热试剂时，应将其密封，避免蒸发和浓度变化。所有烧瓶和溶剂应在使用前预热。

② 除不加试样外，其余按（1）的规定，制备空白溶液。

③ 对碘值低于 150g/100g 的样品，锥形瓶应置于暗处 1h；碘值高于 150g/100g 的、已聚合的、含有共轭脂肪酸（如桐油、脱水蓖麻油）的、含有任何一种酮类脂肪酸（如不同程度的氢化蓖麻油）的，以及氧化到一定程度的样品，锥形瓶应置于暗处 2h。

④ 到达规定的反应时间后，加 20mL 碘化钾溶液和 150mL 水。用标定过的硫代硫酸钠标准溶液滴定至碘的黄色接近消失。加几滴淀粉溶液继续滴定，一边滴定一边用力摇动锥形瓶，直至蓝色刚好消失。达到终点所需的硫代硫酸钠溶液体积为 V_2。也可以采用电位滴定法确定终点。

⑤ 同时做空白溶液的测定。在空白试验中，滴定达到终点时，所需的硫代硫酸钠溶液体积为 V_1。

7.4.2.3.4　结果计算

试样的碘值按式（7-7）计算。

$$W_1=\frac{12.69\times c(V_1-V_2)}{m} \tag{7-7}$$

式中　W_1——试样的碘值，用每 100g 样品吸取碘的质量（g）表示，g/100g；

c——硫代硫酸钠标准溶液的浓度，mol/L；

V_1——空白溶液消耗硫代硫酸钠标准溶液的体积，mL；

V_2——样品溶液消耗硫代硫酸钠标准溶液的体积，mL；

m——试样的质量，g。

7.4.2.3.5　说明与注意事项

冷榨、未精炼的动植物油以及（部分）氢化油通过这两种方法可能得到不同的结果。计算出的碘值会受杂质和热降解产物的影响。

7.4.2.4　皂化值的测定

皂化值是指在规定条件下皂化 1g 油脂所需氢氧化钾的质量（mg），它主要与油脂中酯键总量成反比，可用于估算甘油三酯及其他可皂化酯的平均分子量，但不能直接反映不含酯键的非甘油三酯组分。《动植物油脂　皂化值的测定》（GB/T 5534—2024）适用于精炼动植物油脂和动植物毛油。

7.4.2.4.1　原理

皂化值是测定油和脂肪酸中游离脂肪酸和甘油酯含量的指标。在回流条件下将样品和氢氧化钾-乙醇溶液一起煮沸，然后用标定的盐酸溶液滴定过量的氢氧化钾。

7.4.2.4.2　仪器与试剂

仪器：加热装置（如水浴锅、电热板或其他适合的装置）、滴定管、移液管、分析天平等。

试剂：氢氧化钾、乙醇、盐酸、酚酞、碱性蓝6B溶液（ρ=2.5g/100mL）等。

7.4.2.4.3　分析步骤

（1）称样

于锥形瓶中称量2g试验样品，以皂化值（以KOH计）170～200mg/g、称样量2g为基础，对于不同范围的皂化值样品，以称样量约使一半的氢氧化钾-乙醇溶液被中和为依据进行调整。

（2）测定

① 用移液管将25.0mL氢氧化钾-乙醇溶液加到试样中，并加入一些助沸物，连接回流冷凝管与锥形瓶，并将锥形瓶放在加热装置上慢慢煮沸，不时摇动，油脂维持沸腾状态60min。对于高熔点油脂和难以皂化的样品需煮沸2h。

② 加0.5～1mL酚酞指示剂于热溶液中，并用盐酸标准溶液滴定到指示剂的粉色刚消失。如果皂化液是深色的，则用0.5～1mL的碱性蓝6B溶液作为指示剂。

③ 不加样品，用25.0mL的氢氧化钾-乙醇溶液进行空白试验。

7.4.2.4.4　结果计算

按式（7-8）计算试样的皂化值：

$$I_s=\frac{(V_0-V_1)\times c\times 56.1}{m} \tag{7-8}$$

式中　I_s——皂化值（以KOH计），mg/g；

V_0——空白试验所消耗的盐酸标准溶液的体积，mL；

V_1——试样所消耗的盐酸标准溶液的体积，mL；

c——盐酸标准溶液的实际浓度，mol/L；

m——试样的质量，g。

7.4.2.4.5　说明与注意事项

皂化后剩余的碱用盐酸滴定，不能用硫酸。因为生成的硫酸钾不溶于乙醇，易生成沉淀影响结果。

7.4.2.5　羰基价的测定

油脂氧化生成的过氧化物会分解为含羰基的化合物，其量或相当的数值称为羰基价。随贮藏时间延长和不良条件影响，羰基价数值不断增高，因此羰基价是评价油脂氧化产物含量和酸败程度的有效指标。《食品安全国家标准　食品中羰基价的测定》（GB 5009.230—2016）适用于油炸小食品、坚果制品、方便面、膨化食品以及食用植物油等食品中羰基价的测定。

7.4.2.5.1　原理

羰基化合物和2,4-二硝基苯肼的反应产物，在碱性溶液中为褐红色或酒红色，在440nm下，测定吸光度，计算羰基价。

7.4.2.5.2 仪器与试剂

仪器：分光光度计、天平、涡旋混合器、旋转蒸发仪、鼓风干燥箱等。

试剂：乙醇、三氯乙酸、2,4-二硝基苯肼、氢氧化钾-乙醇溶液等。

7.4.2.5.3 分析步骤

(1) 取样方法

含油脂较多的试样称取0.5kg，含脂肪少的试样取1.0kg，在玻璃研钵中研碎，混合均匀后，按四分法对角取样，放置广口瓶内保存于4℃以下冰箱中。液态油脂类试样根据试样情况取有代表性试样后，放置广口瓶内保存于4℃以下冰箱中。

(2) 非油脂类试样处理

① 含油脂高的试样，如油炸花生、坚果等　称取混合均匀的试样50g，置于250mL带盖广口瓶中，加入50mL石油醚，放置14～18h，用快速滤纸过滤后，室温下，用旋转蒸发器旋蒸15min，减压回收溶剂，得到油脂以供测定。用前保存于4℃以下冰箱中。

② 含油脂中等的试样，如蛋糕、江米条等　称取混合均匀的试样100g，置于500mL带盖广口瓶中，加入100～200mL石油醚，放置14～18h，用快速滤纸过滤后，室温下，用旋转蒸发器旋蒸15min，减压回收溶剂，在50℃鼓风干燥箱中挥发石油醚1h，得到油脂以供测定。用前保存于4℃以下冰箱中。

③ 含油脂少的试样，如面包、饼干等　称取混合均匀的试样250～300g于500mL带盖广口瓶，加入适量石油醚浸泡试样，放置14～18h，用快速滤纸过滤后，室温下，用旋转蒸发器旋蒸15min，减压回收溶剂，在50℃鼓风干燥箱中挥发石油醚1h，得到油脂以供测定。用前保存于4℃以下冰箱中。

④ 含水量较高样品，可加入适量无水硫酸钠，使样品成粒状；易结块样品，可加入4～6倍量的海砂，混合均匀后再提取油脂。

(3) 测定

称取0.025～0.5g油样：羰基价低于30meq/kg的油样称取0.1g，羰基价30～60meq/kg的油样称取0.05g，羰基价高于60meq/kg的油样，称取0.025g；置于25mL具塞试管中，加5mL苯溶解油样，加3mL三氯乙酸溶液及5mL 2，4-二硝基苯肼溶液，仔细振摇混匀。在60℃水浴中加热30min，反应后取出用流水冷却至室温，沿试管壁缓慢加入10mL氢氧化钾-乙醇溶液，使成为二液层，涡旋振荡混匀后，放置10min。以1cm比色杯，用试剂空白调节零点，于波长440nm处测吸光度。

7.4.2.5.4 结果计算

试样的羰基价按式（7-9）进行计算。

$$X=\frac{A}{854\times m}\times 1000 \tag{7-9}$$

式中　X——试样的羰基价（以油脂计），meq/kg；

A——测定时样液吸光度；

854——各种醛的毫摩尔吸光系数的平均值；

m——油样质量，g；

1000——换算系数。

7.4.2.6 丙二醛的测定

油脂在光、热和空气中氧气的作用下会发生酸败反应，分解出包括丙二醛在内的醛、酸等化合物。《食品安全国家标准　食品中丙二醛的测定》（GB 5009.181—2016），第一法为高效液相色谱法，第二法为分光光度法。此处仅介绍第二法，该法适用于动植物油脂中丙二醛的测定。

7.4.2.6.1　原理

丙二醛经三氯乙酸溶液提取后，与硫代巴比妥酸（TBA）作用生成粉红色化合物，测定其在532nm波长处的吸光度值，与标准系列比较定量。

7.4.2.6.2　仪器与试剂

仪器：分光光度计、天平、恒温振荡器、恒温水浴锅等。

试剂：三氯乙酸、硫代巴比妥酸（TBA）、丙二醛标准品等。

7.4.2.6.3　分析步骤

（1）试样制备

称取样品5g置入100mL具塞锥形瓶中，准确加入50mL三氯乙酸混合液，摇匀，加塞密封，置于恒温振荡器上50℃振摇30min，取出，冷却至室温，用双层定量慢速滤纸过滤，弃去初滤液，续滤液备用。

准确移取上述滤液和标准系列溶液各5mL分别置于25mL具塞比色管内，另取5mL三氯乙酸混合液作为样品空白，分别加入5mL硫代巴比妥酸（TBA）水溶液，加塞，混匀，置于90℃水浴内反应30min，取出，冷却至室温。

（2）测定

以样品空白调节零点，于532nm处1cm光径测定样品溶液和标准系列溶液的吸光度值，以标准系列溶液的质量浓度为横坐标，吸光度值为纵坐标，绘制标准曲线。该法的检出限为0.05mg/kg，定量限为0.10mg/kg。

7.4.2.6.4　结果计算

试样中丙二醛含量，按式（7-10）计算。

$$X=\frac{c\times V\times 1000}{m\times 1000} \tag{7-10}$$

式中　X——试样中丙二醛含量，mg/kg；

c——从标准系列曲线中得到的试样溶液中丙二醛的浓度，μg/mL；

V——试样溶液定容体积，mL；

m——最终试样溶液所代表的试样质量，g；

1000——换算系数。

7.4.3　油脂中脂肪酸的分析

脂肪酸是油脂分子的基本组成单位，油脂由甘油分子和三个脂肪酸分子组成，脂肪酸种类多变，决定油脂的营养、理化及加工特性。根据《食品安全国家标准 食品中脂肪酸的测定》（GB 5009.168—2016）的规定，第一法为内标法，第二法为外标法，第三法为归一化法。此处仅介绍第二法，该法适用于食品中总脂肪、饱和脂肪（酸）、不饱和脂肪（酸）的测定。

7.4.3.1　原理

① 水解-提取法　试样经水解-乙醚溶液提取其中的脂肪后，在碱性条件下皂化和甲酯

化，生成脂肪酸甲酯，经毛细管柱气相色谱分析，外标法定量测定脂肪酸的含量。动植物纯油脂试样不经脂肪提取，直接进行皂化和脂肪酸甲酯化。

② 乙酰氯-甲醇法（适用于含水量小于5%的乳粉和无水奶油试样）　乙酰氯与甲醇反应得到的盐酸-甲醇使其中的脂肪和游离脂肪酸甲酯化，用甲苯提取后，经气相色谱仪分离检测，外标法定量。

③ 酯交换法（适用于游离脂肪酸含量不大于2%的油脂）　将油脂溶解在异辛烷中，加入氢氧化钾甲醇溶液通过酯交换甲酯化，反应完全后，用硫酸氢钠中和剩余氢氧化钾，外标法定量测定脂肪酸的含量。

7.4.3.2　仪器与试剂

仪器：匀浆机、气相色谱仪、毛细管色谱柱、离心机、旋转蒸发仪、螺口玻璃管等。

试剂：乙酰氯甲醇溶液、单个脂肪酸甲酯标准品、脂肪酸甘油三酯标准品等。

7.4.3.3　分析步骤

7.4.3.3.1　试样的制备

固体或半固体试样使用组织粉碎机或研磨机粉碎，液体试样用匀浆机打成匀浆于−18℃以下冷冻保存，分析用时将其解冻后使用。

7.4.3.3.2　试样预处理

（1）水解-提取法

① 试样的称取　称取均匀试样0.1～10g移入250mL平底烧瓶中，加入约100mg焦性没食子酸和几粒沸石，再加入2mL 95%乙醇，混匀。根据试样的类别选取不同的水解方法。

② 试样的水解

a. 酸水解法　食品（除乳制品和乳酪）：加入盐酸溶液10mL，混匀。将烧瓶放入70～80℃水浴中水解40min。每隔10min振荡一下烧瓶，使黏附在烧瓶壁上的颗粒物混入溶液中。水解完成后，取出烧瓶冷却至室温。

b. 碱水解法　乳制品（乳粉及液态乳等试样）：加入氨水5mL，混匀。将烧瓶放入70～80℃水浴中水解20min。每5min振荡一下烧瓶，使黏附在烧瓶壁上的颗粒物混入溶液中。水解完成后，取出烧瓶冷却至室温。

c. 酸碱水解法　乳酪：加入氨水5mL，混匀。将烧瓶放入70～80℃水浴中水解20min。每隔10min振荡一下烧瓶，使黏附在烧瓶壁上的颗粒物混入溶液中。接着加入盐酸10mL，继续水解20min，每10min振荡一下烧瓶，使黏附在烧瓶壁上的颗粒物混入溶液中。水解完成后，取出烧瓶冷却至室温。

③ 脂肪提取　水解后的试样，加入10mL 95%乙醇，混匀。将烧瓶中的水解液转移到分液漏斗中，用50mL乙醚石油醚混合液冲洗烧瓶和塞子，冲洗液并入分液漏斗中，加盖。振摇5min，静置10min。将醚层提取液收集到250mL烧瓶中。按照以上步骤重复提取水解液3次，最后用乙醚石油醚混合液冲洗分液漏斗，并收集到250mL烧瓶中。旋转蒸发仪浓缩至干，残留物为脂肪提取物。

④ 脂肪的皂化和脂肪酸的甲酯化　在脂肪提取物中加入2%氢氧化钠甲醇溶液8mL，连接回流冷凝器，(80±1)℃水浴上回流，直至油滴消失。从回流冷凝器上端加入7mL 15%三氟化硼甲醇溶液，在水浴中继续回流2min。用少量水冲洗回流冷凝器。停止加热，从水

浴上取下烧瓶，迅速冷却至室温。准确加入 10～30mL 正庚烷，振摇 2min，再加入饱和氯化钠水溶液，静置分层。吸取上层正庚烷提取溶液大约 5mL，至 25mL 试管中，加入 3～5g 无水硫酸钠，振摇 1min，静置 5min，吸取上层溶液到进样瓶中待测定。动植物油脂试样不经脂肪提取，直接进行皂化和脂肪酸甲酯化。

(2) 乙酰氯-甲醇法

① 试样称取　准确称取乳粉试样 0.5g 或无水奶油试样 0.2g 于 15mL 干燥螺口玻璃管中，加 5.0mL 甲苯。

② 试样测定液的制备　向试样中加入 10%乙酰氯甲醇溶液 6mL，充氮气后，旋紧螺旋盖。振荡混合后于 (80±1)℃水浴中放置 2h，其间每隔 20min 取出振摇 1 次，水浴后取出冷却至室温。将反应后的样液转移至 50mL 离心管中，分别用 3mL 碳酸钠溶液清洗玻璃管 3 次，合并碳酸钠溶液于 50mL 离心管中，混匀。5000r/min 离心 5min。取上清液作为试液，气相色谱仪测定。

(3) 酯交换法

称取试样 60.0mg 至具塞试管中，加入 4mL 异辛烷溶解试样，必要时可以微热使试样溶解后加入 200μL 氢氧化钾甲醇溶液，盖上玻璃塞猛烈振摇 30s 后静置至澄清。加入约 1g 硫酸氢钠，猛烈振摇，中和氢氧化钾。待盐沉淀后，将上层溶液移至上机瓶中，待测。

7.4.3.3.3 测定

取单个脂肪酸甲酯标准溶液和脂肪酸甲酯混合标准溶液分别注入气相色谱仪，对色谱峰进行定性。脂肪酸甲酯混合标准溶液气相色谱图，见 GB 5009.168—2016 附录 B。

① 毛细管色谱柱，聚二氰丙基硅氧烷强极性固定相，柱长 100m，内径 0.25mm，膜厚 0.2μm。

② 进样器温度为 270℃；检测器温度为 280℃。

③ 程序升温：初始温度 100℃，持续 13min；100～180℃，升温速率 10℃/min，保持 6min；180～200℃，升温速率 1℃/min，保持 20min；200～230℃，升温速率 4℃/min，保持 10.5min。

④ 载气为氮气；分流比为 100∶1；进样体积为 1.0μL。

⑤ 检测条件应满足理论塔板数 (n) 至少 2000 个/m，分离度 (R) 至少 1.25。

7.4.3.4 结果计算

(1) 试样中各脂肪酸的含量

以色谱峰的峰面积定量。试样中各脂肪酸的含量按式 (7-11) 计算。

$$X_i=\frac{A_i \times m_{si} \times F_{TGi\text{-}FAi}}{A_{si} \times m} \times 100 \tag{7-11}$$

式中 X_i——试样中各脂肪酸的含量，g/100g；

A_i——试样测定液中各脂肪酸甲酯的峰面积；

m_{si}——在标准测定液的制备中吸取的脂肪酸甘油三酯标准工作液中所含有的标准品的质量，mg；

$F_{TGi\text{-}FAi}$——各脂肪酸甘油三酯转化为脂肪酸的换算系数，参见 GB 5009.168—2016 附录 D；

A_{si}——标准测定液中各脂肪酸的峰面积；

m——试样的称样质量，mg；

100——将含量转换为每 100g 试样中含量的系数。

(2) 试样中饱和脂肪（酸）含量

试样中饱和脂肪（酸）含量按式（7-12）计算。

$$X_{\text{TotalFA}}=\sum X_i \tag{7-12}$$

式中 $X_{\text{Total FA}}$——试样中总脂肪酸的含量，g/100g；

X_i——单试样中各脂肪酸的含量，g/100g。

7.4.3.5 说明与注意事项

水解-提取法适用于食品中脂肪酸含量的测定；酯交换法适用于游离脂肪酸含量不大于 2% 的油脂样品的脂肪酸含量测定；乙酰氯-甲醇法适用于含水量小于 5% 的乳粉和无水奶油样品的脂肪酸含量测定。乙酰氯为刺激性试剂，配制乙酰氯甲醇溶液时应不断搅拌防止喷溅。

课后练习

1. 名词解释

脂类；甘油三酯；皂化值；碘值；反式脂肪酸

2. 判断题

(1) 脂类物质全部溶于水。(　　)

(2) 索氏提取法适用于所有食品中脂肪含量的测定。(　　)

(3) 皂化值越高，油脂的平均分子量越大。(　　)

(4) 碘值反映了油脂的饱和程度，碘值越高，油脂的饱和程度越高。(　　)

(5) 反式脂肪酸对人体健康无害。(　　)

3. 单项选择题

(1) 下列哪种物质是脂类的主要成分？(　　)

A. 蛋白质　　B. 糖类　　C. 甘油三酯　　D. 维生素

(2) 测定油脂中游离脂肪酸含量的常用方法是？(　　)

A. 皂化值测定　　B. 碘值测定　　C. 酸价测定　　D. 过氧化值测定

(3) 下列哪种方法不能用于测定食品中的脂肪含量？(　　)

A. 索氏提取法　　B. 酸水解法　　C. 高效液相色谱法　　D. 罗兹-哥特里法

(4) 碘值越高，说明油脂的？(　　)

A. 饱和程度越高　　B. 不饱和程度越高　　C. 平均分子量越大　　D. 氧化稳定性越好

(5) 下列哪种物质是反式脂肪酸的主要来源？(　　)

A. 植物油　　B. 动物油　　C. 部分氢化的植物油　　D. 天然鱼油

4. 问答题

(1) 简述索氏提取法测定脂肪含量的原理及步骤。

(2) 什么是皂化值？它有什么意义？

(3) 碘值测定有什么意义？如何测定碘值？

(4) 什么是反式脂肪酸？它对人体健康有哪些潜在危害？

(5) 简述油脂氧化稳定性的测定方法及其原理。

知识拓展

在食品安全领域，脂类分析至关重要。以“地沟油”案件为例，通过检测油脂的酸价、过氧化值、羰基价等理化指标，可有效鉴别非法废弃油脂，保障消费者饮食安全。这体现了科技在食品监管中的作用和食品安全从业者的责任担当，他们以科学为基础，重视人民健康，维护社会公共利益和消费者健康权益。随着科技进步，脂类分析方法不断创新完善，如气相色谱法在脂肪酸组成分析中的应用，提高了准确性和效率，促进了食品工业健康发展，提升了食品质量和安全性。

在脂类分析过程中，还应关注伦理和可持续发展问题。油脂提取和检测应尽量减少环境污染和资源浪费，对于高营养价值但不易吸收的脂类成分，应探索有效利用途径，实现资源最大化利用。这体现了新时代科学工作者应具备的社会责任感和使命感，他们追求科学真理和技术进步，同时思考如何将这些成果应用于社会福祉提升和生态环境保护，为实现可持续发展目标贡献力量。

第 8 章

蛋白质和氨基酸分析

【学习重点与难点】

学习重点：蛋白质的定性分析方法和定量分析方法的原理、分析步骤及结果判定；氨基酸的定性鉴定及定量检测方法的原理、分析步骤及结果判定。

学习难点：蛋白质定量分析中，凯氏定氮法与分光光度法的原理与操作差异；氨基酸的分离与定量过程中，薄层色谱法和高效液相色谱法的原理与操作差异。

8.1 概述

蛋白质是生命的物质基础，参与生命活动的各个方面，包括构成和修补组织、结构支持、催化反应、运输、免疫应答、提供能量等。氨基酸是构成蛋白质的基本单位，氨基酸的种类、数量、比例、排列顺序和肽链空间结构不同，构成的蛋白质也不同。构成蛋白质的氨基酸共有 20 种，其中 9 种为必需氨基酸，包括亮氨酸（leucine）、异亮氨酸（isoleucine）、赖氨酸（lysine）、蛋氨酸（methionine）、苯丙氨酸（phenylalanine）、苏氨酸（threonine）、色氨酸（tryptophan）、缬氨酸（valine）和组氨酸（histidine），在人体内合成能力有限，需要通过饮食摄入。氨基酸不仅是蛋白质的基本构成单位，也在体内参与多种代谢反应，形成激素、神经递质等重要生物分子。

食物是人体摄入蛋白质和氨基酸的主要来源，鱼、肉、蛋、乳制品和豆类等食品中含有丰富的蛋白质。蛋白质不仅是重要的营养成分，也是食品的特性和品质的重要影响因素。充分利用动植物蛋白质资源，树立大食物观，构建多元化食物供给体系对提升营养安全、促进可持续发展和满足人们日益多样化的饮食需求至关重要。因此，准确分析食品中的蛋白质及其氨基酸组成，对食品科学、营养学及相关领域均具有重要意义。

8.2 蛋白质的分析

8.2.1 蛋白质的定性分析

8.2.1.1 双缩脲比色法

双缩脲比色法是一种经典的定性分析蛋白质的方法，该方法利用双缩脲试剂（通常为铜离子与氢氧化钠的混合物）与蛋白质反应时，铜离子会与肽键中的氮原子形成复合物，进而导致溶液颜色的变化。双缩脲比色法简单易行，且不需要复杂的仪器设备，适用于实验室常规检测。由于其高选择性和灵敏度，双缩脲比色法常被用于检测食品、饮料及生物样品中的蛋白质含量。

8.2.1.1.1 原理

双缩脲反应是指在碱性溶液中，蛋白质中的肽键与双缩脲试剂（如硫酸铜）发生化学反应，形成紫红色的络合物。先利用三氯乙酸沉淀样品中的蛋白质，将沉淀物与双缩脲试剂进行显色，再通过分光光度计测定显色液的吸光度值，最后采用外标法定量，计算样品中的蛋白质含量。

8.2.1.1.2 仪器与试剂

仪器：天平、高速冷冻离心机、分光光度计、超声波清洗器等。

试剂：四氯化碳、酪蛋白标准品、氢氧化钾、酒石酸钾钠、硫酸铜、三氯乙酸等。

8.2.1.1.3 分析步骤

① 标准曲线的制备　取 6 支试管，按表 8-1 加入酪蛋白标准品和双缩脲试剂后充分混匀。

表 8-1 标准曲线的制作

管号	0	1	2	3	4	5
酪蛋白标准品/mg	0	10	20	30	40	50
双缩脲试剂/mL	20.0	20.0	20.0	20.0	20.0	20.0
蛋白质浓度/(mg/mL)	0	0.5	1.0	1.5	2.0	2.5

② 样品前处理　准确称取 0.2g 固体试样，置于 50mL 离心管中，加入 5mL 水；或准确称取 1.5g 液体试样，置于 50mL 离心管中。之后加入 150g/L 的三氯乙酸溶液 5mL，静置 10min 使蛋白充分沉淀，于 10000r/min 下离心 10min 后弃去上清液，再用 10mL 的 95% 乙醇洗涤。向沉淀中加入 2mL 四氯化碳和 20mL 双缩脲试剂，于超声波清洗器中振荡均匀，使蛋白溶解后，静置显色 10min，离心 20min 后取上层清液待测。

③ 蛋白质含量的测定　在制备的标准溶液中，以 0 管调零，于 540nm 下测定各标准溶液的吸光度值。再以吸光度值为纵坐标，以表 8-1 中的蛋白质浓度为横坐标，绘制标准曲线。同时测定前处理提取的蛋白质液的吸光度值，并根据标准曲线的线性回归方程读取制备样品的蛋白质浓度 c。

8.2.1.1.4 结果计算

试样中蛋白质含量以质量分数 m 计，数值以 g/100g 表示，结果按式（8-1）进行计算。

$$m=\frac{2c}{m_0} \tag{8-1}$$

式中　m——100g 奶粉中蛋白质的含量，g/100g；

m_0——取样量，g；

c——试液中蛋白质浓度，mg/mL。

8.2.1.1.5 说明与注意事项

本方法适用于乳与乳制品中蛋白质含量的测定。双缩脲法广泛适用于谷类、大豆类、肉类及动物饲料等样品中蛋白质含量的测定，会因蛋白质种类的不同，对发色程度有一定影响。

8.2.1.2　近红外法

该法基于蛋白质分子中的某些特定化学键（如 C-H、N-H、O-H 等）的泛频振动或转动对近红外线的吸收特性，用化学计量学方法建立食品样品近红外光谱与其粗蛋白之间的相关关系，从而测定样品的粗蛋白含量。根据《粮食、油料检验　扦样、分样法》（GB/T 5491—1985）的规定进行样品的取样和分样，用近红外分析仪进行测定，并记录测定数据。本法适用于玉米、小麦、稻谷、大豆等粮油食品中粗蛋白含量（干基）的快速测定，不适用于仲裁检验。

8.2.1.3　燃烧法

燃烧法的原理是试样在高温（900～1200℃）下充分燃烧，燃烧过程中产生的混合气体中的碳、硫等干扰气体和盐类被吸收管吸收，氮氧化物被全部还原成氮气后，形成的氮气气流通过热导检测器进行检测，适用于蛋白质含量在 10g/100g 以上的粮谷类、豆类、乳类、米粉、蛋白粉等固体试样的测定。

具体分析步骤如下：准确称取 0.1～1.0g 充分混匀的试样，用锡箔包裹后置于样品盘上。试样进入燃烧反应炉（温度 900～1200℃）后，在高纯度氧气（≥99.99%）中充分燃烧。燃烧炉中的产物（NO_x）通过载气二氧化碳或氦气运送至还原炉（温度 800℃）中，在还原炉中转化为氮气，随后检测其含量，按式（8-2）进行计算。

$$X=C\times F \tag{8-2}$$

式中　X——试样中蛋白质的含量，g/100g；

C——试样中氮的含量，g/100g；

F——氮换算为蛋白质的系数。

8.2.2　蛋白质的定量分析

8.2.2.1　凯氏定氮法

凯氏定氮法是一种经典的定量分析方法，为我国《食品安全国家标准 食品中蛋白质的测定》（GB 5009.5—2025）中的第一法。广泛应用于食品、饲料和其他有机物中蛋白质含量的测定。将样品中的蛋白质转化为氨，然后以比色法或电导法定量分析氨的含量，从而间接计算出样品中的蛋白质含量。凯氏定氮法具有操作简单、结果可靠、适用范围广等优点，是蛋白质分析领域的重要方法之一。

8.2.2.1.1　原理

将食品样品与浓硫酸和催化剂混合后加热消化，食品中的蛋白质在催化加热条件下被分解，产生的氨与硫酸结合生成硫酸铵。碱化蒸馏使氨游离，用硼酸吸收后以硫酸或盐酸标准滴定溶液滴定，根据酸的消耗量计算样品中的氮含量，再利用转换系数（通常为 6.25）将氮含量换算为蛋白质含量，从而实现对样品中蛋白质的定量分析。

8.2.2.1.2　仪器与试剂

仪器：天平、凯氏定氮仪、定氮蒸馏装置（见图 8-1）等。

试剂：硫酸铜、硫酸钾、硫酸、硼酸、甲基红、溴甲酚绿、亚甲基蓝、氢氧化钠等。

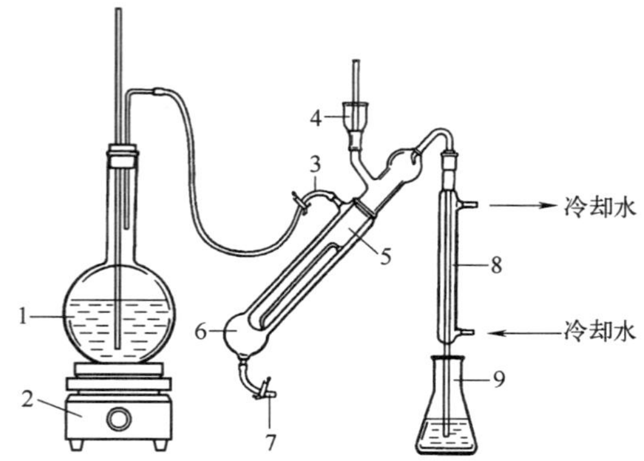

图 8-1　定氮蒸馏装置

1—水蒸气发生器（烧瓶）；2—电炉；3—螺旋夹；
4—小玻璃杯及棒状玻璃塞；5—反应室；6—反应室外层；
7—橡胶管及螺旋夹；8—冷凝管；9—蒸馏液接收瓶

8.2.2.1.3　分析步骤

(1) 凯氏定氮法

① 试样处理　准确称取约相当于 30～40mg 氮的充分混匀的固体样品 0.2～2g、半固体样品 2～5g 或液体样品 10～25mL（g），移入干燥的 100mL、250mL 或 500mL 定氮瓶中。依次加入 4g 硫酸铜、6g 硫酸钾及 20mL 硫酸，轻摇后于瓶口放一小漏斗，将瓶以 45°角斜支于有小孔的石棉网上，小心加热。待内容物全部炭化，泡沫完全停止后，加强火力，并保持瓶内液体微沸，至液体呈蓝绿色并澄清透明后，再继续加热 0.5～1h，取下放冷。小心加入 20mL 水，放冷后移入 100mL 容量瓶中，并用少量水洗定氮瓶，洗液并入容量瓶中，再加水至刻度，混匀备用。同时做试剂空白试验。

② 测定　按图 8-1 装好定氮蒸馏装置，向水蒸气发生器内加水至 2/3 处，再放入玻璃珠数粒，加甲基红乙醇溶液数滴及硫酸数毫升，以保持水呈酸性，加热煮沸水蒸气发生器内的水并保持沸腾。

③ 向接收瓶内加入 10mL 硼酸溶液及 1～2 滴 A 混合指示剂（2 份甲基红乙醇溶液与 1 份亚甲基蓝乙醇溶液，混匀。10～30℃保存 12 个月）或 B 混合指示剂（1 份甲基红乙醇溶液与 5 份溴甲酚绿乙醇溶液，混匀。10～30℃保存 12 个月），并将冷凝管的下端插入液面下。根据试样中氮含量，准确吸取 2～10mL 试样处理液，由小玻璃杯注入反应室，以 10mL 水洗涤小玻璃杯并使之流入反应室内，随后塞紧棒状玻璃塞。将 10mL 氢氧化钠溶液倒入小玻璃杯，提起玻璃塞使其缓缓流入反应室，立即将玻璃塞盖紧，并水封。夹紧螺旋夹，开始蒸馏，10min 后移动蒸馏液接收瓶，使液面离开冷凝管下端，再蒸馏 1min。最后用少量水冲洗冷凝管下端外部，取下蒸馏液接收瓶。

④ 尽快以硫酸或盐酸标准滴定溶液滴定至终点。如用 A 混合指示剂，终点颜色为灰蓝色；如用 B 混合指示剂，终点颜色为浅灰红色。同时做试剂空白。

(2) 自动凯氏定氮法

准确称取充分混匀的固体样品 0.2～2g、半固体样品 2～5g 或液体样品 10～25mL（g），至消化管中，依次加入 0.4g 硫酸铜、6g 硫酸钾及 20mL 硫酸于消化炉进行消化。当消化炉温度达到 420℃之后，继续消化 1h，此时消化管中的液体呈绿色透明状，取出冷却后加入 50mL 水，于加入了氢氧化钠溶液、盐酸或硫酸标准溶液以及含有混合指示剂 A 或 B 的硼酸溶液的自动凯氏定氮仪上实现自动加液、蒸馏、滴定和记录滴定数据的过程。

8.2.2.1.4　结果计算

试样中蛋白质的含量按式（8-3）进行计算。

$$X=\frac{(V_1-V_2)\times c\times 0.0140}{m\times V_3/100}\times F\times 100 \tag{8-3}$$

式中　X——试样中蛋白质的含量，g/100g；

V_1——试液消耗硫酸或盐酸标准滴定液的体积，mL；

V_2——试剂空白消耗硫酸或盐酸标准滴定液的体积，mL；

c——硫酸或盐酸标准滴定溶液浓度，mol/L；

0.0140——1.0mL 硫酸 [$c(\frac{1}{2}H_2SO_4)$=1.000mol/L] 或盐酸 [c(HCl)=1.000mol/L] 标准滴定溶液相当的氮的质量，g；

m——试样的质量，g；

V_3——吸取消化液的体积，mL；

F——氮换算为蛋白质的系数。

8.2.2.1.5　说明与注意事项

① 样品中若含脂肪或糖较多，在消化前应加入少量辛醇或液体石蜡或硅油作消泡剂；消化完全后要冷却至室温才能稀释或定容。所用试剂溶液应用无氨蒸馏水配制；当样品消化液不易澄清透明时，可将凯氏烧瓶冷却，加入 30%过氧化氢 2～3mL 后再继续加热消化；若取样量较大，如果试样超过 5g，可按每克试样 5mL 的比例增加硫酸用量。

② 凯氏定氮法实验过程耗时较长；相较于其他方法，精度较差；最终测定结果是总有机氮，而不是蛋白氮；所用试剂具有较强的腐蚀性。

③ 凯氏定氮法适用于各类食品中蛋白质含量的测定，但不适用于添加无机含氮物质或有机非蛋白质含氮物质的食品的测定。

8.2.2.2　分光光度法

8.2.2.2.1　原理

该法为我国《食品安全国家标准 食品中蛋白质的测定》(GB 5009.5—2025) 中的第二法。食品中的蛋白质在催化加热条件下被分解，分解产生的氨与硫酸结合生成硫酸铵，在 pH4.8 的乙酸钠-乙酸缓冲溶液中与乙酰丙酮和甲醛反应生成黄色的 3,5-二乙酰基-2,6-二甲基-1,4-二氢吡啶。在波长 400nm 下测定吸光度值，与标准曲线系列比较定量。

8.2.2.2.2　仪器与试剂

仪器：分光光度计、电热恒温水浴锅、天平等。

试剂：硫酸铜、硫酸钾、硫酸、氢氧化钠、对硝基苯酚、乙酸钠、乙酸、甲醛、乙酰丙酮等。

8.2.2.2.3　分析步骤

① 试样消解　准确称取充分混匀的固体样品 0.1～0.5g、半固体样品 0.2～1g 或液体样品 1～5g，移入干燥的 100mL 或 250mL 定氮瓶中，再加入 0.1g 硫酸铜、1g 硫酸钾及 5mL 硫酸，摇匀后于瓶口放一小漏斗，将定氮瓶以 45°角斜支于有小孔的石棉网上。缓慢加热，待内容物全部炭化、泡沫完全停止后，加强火力，并保持瓶内液体微沸，至液体呈蓝绿色澄清透明后，再继续加热 0.5h。取下放冷后慢慢加入 20mL 水，放冷后移入 50mL 或 100mL 容量瓶中，并用少量水洗定氮瓶，洗液并入容量瓶中，再加水至刻度，混匀备用。按同一方法做试剂空白试验。

② 试样溶液的制备　吸取 2.00～5.00mL 试样或试剂空白消化液于 50mL 或 100mL 容量瓶内，加 1～2 滴对硝基苯酚指示剂溶液，摇匀后滴加氢氧化钠溶液中和至黄色，再滴加乙酸溶液至溶液无色，用水稀释至刻度，混匀备用。

③ 标准曲线的绘制　准确吸取 0.00mL、0.05mL、0.10mL、0.20mL、0.40mL、

0.60mL、0.80mL 和 1.00mL 氨氮标准使用溶液（相当于 0.00μg、5.00μg、10.0μg、20.0μg、40.0μg、60.0μg、80.0μg、100.0μg 氮）于 10mL 比色管中，各加 4.0mL 乙酸钠-乙酸缓冲溶液及 4.0mL 显色剂，加水稀释至刻度，混匀。之后置于 100℃ 水浴中加热 15min，取出后用水冷却至室温，移入 1cm 比色杯内，以 0 管为参比，于波长 400nm 处测量吸光度值，根据标准各点吸光度值绘制标准曲线或计算线性回归方程。

④ 试样测定　吸取 0.50～2.00mL 试样溶液（约相当于氮＜100μg）和等量的试剂空白溶液，于两支 10mL 比色管中。各加入 4.0mL 乙酸钠-乙酸缓冲溶液及 4.0mL 显色剂，加水稀释至刻度，混匀。之后置于 100℃ 水浴中加热 15min，取出后用水冷却至室温后，移入 1cm 比色杯内，以 0 管为参比，于波长 400nm 处测量吸光度值，试样吸光度值与标准曲线比较定量，或代入线性回归方程求出含量。

8.2.2.2.4　结果计算

试样中蛋白质的含量按式（8-4）进行计算。

$$X=\frac{(C-C_0)\times V_1\times V_3}{m\times V_2\times V_4\times 1000\times 1000}\times 100\times F \tag{8-4}$$

式中　X——试样中蛋白质的含量，g/100g；
C——试样测定液中氮的含量，μg；
C_0——试剂空白测定液中氮的含量，μg；
V_1——试样消化液定容体积，mL；
V_3——试样溶液总体积，mL；
m——试样质量，g；
V_2——制备试样溶液的消化液体积，mL；
V_4——测定用试样溶液体积，mL；
F——氮换算为蛋白质的系数。

8.2.2.2.5　说明与注意事项

① 本法适用于各类食品中蛋白质的测定，但不适用于添加无机含氮物质或有机非蛋白质含氮物质食品的测定。

② 蛋白质含量≥1g/100g 时，结果保留三位有效数字；蛋白质含量＜1g/100g 时，结果保留两位有效数字。

8.3　氨基酸的分析

对食品中氨基酸进行定性鉴定的方法主要包括薄层色谱法（TLC）、高效液相色谱法（HPLC）、电泳法和氨基酸分析仪等。其中，薄层色谱法通过分离氨基酸并利用显色剂观察反应，操作简便，适合初步筛查；高效液相色谱法和氨基酸分析仪则提供高分辨率，适用于复杂样品的分析；电泳法通过电迁移分离氨基酸，能够有效进行定性确认。在定量分析方面，高效液相色谱法和氨基酸分析仪是主要方法，能够快速、准确地测定食品中氨基酸含量。此外，将质谱法与这些技术结合使用，可以提供高选择性和敏感性，尤其适用于复杂基质的分析。这些分析技术的应用，不仅为食品安全提供了保障，也反映了科学技术在促进社会福祉和可持续发展中的重要作用。

8.3.1 氨基酸的定性鉴定

8.3.1.1 薄层色谱法

薄层色谱法（TLC）以薄层板为固定相，以适当的溶剂混合物为流动相，在样品点样后，随着流动相的上升，氨基酸分子在固定相上根据其极性和亲和力的不同进行分离，形成多个斑点。每种氨基酸在特定条件下具有独特的迁移率（Rf值），通过与已知标准氨基酸的Rf值进行比较，可以有效地识别样品中存在的氨基酸成分。薄层色谱法不仅操作简便、成本低廉，而且能够在较短时间内提供氨基酸的定性信息。由于其对样品量要求较少，且可同时分析多个样品，使其在食品科学、生物化学及环境监测等领域得到了广泛应用。

8.3.1.1.1 原理

基于氨基酸在固定相（涂有吸附剂的薄层板）和流动相（溶剂或溶液）之间的不同亲和力进行定性分析。将吸附剂均匀涂布在玻璃或塑料平板上制成薄层板，将待分析试样溶液滴加在薄层板一端起始线上，再把点样后的薄层板底端浸入色谱分析缸中。展开剂在毛细管作用下缓慢地在薄层板上向前移动，当经过点样点时，展开剂带着试样组分一起向前移动，样品中的各种氨基酸在薄层板上经吸附、解吸、交换等作用得到分离。用茚三酮显色后，与氨基酸标准品进行对比，进而鉴别待分析样品中氨基酸的种类，从显色斑点的大小及颜色深浅可分析其含量。

8.3.1.1.2 仪器与试剂

仪器：色谱分析缸、玻璃板、玻璃毛细管、干燥箱、喷雾器等。

试剂：叔丁醇、氢氧化铵、异丙醇、甲酸、茚三酮、丙酮、羧甲基纤维素、标准氨基酸等。

8.3.1.1.3 分析步骤

① 薄层板制备　称取10g羧甲基纤维素或微晶纤维素，加水20mL及丙酮2.50mL，研磨后调成匀浆，均匀涂布于玻璃板或塑料平板上制成薄层板，晾干后待用。

② 点样　在距离薄层板一端边缘约2cm处用铅笔画一条起始线，用玻璃毛细管吸取待分析试样溶液及标准氨基酸溶液点在起始线处，相邻斑点之间距离1～1.5cm，斑点直径控制在2～3mm。

③ 色谱分析　在色谱分析缸中倒入适量展开剂Ⅰ（深度1.0～1.2cm），加盖密封使展开槽内展开剂蒸汽饱和后，将点好样的薄层板放入色谱分析缸中，点样端浸入色谱分析液约0.5cm，盖好盖子进行展开。当展开剂前沿达到距原点约11cm时（时间1～1.5h），将薄层板取出后用电吹风吹干，刮去前沿上端的黄色杂质部分，再放入盛有展开剂Ⅱ的色谱分析缸中，与第一次展开体系成垂直方向进行展开。当展开剂前沿达到距原点约11cm时，将薄层板取出吹干。

④ 显色　在薄层板上均匀地喷洒茚三酮丙酮溶液，用电吹风吹干或置于烘箱中（40℃）烘干，使斑点显色，用铅笔将斑点圈出。

8.3.1.1.4 定性分析

测量各斑点的“原点中心至斑点中心距离”和“原点中心至溶剂前沿距离”，分别计算出Rf值。再将展开后的待分析样品与氨基酸标准比较，Rf值相同或相近的斑点为同一种氨基酸。

8.3.1.1.5 说明与注意事项

制备薄层板时要涂布均匀，表面光滑无气泡；点样时毛细管垂直轻触薄层板，不能戳破板面。展开剂不得浸过样品点，显色时均匀喷雾，使薄层板湿润的同时无液滴流下。

8.3.1.2 高效液相色谱法

高效液相色谱法以液体为流动相，采用高压输液系统将流动相泵入色谱柱，在柱内使各成分分离后进入检测器进行检测，从而实现对试样的分离和分析。因大多数氨基酸无荧光发射及紫外吸收特性，因此高效液相色谱仪在配置紫外吸收检测器（UV）或荧光检测器（FD）时，需将氨基酸进行衍生化，使其可利用紫外吸收或荧光检测器测定。

氨基酸柱前衍生的固定相采用 C_{18} 或其他疏水物，采用反相洗脱，可避免对荧光检测的干扰，灵敏度及速度较高，且不需配备额外的反应器和泵，因此氨基酸的 HPLC 测定多采用柱前衍生法。下面以柱前衍生高效液相色谱测定葡萄酒中 12 种游离氨基酸为例作介绍。

8.3.1.2.1 原理

葡萄酒中的游离氨基酸与丹磺酰氯衍生剂进行衍生反应，生成具有荧光特性的衍生产物。衍生后的样品通过反相色谱柱（如 C_{18} 柱）进行分离，利用各个氨基酸衍生物的极性差异实现有效分离。最后，荧光检测器对衍生产物进行检测，记录荧光强度，并通过外标法定量，结合标准曲线计算出样品中各游离氨基酸的浓度。

8.3.1.2.2 仪器与试剂

仪器：高效液相色谱仪（配有荧光检测器）、天平、涡旋混合器、恒温水浴锅等。

试剂：乙腈、无水碳酸钠、碳酸氢钠、磷酸二氢钠、磷酸、甲胺盐酸盐、*N*,*N*-二甲基甲酰胺、丹磺酰氯、盐酸、氨基酸标准品等。

8.3.1.2.3 分析步骤

① 样品衍生　吸取 0.5mL 葡萄酒样品于 10mL 容量瓶中，用水定容至刻度，混匀。吸取 1mL 稀释后的葡萄酒样于带塞试管中，加入 1mL 碳酸钠-碳酸氢钠溶液、1mL 丹磺酰氯溶液，涡旋混匀。置于恒温水浴锅中 60℃避光衍生 2h，然后加入 0.1mL 盐酸甲胺溶液混匀，60℃避光衍生 15min。取反应完成的溶液，经 0.45μm 有机系滤膜过滤，滤液用于液相色谱测定。

② 标准工作液衍生　分别移取 1.0mL 氨基酸混合系列的标准工作液于带塞试管中，按样品衍生方法进行衍生。

③ 参考色谱条件　色谱柱：C_{18} 色谱柱（250mm×4.6mm，5μm）或等效色谱柱；流动相流量：1.0mL/min；进样体积：10μL；柱温：30℃；荧光检测波长：激发波长为 320nm，发射波长为 523mm。洗脱梯度见表 8-2。

表 8-2　梯度洗脱程序表

时间/min	A/%(体积分数)	B/%(体积分数)	时间/min	A/%(体积分数)	B/%(体积分数)
0	86	14	37	30	70
5	80	20	47	30	70
10	75	25	48	86	14
19	75	25	58	86	14
35	50	50			

④ 定性分析　根据各氨基酸标准品的保留时间与待测样品中组分的保留时间进行定性。

⑤ 外标法定量　以氨基酸混合系列标准工作液中各氨基酸浓度为横坐标，以峰面积为纵坐标，绘制标准工作曲线。将经衍生制备的样品待测液及标准工作液注入高效液相色谱仪，测定待测液中各氨基酸色谱峰面积，由标准工作曲线计算样品中的各氨基酸浓度。

8.3.1.2.4　结果计算

样品中各氨基酸的含量按式（8-5）进行计算。

$$X_i = c_i n \tag{8-5}$$

式中　X_i——样品中各氨基酸的含量，mg/L；

c_i——从标准曲线求得待测液中氨基酸的含量，mg/L；

n——样品稀释倍数。

8.3.1.2.5　说明与注意事项

① 本方法适用于葡萄酒中精氨酸（Arg）、丝氨酸（Ser）、苏氨酸（Thr）、甘氨酸（Gly）、丙氨酸（Ala）、脯氨酸（Pro）、γ-氨基丁酸（GABA）、缬氨酸（Val）、异亮氨酸（Ile）、亮氨酸（Leu）、色氨酸（Trp）、苯丙氨酸（Phe）共 12 种游离氨基酸的测定。

② 本方法的检出限（mg/L）分别为：精氨酸，0.38；丝氨酸，0.35；苏氨酸，0.48；甘氨酸，0.26；丙氨酸，0.36；脯氨酸，0.28；γ-氨基丁酸，0.40；缬氨酸，0.56；异亮氨酸，0.45；亮氨酸，0.40；色氨酸，0.60；苯丙氨酸，0.40。

8.3.2　氨基酸的定量分析

对氨基酸进行定量分析，包括对氨基酸总量以及各个氨基酸含量的分析。本节只介绍食品中氨基酸总量的测定，食品中色氨酸的测定方法和步骤见二维码 8-1。

8.3.2.1　原理

将食品样品与浓盐酸混合，加热进行水解，破坏蛋白质的结构，释放出游离氨基酸。使用离子交换柱对水解液中的氨基酸进行分离，去除杂质，以便进行后续检测。分离后的游离氨基酸与茚三酮溶液反应，生成具有特定颜色的化合物。再通过可见分光光度检测器测定反应产物的吸光度，依据标准曲线计算出样品中氨基酸的总量。

二维码 8-1　食品中色氨酸的测定方法和步骤

8.3.2.2　仪器与试剂

仪器：粉碎机、水解管、真空泵、酒精喷灯、电热鼓风恒温箱、试管浓缩仪或平行蒸发仪、氨基酸分析仪、茚三酮柱后衍生离子交换色谱仪等。

试剂：盐酸、苯酚、氮气、柠檬酸钠、氢氧化钠、氨基酸标准品等。

8.3.2.3　分析步骤

（1）试样制备

固体或半固体试样用组织粉碎机或研磨机粉碎，液体试样用匀浆机打成匀浆密封冷冻保存，分析时将其解冻后使用。

（2）试样称量

对于均匀性好的样品，准确称取一定量试样，使试样中蛋白质含量在 10～20mg 范围内。对于蛋白质含量未知的样品，可先测定样品中蛋白质含量。将称量好的样品置于水解管中。对于很难获得高均匀性的试样，如鲜肉等，为减少误差可适当增大称样量，测定前再做稀释。对于蛋白质含量低的样品，如蔬菜、水果、饮料和淀粉类食品等，固体或半固体试样称样量不大于 2g，液体试样称样量不大于 5g。

（3）试样水解

根据试样的蛋白质含量，在水解管内加 10～15mL 的 6mol/L 盐酸溶液。对于含水量高、蛋白质含量低的试样（如水果、蔬菜、饮料等）可先加入约相同体积的盐酸混匀后，再用 6mol/L 盐酸溶液补充至大约 10mL。继续向水解管内加入苯酚 3～4 滴。将水解管放入冷冻剂中，冷冻 3～5min，接到真空泵的抽气管上，抽真空（接近 0Pa），然后充入氮气，重复抽真空-充入氮气 3 次后，在充氮气状态下封口或拧紧螺丝盖。将已封口的水解管放在 110℃±1℃的电热鼓风恒温箱或水解炉内，水解 22h 后，取出，冷却至室温。打开水解管，将水解液过滤至 50mL 容量瓶内，用少量水多次冲洗水解管，水洗液移入同一 50mL 容量瓶内，最后用水定容至刻度，振荡混匀。

准确吸取 1.0mL 滤液移入试管内，用试管浓缩仪或平行蒸发仪在 40～50℃加热环境下减压干燥，干燥后残留物用 1～2mL 水溶解，再减压干燥，最后蒸干。将 1.0～2.0mL 的 pH2.2 柠檬酸钠缓冲溶液加入干燥后的试管内，溶解、振荡混匀后，吸取溶液通过 0.22μm 滤膜后，转移至仪器进样瓶，为样品测定液。

（4）测定

① 仪器条件　将混合氨基酸标准工作液注入氨基酸分析仪，参照氨基酸分析仪检定规程及仪器说明书，适当调整仪器操作程序及参数和洗脱用缓冲溶液试剂配比，确认仪器操作条件。

② 色谱参考条件　色谱柱为磺酸型阳离子树脂；检测波长为 570nm 和 440nm。

③ 试样的测定　混合氨基酸标准工作液和样品测定液分别以相同体积注入氨基酸分析仪，以外标法通过峰面积计算样品测定液中氨基酸的浓度。

8.3.2.4 结果计算

（1）混合氨基酸标准储备液中各氨基酸浓度的计算

① 各氨基酸标准品称量质量参考值见表 8-3。

表 8-3　配制混合氨基酸标准储备液时氨基酸标准品的称量质量参考值及分子量

氨基酸标准品名称	称量质量参考值/mg	摩尔质量/(g/mol)	氨基酸标准品名称	称量质量参考值/mg	摩尔质量/(g/mol)
L-天冬氨酸	33	133.1	L-蛋氨酸	37	149.2
L-苏氨酸	30	119.1	L-异亮氨酸	33	131.2
L-丝氨酸	26	105.1	L-亮氨酸	33	131.2
L-谷氨酸	37	147.1	L-酪氨酸	45	181.2
L-脯氨酸	29	115.1	L-苯丙氨酸	41	165.2
甘氨酸	19	75.07	L-组氨酸盐酸盐	52	209.7
L-丙氨酸	22	89.06	L-赖氨酸盐酸盐	46	182.7
L-缬氨酸	29	117.2	L-精氨酸盐酸盐	53	210.7

② 混合氨基酸标准储备液中各氨基酸的含量按式（8-6）进行计算。

$$c_j=\frac{m_j}{M_j\times 250}\times 1000 \tag{8-6}$$

式中　c_j——混合氨基酸标准储备液中氨基酸 j 的浓度，μmol/mL；

m_j——称取氨基酸标准品 j 的质量，mg；

M_j——氨基酸标准品 j 的分子量；

250——定容体积，mL。

（2）样品中氨基酸含量的计算

① 样品测定液氨基酸的含量按式（8-7）进行计算。

$$c_i=\frac{c_s}{A_s}\times A_i \tag{8-7}$$

式中　c_i——样品测定液氨基酸 i 的含量，nmol/mL；

c_s——氨基酸标准工作液氨基酸 s 的含量，nmol/mL；

A_i——试样测定液氨基酸 i 的峰面积；

A_s——氨基酸标准工作液氨基酸 s 的峰面积。

② 试样中各氨基酸的含量按式（8-8）进行计算。

$$X_i=\frac{c_i\times F\times V\times M}{m\times 10^9}\times 100 \tag{8-8}$$

式中　X_i——试样中氨基酸 i 的含量，g/100g；

c_i——试样测定液中氨基酸 i 的含量，nmol/mL；

F——稀释倍数；

V——试样水解液转移定容的体积，mL；

M——氨基酸 i 的摩尔质量，g/mol；

m——称样量，g；

10^9——将试样含量由纳克（ng）折算成克（g）的系数。

各氨基酸的名称及摩尔质量见表 8-4。

表 8-4　16 种氨基酸的名称和摩尔质量

氨基酸名称	摩尔质量/(g/mol)	氨基酸名称	摩尔质量/(g/mol)
天冬氨酸	133.1	蛋氨酸	149.2
苏氨酸	119.1	异亮氨酸	131.2
丝氨酸	105.1	亮氨酸	131.2
谷氨酸	147.1	酪氨酸	181.2
脯氨酸	115.1	苯丙氨酸	165.2
甘氨酸	75.1	组氨酸	155.2
丙氨酸	89.1	赖氨酸	146.2
缬氨酸	117.2	精氨酸	174.2

8.3.2.5　说明与注意事项

本方法适用于食品中酸水解氨基酸的测定，包括天冬氨酸、苏氨酸、丝氨酸、谷氨酸、脯氨酸、甘氨酸、丙氨酸、缬氨酸、蛋氨酸、异亮氨酸、亮氨酸、酪氨酸、苯丙氨酸、组氨酸、赖氨酸和精氨酸共 16 种氨基酸。各氨基酸的检出限和定量限见二维码 8-2。

课后练习

1. 名词解释

双缩脲比色法；凯氏定氮法

2. 判断题

(1) 双缩脲比色法只能用于定性分析蛋白质。(　　)

(2) 薄层色谱法是一种常用的蛋白质定量分析方法。(　　)

(3) 高效液相色谱法可以用于分离和定量食品中的氨基酸。(　　)

(4) 酶水解法可以提高氨基酸的检测灵敏度。(　　)

(5) 离子交换柱只能用于分离氨基酸，不能用于蛋白质分离。(　　)

二维码 8-2
氨基酸的检出限和定量限

3. 单项选择题

(1) 下列哪种方法适用于蛋白质的定性分析？(　　)

A. 凯氏定氮法　B. 双缩脲比色法　C. 高效液相色谱法　D. 离子交换柱

(2) 薄层色谱法主要用于氨基酸的什么分析？(　　)

A. 定量分析　B. 定性鉴定　C. 纯化　D. 水解

(3) 色氨酸的测定中，以下哪种方法是常用的？(　　)

A. 酶水解-液相色谱法　B. 燃烧法

C. 双缩脲比色法　D. 紫外-可见分光光度法

(4) 在双缩脲比色法中，样品与双缩脲试剂反应后，生成的颜色主要是？(　　)

A. 蓝色　B. 绿色　C. 紫色　D. 红色

(5) 在氨基酸的分离过程中，常用的显色试剂是？(　　)

A. 碘液　B. 硫酸　C. 茚三酮　D. 钼酸

4. 问答题

(1) 请比较双缩脲比色法、近红外法和燃烧法在蛋白质定性分析中的原理及优缺点。在哪些情况下你会选择使用哪一种方法？请举例说明。

(2) 请分别描述薄层色谱法和高效液相色谱法在氨基酸定性鉴定中的应用。针对不同类型的氨基酸，这两种方法的灵敏度和分辨率有何不同？

(3) 在使用凯氏定氮法进行蛋白质定量分析时，可能会遇到哪些干扰因素？请列举至少三种干扰物质，并说明它们是如何影响测定结果的。

(4) 在使用离子交换色谱法对食品中的氨基酸进行测定时，样品的 pH 值和离子强度如何影响氨基酸的分离与检测？请详细分析其原因。

(5) 假设你发现某些加工条件下的休闲食品氨基酸评分较低，你将如何设计实验以评估其他影响因素（如温度、时间、原料来源）对氨基酸营养品质的影响？请描述实验设计的基本思路。

知识拓展

近年来，替代蛋白与可持续发展受到越来越多的关注，相关政策和研究不断推进。我国

《国家中长期科学和技术发展规划纲要（2021—2035 年）》中强调加快农业科技创新，以提升粮食安全和食品安全。中国承诺支持《2030 年可持续发展议程》，并宣布发布《中国落实 2030 年可持续发展议程国别方案》，将替代蛋白的研发视为减少饥饿和促进可持续农业的重要途径。2021 年全国粮食和物资储备工作会议提出了科技兴农的重要性。此外，全球植物基食品市场预计将在 2022 年至 2028 年间以超过 11%的年增长率迅速发展，反映出消费者对健康和环保饮食的日益关注。且有媒体报道指出，通过采用植物基蛋白替代传统肉类，可以显著减少温室气体排放和水资源消耗，联合国的相关报告也强调了加速食品系统转型的必要性，推广替代蛋白以应对气候变化和保护生物多样性。

科技创新与可持续发展密不可分，替代蛋白的兴起，标志着食品产业的变革。通过推动替代蛋白的研发，中国不仅为解决粮食安全问题提供了新思路，还响应了全球可持续发展的呼声。这种转型不仅能满足日益增长的健康和环保饮食需求，也有助于减缓气候变化，保护生态环境，为实现经济、社会与环境的协调发展提供了新的机遇，展示了国家在全球可持续发展进程中的积极角色。

第 9 章

维生素分析

【学习重点与难点】

学习重点： 各种维生素分析方法的原理，包括光谱法（如紫外-可见光谱法、荧光光谱法）、色谱法（如高效液相色谱法、气相色谱法）、毛细管电泳法等。
学习难点： 维生素提取方法的选择；高效液相色谱、气相色谱等分析仪器的使用方法、操作流程和维护保养。

维生素是一类有机化合物，它们对生物体的正常生长、发育和代谢至关重要。维生素通常无法由人体自身合成，或者合成量不足以满足生理需求，因此必须通过饮食或补充剂来获取。维生素通常根据其溶解性分为两大类：水溶性维生素和脂溶性维生素。水溶性维生素包括 B 族维生素（如维生素 B_1、维生素 B_2、维生素 B_3、维生素 B_6、维生素 B_{12} 等）和维生素 C。这些维生素可溶于水，不易在体内储存，过量摄入通常通过尿液排出体外。脂溶性维生素包括维生素 A、维生素 D、维生素 E 和维生素 K。这些维生素可溶于脂肪，可以在体内脂肪组织中储存，因此过量摄入可能导致中毒。

9.1 维生素分析的意义

食品中维生素的分析可以确保产品标签上标示的营养成分信息准确无误，帮助消费者做出明智的购买决定。在食品加工过程中，维生素含量可能会发生变化，分析并监测其含量变化可以确保最终产品的营养价值。在公共卫生方面，食品中维生素的分析数据是制定国家营养政策和指南的重要依据，有助于改善人群的整体营养状况，可以帮助公共卫生机构监测人群的营养状况，评估营养干预措施的效果。维生素在预防慢性疾病（如心血管疾病、某些癌症）中也扮演着重要角色，确保食品中维生素含量充足有助于降低患这些疾病的风险。维生素（如维生素 C 和维生素 D）对免疫系统至关重要，分析食品中的这些维生素含量有助于维持免疫系统的正常功能。在科学研究和产品开发方面，食品中维生素的分析数据为科学研究提供了基础，有助于了解食品成分与人体健康之间的关系。食品制造商可以利用维生素分析结果来开发新产品，满足消费者对营养健康食品的需求。

9.2 水溶性维生素的分析

9.2.1 维生素 B_1 的分析

维生素 B_1 也称为硫胺素，《食品安全国家标准 食品中维生素 B_1 的测定》（GB

5009.84—2016）中第一法为高效液相色谱法，第二法为荧光分光光度法。此处仅介绍第二法。

9.2.1.1 原理

维生素 B_1 在碱性铁氰化钾溶液中被氧化成噻嘧色素，在紫外线照射下噻嘧色素能发出荧光。没有其他物质干扰时，此荧光相对强度与噻嘧色素量成正比，即与溶液中维生素 B_1 量成正比。如果试样中含杂质过多，应用经过离子交换剂使维生素 B_1 与杂质分离。

9.2.1.2 仪器与试剂

仪器：荧光分光光度计、电热恒温培养箱、盐基交换管（见图 9-1）、离心机等。

试剂：淀粉酶、蛋白酶、盐酸、乙酸钠、氯化钾、铁氰化钾、活性人造浮石、维生素 B_1 标准品、溴甲酚绿等。

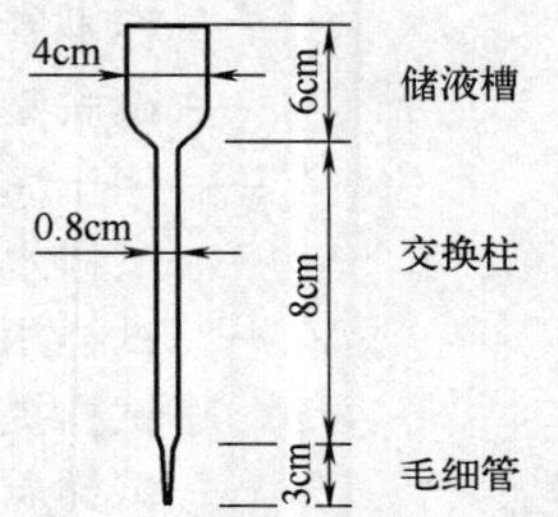

图 9-1 盐基交换管示意图

9.2.1.3 分析步骤

(1) 试样的预处理

试样采集后用匀浆机打成匀浆于低温冰箱中冷冻保存，用时将其解冻后混匀使用。干燥试样要将其尽量粉碎后备用。

(2) 提取

准确称取一定量试样（维生素 B_1 含量为 10～30μg，一般称取 2～10g 试样），置于 100mL 锥形瓶中，加入 50mL 0.1mol/L 或 0.3mol/L 盐酸使其溶解，放入高压锅中 121℃下加热水解 30min，冷却后取出。用 2mol/L 乙酸钠调 pH＝4.5（以 0.4g/L 溴甲酚绿为指示剂）。按每克试样加 20mg 淀粉酶和 40mg 蛋白酶的比例加入淀粉酶和蛋白酶。于 45～50℃电热恒温培养箱过夜保温（约 16h）。凉至室温，定容至 100mL 后混匀过滤，即为提取液。

(3) 净化

将少许脱脂棉铺于盐基交换管的交换柱底部，加水将棉纤维中气泡排出，再加约 1g 活性人造浮石使之达到交换柱的三分之一高度。保持盐基交换管中液面始终高于活性人造浮石。用移液管加入提取液 20～60mL（使通过活性人造浮石的维生素 B_1 总量为 2～5μg）。加约 10mL 热蒸馏水冲洗交换柱，弃去洗液。如此重复三次。加入 90℃的 250g/L 酸性氯化钾 20mL，收集此液于 25mL 刻度试管内，冷却至室温，用 250g/L 酸性氯化钾定容至 25mL，即为试样。重复上述操作，将 20mL 维生素 B_1 标准使用液加入盐基交换管以代替试样提取液，即得到净化液。

(4) 氧化

将 5mL 试样净化液分别加入 M、N 两个反应瓶。在避光条件下将 3mL 150g/L 氢氧化钠加入反应瓶 M，将 3mL 碱性铁氰化钾溶液加入反应瓶 N，振摇约 15s 后，加 10mL 正丁醇；将 M、N 两个反应瓶同时用力振摇 1.5min。重复上述操作，用标准净化液代替试样净化液。静置分层后吸取下层碱性溶液，加入 2～3g 无水硫酸钠使溶液脱水。

(5) 分析测定

荧光测定条件设置为：激发波长 365nm，发射波长 435nm；激发波狭缝 5nm，发射波狭缝 5nm。依次分析测定下列荧光强度：①试样空白荧光强度（试样反应瓶 M）；②标准空白荧光强度（标准反应瓶 M）；③试样荧光强度（试样反应瓶 N）；④标准荧光强度（标准反应瓶 N）。

9.2.1.4 结果计算

试样中维生素 B_1（以硫胺素计）的含量按式（9-1）进行计算。

$$W=\frac{(A-A_0)\times c\times V}{(B-B_0)}\times\frac{V_1\times n}{V_2\times m}\times\frac{100}{1000} \tag{9-1}$$

式中 W——试样中维生素 B_1（以硫胺素计）的质量分数，mg/100g；

A——试样荧光相对强度；

A_0——试样空白荧光相对强度；

B——标准管荧光相对强度；

B_0——标准管空白荧光相对强度；

c——硫胺素标准使用液的质量浓度，μg/mL；

V——用于净化的硫胺素标准使用液的体积，mL；

V_1——试样水解后定容的体积，mL

V_2——试样用于净化的提取液体积，mL

n——试样提取液的稀释倍数；

m——试样质量，g。

9.2.1.5 说明与注意事项

试样中测定的维生素 B_1（以硫胺素计）含量乘以换算系数 1.121，即得盐酸硫胺素的含量。维生素 B_1 标准在 0.2～10μg 之间呈线性关系，可用单点法计算结果，否则用标准工作曲线法。该法的检出限为 0.04mg/100g，定量限为 0.12mg/100g。

9.2.2 维生素 B_2 的分析

维生素 B_2 也称核黄素，《食品安全国家标准 食品中维生素 B_2 的测定》（GB 5009.85—2016）中第一法为高效液相色谱法，第二法为荧光分光光度法。此处仅介绍第一法。

9.2.2.1 原理

试样在稀盐酸环境中恒温水解，调 pH 至 6.0～6.5，用木瓜蛋白酶和高峰淀粉酶酶解，定容过滤后，滤液经反相色谱柱分离，高效液相色谱荧光检测器检测，外标法定量。

9.2.2.2 仪器与试剂

仪器：高效液相色谱仪（带荧光检测器）、高压灭菌锅、涡旋振荡器、组织捣碎机、恒温水浴锅、分光光度计等。

试剂：盐酸、冰乙酸、氢氧化钠、三水乙酸钠、甲醇、木瓜蛋白酶（活力单位≥10U/mg）、高峰淀粉酶（活力单位≥100U/mg）、维生素 B_2 标准品等。

9.2.2.3 分析步骤

（1）试样制备

称取 2～10g 均质后的试样（试样中维生素 B_2 的含量大于 5μg）于 100mL 具塞锥形瓶

中，加入60mL的0.1mol/L盐酸溶液，充分摇匀，塞好瓶塞。将锥形瓶放入高压灭菌锅内，在121℃下保持30min，冷却至室温后取出。用1mol/L氢氧化钠溶液调pH至6.0～6.5，加入2mL混合酶溶液，摇匀后，置于37℃培养箱或恒温水浴锅中过夜酶解。将酶解液转移至100mL容量瓶中，加水定容至刻度，用滤纸过滤或离心，取滤液或上清液，过0.45μm水相滤膜作为待测液。同时不加试样，按同一操作方法做空白试验。

(2) 设置仪器分析条件

① 色谱柱为C_{18}柱，柱长150mm，内径4.6mm，填料粒径5μm，或相当者。

② 流动相为乙酸钠溶液（0.05mol/L)-甲醇（65：35)。

③ 流速为1mL/min，柱温为30℃；进样体积为20μL。

④ 检测波长设置为：激发波长462nm，发射波长522nm。

(3) 制作标准曲线

将标准系列工作液分别注入高效液相色谱仪中，测定相应的峰面积，以标准工作液的浓度为横坐标，以峰面积为纵坐标，绘制标准曲线。

(4) 测定试样溶液

将试样溶液注入高效液相色谱仪中，得到相应的峰面积，根据标准曲线得到待测液中维生素B_2的浓度，维生素B_2标准溶液的高效液相色谱图见图9-2。

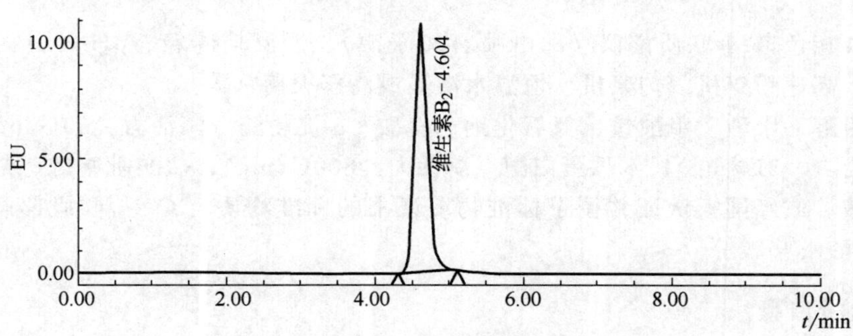

图9-2　维生素B_2标准溶液的高效液相色谱图

9.2.2.4　结果计算

试样中维生素B_2的含量按式(9-2)计算。

$$W=\frac{c\times V}{m}\times\frac{100}{1000} \tag{9-2}$$

式中　W——试样中维生素B_2（以核黄素计）的含量，mg/100g；

c——根据标准曲线计算得到的试样中维生素B_2的浓度，μg/mL；

V——试样溶液的最终定容体积，mL；

m——试样质量，g；

100——换算为100g样品中含量的换算系数；

1000——将浓度单位μg/mL换算为mg/mL的换算系数。

9.2.2.5　说明与注意事项

当取样量为10.00g时，方法检出限为0.02mg/100g，定量限为0.05mg/100g。试样制备时，操作过程应避免强光照射。空白试验溶液色谱图中应不含待测组分峰或其他干扰峰。

9.2.3 维生素 B_6 的分析

《食品安全国家标准 食品中维生素 B_6 的测定》(GB 5009.154—2023)，第一法为液相色谱-串联质谱法，第四法为微生物法，均适用于食品中维生素 B_6 的测定；第二法为液相色谱-质谱法，适用于添加维生素 B_6（吡哆胺、吡哆醛和吡哆醇）作为营养强化剂的调制乳粉、特殊膳食用食品、即食谷物、焙烤食品和饮料中的维生素 B_6（吡哆胺、吡哆醛和吡哆醇）的测定；第三法为高效液相色谱-荧光检测法，适用于添加维生素 B_6（吡哆胺、吡哆醛和吡哆醇）作为营养强化剂的调制乳粉、特殊膳食用食品（特殊医学用途食品除外）、即食谷物、焙烤食品和饮料中的维生素 B_6（吡哆胺、吡哆醛和吡哆醇）的测定。此处仅介绍第一法。

9.2.3.1 原理

食品中的维生素 B_6，先经酸水解处理，再经酶解，得到吡哆胺、吡哆醛和吡哆醇，溶液稀释、过滤后，先后经反相液相色谱分离、串联质谱检测和同位素内标法定量，以吡哆醇计的方式计算维生素 B_6 的总含量。

9.2.3.2 仪器和试剂

仪器：液相色谱-串联质谱仪（配电喷雾离子源）、恒温培养箱、pH 计、涡旋混合器、分光光度计、高速粉碎机、匀浆机、恒温水浴锅或高压灭菌锅等。

试剂：甲醇、甲酸、甲酸铵、氢氧化钠、盐酸、α-淀粉酶（酶活力≥50U/mg）、酸性磷酸酶（酶活力≥0.5U/mg）、木瓜蛋白酶（酶活力≥800U/mg）、盐酸吡哆醇、盐酸吡哆醛、双盐酸吡哆胺，或经国家认证并授予标准物质证书的标准物质、$^{13}C_4$-盐酸吡哆醇、D_3-吡哆醛、D_3-双盐酸吡哆胺等。

9.2.3.3 分析步骤

(1) 试样制备

肉类、蔬菜、水果等取可食部分，水洗干净，用干纱布擦去表面水分，经匀浆机匀浆，储存于样品瓶中备用；粉状样品（奶粉、米粉等）经混匀后，直接取样；液体样品摇匀后备用；有颗粒液体样品，如大颗粒酸奶等经匀浆机匀浆后备用；片状、颗粒状样品，经高速粉碎机磨成粉状，封存备用。所制试样应避光冷藏，尽快测定。

(2) 试样处理

① 含淀粉的试样

a. 固体试样　准确称取混合均匀的固体试样 1～5g 于 150mL 具塞锥形瓶中（带有软质塞子），加 500μL 维生素 B_6 同位素内标混合工作液（10.0μg/mL），加入 50mL 0.1mol/L HCl 溶液，使得样品分散开，塞上软质塞子，置于 100℃水浴或 121℃灭菌锅中水解 30min，冷却至室温，取出。用氢氧化钠溶液（0.1mol/L）调 pH 至 4.2～4.8 后，准确加入 20mg 酸性磷酸酶、100mg 木瓜蛋白酶、10mg 的 α-淀粉酶，向锥形瓶中充氮，盖上瓶塞充分混匀，于 37℃恒温培养箱中酶解 18h 以上，待溶液冷却至室温后，转移至 100mL 棕色容量瓶中，用水稀释至刻度，混匀。

b. 液体试样　准确称取混合均匀的液体试样 5～20g 于 150mL 具塞锥形瓶中，加入 500μL 维生素 B_6 同位素内标混合工作液（10.0μg/mL），加入 50mL 0.1mol/L HCl 溶液，使得样品分散开，塞上软质塞子，置于 100℃水浴或 121℃灭菌锅中水解 30min，冷却至室温，取出。用氢氧化钠溶液（0.1mol/L）调 pH 至 4.2～4.8 后，准确加入 20mg 酸性磷酸酶、100mg 木瓜蛋白酶、10mg 的 α-淀粉酶，向锥形瓶中充氮，盖上瓶塞充分混匀，于 37℃恒温培养箱中酶解 18h 以上，待溶液冷却至室温后，转移至 100mL 棕色容量瓶中，用水稀释至刻度，混匀。

② 不含淀粉试样

a. 固体试样　称取混合均匀的固体试样 1～5g 于 150mL 具塞锥形瓶中（带有软质塞子），加入 500μL 维生素 B_6 同位素内标混合工作液（10.0μg/mL），加入 50mL 0.1mol/L HCl 溶液，使得样品分散开，塞上软质塞子，置于 100℃水浴或 121℃灭菌锅中水解 30min，冷却至室温取出。用氢氧化钠溶液（0.1mol/L）调 pH 至 4.2～4.8 后，准确加入 20mg 酸性磷酸酶、100mg 木瓜蛋白酶，向锥形瓶中充氮，盖上瓶塞充分混匀，于 37℃恒温培养箱中酶解 18h 以上，待溶液冷却至室温后，转移至 100mL 棕色容量瓶中，用水稀释至刻度，混匀。

b. 液体试样　称取混合均匀的液体试样 5～20g 于 150mL 具塞锥形瓶中，加入 500μL 维生素 B_6 同位素内标混合工作液（10.0μg/mL），加入 50mL 0.1mol/L HCl 溶液，使得样品分散开，塞上软质塞子，置于 100℃水浴或 121℃灭菌锅中水解 30min，冷却至室温取出。用氢氧化钠溶液（0.1mol/L）调 pH 至 4.2～4.8 后，准确加入 20mg 酸性磷酸酶、100mg 木瓜蛋白酶，向锥形瓶中充氮，盖上瓶塞充分混匀，于 37℃恒温培养箱中酶解 18h 以上，待溶液冷却至室温后，转移至 100mL 棕色容量瓶中，用水稀释至刻度，混匀。

③ 待测液的制备　取 50mL 锥形瓶，放入漏斗和滤纸，把稀释样液混匀后倒入其中，自然过滤，得过滤液 20mL 以上。准确吸取 1.00mL 过滤液于 10mL 棕色容量瓶中，用流动相 A 稀释至刻度，涡旋混匀后用 0.22μm 微孔滤膜过滤，转移至棕色进样瓶中待测。

(3) 设置仪器测定条件

① 色谱条件　a. 色谱柱选择硅胶基质五氟苯基柱（粒径 1.8μm，3.0mm×150mm），或相当者；b. 流动相 A 为 10mmol/L 甲酸铵和 2%甲酸的水溶液，流动相 B 为 0.1%甲酸-甲醇溶液；c. 流速为 0.4mL/min，柱温为 30℃，进样体积为 10μL；d. 流动相和梯度洗脱条件见表 9-1。

表 9-1　流动相和梯度洗脱条件

时间/min	流动相 A/%	流动相 B/%	流速/(mL/min)
0.00	99	1	0.4
0.50	99	1	0.4
2.00	95	5	0.4
2.20	90	10	0.4
4.80	87	13	0.4
5.00	0	100	0.4
8.00	0	100	0.4
8.20	99	1	0.4
12.00	99	1	0.4

② 质谱条件　a. 电离方式为 ESI^+，监测方式为多反应监测（MRM）；b. 毛细管电压为 3.10kV，锥孔电压为 30V，离子源温度为 150℃；c. 锥孔反吹气流量为 150L/h，脱溶剂气温度为 350℃，脱溶剂气流量为 600L/h；d. 锥孔电压和碰撞能量见表 9-2，定量离子质谱图见图 9-3。

表 9-2 维生素 B_6 各组分及其对应的同位素内标的 MRM 质谱参数

化合物名称	母离子(*m/z*)	锥孔电压/V	子离子(*m/z*)	碰撞能量/eV
吡哆醇	170.0	20	134.0① 152.0	18 12
$^{13}C_4$-吡哆醇	174.0	25	138.0① 156.0	20 10
吡哆醛	168.0	18	94.0 150.0①	22 10
D_3-吡哆醛	171.0	20	97.0 153.0①	22 10
吡哆胺	169.0	20	134.0① 152.0	18 10
D_3-吡哆胺	172.0	18	136.0① 155.0	22 12

① 为定量离子。

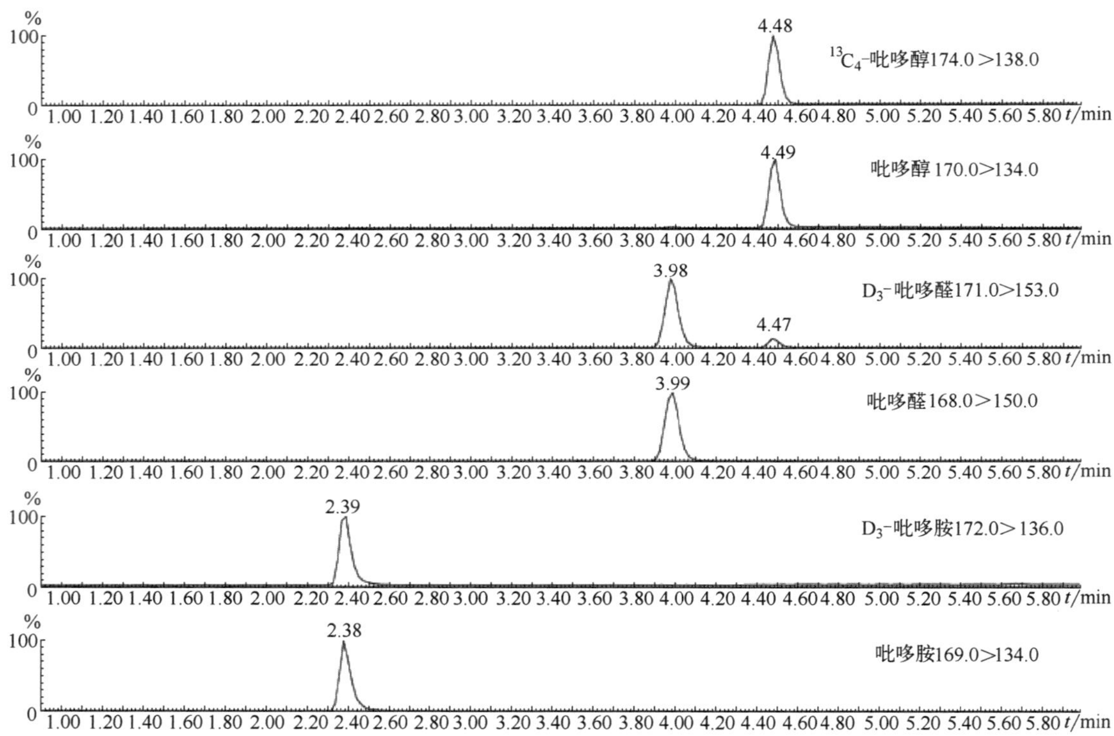

图 9-3 维生素 B_6 各组分及其对应的同位素内标的 MRM 质谱图

(4) 制作标准曲线

将维生素 B_6 混合标准系列工作液浓度由低到高分别注入液相色谱-质谱仪中，以吡哆醇、吡哆醛、吡哆胺的工作液浓度为横坐标，以吡哆醇、吡哆醛、吡哆胺与它们各自对应的同位素内标的峰面积比值为纵坐标，分别绘制吡哆醇、吡哆醛、吡哆胺的标准曲线。

(5) 试样溶液的测定

将待测溶液进样，根据上述绘制的 3 条标准曲线，内标法计算待测试样溶液中吡哆醇、吡哆醛、吡哆胺的浓度。

9.2.3.4 结果表述

（1）定性测定

试样中目标化合物色谱峰的保留时间与相应标准色谱峰的保留时间相比较，变化范围应在±2.5%之内。每种化合物的质谱定性离子必须出现，至少应包括一个母离子和两个子离子，而且同一检测批次对同一化合物试样溶液中的离子相对丰度与标准溶液的离子相对丰度比应符合表9-3的要求。

表9-3 试样溶液中离子相对丰度的允许偏差范围

相对离子丰度	>50%	>20%~50%	>10%~20%	≤10%
允许相对偏差	±20%	±25%	±30%	±50%

（2）定量计算

试样中维生素 B_6 各组分的含量按式（9-3）计算。

$$W=\frac{c\times V_0\times V_1}{m\times V_2\times 1000} \tag{9-3}$$

式中 W——试样中吡哆醇、吡哆醛和吡哆胺的各自含量，mg/kg；

c——试样溶液中吡哆醇、吡哆醛和吡哆胺的质量浓度，ng/mL；

V_0——试样提取液的最终稀释体积，mL；

V_1——过滤溶液的定容体积，mL；

m——试样质量，g；

V_2——准确吸取过滤溶液的体积，mL；

1000——单位换算系数。

试样中维生素 B_6 总含量按式（9-4）计算。

$$W=W_1+W_2\times 1.012+W_3\times 1.006 \tag{9-4}$$

式中 W——试样中维生素 B_6（以吡哆醇计）总含量，mg/kg；

W_1——试样中吡哆醇的含量，mg/kg；

W_2——试样中吡哆醛的含量，mg/kg；

1.012——吡哆醛换算成吡哆醇的转换系数；

W_3——试样中吡哆胺的含量，mg/kg；

1.006——吡哆胺换算成吡哆醇的转换系数。

9.2.3.5 说明与注意事项

① 吡哆醇标准储备液（1.00mg/mL）、吡哆醛标准储备液（1.00mg/mL）、吡哆胺标准储备液（1.00mg/mL）、维生素 B_6 标准混合储备液（50.0μg/mL）、$^{13}C_4$-吡哆醇同位素内标储备液、D_3-吡哆醛同位素内标储备液应保存在棕色玻璃试剂瓶中，于－20℃下避光贮存，有效期3个月。维生素 B_6 同位素内标混合工作液应保存在棕色玻璃试剂瓶中，于－20℃下避光贮存，有效期1个月。

② 不同浓度的维生素 B_6 标准混合工作液应临用现配。冷冻状态的储备液使用前应在室温条件下解冻，混匀。操作者可根据试样中维生素 B_6 的含量，以及本实验室质谱仪的灵敏度，在不低于标准曲线测定范围要求的条件下，调整称样量和同位素内标的加入量。测定添加维生素 B_6（吡哆胺、吡哆醛和吡哆醇）作为营养强化剂的产品，前处理方法按照GB

5009.154—2023 第二法液相色谱-质谱法中规定的方法进行。

③ 对固体试样而言，当称样量为 1.00g 时，方法的检出限为：吡哆醇 0.03mg/kg，吡哆醛 0.03mg/kg，吡哆胺 0.03mg/kg；定量限为：吡哆醇 0.10mg/kg，吡哆醛 0.10mg/kg，吡哆胺 0.10mg/kg。对液体试样而言，当称样量为 5.00g 时，方法的检出限：吡哆醇 0.01mg/kg，吡哆醛 0.01mg/kg，吡哆胺 0.01mg/kg；定量限为：吡哆醇 0.02mg/kg，吡哆醛 0.02mg/kg，吡哆胺 0.02mg/kg。

9.2.4 维生素 C 的分析

维生素 C 也称抗坏血酸，《食品安全国家标准 食品中抗坏血酸的测定》(GB 5009.86—2016)，第一法为高效液相色谱法，第二法为荧光法，第三法为 2，6-二氯靛酚滴定法。其中，第一法适用于乳粉、谷物、蔬菜、水果及其制品、肉制品、维生素类补充剂、果冻、胶基糖果、八宝粥、葡萄酒中的 L（+）-抗坏血酸、D（−）-抗坏血酸和 L（+）-抗坏血酸总量的测定。第二法适用于乳粉、蔬菜、水果及其制品中 L（+）-抗坏血酸总量的测定。第三法适用于水果、蔬菜及其制品中 L（+）-抗坏血酸的测定。此处仅介绍第一法。

9.2.4.1 原理

试样中的抗坏血酸用偏磷酸溶解超声提取后，以离子对试剂为流动相，经反相色谱柱分离，其中 L（+）-抗坏血酸和 D（−）-抗坏血酸直接用配有紫外检测器的液相色谱仪（波长 245nm）测定；试样中的 L（+）-脱氢抗坏血酸经 L-半胱氨酸溶液还原后，用紫外检测器（波长 245nm）测定 L（+）-抗坏血酸总量，或减去原样品中测得的 L（+）-抗坏血酸含量而获得 L（+）-脱氢抗坏血酸的含量。以色谱峰的保留时间定性，外标法定量。

9.2.4.2 仪器和试剂

仪器：液相色谱仪（配有二极管阵列检测器或紫外检测器）、离心机、pH 计、均质机、振荡器等。

试剂：偏磷酸、磷酸三钠、磷酸二氢钾、85%磷酸、L-半胱氨酸、十六烷基三甲基溴化铵、甲醇、L（+）-抗坏血酸标准品、D（−）-抗坏血酸（异抗坏血酸）标准品等。

9.2.4.3 分析步骤

(1) 试样制备

液体或固体粉末样品：混合均匀后，应立即用于检测。水果、蔬菜及其制品或其他固体样品：取 100g 左右样品加入等质量的 20g/L 偏磷酸溶液，经均质机均质并混合均匀后，应立即测定。

(2) 试样溶液的制备

称取相对于样品 0.5～2g 混合均匀的固体试样或匀浆试样，或吸取 2～10mL 液体试样[使所取试样含 L（+）-抗坏血酸 0.03～6mg] 于 50mL 烧杯中，用 20g/L 的偏磷酸溶液将试样转移至 50mL 容量瓶中，振摇溶解并定容。摇匀，全部转移至 50mL 离心管中，超声提取 5min 后，于 4000r/min 离心 5min，取上清液过 0.45μm 水相滤膜，滤液待测 [由此试液可同时分别测定试样中 L（+）-抗坏血酸和 D（−）-抗坏血酸的含量]。

(3) 试样溶液的还原

准确吸取 20mL 上述离心后的上清液于 50mL 离心管中，加入 10mL 40g/L 的 L-半胱氨酸溶液，用100g/L磷酸三钠溶液调节pH至7.0～7.2，以200次/min振荡5min。再用磷酸调节pH至2.5～2.8，用水将试液全部转移至50mL容量瓶中，并定容至刻度。混匀后取此试液过0.45μm水相滤膜后待测［由此试液可测定试样中包括脱氢型的L（+）-抗坏血酸总量］。

若试样含有增稠剂，可准确吸取4mL经L-半胱氨酸溶液还原的试液，再准确加入1mL甲醇，混匀后过0.45μm滤膜待测。

（4）设置仪器条件

① 色谱柱为C_{18}柱，柱长250mm，内径4.6mm，粒径5μm，或同等性能的色谱柱。

② 检测器为二极管阵列检测器或紫外检测器。

③ 流动相由A液和B液按98∶2混合，过0.45μm滤膜超声脱气得到。6.8g磷酸二氢钾和0.91g十六烷基三甲基溴化铵，用水溶解并定容至1L（用磷酸调pH至2.5～2.8）为A液；B液为100%甲醇。

④ 流速为0.7mL/min，检测波长为245nm，柱温为25℃，进样量为20μL。

（5）制作标准曲线

分别对抗坏血酸混合标准系列工作溶液进行测定，以L（+）-抗坏血酸［或D（−）-抗坏血酸］标准溶液的质量浓度（μg/mL）为横坐标，L（+）-抗坏血酸［或D（−）-抗坏血酸］的峰高或峰面积为纵坐标，绘制标准曲线或计算回归方程。L（+）-抗坏血酸、D（−）-抗坏血酸标准色谱图见图9-4。

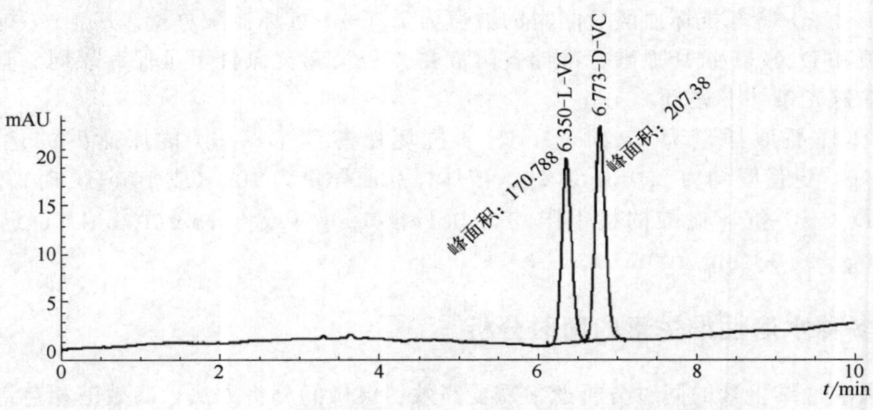

图9-4　L（+）-抗坏血酸、D（−）-抗坏血酸标准色谱图

（6）测定试样溶液

对试样溶液进行测定，根据标准曲线得到测定液中L（+）-抗坏血酸［或D（−）-抗坏血酸］的浓度（μg/mL）。

同时做空白试验，即除不加试样外，采用完全相同的分析步骤、试剂和用量，进行平行测定。

9.2.4.4　结果计算

试样中L（+）-抗坏血酸［或D（−）-抗坏血酸］的含量和L（+）-抗坏血酸总量按式（9-5）计算。

$$W=\frac{(c-c_0)\times V}{m\times 1000}\times N\times K\times 100 \tag{9-5}$$

式中 W——试样中L（+）-抗坏血酸［或D（−）-抗坏血酸、L（+）-抗坏血酸总量］的含量，mg/100g；

c——样液中L（+）-抗坏血酸［或D（−）-抗坏血酸］的质量浓度，μg/mL；

c_0——样品空白液中L（+）-抗坏血酸［或D（−）-抗坏血酸］的质量浓度，μg/mL；

V——试样的最后定容体积，mL；

m——实际检测试样质量，g；

1000——换算系数（由μg/mL换算成mg/mL的换算因子）；

N——稀释倍数，若使用9.2.4.3中（3）还原步骤时，即为2.5；

K——若使用9.2.4.3中（3）甲醇沉淀步骤时，即为1.25；

100——换算系数，即由mg/g换算成mg/100g的换算因子。

9.2.4.5 说明与注意事项

① L（+）-抗坏血酸具有强还原性，对人体具有生物活性。D（−）-抗坏血酸又称异抗坏血酸，具有强还原性，但对人体基本无生物活性。L（+）-抗坏血酸极易被氧化为L（+）-脱氢抗坏血酸，L（+）-脱氢抗坏血酸亦可被还原为L（+）-抗坏血酸，通常称为脱氢抗坏血酸。

② 将试样中L（+）-脱氢抗坏血酸还原成L（+）-抗坏血酸或将试样中L（+）-抗坏血酸氧化成L（+）-脱氢抗坏血酸后测得的数值为L（+）-抗坏血酸总量。L（+）-抗坏血酸标准储备溶液和D（−）-抗坏血酸标准储备溶液在2～8℃避光条件下可保存一周。整个检测过程尽可能在避光条件下进行。

③ 固体样品取样量为2g时，L（+）-抗坏血酸和D（−）-抗坏血酸的检出限均为0.5mg/100g，定量限均为2.0mg/100g。液体样品取样量为10g（或10mL）时，L（+）-抗坏血酸和D（−）-抗坏血酸的检出限均为0.1mg/100g（或0.1mg/100mL），定量限均为0.4mg/100g（或0.4mg/100mL）。

9.2.5 多种水溶性维生素的同时分析

多种水溶性维生素的同时分析通常需要高效、灵敏的分析方法，高效液相色谱法、液相色谱-质谱联用法、超高效液相色谱法、毛细管电泳法均能满足要求。例如，采用高效液相色谱法测定维生素强化食品中多种水溶性维生素的含量时，采用配备二极管阵列检测器的高效液相色谱仪可同时测定食品中维生素C、维生素B_1、维生素B_2、烟酰胺、泛酸、叶酸、吡哆醇、氰钴胺、生物素9种水溶性维生素。此法分析速度快、灵敏度高、定性和定量准确度高。

样品提取后经0.45μm微孔滤膜过滤后进样分析，色谱条件设置为：色谱柱为C_{18}（4.6mm×250mm，5μm）；流动相A为25mmol/L磷酸二氢钾缓冲液（用磷酸调至pH2.5）、B为乙腈；梯度洗脱条件为起始5min内100%A洗脱，随后20min内A相体积比由100%线性下降至75%，保持5min后，恢复至100%A平衡色谱柱10min；流速为1.0mL/min；柱温为30℃；进样体积为20μL；泛酸、氰钴胺、生物素的检测波长为205nm，维生素B_1、维生素C的检测波长为246nm，烟酰胺为261nm，维生素B_2为267nm，叶酸为283nm，吡哆醇为290nm。

9.3 脂溶性维生素的分析

9.3.1 维生素 A 和维生素 E 的分析

根据《食品安全国家标准 食品中维生素 A、D、E 的测定》（GB 5009.82—2016）的规定，第一法为反相高效液相色谱法，适用于食品中维生素 A 和维生素 E 的测定。第二法为正相高效液相色谱法，适用于食用油、坚果、豆类和辣椒粉等食物中维生素 E 的测定。此处仅介绍第一法。

9.3.1.1 原理

试样中的维生素 A 及维生素 E 经皂化（含淀粉先用淀粉酶酶解）、提取、净化、浓缩后，C_{30} 或 PFP 反相液相色谱柱分离，紫外检测器或荧光检测器检测，外标法定量。

9.3.1.2 仪器与试剂

仪器：高效液相色谱仪（带紫外检测器或二极管阵列检测器或荧光检测器）、恒温水浴振荡器、旋转蒸发仪、氮吹仪、紫外分光光度计、分液漏斗萃取净化振荡器等。

试剂：无水乙醇、抗坏血酸、氢氧化钾、乙醚、石油醚（沸程为 30～60℃）、甲醇、淀粉酶（活力单位≥100U/mg）、2,6-二叔丁基对甲酚（BHT）、维生素 A 标准品、维生素 E 标准品（α-生育酚、β-生育酚、γ-生育酚、δ-生育酚）等。

9.3.1.3 分析步骤

（1）试样制备

将一定数量的样品按要求经过缩分、粉碎均质后，储存于样品瓶中，避光冷藏，尽快测定。

（2）试样皂化

① 不含淀粉的样品。称取 2～5g 经均质处理的固体试样或 50g 液体试样于 150mL 平底烧瓶中，固体试样需加入约 20mL 温水，混匀，再加入 1.0g 抗坏血酸和 0.1gBHT，混匀，加入 30mL 无水乙醇，加入 10～20mL 氢氧化钾溶液，边加边振摇，混匀后于 80℃恒温水浴振荡皂化 30min，皂化后立即用冷水冷却至室温。

② 含淀粉样品。称取 2～5g 经均质处理的固体试样或 50g 液体样品于 150mL 平底烧瓶中，固体试样需用约 20mL 温水混匀，加入 0.5～1g 淀粉酶，放入 60℃水浴避光恒温振荡 30min 后，取出，向酶解液中加入 1.0g 抗坏血酸和 0.1gBHT，混匀，加入 30mL 无水乙醇、10～20mL 氢氧化钾溶液，边加边振摇，混匀后于 80℃恒温水浴振荡皂化 30min，皂化后立即用冷水冷却至室温。

（3）试样提取与洗涤

将皂化液用 30mL 水转入 250mL 的分液漏斗中，加入 50mL 石油醚-乙醚混合液，振荡萃取 5min，将下层溶液转移至另一 250mL 的分液漏斗中，加入 50mL 的混合醚液再次萃取，合并醚层。如只测维生素 A 与 α-生育酚，可用石油醚作提取剂。

用约 100mL 水洗涤醚层，约需重复 3 次，直至将醚层洗至中性（可用 pH 试纸检测下层溶液 pH 值），去除下层水相。

（4）浓缩

将洗涤后的醚层经无水硫酸钠（约 3g）滤入 250mL 旋转蒸发瓶或氮气浓缩管中，用约 15mL 石油醚冲洗分液漏斗及无水硫酸钠 2 次，并入蒸发瓶内，并将其接在旋转蒸发仪或气体浓缩仪上，于 40℃ 水浴中减压蒸馏或气流浓缩，待瓶中醚液剩下约 2mL 时，取下蒸发瓶，立即用氮气吹至近干。用甲醇分次将蒸发瓶中残留物溶解并转移至 10mL 容量瓶中，定容至刻度。溶液过 0.22μm 有机系滤膜后供高效液相色谱测定。

（5）设置色谱条件

① 色谱柱选择 C_{30} 柱（柱长 250mm，内径 4.6mm，粒径 3μm）；

② 流动相 A 为蒸馏水，B 为甲醇，洗脱梯度见表 9-4；

③ 柱温为 20℃，流速为 0.8mL/min，进样量为 10μL；

④ 维生素 A 的紫外检测波长为 325nm，维生素 E 的紫外检测波长为 294nm。维生素 A 和维生素 E 的标准色谱图分别见图 9-5 和图 9-6。

表 9-4　C_{30} 色谱柱-反相高效液相色谱法洗脱梯度参考条件

时间/min	流动相 A/%	流动相 B/%	流速/(mL/min)
0.0	4	96	0.8
13.0	4	96	0.8
20.0	0	100	0.8
24.0	0	100	0.8
24.5	4	96	0.8
30.0	4	96	0.8

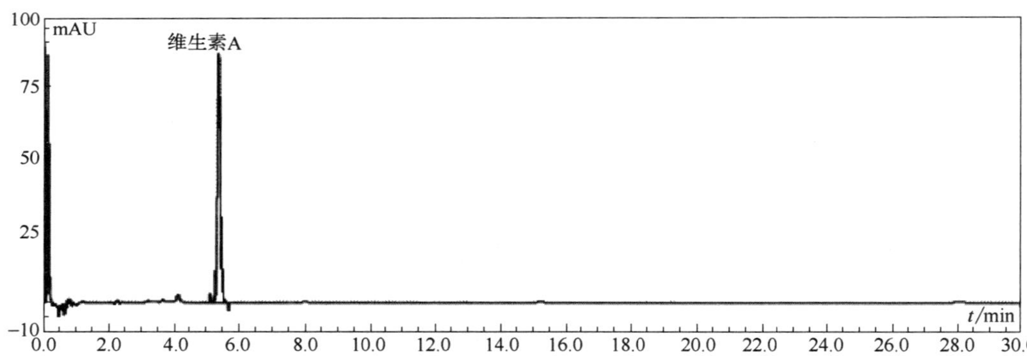

图 9-5　维生素 A 标准溶液 C_{30} 柱反相色谱图

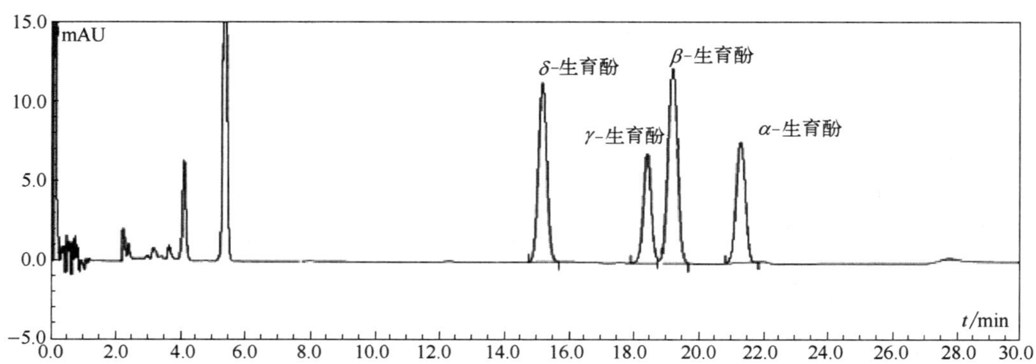

图 9-6　维生素 E 标准溶液 C_{30} 柱反相色谱图

(6) 制作标准曲线

本法采用外标法定量。将维生素A和维生素E标准系列工作溶液分别注入高效液相色谱仪中，测定相应的峰面积，以峰面积为纵坐标，以标准测定液浓度为横坐标绘制标准曲线，计算直线回归方程。

(7) 样品测定

试样液经高效液相色谱仪分析，测得峰面积，采用外标法通过上述标准曲线计算其浓度。在测定过程中，建议每测定10个样品用同一份标准溶液或标准物质检查仪器的稳定性。

9.3.1.4 结果计算

试样中维生素A或维生素E的含量按式(9-6)计算。

$$W=\frac{\rho \times V \times k \times 100}{m} \tag{9-6}$$

式中 W——试样中维生素A或维生素E的含量，维生素A单位为μg/100g，维生素E单位为mg/100g；

ρ——根据标准曲线计算得到的试样中维生素A或维生素E的浓度，μg/mL；

V——定容体积，mL；

k——换算因子(维生素A：$k=1$；维生素E：$k=0.001$)；

100——试样中量以每100g计算的换算系数；

m——试样的称样量，g。

9.3.1.5 说明与注意事项

① 维生素A标准储备溶液须密封保存在棕色试剂瓶中，在−20℃下避光保存，有效期1个月，临用前将溶液回温至20℃，并进行浓度校正。维生素E标准储备溶液须密封保存在棕色试剂瓶中，在−20℃下避光保存，有效期6个月，临用前将溶液回温至20℃，并进行浓度校正。维生素A和维生素E混合标准溶液中间液须在−20℃下避光保存，有效期半个月。

② 试样处理时，使用的所有器皿不得含有氧化性物质；分液漏斗活塞玻璃表面不得涂油；处理过程应避免紫外线照射，尽可能避光操作；提取过程应在通风柜中操作。试样皂化时，皂化时间一般为30min，如皂化液冷却后，液面有浮油，需要加入适量氢氧化钾溶液，并适当延长皂化时间。如有荧光检测器，也可选用荧光检测器检测，对生育酚的检测有更高的灵敏度和选择性，可按以下检测波长检测：维生素A激发波长328nm，发射波长440nm；维生素E激发波长294nm，发射波长328nm。

③ 计算时，如果维生素E的测定结果要用α-生育酚当量(α-TE)表示，可按下式计算。

维生素E [mg (α-TE) /100g]＝α-生育酚(mg/100g)＋β-生育酚(mg/100g)×0.5＋γ-生育酚(mg/100g)×0.1＋δ-生育酚(mg/100g)×0.01。

④ 当取样量为5g，定容10mL时，维生素A的紫外检出限为10μg/100g，定量限为30μg/100g；生育酚的紫外检出限为40μg/100g，定量限为120μg/100g。

9.3.2 维生素D的分析

《食品安全国家标准 食品中维生素D的测定》(GB 5009.296—2023)，第一法为正相色谱净化-反相液相色谱法，适用于添加了麦角钙化醇或胆钙化醇的食品中维生素 D_2 和维生素 D_3 的测定。第二法为在线柱切换-反相液相色谱法，适用于食品中维生素 D_2 和维生素 D_3 的测定。第三法为液相色谱-串联质谱法，适用于食品中维生素 D_2 和维生素 D_3 的测定。此处仅介绍第三法。

9.3.2.1 原理

试样加入维生素 D_2 和维生素 D_3 的同位素内标后，经氢氧化钾乙醇溶液皂化（含淀粉试样先用淀粉酶酶解），正己烷提取，固相萃取柱净化、浓缩后，通过 C_{18} 柱将维生素 D_2 和维生素 D_3 与其他杂质分离，串联质谱检测，内标法定量。

9.3.2.2 仪器与试剂

仪器：液相色谱-串联质谱仪（带电喷雾离子源）、紫外分光光度计、磁力搅拌器、恒温振荡器、多功能振荡器、离心机、氮吹浓缩仪、固相萃取柱（硅胶基质，6mL，500mg，或相当者）、微孔滤膜（有机系，孔径 0.22μm）等。

试剂：无水乙醇、抗坏血酸、2，6-二叔丁基对甲酚、正己烷、α-淀粉酶（酶活力＞1.5U/mg）、甲醇、乙酸乙酯、甲酸、甲酸铵、维生素 D_2 标准品、维生素 D_3 标准品、维生素 D_2-d_3 内标溶液、维生素 D_3-d_3 内标溶液等。

9.3.2.3 分析步骤

（1）试样制备

将一定数量的样品按要求经过缩分、粉碎、均质后，储存于样品袋中，避光冷藏，尽快测定。

① 婴幼儿配方食品、特殊医学用途配方食品、乳及乳制品、冷冻饮品和饮料：对固体试样而言，称取均质后的试样约 25g（m_1）至 250mL 干燥玻璃瓶中，加入约 200mL 温水（40～45℃），记录加水后的溶液质量（m_2）。充分混匀溶解，室温避光放置 15min，每隔 5min 振摇 30s。称取制备后的浆液 20～50g（m_3）至 150mL 平底烧瓶中，按式(9-7）计算样品质量 m。对液体试样而言，称取摇匀后的试样 10g 至 50mL 带螺旋盖的离心管中。

$$m=\frac{m_1 \times m_3}{m_2} \tag{9-7}$$

② 谷物及其制品、焙烤食品、婴幼儿谷类辅助食品及其他含淀粉试样：称取均质后的试样 5～10g 至 150mL 平底烧瓶中，加入约 20mL 温水（40～45℃），置于磁力搅拌器上搅拌 10min，混匀。婴幼儿谷类辅助食品等难均质的试样，可先制成浆液，再称取制备后的浆液 20～50g 至 150mL 平底烧瓶中。

③ 油脂及其制品、肉及肉制品、水产及其制品、蛋及蛋制品：称取均质后的试样 0.5～2g 至 50mL 带螺旋盖的离心管，加入 8～9.5mL 的温水（40～45℃），混匀。对于难均质的试样，可先制成浆液，再称取制备后的溶液 10g 至 50mL 带螺旋盖的离心管中。

④ 水果、蔬菜、豆类、食用菌、坚果和籽类：称取均质后的试样 10g 至 50mL 带螺旋盖的离心管中。干制品称取均质后的试样 0.5～2g 至 50mL 带螺旋盖的离心管，加入 8～9.5mL 的温水（40～45℃），置于涡旋振荡器中振荡 10min，混匀。

⑤ 含蜂蜡等黏稠胶质试样和其他食品：称取均质后的试样 2～20g 至 150mL 平底烧瓶。

（2）试样皂化

① 婴幼儿配方食品、特殊医学用途配方食品、乳及乳制品、冷冻饮品和饮料等试样：称取适量试样于 50mL 离心管中，加入 100μL 维生素 D_2-d_3 和维生素 D_3-d_3 混合内标使用液，再加入 0.4g 抗坏血酸，涡旋 1min，加入 10mL BHT-乙醇溶液涡旋 30s，再加入 5mL 氢氧化钾溶液（50%，质量分数），涡旋混匀后于恒温振荡器中皂化，温度（80±2）℃，时间 30min［或温度（25±5）℃，时间（16±2）h］，皂化后立即用冷水冷却至室温。

② 谷物及其制品、焙烤食品、婴幼儿谷类辅助食品及其他含淀粉试样：在 150mL 平底烧瓶中，加入 400μL 维生素 D_2-d_3 和维生素 D_3-d_3 混合内标使用液以及 1.0g α-淀粉酶，放入 1 颗磁力搅拌子，加上瓶塞，放入 60℃磁力搅拌器中酶解 30min，立即冷却至室温，向酶解液中加入 1.0g 抗坏血酸和 30mL BHT-乙醇溶液（0.2g/100mL），混匀。再加入 10～20mL 氢氧化钾溶液（50%，质量分数），边加边振摇，混匀后于磁力搅拌器或恒温振荡器中皂化，温度（80±2）℃，时间 30min［或温度（25±5）℃，时间（16±2）h］，皂化后立即用冷水冷却至室温。用乙醇-水溶液（2+3）将皂化液转移至 100mL 的容量瓶中，定容至刻度，摇匀，准确移取 25mL 皂化液于 50mL 的离心管中。

③ 含蜂蜡等胶质样品和其他食品：在 150mL 平底烧瓶中，加入 400μL 维生素 D_2-d_3 和维生素 D_3-d_3 混合内标溶液，加入 1.0g 抗坏血酸和 30mL BHT-乙醇溶液（0.2g/100mL），放入磁力搅拌子，将平底烧瓶置于磁力搅拌器中搅拌 10min，混匀，再加入约 20mL 温水（40～45℃），混匀。再加入 10～20mL 氢氧化钾溶液（50%，质量分数），边加边振摇，混匀后于磁力搅拌器或恒温振荡器中皂化，温度（80±2）℃，时间 30min［或温度（25±5）℃，时间（16±2）h］，皂化后立即用冷水冷却至室温。用乙醇-水溶液（2+3）将皂化液转移至 100mL 容量瓶中，摇匀，准确移取 25mL 皂化液于 50mL 离心管中。

（3）试样提取

向上述离心管中加入 20mL 正己烷，振荡提取 3min，8000r/min 离心 3min。转移上层清液到另一个 50mL 离心管，加入 25mL 水，振荡 30s，在 8000r/min 条件下离心 3min，待净化。

（4）试样净化

将固相萃取柱依次用 8mL 乙酸乙酯、8mL 正己烷活化平衡，将上层提取液转移至固相萃取柱净化。用 6mL 乙酸乙酯-正己烷混合溶液（1+19）淋洗，6mL 乙酸乙酯-正己烷混合溶液（3+17）洗脱。洗脱液置于 40℃下氮吹浓缩装置吹至近干，加入 1.0mL 甲醇，超声 30s，涡旋 30s，过 0.22μm 微孔滤膜供仪器测定。

（5）设置色谱条件

① 色谱柱选择多环芳烃（PAH）C_{18} 柱，柱长 100mm，内径 2.1mm，粒径 1.8μm，或相当者；

② 流动相包括 A 相和 B 相，A 相为 0.05%甲酸-5mmol/L 甲酸铵水溶液；B 相为 0.05%甲酸-5mmol/L 甲酸铵甲醇溶液，流动相洗脱梯度见表 9-5。

③ 柱温为 35℃，流速为 0.4mL/min，进样量为 10μL。

（6）设置质谱条件

电离方式为 ESI^+，毛细管电压为 3kV，干燥气温度为 375℃，并采用多反应监测（MRM）模式。监测离子对和碰撞能量见表 9-6。

表 9-5 流动相洗脱梯度

时间/min	流动相 A/%	流动相 B/%	时间/min	流动相 A/%	流动相 B/%
0.0	10	90	6.1	0	100
1.0	10	90	10.0	0	100
4.0	6	94	10.1	10	90
6.0	6	94	12.0	10	90

表 9-6 维生素 D_2 和维生素 D_3 监测离子对和碰撞能量

名称	保留时间/min	母离子(m/z)	定性子离子		定量子离子	
			m/z	碰撞能量/eV	m/z	碰撞能量/eV
维生素 D_2	6.04	397	379 147	5 25	107	29
维生素 D_2-d_3	6.04	400	382 271	4 6	110	22
维生素 D_3	6.33	385	367 259	7 8	107	25
维生素 D_3-d_3	6.33	388	370 259	3 6	110	19

(7) 制作标准曲线

将标准系列工作溶液分别注入液相色谱-串联质谱仪中，以标准系列工作溶液中维生素 D_2 或维生素 D_3 的浓度与相应同位素内标的浓度比值为横坐标，以维生素 D_2 或维生素 D_3 与相应同位素内标的峰面积比值为纵坐标，分别绘制维生素 D_2、维生素 D_3 标准曲线。

(8) 测定试样溶液

将试样溶液注入液相色谱-串联质谱仪中进行测定。

9.3.2.4 结果表述

(1) 定性分析

在同样测试条件下，试样溶液中维生素 D_2、维生素 D_3 的保留时间与标准工作溶液中相应的保留时间相比，偏差在±2.5%以内，且检测到的离子的相对丰度，应当与浓度相当的校正标准溶液相对丰度一致。其允许偏差应符合表 9-7 的要求。

表 9-7 定性确证时相对离子丰度的最大允许误差

相对离子丰度	>50%	>20%~50%	>10%~20%	≤10%
最大允许偏差	±20%	±25%	±30%	±50%

(2) 定量测定

将试样溶液依次进样，得到试样溶液中维生素 D_2 或维生素 D_3 与其相应内标物的峰面积比值，根据标准曲线得到试样溶液中维生素 D_2 或维生素 D_3 的量。试样溶液中的响应值应在标准曲线线性范围内，超过线性范围，可以适当减少取样量重新测定。同时需做空白试验，即不称取试样，按样品分析步骤操作，应不含有干扰待测组分的物质。

试样中维生素 D_2（或维生素 D_3）的含量，按式（9-8）和式（9-9）计算。

$$W=\frac{n\times 100}{m\times 1000} \tag{9-8}$$

式中 W——试样中维生素 D_2（或维生素 D_3）的含量，μg/100g；

n——试样溶液中维生素 D_2（或维生素 D_3）与其同位素内标的峰面积比值对应的质量，ng，按式（9-9）计算；

100——由每克换算为每百克的换算系数；

m——试样的取样量，g；

1000——由 ng 换算为 μg 的换算系数。

$$n=K\times N \tag{9-9}$$

式中 K——从标准曲线查得的质量比；

N——试样中加入的内标的质量，ng。

9.3.2.5 说明与注意事项

① 维生素 D_2 标准中间液、维生素 D_3 标准中间液须在−18℃下避光保存，保存期 3 个月，准确浓度按校正后的浓度折算。维生素 D_2 和维生素 D_3 混合标准使用液须在−18℃下避光保存，保存期 1 个月，准确浓度按校正后的浓度折算。

② 维生素 D_2-d_3 和维生素 D_3-d_3 混合内标使用液须在−20℃下避光保存，保存期 1 个月。样品前处理过程应避免紫外线照射。

③ 试样净化时，为防止将水带入固相萃取柱，上层提取液可留少许正己烷有机相。如试样中同时含有维生素 D_2 和维生素 D_3，维生素 D 的测定结果以维生素 D_2 和维生素 D_3 的含量之和计算。

④ 当固体试样取样量为 2.00g、定容 1.00mL 时，维生素 D_2 的检出限为 0.3μg/100g，定量限为 1.00μg/100g；维生素 D_3 的检出限为 0.15μg/100g，定量限为 0.50μg/100g。当液体试样取样量为 10.00g、定容 1.00mL 时，维生素 D_2 的检出限为 0.06μg/100g，定量限为 0.20μg/100g；维生素 D_3 的检出限为 0.03μg/100g，定量限为 0.10μg/100g。

9.3.3 胡萝卜素的分析

根据《食品安全国家标准 食品中胡萝卜素的测定》（GB 5009.83—2016）的规定，推荐测定方法为反相高效液相色谱法，色谱条件一适用于食品中 α-胡萝卜素、β-胡萝卜素及总胡萝卜素的测定，色谱条件二适用于食品中 β-胡萝卜素的测定。此处仅介绍色谱条件一。

9.3.3.1 原理

试样经处理，用石油醚萃取，二氯甲烷定容后，采用反相色谱法分离，外标法定量。

9.3.3.2 仪器与试剂

仪器：高效液相色谱仪（带紫外检测器）、匀浆机、均质器、高速粉碎机、恒温振荡水浴箱、旋转蒸发器、氮吹仪、紫外-可见分光光度计等。

试剂：α-淀粉酶（酶活力≥1.5U/mg）、木瓜蛋白酶（酶活力≥5U/mg）、氢氧化钾、抗坏血酸、石油醚（沸程 30～60℃）、甲醇、乙腈、三氯甲烷、甲基叔丁基醚、二氯甲烷、无水乙醇、正己烷、α-胡萝卜素、β-胡萝卜素等。

9.3.3.3 分析步骤

(1) 试样制备

谷物、豆类、坚果等试样需粉碎、研磨、过筛（筛板孔径 0.3～0.5mm）；蔬菜、水果、蛋、藻类等试样用均质器混匀；硬质型糖果等试样用粉碎机或均质器粉碎后混匀；凝胶糖果等软糖试样用剪刀将样品剪碎后混匀；固体粉末状试样和液体试样使用前振摇或搅拌混匀。4℃冰箱可保存1周。

（2）普通食品试样处理

① 预处理　蔬菜、水果、菌藻类、谷物、豆类、蛋类等普通食品试样准确称取混合均匀的试样1～5g，油类试样准确称取0.2～2g，转至250mL锥形瓶中，加入1g抗坏血酸、75mL无水乙醇，于（60±1）℃水浴振荡30min。如果试样中蛋白质、淀粉含量较高（>10%），先加入1g抗坏血酸、15mL的45～50℃温水、0.5g木瓜蛋白酶和0.5g α-淀粉酶，盖上瓶塞混匀后，置（55±1）℃恒温振荡水浴箱内振荡或超声处理30min后，再加入75mL无水乙醇，于（60±1）℃水浴振荡30 min。

② 皂化　加入25mL氢氧化钾溶液，盖上瓶塞。置于已预热至（53±2）℃恒温振荡水浴箱中，皂化30min。取出，静置，冷却至室温。

（3）添加β-胡萝卜素的食品试样处理

① 预处理　对固体试样（固体饮料、糖果除外），准确称取1～5g，置于250mL锥形瓶中，加入1g抗坏血酸，加50mL 45～50℃温水混匀。加入0.5g木瓜蛋白酶和0.5g α-淀粉酶（无淀粉试样可以不加α-淀粉酶），盖上瓶塞，置（55±1）℃恒温振荡水浴箱内振荡或超声处理30 min。对液体试样，准确称取5～10g，置于250mL锥形瓶中，加入1g抗坏血酸。对固体饮料、糖果，准确称取试样0.2～5g置于250mL锥形瓶中，加入1g抗坏血酸，加50mL水混匀，振荡或超声处理30min后进行萃取。

② 皂化　取预处理后的试样，加入75mL无水乙醇，摇匀，再加入25mL氢氧化钾溶液，盖上瓶塞。置于已预热至（53±2）℃恒温振荡水浴箱中，皂化30min。取出，静置，冷却到室温。如皂化不完全可适当延长皂化时间至1h。

③ 试样萃取　将试样处理液转入500mL分液漏斗中，加入100mL石油醚，轻轻摇动，排气，盖好瓶塞，室温下振荡10min后静置分层，将水相转入另一分液漏斗中按上述方法进行第二次提取。合并有机相，用水洗至近中性。弃水相，有机相通过无水硫酸钠过滤脱水。滤液收入500mL蒸发瓶中，于旋转蒸发器上（40±2）℃减压浓缩，近干。用氮气吹干，用移液管准确加入5.0mL二氯甲烷，盖上瓶塞，充分溶解提取物。经0.45μm膜过滤后，弃去初始约1mL滤液后收集至进样瓶中，备用。

（4）设置色谱测定

① 色谱柱为C_{30}柱，柱长150mm，内径4.6 mm，粒径5μm，或等效柱。

② 流动相A为甲醇∶乙腈∶水＝73.5∶24.5∶2，B相为甲基叔丁基醚，梯度程序见表9-8。

③ 流速为1.0mL/min，检测波长为450nm，柱温为（30±1）℃，进样体积为20μL。

表9-8　梯度程序

时间/min	0	15	18	19	20	22
A/%	100	59	20	20	0	100
B/%	0	41	80	80	100	0

（5）绘制α-胡萝卜素标准曲线、计算全反式β-胡萝卜素响应因子

将α-胡萝卜素、β-胡萝卜素混合标准工作液注入HPLC仪中，根据保留时间定性，测定α-胡萝卜素、β-胡萝卜素各异构体峰面积。根据α-胡萝卜素系列标准工作液浓度及峰面积，以浓度为横坐标、峰面积为纵坐标，绘制标准曲线，计算回归方程。

根据标准工作液标定浓度、全反式 β-胡萝卜素 6 次测定峰面积平均值、全反式 β-胡萝卜素色谱纯度［计算方法见式（9-10）］，按式（9-11）计算全反式 β-胡萝卜素响应因子。

$$P=\frac{A_{\text{all-E}}}{B}\times 100\% \tag{9-10}$$

式中 P——全反式 β-胡萝卜素色谱纯度，%；

$A_{\text{all-E}}$——全反式 β-胡萝卜素标准工作液色谱峰峰面积平均值，AU；

B——全反式 β-胡萝卜素及各顺式结构峰面积总和平均值，AU。

$$F=\frac{A_{\text{all-E}}}{\rho\times P} \tag{9-11}$$

式中 F——全反式 β-胡萝卜素响应因子，(AU·mL)/μg；

$A_{\text{all-E}}$——全反式 β-胡萝卜素标准工作液色谱峰峰面积平均值，AU；

ρ——β-胡萝卜素标准工作液标定浓度，μg/mL；

P——全反式 β-胡萝卜素的色谱纯度，%。

（6）试样测定

在相同色谱条件下，将待测液注入液相色谱仪中，以保留时间定性，根据峰面积采用外标法定量。α-胡萝卜素根据标准曲线回归方程计算待测液中 α-胡萝卜素浓度，β-胡萝卜素根据全反式 β-胡萝卜素响应因子进行计算。

9.3.3.4 结果计算

试样中 α-胡萝卜素含量按式（9-12）计算。

$$W=\frac{c\times V\times 100}{m} \tag{9-12}$$

式中 W——试样中 α-胡萝卜素的含量，μg/100g；

c——从标准曲线得到的待测液中 α-胡萝卜素浓度，μg/mL；

V——试样液定容体积，mL；

100——将结果表示为 μg/100g 的系数；

m——试样质量，g。

试样中 β-胡萝卜素含量按式（9-13）计算。

$$W_0=\frac{(A_1+A_2+A_3\times 1.2+A_4\times 1.4+A_5)\times V\times 100}{RF\times m} \tag{9-13}$$

式中 W_0——试样中 β-胡萝卜素的含量，μg/100g；

A_1——试样待测液中全反式 β-胡萝卜素峰面积，AU；

A_2——试样待测液中 9-顺式-β-胡萝卜素的峰面积，AU；

A_3——试样待测液中 13-顺式-β-胡萝卜素的峰面积，AU；

1.2——13-顺式-β-胡萝卜素的相对校正因子；

A_4——试样待测液中 15-顺式-β-胡萝卜素的峰面积，AU；

1.4——15-顺式-β-胡萝卜素的相对校正因子；

A_5——试样待测液中其他顺式 β-胡萝卜素的峰面积，AU；

V——试样液定容体积，mL；

100——将结果表示为 μg/100g 的系数；

RF——全反式 β-胡萝卜素响应因子，(AU·mL)/μg；

m——试样质量，g。

试样中总胡萝卜素含量按式（9-14）计算。

$$W_1 = W + W_0 \tag{9-14}$$

式中 W_1——试样中总胡萝卜素的含量，μg/100g；

W——试样中 α-胡萝卜素的含量，μg/100g；

W_0——试样中 β-胡萝卜素的含量，μg/100g。

9.3.3.5 说明与注意事项

① 整个实验操作过程应注意避光。α-胡萝卜素标准储备液、β-胡萝卜素标准储备液应储存在棕色容量瓶中，于－20℃以下避光储存，使用期限不超过 3 个月，用前须标定。

② 添加 β-胡萝卜素的食品试样处理时，可根据实际情况对待测液中胡萝卜素含量水平进行浓缩或稀释，使待测样液中 α-胡萝卜素和/或 β-胡萝卜素浓度在 0.5～10μg/mL 范围内。

③ 由于 β-胡萝卜素各异构体百分吸光系数不同，所以根据式（9-13）在 β-胡萝卜素计算过程中，需采用相对校正因子对结果进行校正。如果试样中其他顺式 β-胡萝卜素含量较低，可不进行计算。

9.3.4 维生素 K 的分析

维生素 K 也称为凝血维生素，可以分为以下几类。

① 维生素 K_1（叶绿醌） 这是自然界中最常见的维生素 K 形式，主要存在于绿色蔬菜和某些植物油中，是人体摄入维生素 K 的主要来源。

② 维生素 K_2（甲基萘醌类） 这类维生素 K 包括多种不同的化合物，统称为甲基萘醌（menaquinone），它们主要由肠道细菌合成，也可以从发酵食品中获得，在人体内对骨骼健康尤为重要。

③ 维生素 K_3（甲萘醌） 这是一种合成形式的维生素 K，通常用作药物，而不是作为营养补充剂。

④ 维生素 K_4（环氧化物） 这是维生素 K 的一种衍生物，通常不作为食品添加剂或营养补充剂使用。

《食品安全国家标准 食品中维生素 K_1 的测定》（GB 5009.158—2016）中，维生素 K_1 测定第一法为高效液相色谱-荧光检测法，第二法为液相色谱-串联质谱法，均适用于各类配方食品、植物油、水果和蔬菜中维生素 K_1 的测定。根据《食品安全国家标准 食品中维生素 K_2 的测定》（GB 5009.290—2023）的规定，维生素 K_2 测定方法为高效液相色谱法，适用于乳及乳制品、特殊膳食用食品、发酵豆制品和肉及肉制品中四烯甲萘醌、七烯甲萘醌、九烯甲萘醌三种维生素 K_2 分型的测定，此处主要介绍该法。

9.3.4.1 原理

试样经脂肪酶、淀粉酶或蛋白酶酶解，采用正己烷提取四烯甲萘醌、七烯甲萘醌、九烯甲萘醌，提取液浓缩后经反相液相色谱分离，锌还原柱柱后衍生，荧光检测器检测，外标法定量。

9.3.4.2 仪器与试剂

仪器：液相色谱仪（配有荧光检测器）、水平振荡器、涡旋混合器、高速离心机、旋转蒸发仪、氮气浓缩装置、匀浆机、均质器等。

试剂：甲醇、无水乙醇、正己烷、碳酸钾、二氯甲烷、四氢呋喃、淀粉酶（酶活力≥4000U/g）、脂肪酶（酶活力≥40U/g）、蛋白酶（酶活力≥6000U/mg）、四烯甲萘醌（MK-4）标准品、七烯甲萘醌（MK-7）标准品、九烯甲萘醌（MK-9）标准品。

9.3.4.3 分析步骤

（1）试样制备

质地均匀的粉末类样品测定前充分混匀；肉与肉制品取可食部分粉碎均质；其他固体、半固体样品粉碎均质。液态样品测定前混匀。

（2）试样酶解

① 乳及乳制品和特殊膳食用食品　对固体样品，称取混匀后的粉末试样50g至烧杯中，加入100mL水，记录加水后的溶液质量，充分混匀溶解；准确称取制备后的溶液6g于50mL离心管中，加入水11mL，再加入磷酸盐缓冲液5mL，混匀，于（50±2）℃水浴超声15min，冷却至室温后，加入脂肪酶0.5g，再加淀粉酶0.2g，加盖，涡旋2～3min，混匀后，置于（37±2）℃恒温水浴锅中酶解2h以上（每30min涡旋1min），使其充分酶解。对液体样品，称取混匀样品1～10g于50mL离心管中，加水至15mL；提取液加入磷酸盐缓冲液5mL，混匀，于（50±2）℃水浴超声15min，冷却至室温后，加入脂肪酶0.5g，再加淀粉酶0.2g，加盖，涡旋2～3min，混匀后，置于（37±2）℃恒温水浴锅中酶解2h以上（每30min涡旋1min），使其充分酶解。

② 发酵豆制品　称取均质后的试样50g至250mL烧杯中，加入100mL水，记录加水后的溶液质量，匀浆器匀浆后，立即准确称取匀浆试样3g于50mL离心管中，加入水13mL，加入磷酸盐缓冲液5mL，混匀，于（50±2）℃水浴超声15min，冷却至室温后，加入脂肪酶0.2g，加入蛋白酶0.1g，加盖，涡旋2～3min，混匀后，置于（37±2）℃恒温水浴锅中酶解4h以上（每30min涡旋1min），使其充分酶解。

③ 肉及肉制品　称取均质后的试样50g至250mL烧杯中，加入100mL水，记录加水后的溶液质量，匀浆器匀浆后，立即准确称取匀浆试样15g于50mL离心管中，加入水5mL，加入磷酸盐缓冲液5 mL，混匀，于（50±2）℃水浴超声15min。冷却至室温后，加入脂肪酶0.2g，加入蛋白酶0.1g，加盖，涡旋2～3min，混匀后，置于（37±2）℃恒温水浴锅中酶解4h以上（每30min涡旋1min），使其充分酶解。

（3）提取

取出酶解好的试样，分别加入10mL无水乙醇及1.0g碳酸钾，混匀后加入10mL正己烷，3000r/min涡旋2～3min或≥250r/min振荡提取10min，以6000r/min离心5min，转移上清液至100mL旋蒸瓶中。为保证提取完全，必要时可向下层溶液中再加入10mL正己烷，重复操作1次，合并上清液至上述旋蒸瓶中。

（4）浓缩

将上述正己烷提取液于（40±2）℃水浴旋蒸至干（如有残液，可用氮气轻吹至干），用5.0mL流动相充分溶解浓缩物，将此溶解液用0.22μm滤膜过滤，此滤液为制备的试样溶液。

（5）设置仪器条件

① 色谱柱为C_{18}（5μm，4.6mm×150mm）或具有同等性能的色谱柱。

② 锌还原柱为4.6mm×50mm，填料为锌粉，锌粉平均粒径70μm。锌粉还原柱可直接购买商品柱，此锌粉还原柱连接于色谱柱后。

③ 荧光检测器的激发波长为326nm，发射波长为410nm。

④ 流速为 0.8mL/min，进样量为 20μL。

(6) 制作标准曲线

分别将 MK-4、MK-7、MK-9 标准系列溶液按照浓度由低到高的顺序注入液相色谱仪中，以测得的峰面积为纵坐标，以 MK-4、MK-7、MK-9 各组分含量（μg/mL）为横坐标，制作标准曲线。

(7) 测定试样溶液

将制备的试样溶液注入液相色谱仪中，得到峰面积，根据标准曲线得到制备的试样溶液中 MK-4、MK-7、MK-9 各组分的含量（μg/mL）。

9.3.4.4 结果计算

固体、半固体试样的质量按式（9-15）计算。

$$M=\frac{m_1 \times m_2}{m_3} \tag{9-15}$$

式中 M——试样的质量，g；

m_1——均质样品的质量，g；

m_2——称取的匀浆混合样品的质量，g；

m_3——均质加水后的溶液的质量，g。

试样中维生素 K_2 各组分的含量 W（MK-4、MK-7、MK-9）按式（9-16）计算。

$$W=\frac{c \times V \times N \times 1000}{M} \tag{9-16}$$

式中 W——试样中维生素 K_2 各组分的含量（分别是 WMK-4、WMK-7、WMK-9），μg/kg；

c——试样溶液中维生素 K_2 各组分的浓度，μg/mL；

V——试样溶液的体积，mL；

N——试样的稀释倍数；

M——试样的质量，g；

1000——换算系数。

9.3.4.5 说明与注意事项

① MK-4、MK-7、MK-9 标准储备溶液需储存于棕色玻璃容器中，−(20±2)℃避光保存，保存期限为 6 个月。MK-7、MK-9 低温高浓度时易过饱和，出现浑浊，可提高溶解温度至（40±2)℃超声，至完全溶解，恢复至室温后使用；所称取的标准品质量是折合成纯标准品的质量。

② 试样制备时，处理过程尽可能避光操作，制备成均匀试样后，避光尽快检测。试样浓缩氮吹后，如果浓缩物常温不易溶解，可提高溶解温度至（40±2)℃，直至完全溶解。纳豆等 MK-7 含量高的样品，可适当加大定容体积，使制备的试样溶液浓度在标准曲线范围内。

③ 当试样的质量为 2g 时，四烯甲萘醌（MK-4）方法检出限为 70.0μg/kg，定量限为 200μg/kg；七烯甲萘醌（MK-7）方法检出限为 70.0μg/kg，定量限为 200μg/kg；九烯甲萘醌（MK-9）方法检出限为 160μg/kg，定量限为 510μg/kg。

9.3.5 多种脂溶性维生素的同时分析

多种脂溶性维生素的同时分析通常涉及复杂的样品前处理步骤，因为它们通常与样品中的脂质成分混合存在。在前处理阶段，需使用有机溶剂（如甲醇、乙腈、正己烷）进行液-液萃取或使用固相萃取（SPE）柱，可能需要通过凝胶渗透色谱（GPC）去除大分子脂质。对于某些维生素（如维生素 K），可能需要进行衍生化以提高检测灵敏度和选择性。超高效合相色谱法［Ultra Performance Convergence Chromatography，简称 UPC^2，是一种结合了高效液相色谱（HPLC）和气相色谱（GC）优势的新型色谱技术］、高效液相色谱法、液相色谱-质谱联用法、超高效液相色谱法均能满足要求。需要注意的是，脂溶性维生素在提取和净化过程中容易降解，需要严格控制实验条件，分析过程中应使用适当的内标物或外标物进行定量校正。

超高效合相色谱技术源于超临界流体色谱技术，以超临界 CO_2 为主要的流动相，依靠流动相的溶剂化能力进行分离、分析，能够通过精确调节流动相强度、压力和温度，获得所需的系统分辨率和选择性，对待测物的保留和分离进行有效调控，具有操作温度低、有机溶剂使用量少、灵敏度高、重现性好、分析速度快等优点。

例如，采用超高效合相色谱法同时测定维生素片中脂溶性维生素及其衍生物的含量时，可同时测定维生素 A、维生素 D、维生素 E、维生素 K 及其衍生物的含量。具体操作为：准确称取 2.0g 研磨后的维生素片，加入 10mL 异丙醇-正己烷（1∶1）溶液，用涡旋振荡器振摇 10min，充分混匀后于 13000r/min 离心 10min，取 1mL 上清液，经 0.22μm 滤膜过滤后进样分析。色谱条件设置为：HSS C_{18} SB 色谱柱（100mm×3.0mm，1.8μm）；流动相 A 为 CO_2、B 为乙腈；梯度洗脱 0～3min 为 95%A＋5%B，3～7min 为 85%A＋15%B，7～10min 为 60%A＋40%B，10～10.2min 为 60%～95%A＋5%～40%B，10.2～12min 为 95%A＋5%B；流速为 1mL/min；进样量 1μL；柱温 50℃；检测波长 284nm；动态背压（ABPR）为 1900psi（1psi＝6.895kPa）。色谱图如图 9-7 所示。

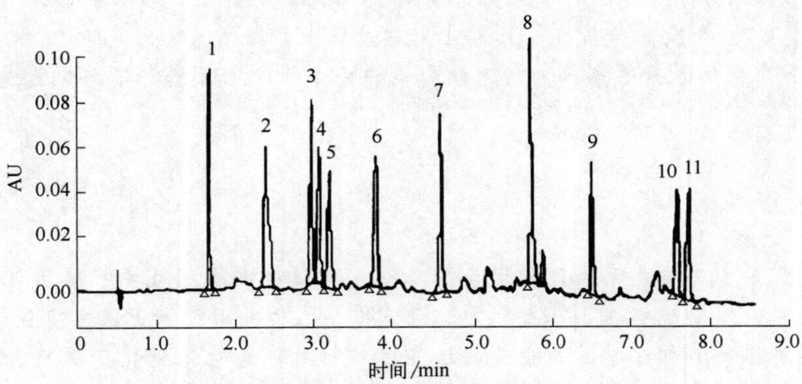

图 9-7 维生素片的超高效合相色谱图

1—维生素 K_3；2—维生素 A；3—维生素 E 醋酸酯；4—维生素 K_1；5—维生素 K_2；6—维生素 A 棕榈酸酯；7—维生素 E；8—维生素 E 琥珀酸酯；9—维生素 A 甲酸；10—维生素 D_2；11—维生素 D_3

课后练习

1. 名词解释

维生素；同位素内标；光谱法

2. 判断题

(1) 高效液相色谱法（HPLC）是分析维生素最常用的方法之一。(　　)

(2) 维生素K的分析不需要使用任何特殊的技术。(　　)

(3) 质谱法可以单独使用而不与HPLC联用来分析维生素。(　　)

(4) 所有维生素都可以通过相同的分析方法进行测定。(　　)

(5) 维生素的分析通常需要在生物基质中进行。(　　)

3. 单项选择题

(1) 以下哪种技术常用于维生素K的分析？(　　)

A. 气相色谱法　B. 高效液相色谱法　C. 紫外可见光谱法　D. 核磁共振光谱法

(2) 维生素K在哪个波长范围内有最强吸收峰？(　　)

A. 200～300nm　B. 300～400nm　C. 400～500nm　D. 500～600nm

(3) 以下哪种维生素分析方法使用同位素内标？(　　)

A. 光谱法　B. 质谱法　C. 色谱法　D. 电泳法

(4) 哪种维生素K形式主要存在于绿色蔬菜中？(　　)

A. 维生素K_1　B. 维生素K_2　C. 维生素K_3　D. 维生素K_4

(5) 以下哪种维生素分析方法可以提供结构信息？(　　)

A. HPLC　B. MS　C. 光谱法　D. 电泳法

4. 问答题

(1) 简述高效液相色谱法（HPLC）在维生素分析中的应用和原理。

(2) 为什么在维生素分析中常常将质谱法（MS）与高效液相色谱法（HPLC）联用？

(3) 在维生素分析中，如何使用同位素内标来提高定量分析的准确性和精确度？

(4) 简述维生素K的分析方法及其在生物基质中的应用。

(5) 阐述在维生素分析中，如何选择合适的样品前处理方法，并说明理由。

知识拓展

我国是全球最大的维生素生产和出口国之一，2023年我国维生素产量为43.4万吨，需求量为3.3万吨，市场规模为103.6亿元。我国维生素行业产业链上游主要包括提供生产维生素所需的各种原材料和化学品的企业，这些原材料可能包括基础化工原料、植物提取物、微生物发酵产物等。中游环节涉及维生素的生产制造过程。下游主要包括将维生素产品销售给终端用户或进一步加工成其他产品的企业，包括食品和饮料制造商、保健品公司、动物饲料生产商等。出口的主要产品包括维生素A、维生素E和维生素C。2024年11月，我国维生素A的出口量达到了531.06吨，主要出口地区包括德国、美国、越南、巴西、南非和荷兰。同期，维生素E的出口量为9693.75吨，主要出口国有美国、德国、荷兰、巴西、日本和越南。我国也是全球维生素C生产的大国，生产的维生素C有70%以上用于出口。这些数据显示，我国生产的维生素产品在全球市场上占有重要地位，尤其是在上述提到的国家。

这展现了我国人民的勤劳和智慧，体现了我国在特定产业领域的强大实力。这一地位的背后是中国维生素产业的持续技术创新和产业升级，体现了创新驱动发展战略的成效。

第 10 章

灰分及矿物质分析

【学习重点与难点】

学习重点：食品中粗灰分、水溶性灰分和酸不溶性灰分的概念、分析意义及分析方法。矿物质分析的分析方法及意义。
学习难点：灰分和矿物质分析的方法选择。

10.1 灰分的分析

10.1.1 概述

食品的成分非常复杂，除了含有大量的有机物质外，还富含多种无机成分。这些无机成分包括人体所需的无机盐（或称矿物质），其中较为常见的元素有钙（Ca）、镁（Mg）、钾（K）、钠（Na）、硫（S）、磷（P）和氯（Cl）等。此外，食品中还含有少量的微量元素，如铁（Fe）、铜（Cu）、锌（Zn）、锰（Mn）、碘（I）、氟（F）、硒（Se）等。当这些成分经过高温灼烧时，会发生一系列的物理和化学变化，最终有机成分会挥发，而无机成分（主要是无机盐和氧化物）则会残留，这些残留物被称为灰分。

灰分是衡量食品中无机成分总量的一个指标。由于食品的成分和灼烧条件各异，残留物的性质也会有所不同。食品的灰分与原有的无机成分在数量和组成上并不完全一致，因此更准确地说，灼烧后的残留物应称为粗灰分。这是因为在灰化过程中，某些易挥发的元素（如氯、碘、铅等）会挥发散失，而磷、硫等元素也可能以含氧酸的形式挥发，从而导致无机物的减少。另一方面，某些金属氧化物可能会吸收有机物分解产生的二氧化碳，形成碳酸盐，从而增加无机成分的含量。食品的灰分通常指总灰分（或称粗灰分），而总灰分又可以根据其溶解性分为水溶性灰分、水不溶性灰分和酸不溶性灰分。水溶性灰分反映了可溶性钾、钠、钙、镁等氧化物和盐类的含量；水不溶性灰分则反映了污染的泥沙以及铁、铝等氧化物和碱土金属的碱式磷酸盐的含量；酸不溶性灰分则反映了环境污染物混入产品中的泥沙及样品组织中的微量氧化硅的含量。

灰分可以作为评估食品品质的指标。例如，在面粉加工中，通常通过总灰分含量来评定面粉的等级，标准粉的灰分含量≤1.10%，精制粉≤0.70%；加工精度越高，总灰分含量越低，因为小麦麸皮中的灰分含量约为胚乳的 20 倍。在生产果胶、明胶等胶质产品时，总灰分是其胶冻性能的标志，而水溶性灰分则可以反映果酱、果冻等产品中的果汁含量。最后，测定植物性原料的灰分可以反映植物的成熟度及其生长环境的影响，而测定动物性原料的灰分则可以反映动物品种和饲料成分的影响。常见食品的灰分含量见表 10-1。

表 10-1 常见食品的灰分含量

食品名称	含量/%	食品名称	含量/%
牛乳	0.6～0.7	小麦胚乳	0.5
鲜果	0.2～1.2	蛋白	0.6
鲜肉	0.5～1.2	罐藏淡炼乳	1.6～1.7
乳粉	5～5.7	糖浆、蜂蜜痕量	约 1.8
蔬菜	0.2～1.2	蛋黄	1.6
鲜鱼(可食部分)	0.8～2.0	罐藏甜炼乳	1.9～2.1
脱脂乳粉	7.8～8.2	精制糖、糖果痕量	约 1.8

灰分含量分析现行标准为《食品安全国家标准 食品中灰分的测定》（GB 5009.4—2016)，其中主要包括总灰分、水溶性灰分、水不溶性灰分和酸不溶性灰分的测定。

10.1.2 总灰分的分析

10.1.2.1 原理

将食品经过炭化处理后，放入 500～600℃的高温炉中进行灼烧。在此过程中，食品中的水分和挥发性物质以气体形式释放出来。有机物中的碳、氢、氮等元素与有机物自身的氧以及空气中的氧反应，生成二氧化碳、氮的氧化物和水分，从而被消耗掉。而无机物则以硫酸盐、磷酸盐、碳酸盐、氯化物等无机盐和金属氧化物的形式残留，形成灰分。通过称量这些残留物的质量，可以计算出样品中总灰分的含量。

10.1.2.2 灰化条件的选择

灰化容器、取样量、灰化温度、灰化时间和加速灰化的方法在此不再赘述，见二维码 10-1 所述。

二维码 10-1 灰化容器、取样量、灰化温度、灰化时间和加速灰化的方法

10.1.2.3 仪器和试剂

仪器：高温炉、分析天平、石英坩埚或瓷坩埚、干燥器、电热板、恒温水浴锅等。

试剂：乙酸镁、盐酸等。

10.1.2.4 分析步骤

(1) 瓷坩埚的准备

对于含磷量较高的食品及其他食品：选择合适大小的石英或瓷坩埚，放入高温炉中，在 550℃±25℃的条件下灼烧 30min。然后冷却至约 200℃，取出后放入干燥器中冷却 30min，进行准确称量。重复灼烧，直到前后两次称量的差值不超过 0.5mg，达到恒重状态。对于淀粉类食品：首先用沸腾的稀盐酸进行洗涤，然后用大量自来水冲洗，最后用蒸馏水彻底冲洗干净。将清洗后的坩埚放入高温炉中，在 900℃±25℃下灼烧 30min，随后在干燥器中冷却至室温，称重。

(2) 样品称取

高含磷食品及其他食品的处理方法对于灰分含量大于或等于 10g/100g 的样品，称取 2～3g；而对于灰分含量小于或等于 10g/100g 的样品，则称取 3～10g。淀粉类食品，迅速

称取样品 2～10g（马铃薯淀粉、小麦淀粉和大米淀粉至少称取 5g，玉米淀粉和木薯淀粉则需称取 10g）。将样品均匀地分布在坩埚中，切勿压紧。

（3）测定

① 含磷量较高的豆类及其制品、肉禽及其制品、蛋及其制品、水产及其制品、乳及乳制品按照如下步骤进行。称取样品后，首先使样品完全润湿，在样品中加入 1.00mL 的乙酸镁溶液（240g/L）或 3.00mL 的乙酸镁溶液（80g/L）。静置 10min 后，水浴蒸干样品水分，然后将样品置于电热板上小火加热，充分炭化样品。接着，将其置于高温炉中灼烧 4h，灼烧温度范围为 550℃±25℃。待样品冷却至约 200℃后取出，放入干燥器中冷却 30min。

② 淀粉类食品按照以下步骤进行。称取样品后，将坩埚放置于高温炉口或电热板上，半盖坩埚盖，小心加热使样品在通气条件下完全炭化且无烟。随后，将坩埚立即放入高温炉中，将温度升高至 900℃±25℃，并保持此温度，直至剩余的炭完全消失，通常需要约 1h。待样品冷却至约 200℃后取出，放入干燥器中冷却 30min。

③ 其他食品参照以下方法进行。称取样品后，液体和半固体样品应先在沸水浴中蒸干。对于固体或蒸干后的样品，先在电热板上以小火加热，确保样品充分炭化且无烟，然后将其置于高温炉中，在 550℃±25℃的条件下灼烧 4h。待样品冷却至约 200℃后取出，放入干燥器中冷却 30min。

需要注意的是，如果在称量前发现灼烧残渣中有炭粒，应向样品中滴入少许水以湿润，促使结块松散，蒸干水分后再次灼烧至无炭粒，表明灰化已完全，方可进行称量。重复灼烧，直到前后两次称量的差值不超过 0.5mg，方可认为达到恒重。

10.1.2.5　结果计算

10.1.2.5.1　以样品质量计

① 样品中灰分的含量，加了乙酸镁溶液的样品，按式（10-1）进行计算。

$$X_1=\frac{m_1-m_2-m_0}{m_3-m_2}\times100 \tag{10-1}$$

式中　X_1——加了乙酸镁溶液样品中灰分的含量，g/100g；

m_1——坩埚和灰分的质量，g；

m_2——坩埚的质量，g；

m_0——氧化镁（乙酸镁灼烧后生成物）的质量，g；

m_3——坩埚和样品的质量，g；

100——单位换算系数。

② 样品中灰分的含量，未加乙酸镁溶液的样品，按式（10-2）进行计算。

$$X_2=\frac{m_1-m_2}{m_3-m_2}\times100 \tag{10-2}$$

式中　X_2——未加乙酸镁溶液样品中灰分的含量，g/100g；

m_1——坩埚和灰分的质量，g；

m_2——坩埚的质量，g；

m_3——坩埚和样品的质量，g；

100——单位换算系数。

10.1.2.5.2　以干物质计

① 加入乙酸镁溶液的样品中灰分的含量，按式（10-3）进行计算。

$$X_1=\frac{m_1-m_2-m_0}{(m_3-m_2)\times\omega}\times 100 \qquad (10\text{-}3)$$

式中　X_1——加了乙酸镁溶液样品中灰分的含量，g/100g；

m_1——坩埚和灰分的质量，g；

m_2——坩埚的质量，g；

m_0——氧化镁（乙酸镁灼烧后生成物）的质量，g；

m_3——坩埚和样品的质量，g；

ω——样品干物质含量（质量分数），%；

100——单位换算系数。

② 未加乙酸镁溶液的样品中灰分的含量，按式（10-4）进行计算。

$$X_2=\frac{m_1-m_2}{(m_3-m_2)\times\omega}\times 100 \qquad (10\text{-}4)$$

式中　X_2——加了乙酸镁溶液样品中灰分的含量，g/100g；

m_1——坩埚和灰分的质量，g；

m_2——坩埚的质量，g；

m_3——坩埚和样品的质量，g；

ω——样品干物质含量（质量分数），%；

100——单位换算系数。

样品中灰分含量≥10g/100g 时，保留三位有效数字；样品中灰分含量＜10g/100g 时，保留两位有效数字。

10.1.2.6　说明与注意事项

① 在样品炭化过程中，应注意热源的强度，以避免产生大量泡沫溢出坩埚。将坩埚放入高温炉或取出时，应在炉口停留片刻，以便坩埚预热或冷却，防止因温度骤变导致坩埚破裂。

② 灼烧后的坩埚应冷却至 200℃以下再放入干燥器中，否则热对流可能导致残灰飞散，且冷却速度较慢，冷却后干燥器内会形成较大真空，盖子难以打开。从干燥器中取出坩埚时，由于内部形成真空，开盖恢复常压时，应注意让空气缓慢流入，以防止残灰飞散。

③ 灰化后得到的残渣可用于分析 Ca、P、Fe 等成分。使用过的坩埚在初步清洗后，可用粗盐酸或废盐酸浸泡约 20min，再用水冲洗干净。

10.1.3　水溶性灰分和水不溶性灰分的分析

10.1.3.1　原理

使用热水提取总灰分，经过无灰滤纸过滤、灼烧残留物并称量后，测定水不溶性灰分。水溶性灰分则通过总灰分与水不溶性灰分的质量差来计算。

10.1.3.2　仪器

高温炉、分析天平、石英坩埚或瓷坩埚、干燥器、表面皿、恒温水浴锅等。

10.1.3.3　分析步骤

将约 25mL 的预热后的蒸馏水分次加入坩埚中，以将总灰分洗入 100mL 的烧杯中。然后，盖上表面皿，用小火加热至微沸，以防止溶液溅出。立刻使用无灰滤纸进行过滤，并使用热蒸馏水洗涤杯中的残渣，多次洗涤，直至滤液和洗涤液的总量约为150mL。随后，将滤纸和残渣一起放回原坩埚中，置于沸水浴锅上小心蒸发水分，然后将坩埚放入高温炉中灼烧（550℃±25℃），直至无炭粒。待炉温降至200℃时，将坩埚放入干燥器中，冷却至室温后称重。然后再次放入高温炉中，在550℃±25℃下灼烧30min，之后重复冷却和称重的过程。如此反复操作，直到连续两次称重的差值不超过0.5mg为止，并记录下最低质量。

10.1.3.4　结果计算

① 样品中水不溶性灰分的含量，按式（10-5）进行计算。

$$X_1=\frac{m_1-m_2}{m_3-m_2}\times100 \tag{10-5}$$

式中　X_1——水不溶性灰分的含量，g/100g；

m_1——坩埚和水不溶性灰分的质量，g；

m_2——坩埚的质量，g；

m_3——坩埚和样品的质量，g；

100——单位换算系数。

② 样品中水溶性灰分的含量，按式（10-6）进行计算。

$$X_2=\frac{m_4-m_5}{m_0}\times100 \tag{10-6}$$

式中　X_2——水溶性灰分的含量，g/100g；

m_4——总灰分的质量，g；

m_5——水不溶性灰分的质量，g；

m_0——样品的质量，g；

100——单位换算系数。

样品中灰分含量≥10g/100g时，保留三位有效数字；样品中灰分含量<10g/100g时，保留两位有效数字。

10.1.4　酸不溶性灰分的分析

10.1.4.1　原理

用盐酸溶液处理总灰分，过滤、灼烧、称量残留物。

10.1.4.2　仪器和试剂

仪器：高温炉、分析天平、石英坩埚或瓷坩埚、干燥器、表面皿、恒温水浴锅等。

试剂：盐酸等。

10.1.4.3　分析步骤

将25mL的10%盐酸溶液分次加入100mL的烧杯中，盖上表面皿，并在沸水浴中小心加热。当溶液由浑浊变为透明时，继续加热5min。趁热用无灰滤纸进行过滤，并用少量沸腾的蒸馏水反复洗涤烧杯和滤纸上的残留物，直到洗涤液呈中性（约150mL）。将滤纸及其上的残渣转移至原坩埚中，在沸水浴中小心蒸发水分，然后将其放入高温炉中，以（550±

25)℃的温度灼烧，直至无炭粒（通常需要1h）。待炉温降至200℃时，取出坩埚，放入干燥器中冷却至室温，并称重。然后再次将其放入高温炉中，以（550±25)℃的温度灼烧30min，之后重复冷却和称重的过程。如此反复操作，直到连续两次称重的差值不超过0.5mg为止，并记录下最低质量。

10.1.4.4 结果计算

以样品质量计，样品中酸不溶性灰分的含量，按式（10-7）进行计算。

$$X_1=\frac{m_1-m_2}{m_3-m_2}\times 100 \tag{10-7}$$

式中 X_1——酸不溶性灰分的含量，g/100g；

m_1——坩埚和酸不溶性灰分的质量，g；

m_2——坩埚的质量，g；

m_3——坩埚和样品的质量，g；

100——单位换算系数。

10.2 矿物质的分析

10.2.1 概述

从营养学的角度来看，食物中的各种元素可以分为必需元素、非必需元素和有毒元素三类。尽管矿物质在人体中仅占约6%，但其分布极不均匀。其中，钙（Ca）、镁（Mg）、钾（K）、钠（Na）、磷（P）、硫（S）和氯（Cl）七种矿物元素的含量均在0.01%以上，称为常量元素，约占矿物质总量的80%。硼（B）、铜（Cu）、铁（Fe）、钴（Co）、锰（Mn）、钒（V）、镍（Ni）、锌（Zn）、铬（Cr）、钼（Mo）、硅（Si）、硒（Se）、碘（I）等元素的含量均在0.01%以下，称为微量元素或痕量元素。

在评估食品的营养质量时，不仅要关注营养素的含量，还需考虑这些成分在生物体内的实际利用可能性。前者主要通过测定含量来表示，而后者则需考虑矿物元素的存在形式及其与其他营养成分的相互作用。一般而言，动物性食品中的矿物元素生物有效性高于植物性食品。矿物元素的测定方法多种多样，常用的包括化学分析法、比色法、原子吸收分光光度法、极谱法、离子选择性电极法和荧光法等。比色法因其设备简单、成本低廉，且能满足食品中限量元素规定标准的灵敏度要求而被广泛采用。原子吸收分光光度法因其选择性强、灵敏度高、操作简便快速，并能同时测定多种元素，因而得到了迅速发展和广泛应用。

10.2.2 钙的分析

食品中钙含量的测定方法包括火焰原子吸收光谱法、滴定法、电感耦合等离子体发射光谱法以及电感耦合等离子体质谱法。以下重点介绍EDTA滴定法。

10.2.2.1 原理

在适宜的pH范围内，钙与EDTA（乙二胺四乙酸二钠）会形成金属络合物。通过EDTA进行滴定时，当达到终点，溶液中的游离指示剂会显现出特定的颜色。根据所消耗的EDTA量，可以计算出钙的含量。

10.2.2.2 仪器和试剂

仪器：分析天平、可调式电热炉、可调式电热板、马弗炉等。

试剂：氢氧化钾、硫化钠、柠檬酸钠、乙二胺四乙酸二钠、盐酸、钙红指示剂、硝酸、高氯酸等。

10.2.2.3 分析步骤

① 样品制备步骤　对于粮食和豆类样品，首先去除杂质，然后进行粉碎，最后将其储存于塑料瓶中。对于蔬菜、水果、鱼类和肉类等样品，需用水清洗干净，晾干后取出可食部分，制成均匀的浆状物，并储存于塑料瓶中。对于饮料、酒、醋、酱油、食用植物油和液态乳等液体样品，需先摇匀，然后进行取样。

② 湿法消解　准确称取固体样品0.2～3g或准确移取液体样品0.500～5.00mL，放入带刻度的消化管中。然后加入10mL的硝酸和0.5mL的高氯酸，在可调式电热炉上进行消解（参考条件：120℃消解0.5～1h，升温至180℃消解2～4h，最后升温至200～220℃）。如果消化液呈棕褐色，需再加入硝酸，继续消解至出现白烟，消化液应呈无色透明或略带黄色。取出消化管后，冷却并用水定容至25mL，随后根据实际测定需要进行稀释，并在稀释液中加入一定体积的镧溶液（20g/L），使其在最终稀释液中的浓度达到1g/L，混匀后备用，此液为待测样品。同时进行试剂空白试验。也可以使用锥形瓶，在可调式电热板上按照上述方法进行湿法消解。

③ 干法灰化　准确称取固体样品0.5～5g，或准确移取液体样品0.500～10.0mL，放入坩埚中。用小火加热，炭化至无烟后，将其转移至马弗炉中，在550℃下灰化3～4h。待样品冷却后取出。对于灰化不完全的样品，加入几滴硝酸，轻微加热并小心蒸干，然后再放入550℃的马弗炉中继续灰化1～2h，直到样品呈现白灰状。冷却后取出，用适量的1∶1硝酸溶液溶解，并转移至容量瓶中，用水定容至25mL。根据实际测定的需要进行稀释，并在稀释液中加入一定体积的镧溶液，使其在最终稀释液中的浓度达到1g/L，混匀后备用，这就是待测样品液。同时进行试剂空白试验。

④ 滴定度（T）的测定　取0.500mL的钙标准储备液（浓度为100.0mg/L）放入试管中，加入1滴硫化钠溶液（浓度为10g/L）和0.1mL的柠檬酸钠溶液（浓度为0.05mol/L），然后加入1.5mL的氢氧化钾溶液（浓度为1.25mol/L），接着加入3滴钙红指示剂。随后，立即用稀释10倍的EDTA溶液进行滴定，直到指示剂的颜色由紫红色变为蓝色为止，并记录所消耗的稀释10倍的EDTA溶液的体积。根据滴定结果，计算每毫升稀释10倍的EDTA溶液所对应的钙的质量（mg），即滴定度（T）。

⑤ 样品及空白滴定　分别取0.100～1.00mL的样品消化液和空白液（根据钙的含量调整）放入试管中，加入1滴浓度为10g/L的硫化钠溶液和0.1mL浓度为0.05mol/L的柠檬酸钠溶液，再加入1.5mL浓度为1.25mol/L的氢氧化钾溶液，最后加入3滴钙红指示剂。随后，立即用稀释10倍的EDTA溶液进行滴定，直到指示剂的颜色由紫红色变为蓝色为止，并记录消耗的稀释10倍的EDTA溶液的体积。

10.2.2.4 结果计算

样品中钙的含量，按式（10-8）进行计算。

$$X=\frac{T\times(V_1-V_0)\times V_2\times 1000}{m\times V_3} \tag{10-8}$$

式中 X——样品中钙的含量，mg/kg 或 mg/L；
T——EDTA 的滴定浓度，mg/mL；
V_1——滴定样品溶液时所用的稀释 10 倍的 EDTA 溶液的体积，mL；
V_0——滴定空白溶液时所用的稀释 10 倍的 EDTA 溶液的体积，mL；
V_2——样品消化液的定容体积，mL；
1000——换算系数；
m——样品的质量或取样体积，g 或 mL；
V_3——待测样品溶液的体积，mL。

10.2.2.5 说明与注意事项

① 用于滴定的样品量应根据钙的含量来确定，最佳范围为 5～50μg。在加入钙红指示剂后，需避免长时间放置，否则终点可能会变灰，导致不明显。氰化钾能够消除锌、铜、铁、铝、镍、铅等金属离子的干扰，而柠檬酸钠则可以防止钙与磷结合形成磷酸钙沉淀。

② 在滴定过程中，pH 值应保持在 12～14 之间，若过高或过低，指示剂会变红，导致无法准确判断滴定终点。

10.2.3 铁的分析

食品中铁含量测定常用火焰原子吸收光谱法、电感耦合等离子体发射光谱法和电感耦合等离子体质谱法。以下重点介绍火焰原子吸收光谱法。

10.2.3.1 原理

样品经过消解后，采用火焰原子吸收光谱技术，在 248.3nm 波长处测定其吸光度。在特定浓度范围内，铁的吸光度与其浓度成正比关系，并通过与标准系列进行比较以实现定量分析。

10.2.3.2 仪器和试剂

仪器：原子吸收光谱仪（配备火焰原子化器）、微波消解仪、压力消解罐、恒温干燥箱、马弗炉等。

试剂：硝酸、高氯酸、硫酸、硫酸铁铵标准品等。

10.2.3.3 分析步骤

① 样品制备　对于粮食和豆类样品，首先去除杂质，然后进行粉碎，最后将其储存于塑料瓶中。对于蔬菜、水果、鱼类和肉类等样品，需用水清洗干净，晾干后取出可食部分，制成均匀的浆状物，并储存于塑料瓶中。对于饮料、酒、醋、酱油、食用植物油和液态乳等液体样品，需先摇匀，然后进行取样。

② 样品消解　准确称量固体样品，其质量应在 0.5～3g 之间，或者准确移取 1.00～5.00mL 的液体样品，将其置于带有刻度的消化管中。随后，向消化管中加入 10mL 的硝酸和 0.5mL 的高氯酸。接下来，在可调式电热炉上进行消解操作，消解条件可参考以下步骤：首先，在 120℃下保持 0.5～1h；然后，升温至 180℃并保持 2～4h；最后，升温至 200～

220℃。如果在消解过程中，消化液呈现棕褐色，则需要继续加入硝酸进行消解，直至出现白烟，且消化液变为无色透明或略带黄色。此时，取出消化管，待其冷却后，将消化液转移至 25mL 的容量瓶中。用少量水洗涤消化管 2～3 次，将洗涤液也合并至容量瓶中，并用水定容至刻度线。充分混匀后，备用。同时，还需进行样品空白试验。此外，也可以选择使用玻璃制锥形瓶，在可调式电热板上按照上述操作方法进行湿法消解。

③ 设置仪器测试条件　具体为：波长 248.3nm、狭缝灯 0.2nm、电流 5～15mA、燃烧头高度 3mm、空气流量 9L/min 和乙炔流量 2L/min。将标准系列工作液按照质量浓度从低到高的顺序依次导入火焰原子化器，测定其吸光度。以铁标准系列溶液中铁的质量浓度为横坐标，吸光度值为纵坐标，绘制标准曲线。

④ 样品测定　在与测定标准溶液相同的实验条件下，将空白溶液和样品溶液分别注入原子化器，测量其吸光度值，并与标准系列进行比较以进行定量分析。

10.2.3.4　结果计算

样品中铁的含量按式（10-9）进行计算。

$$X=\frac{(\rho-\rho_0)\times V}{m} \tag{10-9}$$

式中　X——样品中铁的含量，mg/kg 或 mg/L；

ρ——测定样液中铁的质量浓度，mg/L；

ρ_0——空白液中铁的质量浓度，mg/L；

V——样品消化液的定容体积，mL；

m——样品的称样量或移取体积，g 或 mL。

当铁含量≥10.0mg/kg 或 10.0mg/L 时，计算结果保留三位有效数字；当铁含量＜10.0mg/kg 或 10.0mg/L 时，计算结果保留两位有效数字。

10.2.4　锌的分析

食品中锌含量测定常用火焰原子吸收光谱法、电感耦合等离子体发射光谱法、电感耦合等离子体质谱法和二硫腙比色法。以下主要介绍二硫腙比色法。

10.2.4.1　原理

样品经过消化处理后，在 pH 值为 4.0～5.5 的条件下，锌离子与二硫腙反应生成紫红色络合物，该络合物可溶于四氯化碳。为防止铜、汞、铅、铋、银和镉等离子的干扰，加入了硫代硫酸钠。最终，在 530nm 波长处测定吸光度，并与标准系列进行比较以进行定量分析。

10.2.4.2　仪器与试剂

仪器：分光光度计、分析天平、可调电热炉、可调电热板、马弗炉等。

试剂：硝酸、高氯酸、乙酸钠、冰乙酸、氨水、盐酸、二硫腙、四氯化碳、盐酸羟胺、硫代硫酸钠、酚红、乙醇、氧化锌标准品等。

10.2.4.3　分析步骤

① 样品制备、消解和灰化　参考 10.2.2 钙的分析步骤。

② 绘制标准曲线　根据各自仪器的性能调整至最佳状态，测定波长设定为530nm。随后进行标准曲线的制作。准确吸取0mL、1.00mL、2.00mL、3.00mL、4.00mL和5.00mL的锌标准溶液（对应0μg、1.00μg、2.00μg、3.00μg、4.00μg和5.00μg的锌），分别放入125mL的分液漏斗中，并加入盐酸溶液（0.02mol/L）至20mL。然后，在每个分液漏斗中加入10mL的乙酸-乙酸盐缓冲液和1mL的硫代硫酸钠溶液（250g/L），摇匀后再加入10mL的二硫腙溶液，剧烈振摇2min。静置后分层，通过脱脂棉将四氯化碳层过滤入1cm的比色杯中，以四氯化碳调节零点，在530nm波长下测量吸光度。以质量为横坐标，吸光度值为纵坐标，绘制标准曲线。

③ 样品测定　准确量取5.0mL至10.0mL的样品消化液和相同体积的空白消化液，分别放入125mL的分液漏斗中。加入5mL水和0.5mL的盐酸羟胺溶液（200g/L），摇匀后再加入2滴1g/L的酚红指示液，用1∶1的氨水调节至红色，再多加2滴。接着，加入5mL的二硫腙-四氯化碳溶液（0.1g/L），剧烈振摇2min，静置分层。将上层的四氯化碳层转移至另一个分液漏斗中，水层再用少量的二硫腙-四氯化碳溶液（0.1g/L）进行提取，每次2mL至3mL，直到二硫腙-四氯化碳溶液的绿色不再变化为止。合并提取液后，用5mL水进行洗涤，四氯化碳层用0.02mol/L的盐酸溶液提取两次，每次10mL，提取时剧烈振摇2min，最后合并盐酸提取液，并用少量四氯化碳洗去残留的二硫腙。

将上述提取液和空白提取液转移至125mL的分液漏斗中，各加入10mL的乙酸-乙酸盐缓冲液和1mL的硫代硫酸钠溶液（250g/L），摇匀后再各加入10mL的二硫腙使用液，剧烈振摇2min。静置分层后，通过脱脂棉将四氯化碳层过滤入1cm的比色杯中，以四氯化碳调节零点，在530nm波长下测定吸光度，并与标准曲线进行比较以定量分析。

10.2.4.4 结果计算

样品中锌的含量按式（10-10）进行计算。

$$X=\frac{(m_1-m_0)\times V_1}{m_2\times V_2} \tag{10-10}$$

式中　X——样品中锌的含量，mg/kg或mg/L；

m_1——测定用样品溶液中锌的质量，μg；

m_0——空白溶液中锌的质量，μg；

m_2——样品的称量或取样体积，g或mL；

V_1——样品消化液的定容体积，mL；

V_2——用于测定的样品消化液体积，mL。

10.2.4.5 说明与注意事项

二硫腙使用液的制备：取1.0mL的二硫腙-四氯化碳溶液（浓度为0.1g/L），然后加入四氯化碳使总体积达到10.0mL，充分混合。使用1cm的比色杯，以四氯化碳为零点调节，在530nm波长下测量吸光度（A）。根据式（10-11），计算出配制100mL二硫腙使用液（透光率为57%）所需的二硫腙-四氯化碳溶液（0.1g/L）的体积（V）。然后，量取计算得出的相应体积二硫腙-四氯化碳溶液（0.1g/L），并用四氯化碳稀释至100mL。

$$X=\frac{10\times(2-\lg57)}{A}=\frac{2.44}{A} \tag{10-11}$$

10.2.5 锰的分析

锰是一种重要的微量元素，对于人体的健康和正常生理功能具有一定的重要性。因此，对食品中锰含量进行准确测定有助于确保食品的质量和安全。以下是几种常用的食品中锰含量的分析方法，涵盖原子吸收光谱法、电感耦合等离子体原子发射光谱法、化学测定方法、草酸亚铁氧化法。以下主要介绍原子吸收光谱法。

10.2.5.1 原理

原子吸收光谱法通过测量样品中锰原子的特定波长来确定锰的浓度。其基本原理是，当特定波长的光源通过含有锰元素的样品时，锰原子会吸收与其共振波长的光，导致光强度减弱。通过测量光强度的减弱程度，可精确计算出样品中锰元素的含量。

10.2.5.2 仪器与试剂

仪器：原子吸收光谱仪（配火焰原子化器）、分析天平、空气压缩机、匀浆机、高速粉碎机、马弗炉、可调式控温电热板、可调式控温电热炉、恒温干燥箱等。

试剂：硝酸、高氯酸、钢瓶乙炔气、金属锰或锰标准溶液等。

10.2.5.3 分析步骤

① 样品预处理和消解　参考10.2.2钙的分析相关步骤。

② 绘制标准曲线及样品测定　将仪器优化至最佳状态，主要参考条件包括：吸收波长279.5nm、狭缝宽度0.2nm、灯电流9mA以及燃气流量1.0L/min。将标准系列工作液逐一注入原子吸收光谱仪，测定其吸光度值，并以标准工作液的浓度为横坐标，吸光度值为纵坐标，绘制标准曲线。在与标准曲线相同的实验条件下，将空白和样品溶液注入原子吸收光谱仪，测定锰的吸光度值，并根据标准曲线计算待测液中锰的浓度。

10.2.5.4 结果计算

样品中锰含量按式(10-12)进行计算。

$$X=\frac{(\rho-\rho_0)\times V\times f}{m} \tag{10-12}$$

式中　X——样品中锰的含量，mg/kg或mg/L；

ρ——测定样液中锰的质量浓度，mg/L；

ρ_0——空白液中锰的质量浓度，mg/L；

V——样品消化液的定容体积，mL；

f——样液稀释倍数；

m——样品的称样量或移取体积，g或mL。

10.2.6 镁的分析

食品中镁的测定方法主要包括原子吸收光谱法（AAS）、电感耦合等离子体质谱法（ICP-MS）、分光光度法、滴定法等。其中，原子吸收光谱法和电感耦合等离子体质谱法因其高灵敏度、高选择性而被广泛应用。以下主要介绍原子吸收光谱法。

10.2.6.1 原理

样品经过消解处理后，通过火焰原子化技术在285.2nm波长处测定其吸光度。在特定浓度范围内，镁的吸光度与其含量成正比关系，并通过与标准系列进行比较以实现定量分析。

10.2.6.2 仪器与试剂

仪器：原子吸收光谱仪（配火焰原子化器）、分析天平、匀浆机、高速粉碎机、马弗炉、可调式控温电热炉、恒温干燥箱等。

试剂：硝酸、高氯酸、盐酸、金属镁或氧化镁或镁标准溶液等。

10.2.6.3 分析步骤

① 样品预处理、消解及灰化　参考10.2.2钙的分析相关步骤。

② 绘制标准曲线及样品测定　根据各自仪器的性能调整至最佳状态。参考条件为：空气-乙炔火焰，波长为285.2nm，狭缝宽度为0.2nm，灯电流范围为5～15mA。将镁标准系列溶液按质量浓度从低到高的顺序依次导入火焰原子化器，测定其吸光度值，并以质量浓度为横坐标，吸光度值为纵坐标绘制标准曲线。在与测定标准溶液相同的实验条件下，将空白溶液和样品溶液分别导入原子化器，测定其吸光度值，并与标准系列进行比较以实现定量分析。

10.2.6.4 结果计算

样品中镁含量按式（10-13）进行计算。

$$X=\frac{(\rho-\rho_0)\times V}{m} \tag{10-13}$$

式中　X——样品中镁的含量，mg/kg或mg/L；

ρ——测定样液中镁的质量浓度，mg/L；

ρ_0——空白液中镁的质量浓度，mg/L；

V——样品消化液的定容体积，mL。

m——样品的称样量或移取体积，g/mL。

当镁含量达到或超过10.0mg/kg（或mg/L）时，计算结果应保留三位有效数字；而当镁含量低于10.0mg/kg（或mg/L）时，计算结果则应保留两位有效数字。

10.2.7 铜的分析

铜是人体必需的微量元素之一，参与多种酶的活性及生理过程，如铁代谢、骨骼健康和神经传导等。然而，摄入过量的铜也可能对人体健康产生负面影响。因此，准确测定食品中铜的含量对于食品安全和营养评估至关重要。下面介绍食品中铜的几种常用分析方法，包括原子吸收法、电感耦合等离子体原子发射光谱法、吡啶偶氮间苯二酚法和二乙基二硫代氨基甲酸钠法等。以下主要介绍原子吸收法。

10.2.7.1 原理

样品经过消解处理后，采用石墨炉原子化技术，在324.8nm波长下测定其吸光度。在特定浓度范围内，铜的吸光度与其含量成正比关系，并通过与标准系列进行比较以实现定量分析。

10.2.7.2　仪器与试剂

仪器：原子吸收光谱仪、分析天平、匀浆机、高速粉碎机、马弗炉、可调式控温电热炉、恒温干燥箱等。

试剂：硝酸、高氯酸、磷酸二氢铵、硝酸钯、五水硫酸铜标准品等。

10.2.7.3　分析步骤

① 样品预处理、消解及灰化　参考 10.2.2 钙的分析步骤。

② 绘制标准曲线及样品测定　根据各自仪器的性能调整至最佳状态。按照质量浓度从低到高的顺序，分别将 10μL 的铜标准系列溶液和 5μL 的磷酸二氢铵-硝酸钯溶液（最佳进样量可根据所用仪器确定）同时注入石墨炉，经过原子化后测定其吸光度值。以质量浓度为横坐标，吸光度值为纵坐标，绘制标准曲线。在与测定标准溶液相同的实验条件下，将 10μL 的空白溶液或样品溶液与 5μL 的磷酸二氢铵-硝酸钯溶液（最佳进样量可根据所用仪器确定）同时注入石墨炉，经过原子化后测定其吸光度值，并与标准系列进行比较以进行定量分析。

10.2.7.4　结果计算

样品中铜含量按式（10-14）进行计算。

$$X=\frac{(\rho-\rho_0)\times V}{m\times 1000} \tag{10-14}$$

式中　X——样品中铜的含量，mg/kg 或 mg/L；

ρ——测定样液中铜的质量浓度，mg/L；

ρ_0——空白液中铜的质量浓度，mg/L；

V——样品消化液的定容体积，mL；

m——样品的称样量或移取体积，g 或 mL。

1000——换算系数。

当铜含量达到或超过 10.0mg/kg（或 mg/L）时，计算结果应保留三位有效数字；而当铜含量低于 10.0mg/kg（或 mg/L）时，计算结果则应保留两位有效数字。

10.2.8　碘的分析

碘是人体必需的微量元素之一，对于维持正常的甲状腺功能至关重要。食品中碘的含量直接影响人们的碘营养水平。食品中碘含量的分析方法包括化学滴定法、光谱分析法、电化学分析技术、离子色谱法、放射性测定法、氧化还原滴定法等。以下主要介绍氧化还原滴定法。

10.2.8.1　原理

样品经过炭化和灰化处理后，在酸性环境中使用液溴将碘离子氧化为碘酸根离子。碘酸根在酸性溶液中能够氧化碘化钾，导致碘的析出。以淀粉溶液作为指示剂，利用硫代硫酸钠溶液进行滴定，从而计算样品中碘的含量。

$$I^-+3Br_2+3H_2O\longrightarrow IO_3^-+6H^++6Br^-$$

$$IO_3^-+5I^-+6H^+\longrightarrow 3I_2+3H_2O$$

$$I_2+2S_2O_3^{2-}\longrightarrow 2I^-+S_4O_6^{2-}$$

10.2.8.2 仪器与试剂

仪器：组织捣碎机、恒温干燥箱、马弗炉、瓷坩埚、可调电炉、微量酸式滴定管等。

试剂：无水碳酸钠、液溴、硫酸、甲酸钠、硫代硫酸钠、碘化钾、甲基橙、可溶性淀粉等。

10.2.8.3 分析步骤

① 取样方法　与样品的形态密切相关。干燥样品，如豆类、谷物、菌类、茶叶、干果和烘焙食品等，需取其可食部分，使用高速粉碎机进行粉碎，并搅拌至均匀。固体乳制品、蛋白粉和面粉等均匀的粉状样品，则需摇匀。新鲜样品，如蔬菜、水果和水产品，必要时应先清洗并沥干，然后取可食部分进行均质处理；肉类和蛋类样品同样需取可食部分进行均质处理。速冻和罐头食品，解冻后应取可食部分进行均质处理。液态食品，如软饮料和调味品，则需摇匀后取样。

② 样品测定　称取 2g 至 5g 的样品，放入 50mL 的瓷坩埚中，加入 5～10mL 的碳酸钠溶液，确保样品充分浸润，静置 5min。然后将其放入 101～105℃的恒温干燥箱中烘干，取出后将烘干的样品在 550℃±25℃的马弗炉中加热炭化至无烟，灼烧 40min，冷却至室温后取出。接着，加入少量水进行研磨，将溶液和残渣全部转移至 250mL 的烧杯中，并用水多次冲洗坩埚，合并至烧杯中，最终溶液总量为 150～200mL。将其煮沸 5min 后，趁热用滤纸过滤至 250mL 的碘量瓶中备用。在碘量瓶中加入 2～3 滴甲基橙溶液，用 1mol/L 的硫酸溶液调至红色，然后加入 5mL 的饱和溴水，加热煮沸至黄色消失。稍微冷却后，加入 5mL 的甲酸钠溶液，再加热煮沸 2min，随后用水浴冷却至 30℃以下。接着加入 5mL 的 3mol/L 硫酸溶液和 5mL 的碘化钾溶液，盖上瓶盖避光放置 10min。最后，用硫代硫酸钠标准溶液滴定至溶液呈浅黄色，加入 1mL 的淀粉溶液，继续滴定至蓝色恰好消失。同时进行空白试验，分别记录消耗的硫代硫酸钠标准溶液的体积。

10.2.8.4 结果计算

样品中碘的含量按式（10-15）进行计算。

$$X=\frac{(V-V_0)\times C\times 21.15\times f}{m}\times 1000 \tag{10-15}$$

式中　X——样品中碘的含量，mg/kg；

V——滴定过程中消耗的硫代硫酸钠标准溶液的体积，mL；

V_0——硫代硫酸钠标准溶液的浓度，mol/L；

C——滴定试剂空白所消耗的硫代硫酸钠标准溶液的体积，mL；

21.15——与 1.00mL 浓度为 0.100mol/L 的硫代硫酸钠标准滴定溶液相当的碘的质量，g/mol；

f——样品的稀释倍数；

m——样品的质量，g；

1000——单位换算系数。

10.2.9 硒的分析

食品中硒含量的测定可以采用氢化物原子荧光光谱法、荧光分光光度法以及电感耦合等离子体质谱法。以下主要介绍氢化物原子荧光光谱法。

10.2.9.1　原理

样品经过酸加热消化后，在 6mol/L 盐酸环境中，将样品中的六价硒还原为四价硒。使用硼氢化钠或硼氢化钾作为还原剂，将四价硒进一步还原为硒化氢。随后，硒化氢通过载气（氩气）输送至原子化器进行原子化。在硒空心阴极灯的照射下，基态的硒原子被激发至激发态，随后再回到基态时发射出特征波长的荧光。荧光的强度与硒的含量成正比，通过与标准系列进行比较以实现定量分析。

10.2.9.2　仪器与试剂

仪器：原子荧光光谱仪、天平、电热板、微波消解系统等。

试剂：硝酸、高氯酸、盐酸、氢氧化钠、过氧化氢、硼氢化钠、铁氰化钾、硒标准溶液等。

10.2.9.3　分析步骤

① 样品预处理、消解　参考 10.2.2 钙的分析步骤。

② 绘制标准曲线及样品测定　根据各自仪器的性能进行最佳状态调整。参考条件设定为：负高压 340V；灯电流 100mA；原子化温度 800℃；炉高 8mm；载气流速 500mL/min；屏蔽气流速 1000mL/min；测量方式采用标准曲线法；读数方式为峰面积；延迟时间 1s；读数时间 15s；加液时间 8s；进样体积 2mL。使用盐酸溶液（5＋95）作为载流液，硼氢化钠碱溶液（8g/L）作为还原剂，连续用标准系列的零管进行进样，待读数稳定后，按照质量浓度从低到高的顺序将硒标准系列溶液依次导入仪器，测定其荧光强度，并以质量浓度为横坐标、荧光强度为纵坐标绘制标准曲线。在与测定标准系列溶液相同的实验条件下，分别将空白溶液和样品溶液导入仪器，测量其荧光强度，并与标准系列进行比较以实现定量分析。

10.2.9.4　结果计算

样品中硒含量按式（10-16）进行计算。

$$X=\frac{(\rho-\rho_0)\times V}{m\times 1000} \tag{10-16}$$

式中　X——样品中硒的含量，mg/kg 或 mg/L；

ρ——测定样液中硒的质量浓度，mg/L；

ρ_0——空白液中硒的质量浓度，mg/L；

V——样品消化液的定容体积，mL；

m——样品的称样量或移取体积，g 或 mL。

1000——换算系数。

当硒含量达到或超过 10.0mg/kg（或 mg/L）时，计算结果应保留三位有效数字；而当硒含量低于 10.0mg/kg（或 mg/L）时，计算结果则应保留两位有效数字。

10.2.10　磷的分析

食品中磷含量的测定方法有多种，常用的包括钼蓝分光光度法、离子色谱法、电感耦合等离子体质谱法（ICP-MS）等。分光光度法是通过测量样品中磷与特定试剂反应后生成的有色化合物的吸光度来测定磷的含量；离子色谱法则是利用离子交换原理，将样品中的磷离子分离并测定其浓度；ICP-MS则是通过高灵敏度的质谱检测器测定样品中磷的离子浓度。以下主要介绍钼蓝分光光度法。

10.2.10.1 原理

钼蓝分光光度法是一种常用的测定食品中磷含量的方法，其原理基于磷与钼酸铵等试剂反应生成的蓝色化合物在特定波长下的吸光度与磷的浓度成正比的关系。在酸性条件下，食品样品中的磷与钼酸铵、酒石酸锑钾等试剂反应生成钼蓝络合物，该络合物在分光光度计的特定波长（如700nm）下具有最大吸光度。通过测量样品溶液的吸光度，并与标准溶液的吸光度进行比较，可以计算出样品中磷的含量。

10.2.10.2 仪器与试剂

仪器：分光光度计、电子天平等。

试剂：磷标准溶液、钼酸铵、酒石酸锑钾、硫酸、抗坏血酸等。

10.2.10.3 分析步骤

① 样品预处理、消解参考及灰化　参考10.2.2钙的分析相关步骤。

② 绘制标准曲线及样品测定　准确移取一系列不同浓度的磷标准溶液于容量瓶中，加入与样品处理相同的试剂，在相同条件下进行显色反应。在分光光度计上测量各标准溶液的吸光度，并绘制吸光度与磷浓度之间的标准曲线。准确移取处理后的样品溶液于容量瓶中，加入与标准曲线绘制相同的试剂，在相同条件下进行显色反应。在分光光度计上测量样品溶液的吸光度，并根据标准曲线计算出样品中磷的含量。

10.2.10.4 结果计算

样品中磷含量按式（10-17）进行计算。

$$X=\frac{(m_1-m_0)\times V_1}{m\times V_2}\times\frac{100}{1000} \tag{10-17}$$

式中　X——样品中的磷含量，mg/100g或mg/100mL；

m_1——测定用样品溶液中磷的质量，μg；

m_0——测定用空白溶液中磷的质量，μg；

V_1——样品消化液的定容体积，mL；

m——样品的称量或移取体积，g或mL；

V_2——测定用样品消化液的体积，mL；

100、1000——换算系数。

课后练习

1. 名词解释

灰分；灰化

2. 判断题

（1）总灰分包含水溶性灰分和水不溶性灰分。（　）

（2）选择某种食品的灰分分析方法时，无须进行样品预处理。（　　）

（3）可以采用加入硝酸和硫酸来加速灰化。（　　）

（4）灰化温度可以过高，且不会影响灰化结果。（　　）

（5）原子吸收光谱法是用来测定食品中矿物质的一种方法。（　　）

3. 单项选择题

（1）以下哪个选项不是灰分的一种？（　　）

A. 水溶性灰分　　B. 水不溶性灰分　　C. 酸不溶性灰分　　D. 矿物盐

（2）以下哪个选项不是加速灰化的方法？（　　）

A. 添加硝酸等强氧化物质　　B. 添加硫酸

C. 加入醋酸镁　　D. 将灰化温度提升至马弗炉极限

4. 问答题

（1）何为灰分？共分哪几种？各如何测定？

（2）食品中的矿物质元素是指什么？如何进行分类？试比较几种水分测定方法的原理、优缺点和适用范围。

（3）分解有机物常用的方法有哪些？各有什么优缺点？

（4）二硫腙比色法测定锌含量的原理是什么？

（5）原子荧光光谱法测定硒的基本原理是什么？

知识拓展

食品安全关系到人民群众的身体健康和生命安全，是国家高度重视的领域。党的十九大报告明确提出实施食品安全战略，将食品安全工作纳入“五位一体”总体布局和“四个全面”战略布局中统筹谋划部署。此后，党的二十大报告进一步要求“强化食品安全监管”，延续了食品安全战略的核心精神。随着《中华人民共和国食品安全法》及相关法律法规的出台，食品检测行业获得了坚实的政策支持和法律保障，这对提升食品安全水平、促进食品产业健康发展具有重要意义。《中华人民共和国食品安全法》第十一条明确规定，国家鼓励和支持开展与食品安全有关的基础研究、应用研究。该法还规定了食品安全监督管理部门的职责，其有权对生产经营的食品、食品添加剂、食品相关产品进行抽样检验，并可采用快速检测方法进行抽查检测。这些法律条款为食品安全检测提供了有力的法律支撑，确保检测工作的规范性和高效性。

检测作为一种重要的质量控制工具，在食品行业中具有不可替代的作用。同时，食品检测需要创新技术应用、拓展检测范围与服务模式，并应接受行业监管，进一步加强人才培养与队伍建设。食品检测行业正在迈向更加广阔的发展前景。

第11章

酸度分析

【学习重点与难点】

学习重点：食品酸度的概念，总酸度、pH值、挥发性酸的测定方法、原理及注意事项。
学习难点：有机酸分析的方法。

11.1 概述

11.1.1 酸度的定义

酸度是衡量食品品质的关键指标，对食品的营养成分、组织结构、感官性状等有一定的影响。因此，酸度的测定是食品分析中比较重要的知识点。总酸度是指食品中所有酸性物质的总量，它包括已解离成氢离子的酸的浓度（游离态）和未解离的酸的浓度（结合态或酸式盐），其酸度大小通常采用酸碱滴定法进行测定，并以食品中主要代表酸的含量表示。有效酸度是指被测溶液中氢离子的浓度，其对应的是已解离出的那部分酸的浓度，常称为酸度，用pH表示，其值可通过酸度计测得。挥发酸度是指食品中易挥发的有机酸，如甲酸、乙酸、丁酸等低碳链的直链脂肪酸，其测定可通过蒸馏法分离后，再利用标准碱溶液进行滴定，最终以代表酸的质量分数表示。牛乳酸度包括外表酸度和真实酸度。外表酸度，又称为固有酸度（潜在酸度），是指新鲜牛乳固有的酸度，主要由酪蛋白、乳白蛋白、磷酸盐和柠檬酸盐等酸性成分所贡献，在鲜牛乳中，外表酸度占0.15%～0.18%（以乳酸计）。真实酸度，亦称为发酵酸度，是指牛乳储存过程中，由于乳酸菌作用，乳糖发酵产生乳酸引起的酸度，若牛乳中的含酸量超过0.15%～0.20%，则表明产生了乳酸，通常将含酸量大于0.20%的牛乳定义为不新鲜牛乳。外表酸度与真实酸度之和即为牛乳的总酸度，其数值可以通过标准碱溶液滴定测得，与总酸度相似。

11.1.2 酸度的分析意义

酸度影响食品的色、香、味及稳定性。以花青素为例，在不同酸度条件下，其颜色会发生变化；此外，食品中的酸性物质会加速食品加工设备和容器的腐蚀过程，从而间接影响食品的风味和色泽。在水果及其制品中，糖类和酸类的种类、含量及其比例，对食品的口感和气味有重要影响。挥发酸的种类是评判某些制品质量的关键指标。例如，在发酵制品中，甲酸的大量产生，表明存在细菌性腐败现象；在水果发酵制品中，若醋酸含量大于0.1%，说明该食品已经发生腐败；而牛乳及乳制品中，乳酸含量过高，亦指示乳酸菌过度发酵导致的腐败。新鲜油脂通常不含游离脂肪酸，且其 pH 值接近中性。一般随着成熟度的提高，有机酸含量会下降，糖含量增加，糖酸比会增大。如用柑橘类水果的糖酸比可以判断柑橘的成熟度，这对于确定果蔬收获时间及其合适的加工工艺条件具有重要意义。

11.1.3 食品中酸的种类与分布

食品中酸性物质可分为有机酸和无机酸两类，其中有机酸含量较高，而无机酸含量较低。食品中有机酸部分呈游离状态，部分呈酸式盐状态，无机酸呈中性盐化合物状态。常见的有机酸有乙酸、苹果酸、酒石酸、柠檬酸、草酸、琥珀酸、乳酸等。果蔬中所含有机酸种类较多，不同果蔬中所含有机酸种类各不同，表 11-1、表 11-2 分别列出了部分食品的有机酸种类和含量。

表 11-1 果蔬中主要有机酸种类

名称	含有的有机酸	名称	含有的有机酸
苹果	苹果酸、少量柠檬酸	梅	柠檬酸、苹果酸、乙二酸
桃	苹果酸、柠檬酸、奎宁酸	温州蜜橘	柠檬酸、苹果酸
西洋梨	柠檬酸、苹果酸	夏橙	柠檬酸、苹果酸、琥珀酸
梨	苹果酸、果心部分含有柠檬酸	柠檬	柠檬酸、苹果酸
葡萄	酒石酸、苹果酸	菠萝	柠檬酸、苹果酸、酒石酸
樱桃	苹果酸	甜瓜	柠檬酸
杏	苹果酸、柠檬酸	番茄	柠檬酸、苹果酸
菠菜	乙二酸、苹果酸、柠檬酸	莙荙菜(甜菜叶)	乙二酸、柠檬酸、苹果酸
甘蓝	柠檬酸、苹果酸、琥珀酸、乙二酸	莴苣	苹果酸、柠檬酸、乙二酸
笋	乙二酸、酒石酸、乳酸、柠檬酸	甘薯	乙二酸
芦笋	柠檬酸、苹果酸、酒石酸	蓼	甲酸、乙酸、戊酸

表 11-2 果蔬中柠檬酸和苹果酸含量 单位：%

果蔬名称	柠檬酸	苹果酸	果蔬名称	柠檬酸	苹果酸
草莓	0.91	0.1	豌豆荚	0.03	0.13
苹果	0.03	1.02	甘蓝	0.14	0.1
葡萄	0.43*	0.65	胡萝卜	0.09	0.24
橙	0.98	+	洋葱	0.02	0.17
柠檬	3.84	+	马铃薯	0.51	—
香蕉	0.32	0.37	甘薯	0.07	—
菠萝	0.84	0.12	南瓜	—	0.15
桃	0.37	0.37	菠菜	0.08	0.09
梨	0.24	0.12	花椰菜	0.21	0.39
杏(干)	0.35	0.81	番茄	0.47	0.05
西洋梨	0.03	0.92	黄瓜	0.01	0.24
欧洲甜樱桃	0.1	0.5	芦笋	0.11	0.1

注：0.43*：酒石酸的含量；+：痕量；—：缺乏。

11.2 酸度的测定

下面主要依据《食品安全国家标准 食品中总酸的测定》(GB 12456—2021)、《食品安全国家标准 食品酸度的测定》(GB 5009.239—2016)、《食品安全国家标准 食品 pH 值的测定》(GB 5009.237—2016)、《水果和蔬菜产品中挥发性酸度的测定方法》(GB/T 10467—1989)、《食品安全国家标准 水果、蔬菜及其制品中甲酸的测定》(GB 5009.232—2016)、《葡萄酒、果酒通用分析方法》(GB/T 15038—2006)、《食品安全国家标准 食品中有机酸的测定》(GB 5009.157—2016) 等标准总结了食品中酸度的测定方法。

11.2.1 总酸度的分析

11.2.1.1 原理

以酚酞作指示剂，用氢氧化钠标准滴定溶液滴定中和样品中的酸，根据所消耗的氢氧化钠标准溶液的体积，计算总酸含量。

11.2.1.2 仪器与试剂

仪器：分析天平、碱式滴定管、水浴锅、粉碎机、振荡器等。

试剂：氢氧化钠、七水硫酸钴、酚酞、95%乙醇、乙醚、三氯甲烷等。

11.2.1.3 分析步骤

11.2.1.3.1 乳粉

(1) 试样制备

将试样全部移入到约两倍于样品体积的洁净干燥容器中（带密封盖），立即盖紧容器，反复旋转振荡，使样品彻底混合。在此操作过程中，应尽量避免样品暴露在空气中。

(2) 测定

称取 4g 试样于 250mL 锥形瓶中。用量筒量取 96mL 约 20℃的水，使试样分散，搅拌，然后静置 20min，得到试样溶液。

向一只装有 96mL 约 20℃水的锥形瓶中加入 2.0mL 参比溶液，轻轻转动，使之混合，得到标准参比颜色。如果要测定多个相似的产品，则此参比溶液可用于整个测定过程，但时间不得超过 2h。

向装有试样溶液的锥形瓶中加入 2.0mL 酚酞指示剂，轻轻转动，使之混合。用 25mL 碱式滴定管向该锥形瓶中滴加氢氧化钠溶液，边滴加边转动锥形瓶，直到颜色与参比溶液的颜色相似，且 5s 内不消退，整个滴定过程应在 45s 内完成。滴定过程中，向锥形瓶中吹氮气，防止溶液吸收空气中的二氧化碳。读取所用氢氧化钠溶液的体积（V_1），精确至 0.05mL，代入式（11-1）计算。用等体积的水做空白试验，读取耗用氢氧化钠标准溶液的体积（V_0），V_0 不小于 0，否则应重新制备和使用符合要求的蒸馏水重新试验。

11.2.1.3.2 乳及其他乳制品

(1) 制备参比溶液

向装有等体积相应溶液的锥形瓶中加入 2.0mL 参比溶液，下同 11.2.1.3.1 中（2）参比溶液制备。

(2) 巴氏杀菌乳、灭菌乳、生乳、发酵乳

取上述试样，充分摇匀，称取 10g，置于 150mL 锥形瓶中，加 20mL 新煮沸冷却至室温的水，混匀，加入 2.0mL 酚酞指示剂，混匀后用氢氧化钠标准溶液滴定，边滴加边转动锥形瓶，直到颜色与参比溶液的颜色相似，且 5s 内不消退，整个滴定过程应在 45s 内完成。滴定过程中，向锥形瓶中吹氮气，防止溶液吸收空气中的二氧化碳。记录消耗的氢氧化钠标准滴定溶液体积（V_2），代入式（11-2）中进行计算。

(3) 奶油

取奶油样品，充分搅匀，称取 10g，置于 250mL 锥形瓶中，加 30mL 中性乙醇-乙醚混合液，摇匀，加入 2.0mL 酚酞指示剂，用氢氧化钠标准溶液滴定，边滴加边转动锥形瓶，

直到颜色与参比溶液的颜色相似，且 5s 内不消退，整个滴定过程应在 45s 内完成。滴定过程中，向锥形瓶中吹氮气，防止溶液吸收空气中的二氧化碳。记录消耗的氢氧化钠标准滴定溶液体积（V_2），代入式（11-2）中进行计算。

（4）炼乳

取炼乳样品，充分搅匀，称取 10g，置于 250mL 锥形瓶中，加 60mL 新煮沸冷却至室温的水溶解，混匀，加入 2.0mL 酚酞指示剂，混匀后用氢氧化钠标准溶液滴定，边滴加边转动锥形瓶，直到颜色与参比溶液的颜色相似，且 5s 内不消退，整个滴定过程应在 45s 内完成。滴定过程中，向锥形瓶中吹入氮气，防止溶液吸收空气中的二氧化碳。记录消耗的氢氧化钠标准滴定溶液体积（V_2），代入式（11-2）中进行计算。

（5）干酪素

取干酪素样品，研磨混匀，称取 5g 于锥形瓶中，加入 50mL 水，于 18～20℃温度下放置 4～5h，或在水浴锅中加热到 45℃并在此温度下保持 30min，再加 50mL 水，摇匀后，通过干燥的滤纸过滤。吸取滤液 50mL 于锥形瓶中，加入 2.0mL 酚酞指示剂，混匀后用氢氧化钠标准溶液滴定，边滴加边转动锥形瓶，直到颜色与参比溶液的颜色相似，且 5s 内不消退，整个滴定过程应在 45s 内完成。滴定过程中，向锥形瓶中吹入氮气，防止溶液吸收空气中的二氧化碳。记录消耗的氢氧化钠标准滴定溶液体积（V_3），代入式（11-3）进行计算。

（6）空白滴定

用等体积的水做空白试验，读取耗用氢氧化钠标准溶液的体积（V_0）［适用于（2）、（4）、（5）］。用 30mL 中性乙醇-乙醚混合液做空白试验，读取耗用氢氧化钠标准溶液的体积（V_0）［适用于（3）］。V_0 不小于 0，否则应重新制备和使用符合要求的蒸馏水或中性乙醇-乙醚混合液重新试验。

11.2.1.3.3 淀粉及其衍生物

取代表性样品，充分混匀，称取 10g 于 250mL 锥形瓶内，加入 100mL 水，振荡并摇匀，得到试样溶液。向一只装有 100mL 约 20℃水的锥形瓶中加入 2.0mL 参比溶液，下同 11.2.1.3.1 中（2）参比溶液制备。

向装有试样溶液的锥形瓶中加入 2～3 滴酚酞指示剂，混匀后用氢氧化钠标准溶液滴定，边滴加边转动锥形瓶，直到颜色与参比溶液的颜色相似，且 5s 内不消退，整个滴定过程应在 45s 内完成。滴定过程中，向锥形瓶中吹入氮气，防止溶液吸收空气中的二氧化碳。读取耗用氢氧化钠标准溶液的体积（V_4），代入式（11-4）中进行计算。同时用 100mL 水做空白试验，读取耗用氢氧化钠标准溶液的体积（V_0）。V_0 不小于 0，否则应重新制备和使用符合要求的蒸馏水重新试验。

11.2.1.3.4 粮食及制品

（1）试样制备

取代表性试样 80～100g，用粉碎机粉碎，粉碎细度要求 95%以上通过孔径 0.425mm（40 目）筛子，粉碎后的全部筛分样品充分混合，装入磨口瓶中，制备好的样品应立即测定。

（2）测定

称取制备好的试样 15g，置入 250mL 锥形瓶，加水 150mL（V_{51}）（先加少量水与试样混成稀糊状，再全部加入），加入三氯甲烷 5 滴，加塞后摇匀，在室温下放置提取 2h，每隔 15min 摇动 1 次（或置于振荡器上振荡 70min），浸提完毕后静置数分钟用中速定性滤纸过滤，用移液管吸取滤液 10mL（V_{52}），注入 100mL 锥形瓶中，加水 20mL 和酚酞指示剂 3

滴，混匀后用氢氧化钠标准溶液滴定，边滴加边转动锥形瓶，直到颜色与参比溶液的颜色相似，且5s内不消退，整个滴定过程应在45s内完成。滴定过程中，向锥形瓶中吹入氮气，防止溶液吸收空气中的二氧化碳。记下所消耗的氢氧化钠标准溶液体积（V_5），代入式（11-5）中进行计算。同时用30mL水做空白试验，读取耗用的氢氧化钠标准溶液体积（V_0）。

11.2.1.4 结果计算

① 乳粉试样中的酸度数值以°T表示，按式（11-1）进行计算。

$$\chi_1=\frac{c_1\times(V_1-V_0)\times 12}{m_1\times(1-w)\times 0.1} \tag{11-1}$$

式中 χ_1——试样的酸度，°T（以干物质为12%的100g复原乳所消耗的0.1mol/L氢氧化钠体积计，mL/100g）；

c_1——氢氧化钠标准溶液的浓度，mol/L；

V_1——滴定时所消耗氢氧化钠标准溶液的体积，mL；

V_0——空白试验所消耗氢氧化钠标准溶液的体积，mL；

12——12g乳粉相当于100mL复原乳（脱脂乳粉应为9，脱脂乳清粉应为7）；

m_1——称取样品的质量，g；

w——试样中水分的质量分数，g/100g；

$1-w$——试样中乳粉的质量分数，g/100g；

0.1——酸度理论定义氢氧化钠的物质的量浓度，mol/L。

注：若以乳酸含量表示样品的酸度，那么样品的乳酸含量（g/100g复原乳）$=T\times 0.009$。T为样品的滴定酸度（0.009为乳酸的换算系数，即1mL0.1mol/L的氢氧化钠标准溶液相当于0.009g乳酸）。

② 巴氏杀菌乳、灭菌乳、生乳、发酵乳、奶油和炼乳试样中的酸度数值以°T表示，按式（11-2）进行计算。

$$\chi_2=\frac{c_2\times(V_2-V_0)\times 100}{m_2\times 0.1} \tag{11-2}$$

式中 χ_2——试样的酸度，°T（以100g液态试样所消耗的0.1mol/L氢氧化钠体积计，mL/100g）；

c_2——氢氧化钠标准溶液的物质的量浓度，mol/L；

V_2——滴定时所消耗氢氧化钠标准溶液的体积，mL；

V_0——空白试验所消耗氢氧化钠标准溶液的体积，mL；

100——100g试样；

m_2——试样的质量，g；

0.1——酸度理论定义氢氧化钠的物质的量浓度，mol/L。

③ 干酪素试样中的酸度数值以°T表示，按式（11-3）进行计算。

$$\chi_3=\frac{c_3\times(V_3-V_0)\times 100\times 2}{m_3\times 0.1} \tag{11-3}$$

式中 χ_3——试样的酸度，°T（以100g试样所消耗的0.1mol/L氢氧化钠体积计，mL/100g）；

c_3——氢氧化钠标准溶液的物质的量浓度，mol/L；

V_3——滴定时所消耗氢氧化钠标准溶液的体积，mL；

V_0——空白试验所消耗氢氧化钠标准溶液的体积，mL；

100——100g 试样；

2——试样的稀释倍数；

m_3——试样的质量，g；

0.1——酸度理论定义氢氧化钠的物质的量浓度，mol/L。

④ 淀粉及其衍生物试样中的酸度数值以°T 表示，按式（11-4）进行计算。

$$\chi_4=\frac{c_4\times(V_4-V_0)\times 10}{m_4\times 0.1} \tag{11-4}$$

式中　χ_4——试样的酸度，°T（以 10g 试样所消耗的 0.1mol/L 氢氧化钠体积计，mL/10g）；

c_4——氢氧化钠标准溶液的物质的量浓度，mol/L；

V_4——滴定时所消耗氢氧化钠标准溶液的体积，mL；

V_0——空白试验所消耗氢氧化钠标准溶液的体积，mL；

10——10g 试样；

m_4——试样的质量，g；

0.1——酸度理论定义氢氧化钠的物质的量浓度，mol/L。

⑤ 粮食及制品试样中的酸度数值以°T 表示，按式（11-5）进行计算。

$$\chi_5=(V_5-V_0)\times\frac{V_{51}}{V_{52}}\times\frac{c_5}{0.1}\times\frac{10}{m_5} \tag{11-5}$$

式中　χ_5——试样的酸度，°T（以 10g 样品所消耗的 0.1mol/L 氢氧化钠体积计，mL/10g）；

V_5——试样滤液消耗的氢氧化钠标准溶液体积，mL；

V_0——空白试验消耗的氢氧化钠标准溶液体积，mL；

V_{51}——浸提试样的水体积，mL；

V_{52}——用于滴定的试样滤液体积，mL；

c_5——氢氧化钠标准溶液的浓度，mol/L；

0.1——酸度理论定义氢氧化钠的物质的量浓度，mol/L；

10——10g 试样；

m_5——试样的质量，g。

11.2.1.5　说明与注意事项

① 配制氢氧化钠标准溶液（0.1000mol/L）时，把二氧化碳（CO_2）限制在洗涤瓶或者干燥管内，避免滴管中 NaOH 因吸收 CO_2 而影响其浓度。可通过盛有 10%氢氧化钠溶液洗涤瓶连接的滴定管或者通过连接装有新鲜氢氧化钠或氧化钙的滴定管末尾而形成一个封闭的体系，避免吸收二氧化碳（CO_2）。

② 食品中酸一般为有机弱酸，用强碱滴定时突跃不明显，滴定终点偏碱性，pH 值约 8.2，所以选择酚酞作为指示剂。颜色较深的食品，终点突跃变色不明显，可通过水稀释或活性炭脱色等处理后再滴定，也可选择电位滴定法进行测定。

③ 为减少测定误差，一般滴定时消耗的碱液不少于 5mL，可以通过估测样品中总酸的含量进行样品稀释、浸渍等，控制滴定体积在 10～15mL。样品中如果有 CO_2，测定前应除去。实验过程用到的蒸馏水不能含有 CO_2，CO_2 溶于水中产生碳酸，影响滴定终点变色。

无 CO_2 蒸馏水的制备：将蒸馏水煮沸 15min，逐出二氧化碳，冷却，密闭保存，必要时经碱液真空处理。

11.2.2 pH 值的分析

11.2.2.1 原理

利用工作电极（玻璃电极）和参比电极（饱和甘汞电极或银-氯化银电极）在溶液中组成原电池，二者之间的电动势随试样溶液中氢离子浓度的变化而产生直流电势（即电位差），再通过前置放大器输入到 A/D 转换器，达到测量 pH 的目的。

11.2.2.2 仪器和试剂

仪器：分析天平、磁力搅拌器、粉碎机、均质器、恒温水浴锅、pH 计等。

试剂：四草酸钾、邻苯二甲酸氢钾、无水磷酸二氢钾、无水磷酸氢二钠、四硼酸钠等。

11.2.2.3 分析步骤

11.2.2.3.1 试样制备

① 牛乳、不含 CO_2 的果汁、酒等一般液体样品混匀后直接取样测定。

② 新鲜果蔬样品榨汁后，取果汁进行测定。

③ 含 CO_2 的液体样品，取适量置于 40℃水浴上加热 30min，除去 CO_2，冷却后测定。

④ 均质化固体样品，粉碎试样后 24h 内（避免温度超过 25℃），称取 10g，加新煮沸或不含二氧化碳的蒸馏水至 100mL，摇匀，浸泡 30min 后过滤或离心，取约 50mL 滤液于 100mL 烧杯中，进行测定。

⑤ 肉及肉制品等非均质化样品，在试样中选取有代表性的 pH 测试点。加入 10 倍于待测试样质量的氯化钾溶液，用均质器进行均质。

⑥ 含油样品，应分离出油脂后把固体物粉碎，加新煮沸或不含二氧化碳的蒸馏水适量，摇匀，浸泡 30min 后过滤或离心，取滤液于烧杯中，进行测定。

11.2.2.3.2 测定

① 准备　开启电源，预热 30min，连接电极。

② pH 计的校正　用两个精确 pH 的标准缓冲溶液（尽可能接近待测溶液的 pH），在测定温度下用磁力搅拌器搅拌的同时校正 pH 计，若 pH 计不带温度补偿系统，应保证缓冲溶液的温度在 (20±2)℃范围内。将电极分别浸入不同标准缓冲溶液中，按下校正读数开关。

③ 均质化样品溶液测定　将校正后的电极用蒸馏水进行清洗后，用干净滤纸轻轻擦拭后放到能够浸没或埋置电极的样品溶液中，将 pH 计的温度补偿系统调至试样温度，若 pH 计不带温度补偿系统，应保证缓冲溶液的温度在 (20±2)℃范围内。按下测试读数开关，待读数稳定后，读数并准确至 0.01。每一个样品溶液至少进行两次平行测定。

④ 非均质化样品的测定　鲜肉通常保存于 0～5℃，测定时需要用带温度补偿系统的 pH 计，在同一点重复测定，必要时在不同点测定，测定点的数量随样品的性质和体积而定。每一个样品溶液至少进行两次平行测定。

⑤ 电极清洗　用脱脂棉先后蘸取乙醚和乙醇进行擦拭，用蒸馏水冲洗干净并按照生产商的要求保存电极。

11.2.2.4 结果计算

均质化样品的结果精确至 0.05。对非均质化样品，同一试样上同一点的测定，取两次测定结果的平均值作为结果，精确至 0.05。同一试样不同点的测定，记录所有测定点及其 pH。

11.2.2.5 说明与注意事项

① 新电极或长期未使用的电极，使用前应先在蒸馏水或 0.1mol/L 盐酸溶液中浸泡 24h 以上，这能使玻璃电极球膜表面形成具有良好离子交换能力的水化层。玻璃电极不使用时应浸泡在饱和氯化钾溶液中。玻璃电极易碎，使用时避免磕碰、掉落等。若电极被污染，应依次浸泡在乙醇、丙酮中清洗，最后用蒸馏水冲洗干净。

② 饱和甘汞电极，可以加入少量氯化钾晶体，但要避免堵塞甘汞电极的砂芯陶瓷通道，使用时，要注意电极中的空气泡，避免引起测量电路短路或读数不稳定。检查砂芯陶瓷通道是否通畅，可以先将砂芯擦干，紧贴干净滤纸，如有溶液渗下，证明未堵塞。

③ 电池电动势大小与溶液 pH 的关系公式见式（11-6）：

$$E=E_0-0.0591\text{pH}(25^\circ\text{C}) \tag{11-6}$$

该公式中的 E_0 在校正和测定过程中会发生变化，为了减少测定误差，应尽量选择与待测溶液 pH 接近的标准缓冲液进行仪器校正。pH 计校正后，定位和斜率旋钮不能随意调动，否则需要重新校正。

11.2.3 挥发酸的测定

挥发酸是食品中含低碳链的直链脂肪酸，主要包括甲酸、乙酸、丁酸等。正常食品中，挥发酸的含量比较稳定。但如果使用了不合格的原料，或违反了正常的操作规范，都会由于食品中糖的发酵致使挥发酸含量增加，降低食品的品质。因此，挥发酸含量是某些食品的一项重要质量控制指标。挥发酸含量可用直接法或间接法测定。直接法是通过蒸馏，把挥发性酸分离出来，用标准碱溶液滴定进行测定。间接法是先用标准碱溶液滴定总酸度，将挥发酸去除后，再用标准碱溶液滴定不挥发酸的含量，两者的差值即为挥发酸的含量。前者操作简单、方便，适合挥发酸含量较高的样品测定。若样品挥发酸含量很低，则应采用间接法。

11.2.3.1 原理

先将样品加入适量磷酸使结合态挥发酸游离出来，再用水蒸气蒸馏分离出总挥发酸，经冷凝收集后，以酚酞作为指示剂，用标准碱溶液滴定至粉红色，30s 不褪色即为终点。根据标准碱溶液消耗量可计算样品总挥发酸含量。

11.2.3.2 仪器和试剂

仪器：水蒸气蒸馏装置、电磁搅拌器等。

试剂：氢氧化钠、酚酞、磷酸等。

11.2.3.3 分析步骤

11.2.3.3.1 试样制备

① 一般果蔬及饮料混匀后可直接取样。

② 含 CO_2 的液体样品，可取 80～100mL（g）样品置于锥形瓶中，在电磁搅拌器上连续搅拌，并于低真空下抽气 2～4min，除去 CO_2 后进行取样。

③ 固体样品（如干鲜果蔬及其制品）及冷冻（应先解冻）、黏稠等制品，先取可食部分加入一定量无 CO_2 蒸馏水，用高速组织捣碎机捣成浆状，再称取处理样品 10g，加无 CO_2 蒸馏水溶解并稀释至 25mL。

11.2.3.3.2 测定

取 25mL 经上述处理的样品移入蒸馏瓶中，加入 25mL 无 CO_2 蒸馏水和 1mL10% H_3PO_4 溶液，连接水蒸气蒸馏装置，加热蒸馏至馏出液约 300mL 为止。于相同条件下做空白试验。将馏出液加热至 60～65℃，加入酚酞指示剂，用 0.1mol/LNaOH 标准溶液滴定到溶液呈微红色，30s 不褪色，即为终点。

11.2.3.4 结果计算

$$\chi=\frac{(V_1-V_0)\times c}{m}\times 0.06\times 100 \tag{11-7}$$

式中 χ——挥发酸含量（以乙酸计），g/100g；

c——氢氧化钠标准溶液的浓度，mol/L；

V_1——滴定试样时所消耗氢氧化钠标准溶液的体积，mL；

V_0——滴定空白试验所消耗氢氧化钠标准溶液的体积，mL；

m——称取样品的质量或体积，g 或 mL；

0.06——换算为乙酸的系数，即 1mmolNaOH 相当于乙酸的质量，g。

11.2.3.5 说明与注意事项

① 方法中的蒸馏方式可选用直接蒸馏和水蒸气蒸馏，但由于挥发酸与水构成一定比例的共沸混合物，有固定的沸点，并且在一定的沸点下，蒸汽中的酸与溶液中的酸达到一个平衡状态，所以直接蒸馏比较困难。水蒸气蒸馏法是根据道尔顿（Dalton）分压定律，将水蒸气通入含有机酸的溶液中，并使之加热沸腾，使有机酸在低于 100℃的情况下随水蒸气一起被蒸馏出来。

② 蒸馏前应将水蒸气发生瓶中的水煮沸 10min，或加入 2～3 滴酚酞指示剂并加入 NaOH 溶液使呈浅红色，以除去其中的 CO_2。

③ 溶液中总挥发酸包括游离和结合态挥发酸。由于在水蒸气蒸馏时游离挥发酸易被蒸馏出，而结合态挥发酸不易蒸馏出，给测定带来误差，所以测定样液中总挥发酸含量时，应加少许磷酸使结合态挥发酸游离出来，便于蒸馏。馏出液应加热到 60～65℃，不能超出温度范围，这样能保证终点突跃明显，滴定反应加速，缩短滴定时间，减少溶液与空气接触机会，提高测定准确度。

④ 含有 CO_2 和 SO_2 等易挥发性成分的样品，应先排除其干扰。CO_2 去除方法见前述部分。SO_2 去除方法如下：吸取 5mL 的 25% H_2SO_4 溶液加入已用标准碱液滴定过的蒸馏液中进行酸化，加入淀粉溶液作为指示剂，用 0.02mol/L I_2 标准溶液滴定至蓝色，30s 不褪色为终点，在计算结果中扣除此滴定消耗量（以乙酸计）。

11.3　有机酸的分析

11.3.1　概述

有机酸的测定主要分为两大类：一是测定总酸含量，通常采用酸碱滴定法，通过使用酸碱指示剂和规定浓度的碱溶液进行滴定来实现；二是测定特定有机酸的组成及其含量。有机酸的分离与定量分析对于食品加工、储存、品质控制以及质量评估等方面具有重要意义。

1966 年，研究者开发了一种利用稳流泵将指示剂连续不断地与洗出液混合，通过对吸光度监测实现有机酸的自动分析的方法，但是该方法的柱子制备麻烦，分析时间长，实际应用比较困难。随后开发的纸色谱法、薄层色谱法等定性和半定量分析方法由于样品处理操作烦琐，实际应用并不广泛。近年来，高效液相色谱法因其不受试样挥发性和热稳定性限制，前处理简单，分离功能较强，重现性好，已被纳入国家级检验检测标准，如《食品安全国家标准 食品中有机酸的测定》（GB 5009.157—2016）。此外，气相色谱法也是一种高分离能力、高灵敏度的检测技术，也适用于食品中的有机酸测定，但是鉴于食品中的有机酸大多是不挥发性物质，故需要将其转化成挥发性衍生物，常用的方法有甲酯化法和三甲基硅烷（TMS）衍生法，如团体标准《枸杞及其制品中 3 种有机酸的测定 气相色谱法》（T/NAIA 0292—2024）。

离子交换色谱法在食品中有机酸的测定方面也有显著发展，该方法主要基于不同待测离子对固定相离子交换能力的差异实现分离。目前已经研究出对有机酸的羧基有特异性的高灵敏度检测方法及相应的自动分析仪，如羧酸分析仪。目前高效离子色谱法通常采用阴离子交换色谱柱分离，并结合离子色谱-电导检测器进行测定，广泛用于农业、进出口食品中的有机酸测定，如中华人民共和国农业行业标准《水果中有机酸的测定 离子色谱法》（NY/T 2796—2015），中华人民共和国进出口行业标准《出口葡萄酒中有机酸的测定 离子色谱法》（SN/T 4675.5—2016）。

高效毛细管电泳法是近年来发展较快的分析方法，具有分析速度快、分离效率高、样品和试剂耗量少、实验成本低的优点，在食品中有机酸的测定方面应用较多，但是相比高效液相色谱法，重现性和准确度较差。

11.3.2　气相色谱法

11.3.2.1　原理

在硫酸-甲醇溶液甲酯化后，产物经二氯甲烷萃取后进行气相色谱法测定，外标法定量。

11.3.2.2　仪器和试剂

仪器：气相色谱仪（配氢火焰离子化检测器）、天平、离心机、涡旋混合器、粉碎机等。

试剂：柠檬酸标准品、浓硫酸、甲醇、二氯甲烷、琥珀酸标准品、苹果酸标准品等。

11.3.2.3　分析步骤

11.3.2.3.1　样品前处理

称取 0.5g 试样于 50mL 刻度离心管中，加入 10mL10％硫酸-甲醇溶液，盖上瓶盖，摇匀。静置 22 小时，加入 10mL 水、10mL 二氯甲烷，涡旋混匀，离心 5min，取下层有机相过 0.45μm 滤膜上机测定。除不加试样外，采用相同的测定步骤进行空白试验。

11.3.2.3.2 测定

① 仪器参考条件 色谱柱为5%苯基-95%二甲基聚硅氧烷共聚物固定相石英毛细管色谱柱，30m×320μm，0.25μm，或相当者；进样量1μL；流速1.0mL/min；分流进样，分流比2∶1；进样口温度260℃；检测器温度300℃；程序升温：初始温度80℃，保持2min，以10℃/min速率升温至180℃，保持2min，再以15℃/min速率升温至260℃，保持10min。

② 标准曲线的制作 将混合标准系列工作液分别注入气相色谱仪中，测定相应的峰面积。以混合标准系列工作液的浓度为横坐标，以色谱峰的峰面积为纵坐标，绘制标准曲线。

③ 试样溶液的测定 将试样溶液注入气相色谱仪中，以各有机酸对应的保留时间定性，以峰面积进行定量，根据标准曲线得到待测样品中有机酸的浓度。

11.3.2.4 数据计算和结果表述

试样中各有机酸的含量按式(11-8)进行计算。

$$\chi=\frac{c\times V\times 1000}{m\times 1000} \tag{11-8}$$

式中 χ——试样中有机酸的含量，g/kg；

c——由标准曲线求得试样溶液中某有机酸的浓度，mg/mL；

V——样品溶液定容体积，mL；

m——称取试样的质量，g；

1000——换算系数。

11.3.2.5 说明与注意事项

适用于枸杞及其制品中3种有机酸（琥珀酸、苹果酸、柠檬酸）的测定。当取样量为0.5g，提取体积为10mL时，琥珀酸、苹果酸、柠檬酸检出限均为0.2g/kg，定量限为0.6g/kg。

11.3.3 高效液相色谱法

11.3.3.1 原理

试样用水稀释或提取后，经强阴离子交换固相萃取柱净化，反相色谱柱分离，以保留时间定性，外标法定量。

11.3.3.2 仪器和试剂

仪器：高效液相色谱仪（配二极管阵列检测器或紫外检测器）、天平、高速均质器、粉碎机、固相萃取装置、强阴离子固相萃取柱等。

试剂：甲醇、无水乙醇、磷酸、乳酸标准品、酒石酸标准品、苹果酸标准品、柠檬酸标准品、丁二酸标准品、富马酸标准品、己二酸标准品等。

11.3.3.3 分析步骤

11.3.3.3.1 试样制备及保存

将果汁及果汁饮料、果味碳酸饮料等样品摇匀分装，密闭常温或冷藏保存。对果冻、水果罐头等样品取可食部分匀浆后，搅拌均匀，分装，密闭冷藏或冷冻保存。对饼干、糕点和生湿面制品等低含水量样品，经高速粉碎机粉碎后分装，于室温下避光密闭保存；对于固体饮料等呈均匀状的粉状样品，可直接分装，于室温下避光密闭保存。对于胶基糖果类黏度较大的特殊样品，先将样品用剪刀绞成约 2mm×2mm 大小的碎块放入陶瓷研钵中，再缓慢倒入液氮，样品迅速冷冻后采用研磨的方式获取均匀的样品，分装后密闭冷冻保存。

11.3.3.3.2 试样预处理

① 果汁饮料及果汁、果味碳酸饮料 称取制备样品 5g（若试样中含二氧化碳应先加热除去），于 25mL 容量瓶中，加水定容至刻度，混匀，经 0.45μm 水系滤膜过滤，待测。

② 果冻、水果罐头 称取制备样品 10g，于 50mL 离心管中，加入 20mL 水，15000r/min 均质提取 2min，4000r/min 离心 5min，取上清液于 50mL 容量瓶中，残留物再用 20mL 水提取，重复提取一次，合并提取液于同一容量瓶中，并用水定容至刻度，经 0.45μm 水相滤膜过滤，待测。

③ 胶基糖果 称取制备样品 1g，于 50mL 离心管中，加入 20mL 水，涡旋振荡提取 5min，4000r/min 下离心 3min，取上清液置于 100mL 容量瓶中，向残渣加入 20mL 水提取，重复提取 1 次，合并提取液于同一容量瓶中，用无水乙醇定容，摇匀。准确移取上清液 10mL 于 100mL 鸡心瓶中，加入 10mL 无水乙醇，在 80℃±2℃下旋转浓缩至近干，加入 5mL 无水乙醇，继续浓缩至彻底干燥，用 1mL 水洗涤鸡心瓶，重复洗涤 1 次，合并上述洗涤液为待净化液，将上述待净化液全部转移至已预活化的 SAX 固相萃取柱中，弃去流出液，控制流速在 1～2mL/min，用 5mL 水淋洗，再用 5mL 磷酸-甲醇溶液洗脱，控制流速在 1～2mL/min，收集洗脱液于鸡心瓶中，45℃下旋转蒸发至近干，加入 5mL 无水乙醇继续浓缩至彻底干燥后，用 1.0mL 磷酸溶液振荡溶解残渣后过 0.45μm 滤膜，待测。

④ 固体饮料 称取制备样品 5g，于 50mL 烧杯中，加入 40mL 水溶解并转移至 100mL 容量瓶中，用无水乙醇定容至刻度，摇匀，静置 10min。准确移取上清液 20mL 于 100mL 鸡心瓶中，加入 10mL 无水乙醇，在 80℃±2℃下旋转浓缩至近干时，加入 5mL 无水乙醇继续浓缩至彻底干燥后，用 1mL 水洗涤鸡心瓶，重复洗涤 1 次，合并上述洗涤液为待净化液，将上述待净化液全部转移至预活化的 SAX 固相萃取柱中，弃去流出液，控制流速在 1～2mL/min，用 5mL 水淋洗，再用 5mL 磷酸-甲醇溶液洗脱，控制流速在 1～2mL/min，收集洗脱液于鸡心瓶中，45℃下旋转蒸发近干，加入 5mL 无水乙醇继续浓缩至彻底干燥后，用 1.0mL 磷酸溶液振荡溶解残渣后过 0.45μm 滤膜，待测。

⑤ 面包、饼干、糕点、烘焙食品馅料和生湿面制品 称取制备样品 5g，于 50mL 离心管中，加入 20mL 水，15000r/min 均质提取 2min，4000r/min 下离心 3min，将上清液转移至 100mL 容量瓶中，向残渣中加入 20mL 水重复提取 1 次，合并提取液于同一容量瓶中，用无水乙醇定容，摇匀。准确移取上清液 10mL 于 100mL 鸡心瓶中，加入 10mL 无水乙醇，在 80℃±2℃下旋转浓缩至近干时，再加入 5mL 无水乙醇，继续浓缩至彻底干燥，用 1mL 水洗涤鸡心瓶，重复洗涤 1 次，合并上述洗涤液为待净化液，将上述待净化液全部转移至已预活化的 SAX 固相萃取柱中，弃去流出液，控制流速在 1～2mL/min，用 5mL 水淋洗净化柱，再用 5mL 磷酸-甲醇溶液洗脱，控制流速在 1～2mL/min，收集洗脱液于鸡心瓶中，洗脱液在 45℃下旋转蒸发至近干后，用 5.0mL 磷酸溶液振荡溶解残渣后过 0.45μm 滤膜，待测。

11.3.3.3.3 测定

(1) 仪器参考条件

① 酒石酸、苹果酸、乳酸、柠檬酸、丁二酸和富马酸的测定

色谱柱：CAPECELL PAK MG S5 C_{18} 柱，4.6mm×250mm，5μm，或同等性能的色谱柱；流动相：用 0.1%磷酸溶液-甲醇=97.5+2.5（体积比）比例的流动相等度洗脱 10min，然后用较短的时间梯度让甲醇相达到 100%并平衡 5min，再将流动相调整为 0.1%磷酸溶液-甲醇=97.5+2.5（体积比）的比例，平衡 5min；柱温：40℃；进样量：20μL；检测波长：210nm。

② 己二酸的测定

色谱柱：CAPECELL PAK MG S5 C_{18} 柱，4.6mm×250mm，5μm，或同等性能的色谱柱；流动相：0.1%磷酸溶液-甲醇=75+25（体积比）等度洗脱 10min；柱温：40℃；进样量：20μL；检测波长：210nm。

(2) 标准曲线的制作

将标准系列工作液分别注入高效液相色谱仪中，测定相应的峰高或峰面积。以标准工作液的浓度为横坐标，以色谱峰的峰高或峰面积为纵坐标，绘制标准曲线。

(3) 试样溶液的测定

将试样溶液注入高效液相色谱仪中，以每种酸对应的保留时间定性，得到峰高或峰面积，根据标准曲线得到待测液中有机酸的浓度。

11.3.3.4 结果计算

试样中各有机酸的含量按式（11-9）进行计算。

$$X=\frac{c\times V\times 1000}{m\times 1000\times 1000} \tag{11-9}$$

式中 X——试样中有机酸的含量，g/kg；

c——由标准曲线求得试样溶液中某有机酸的浓度，μg/mL；

V——样品溶液定容体积，mL；

m——最终样液代表的试样质量，g；

1000——换算系数。

11.3.3.5 说明和注意事项

该方法适用于果汁及果汁饮料、碳酸饮料、固体饮料、胶基糖果、饼干、糕点、果冻、水果罐头、生湿面制品和烘焙食品馅料中 7 种有机酸（酒石酸、乳酸、苹果酸、柠檬酸、丁二酸、富马酸和己二酸）的测定。

11.3.4 毛细管电泳法

11.3.4.1 原理

以溴化十六烷基吡啶（CPB）作电渗流反向修饰剂，在电泳溶液中添加 β-环糊精（β-CD）以提高分离选择性，对柠檬酸（CI）、苹果酸（MA）、草酸（OX）、酒石酸（TA）、延胡索酸（FU）、琥珀酸（SU）6 种有机酸的基线进行分离，采用纳米 Pd 修饰碳糊电极安培检测器分别加以测定，适用于果汁（如苹果汁、梨汁、桃汁、葡萄汁等）中的有机酸测定。

11.3.4.2 仪器与试剂

仪器：毛细管电泳电化学检测系统、壁喷式电化学检测池、电泳稳压电源、电化学检测器、记录仪等。

试剂：磷酸二氢钾、磷酸氢二钠、氯化钠、氯化钾、氢氧化钠、十六烷基溴化吡啶、β-环状糊精、草酸标准品、柠檬酸标准品、苹果酸标准品、酒石酸标准品、琥珀酸标准品、延胡索酸标准品等。

11.3.4.3　分析步骤

11.3.4.3.1　样品制备

用新鲜水果榨取果汁，并用 0.25μm 醋酸纤维膜过滤，用 10mmol/L 磷酸盐缓冲溶液（PBS）将样品稀释到适当浓度。

11.3.4.3.2　电泳过程

新毛细管柱使用前依次用 0.1mol/LNaOH、去离子水和电泳运行电解质溶液冲洗 5min，然后电泳运行约 2h，每次开机前用电泳运行电解质溶液冲洗毛细管柱 5min，毛细管两端储液槽内的缓冲溶液经常更换，保持 pH 稳定。将毛细管进样端浸入样品槽，样品槽抬高 10cm，采用电动进样 10s。进样体积 2.5nL。

11.3.4.3.3　循环伏安实验

实验在 CHI660b 电化学工作站（CH Instruments，USA）上完成，采用三电极系统，即纳米 Pd 修饰碳糊电极作为工作电极，参比电极为饱和甘汞电极（SCE），对电极为铂丝电极。底液为 10mmol/L PBS，扫速为 10mV/s，检测电压＋0.12V。

纳米 Pd 修饰碳糊电极的过程：将 300mg 光谱纯的石墨粉和一定量的 Pd 纳米粉末按比例充分研磨混合，加入 120mg 的石蜡油，混合制成糊状物。取一个直径 1mm 的玻璃管，一端用和玻璃管直径相当的铜丝做导线，将上述碳糊状物紧密地充满玻璃管，抛光即得纳米 Pd 修饰碳糊电极。

11.3.4.4　结果计算

将测试样与标准混合物的电泳图谱对照，根据各有机酸的保留时间进行定性，峰面积进行定量。

11.3.4.5　说明与注意事项

由于被测有机酸的电泳迁移速度比电渗流（EOF）大，因而需加上反向高压，即检测池置于高压正极端。电泳运行电解质溶液中加入 CPB 作为 EOF 修饰剂，可以通过静电作用吸附在毛细管内壁，从而改变毛细管壁的电荷和 EOF 方向。

课后练习

1. 名词解释

总酸度；挥发酸

2. 判断题

(1) 使用饱和甘汞电极时，不应取下电极上的胶帽和胶塞。(　　)

(2) 使用饱和甘汞电极时，应注意不使气泡进入盛饱和氯化钾的细管中。(　　)

(3) 食品中的有机酸可以提高维生素 C 的稳定性。(　　)

(4) 对于颜色较深的样品，测定总酸度时可以直接取样进行滴定。(　　)

(5) 挥发酸的测定可采用直接法或间接法。(　　)

3. 单项选择题

(1) 标定 NaOH 标准溶液所用的基准物质是（　　）。

A. 草酸　　B. 邻苯二甲酸氢钾　　C. 碳酸钠　　D. 氯化钠

(2) 有效酸度是指（　　）。

A. 用酸度计测出的 pH 值　　B. 被测溶液中氢离子总浓度

C. 挥发酸和不挥发酸的总和　　D. 样品溶液中未离解的酸和已离解的酸的总和

(3) 酸度计的工作电极是（　　）。

A. 饱和甘汞电极　　B. 银-氯化银电极　　C. 玻璃电极

(4) 测定含色素的饮料总酸度时，应首先加入（　　）进行脱色处理。

A. 活性炭　　B. 硅胶　　C. 高岭土　　D. 明矾

(5) 一般来说，牛乳中酸含量超过（　　）认为是不新鲜牛乳。

A. 0.10%　　B. 0.20%　　C. 0.02%　　D. 20%

4. 问答题

(1) 测定食品酸度时，如何消除二氧化碳对测定的影响?

(2) 简述食品中有机酸的种类及其来源。

(3) 食品酸度的测定有何意义?

(4) 食品中有机酸的测定方法有哪些? 请举一例加以说明。

(5) 测定食品总酸度时，应注意哪些问题?

知识拓展

蜂产品作为一种天然的保健品，一直受到广大消费者的追捧。它们不但具有调节人体生理机能、提高免疫力、延缓衰老等作用，而且还能辅助治疗多种疾病。但是在蜂产品备受青睐、销售稳步增长的情况下，也存在诸多问题。例如市场上存在很多假冒伪劣的蜂产品。蜂蜜酸度与地理环境、储存条件有关，蜂蜜在贮存过程中酸度会逐渐升高，因此蜂蜜的酸度是评价蜂蜜新鲜程度的重要指标。目前我国行业标准《蜂蜜》(GH/T 18796—2012) 中规定蜂蜜的酸度 (1mol/L 氢氧化钠)≤40mL/kg，蜂蜜的酸度越低，口感越好，新鲜度越高，品质越优良。国家标准《蜂王浆》(GB 9697—2008) 规定酸度 (1mol/L 氢氧化钠) 30～53mL/100g。诚信是社会主义核心价值观的重要内容。企业应依法经营，杜绝假冒伪劣产品，保障消费者权益。消费者也应增强法治意识，学会辨别真伪，维护自身合法权益。消费者和企业都应树立科学意识，依据国家标准进行生产和消费，避免盲目跟风或虚假宣传。

第12章

食品添加剂分析

【学习重点与难点】

学习重点： 食品添加剂（甜味剂、防腐剂、着色剂、漂白剂、抗氧化剂等）的测定原理和方法；食品添加剂的安全性评价；HPLC、GC、TLC、分光光度法等技术在食品添加剂检测中的应用。
学习难点： 食品添加剂的测定原理和方法选择；食品添加剂的提取和纯化技术。

12.1 概述

食品添加剂是指为改善食品品质和色、香、味，以及为防腐、保鲜和加工工艺的需要而加入食品中的人工合成或者天然物质。食品用香料、胶基糖果中基础剂物质、食品工业用加工助剂、营养强化剂也包括在内。食品添加剂具有增强食品的营养价值，改善食品的感官品质，抑制食品中微生物的繁殖，防止食品腐败，满足食品加工工艺过程的特殊需要等作用。这些物质在产品中必须不影响食品的营养价值，并且能增强食品感官性状或提高食品质量。据统计，国际上目前使用的食品添加剂种类已达 14000 多种，其中直接使用的有 4000 多种，联合国粮食及农业组织/世界卫生组织（FAO/WHO）推荐使用的食品添加剂有 400 多种（不包括香精、香料）；我国《食品安全国家标准 食品添加剂使用标准》（GB 2760—2024）中允许使用的食品添加剂 2300 多个品种，涉及 24 个功能类别。

食品添加剂的安全使用不仅关乎消费者的健康，更体现了社会责任和道德。作为食品行业的从业者，应深刻理解食品添加剂在提升食品品质的同时，也必须严格遵守国家相关标准，确保食品安全。近年来发现某些食品添加剂可能存在潜在危害，因此必须对食品中添加剂含量进行分析检测，以保障食用者健康。

12.2 甜味剂的分析

12.2.1 糖精钠的分析

糖精钠为无色结晶，低浓度甜，高浓度苦，易溶于水，热稳定性较好，甜度为蔗糖 200～700 倍。根据《食品安全国家标准 食品中苯甲酸、山梨酸和糖精钠的测定》（GB 5009.28—2016）的规定，第一法为液相色谱法，第二法为气相色谱法。此处仅介绍第一法，该法适用于食品中苯甲酸、山梨酸和糖精钠的测定。

12.2.1.1 原理

样品经水提取，高脂肪样品经正己烷脱脂、高蛋白样品经蛋白沉淀剂沉淀蛋白，采用液相色谱分离、紫外检测器检测，外标法定量。

12.2.1.2 仪器与试剂

仪器：高效液相色谱仪、涡旋振荡器、离心机、匀浆机、恒温水浴锅、超声波发生器等。

试剂：氨水、亚铁氰化钾、乙酸锌、乙酸铵、甲酸-乙酸铵溶液、糖精钠等。

12.2.1.3 分析步骤

(1) 试样制备

取多个预包装的饮料、液态奶等均匀样品直接混合；非均匀的液态、半固态样品用组织匀浆机匀浆；固体样品用研磨机充分粉碎并搅拌均匀；奶酪、黄油、巧克力等在50～60℃加热熔融，并趁热充分搅拌均匀。取其中的200g装入玻璃容器中，密封，液体试样于4℃保存，其他试样于−18℃保存。

(2) 试样提取

① 一般性试样　称取约2g试样于50mL具塞离心管中，加水约25mL，涡旋混匀，于50℃水浴超声20min，冷却至室温后加亚铁氰化钾溶液2mL和乙酸锌溶液2mL，混匀，于8000r/min离心5min，将水相转移至50mL容量瓶中，于残渣中加水20mL，涡旋混匀后超声5min，于8000r/min离心5min，将水相转移到同一50mL容量瓶中，并用水定容至刻度，混匀。取适量上清液过0.22μm滤膜，待液相色谱测定。

② 含胶基的果冻、糖果等试样　称取约2g试样于50mL具塞离心管中，加水约25mL，涡旋混匀，于70℃水浴加热溶解试样，于50℃水浴超声20min，之后的操作同①。

③ 油脂、巧克力、奶油、油炸食品等高油脂试样　称取约2g试样于50mL具塞离心管中，加正己烷10mL，于60℃水浴加热约5min，并不时轻摇以溶解脂肪，然后加氨水溶液25mL、乙醇1mL，涡旋混匀，于50℃水浴超声20min，冷却至室温后，加亚铁氰化钾溶液2mL和乙酸锌溶液2mL，混匀，于8000r/min离心5min，弃去有机相，水相转移至50mL容量瓶中，残渣同①再提取一次后测定。

(3) 仪器参考条件

① 色谱柱：C_{18}柱，柱长250mm，内径4.6mm，粒径5μm，或等效色谱柱。

② 流动相为甲醇＋乙酸铵溶液（5＋95）。当存在干扰峰或需要辅助定性时，可采用加入甲酸的流动相来测定，如甲醇＋甲酸-乙酸铵溶液（8＋92），糖精钠标准溶液在两种流动相中的色谱图见二维码12-1。

二维码12-1 糖精钠标准溶液在两种流动相中的色谱图

③ 流速为1mL/min；检测波长为230nm；进样量为10μL。

(4) 标准曲线的制作

将混合标准系列工作溶液分别注入液相色谱仪中，测定相应的峰面积，以混合标准系列工作溶液的质量浓度为横坐标，以峰面积为纵坐标，绘制标准曲线。

(5) 试样溶液的测定

将试样溶液注入液相色谱仪中，得到峰面积，根据标准曲线得到待测液中苯甲酸、山梨酸和糖精钠（以糖精计）的质量浓度。

12. 2. 1. 4　结果计算

试样中苯甲酸、山梨酸和糖精钠（以糖精计）的含量按式（12-1）计算。

$$X=\frac{\rho \times V}{m \times 1000} \tag{12-1}$$

式中　X——试样中待测组分含量，g/kg；

ρ——由标准曲线得出的试样液中待测物的质量浓度，mg/L；

V——试样定容体积，mL；

m——试样质量，g；

1000——由 mg/kg 转换为 g/kg 的换算因子。

12. 2. 1. 5　说明与注意事项

按取样量 2g，定容 50mL 时，糖精钠（以糖精计）的检出限为 0. 005g/kg，定量限为 0. 01g/kg。

12. 2. 2　甜蜜素的分析

甜蜜素（环已基氨基磺酸钠）是人工合成甜味素，白色结晶或粉末，甜度约为蔗糖 30 倍，对酸碱光热稳定。摄食后部分从尿和粪便排出，其致癌性有争议。根据《食品安全国家标准 食品中环已基氨基磺酸盐的测定》（GB 5009. 97—2023）的规定，第一法为气相色谱法，第二法为高效液相色谱法，第三法为液相色谱-质谱/质谱法。此处仅介绍第一法，该法适用于食品（蒸馏酒、发酵酒、配制酒、料酒及其他含乙醇的食品除外）中环已基氨基磺酸盐的测定。

12. 2. 2. 1　原理

食品中的环已基氨基磺酸钠用水提取后，在硫酸介质中与亚硝酸钠反应，生成环已醇亚硝酸酯，用正庚烷萃取后，利用气相色谱-氢火焰离子化检测器进行分离分析，保留时间定性，外标法定量。

12. 2. 2. 2　仪器与试剂

仪器：气相色谱仪、分析天平、涡旋混合器、高速离心机、超声波发生器、粉碎机、研磨机、匀浆机、恒温水浴装置等。

试剂：正庚烷、石油醚、硫酸、淀粉酶（酶活力≥1500U/g）、亚硝酸钠、无水乙醇、环已基氨基磺酸钠标准品等。

12. 2. 2. 3　分析步骤

（1）试样制备

液体试样直接摇匀（含二氧化碳的试样，超声除去气泡后摇匀）。非均匀的液态、半固态试样经匀浆机匀浆后混匀。巧克力、巧克力制品、奶酪、黄油等试样需先在－18℃冷冻后，粉碎机粉碎并搅拌均匀。固态试样需用研磨机或粉碎机粉碎并搅拌均匀。

（2）试样提取

① 巧克力、奶油、奶酪、乳粉、调味面制品、油腐乳、油豆豉、肉及肉制品、水产品罐头等含较高油脂试样　称取 2g 试样于离心管中，加入 20mL 石油醚，涡旋 5min，超声 10min，5000r/min 离心 3min，弃去石油醚层，再加入 20mL 石油醚提取 1 次，弃去石油醚层，(60±2)℃水浴挥去残留石油醚，加入 20mL 水［巧克力、奶油、奶酪、乳粉等试样需在水浴锅中（60±2)℃加热 20min］，涡旋 5min，超声提取 30min，混匀后放至室温备用。

② 果冻、糖果、米粉、淀粉制品等试样　称取 2g 试样于离心管中，加入 20mL 水（米粉、淀粉制品等试样需再加入 0.2g 淀粉酶），混合均匀后，(60±2)℃水浴加热 20min，涡旋 5min，超声提取 10min，混匀后放至室温备用。

③ 其他固体、半固体试样　称取 2g 试样于离心管中，加入 20mL 水，涡旋 5min，超声提取 30min，混匀后放至室温备用。

④ 液体试样　称取 2g 试样于离心管中，加水至 20mL，涡旋 5min，超声提取 10min，混匀后放至室温备用。

（3）衍生化

将装有试样提取液的离心管置于冰浴 10min 后，依次加入 10mL 正庚烷、5mL 亚硝酸钠溶液（50g/L）、5mL 硫酸溶液（200g/L），混匀，于冰浴中放置 30min，其间振摇 3～5 次，取出后涡旋 3min，于 4℃条件下 9000r/min 离心 3 min（如出现乳化现象，可缓慢滴加无水乙醇，同时轻摇离心管，直至破乳，于 4℃条件下 9000r/min 离心 3min），取上清液过有机相微孔滤膜，供上机测定。

（4）标准系列工作液的制备及衍生化

分别准确移取 0.05mL、0.10mL、0.25mL、0.50mL、1.00mL、2.5mL、5.0mL 环己基氨基磺酸标准中间液（1200μg/mL）于离心管中，用水稀释至 20mL，按（3）测定步骤衍生化。此时正庚烷中待测物的浓度分别相当于 6μg/mL、12μg/mL、30μg/mL、60 μg/mL、120μg/mL、300μg/mL、600μg/mL，临用现配。

（5）仪器参考条件

① 色谱柱　内涂 50%苯基-50%甲基聚硅氧烷的中等极性毛细管柱，30m×0.32mm×0.25μm 或同等性能的色谱柱。

② 柱温升温程序为初温 50℃保持 3min，10℃/min 升温至 70℃保持 0.5min，30℃/min 升温至 220℃保持 3min；检测器为氢火焰离子化检测器（FID），温度 260℃。

③ 进样口温度为 230℃；进样量为 1μL；分流进样的分流比为 1∶5；氮气流速为 2.0mL/min；氢气流速为 32mL/min；空气流速为 300mL/min。

（6）标准曲线的制作

经衍生化处理的标准系列工作液注入气相色谱仪中，测得相应衍生物的峰面积，以标准系列工作液中环己基氨基磺酸的浓度为横坐标，以环己基氨基磺酸衍生物环己醇亚硝酸酯和环己醇两峰面积之和为纵坐标，绘制标准曲线。环己基氨基磺酸衍生物气相色谱图见二维码 12-2。

二维码 12-2 环己基氨基磺酸衍生物气相色谱图

（7）试样溶液的测定

经衍生化处理的试样溶液注入气相色谱仪中，环己基氨基磺酸衍生物环己醇亚硝酸酯和环己醇两峰保留时间定性，测得峰面积加和作为测定面积计算，根据标准曲线得到试样溶液中待测物的浓度，计算样品中待测物的含量。衍生化处理的试样溶液中待测物响应若超出线性范围，应用正庚烷稀释后再进样分析。

12.2.2.4　结果计算

试样中环己基氨基磺酸含量按式（12-2）计算。

$$X=\frac{\rho\times V\times 1000}{m\times 1000\times 1000}\times f \tag{12-2}$$

式中　X——试样中环己基氨基磺酸的含量，g/kg；

ρ——由标准曲线计算出待测溶液中环己基氨基磺酸的质量浓度，μg/mL；

V——加入正庚烷体积，mL；

m——试样质量，g；

f——稀释倍数。

12.2.2.5　说明与注意事项

当取样量为 2g 时，本方法检出限为 0.01g/kg，定量限为 0.03g/kg。

12.2.3　阿斯巴甜的分析

阿斯巴甜被全球多个国家及组织认可，中国 1986 年批准使用。其甜度高、味似蔗糖、热量低。根据《食品安全国家标准 食品中阿斯巴甜和阿力甜的测定》（GB 5009.263—2016）的规定，可用高效液相色谱法测定食品中阿斯巴甜和阿力甜的含量。具体方法见二维码 12-3 所述。

二维码 12-3 高效液相色谱法测定食品中阿斯巴甜和阿力甜的含量具体方法

12.3　防腐剂的分析

12.3.1　苯甲酸（钠）和山梨酸（钾）的分析

苯甲酸为白色结晶，微溶于水，化学性质稳定，其钠盐易溶，适用于偏酸食品防腐，毒性较小。山梨酸为无色针状结晶，难溶于水，其钾盐易溶，适用于酸性食品防腐，通过抑菌机制作用，对人体几乎无毒，比苯甲酸更安全。根据《食品安全国家标准 食品中苯甲酸、山梨酸和糖精钠的测定》（GB 5009.28—2016）的规定，第一法为液相色谱法，第二法为气相色谱法。此处仅介绍第二法，该法适用于酱油、水果汁、果酱中苯甲酸、山梨酸的测定。

12.3.1.1　原理

试样经盐酸酸化后，用乙醚提取苯甲酸、山梨酸，采用气相色谱-氢火焰离子化检测器进行分离测定，外标法定量。

12.3.1.2　仪器与试剂

仪器：气相色谱仪、分析天平、涡旋振荡器、离心机、匀浆机、氮吹仪。

试剂：无水硫酸钠、盐酸、氯化钠、正己烷-乙酸乙酯混合溶液、苯甲酸、山梨酸标准品。

12.3.1.3　分析步骤

（1）试样制备

取多个预包装的样品，其中均匀样品直接混合，非均匀样品用组织匀浆机充分搅拌均匀，取其中的200g装入洁净的玻璃容器中，密封，水溶液于4℃保存，其他试样于－18℃保存。

（2）试样提取

准确称取约2.5g试样于50mL离心管中，加0.5g氯化钠、0.5mL盐酸溶液（1＋1）和0.5mL乙醇，用15mL和10mL乙醚提取两次，每次振摇1min，于8000r/min离心3min。每次均将上层乙醚提取液通过无水硫酸钠滤入25mL容量瓶中。加乙醚清洗无水硫酸钠层并收集至约25mL刻度，最后用乙醚定容，混匀。准确吸取5mL乙醚提取液于5mL具塞刻度试管中，于35℃氮吹至干，加入2mL正己烷-乙酸乙酯（1＋1）混合溶液溶解残渣，待气相色谱测定。

（3）仪器参考条件

① 色谱柱　聚乙二醇毛细管气相色谱柱，内径320μm，长30cm，膜厚度0.25μm，或等效色谱柱。柱温程序为初始温度80℃，保持2min，以15℃/min的速率升温至250℃，保持5min。

② 氮气流速为3mL/min；空气流速为400L/min；氢气流速为40L/min；进样口温度为250℃；检测器温度为250℃；进样量为2μL；分流比为10∶1。

（4）标准曲线的制作

将混合标准系列工作溶液分别注入气相色谱仪中，以质量浓度为横坐标，以峰面积为纵坐标，绘制标准曲线。

（5）试样溶液的测定

将试样溶液注入气相色谱仪中，得到峰面积，根据标准曲线得到待测液中苯甲酸、山梨酸的质量浓度。

12.3.1.4　结果计算

试样中苯甲酸、山梨酸含量按式（12-3）计算。

$$X=\frac{\rho\times V\times 25}{m\times 5\times 1000} \tag{12-3}$$

式中　X——试样中待测组分含量，g/kg；

ρ——由标准曲线得出的样液中待测物的质量浓度，mg/L；

V——加入正己烷-乙酸乙酯（1＋1）混合溶剂的体积，mL；

25——试样乙醚提取液的总体积，mL；

m——试样的质量，g；

5——测定时吸取乙醚提取液的体积，mL；

1000——由mg/kg转换为g/kg的换算因子。

12.3.1.5　方法说明与注意事项

取样量2.5g，按试样前处理方法操作，最后定容到2mL时，苯甲酸、山梨酸的检出限均为0.005g/kg，定量限均为0.01g/kg。

12.3.2　脱氢乙酸的分析

脱氢乙酸及其钠盐是广谱防腐剂，对霉菌和酵母菌抑制力强，但日本报道其可能有安全性问题，已限用或禁用。根据《食品安全国家标准 食品中脱氢乙酸的测定》（GB

5009.121—2016）的规定，第一法为气相色谱法，第二法为液相色谱法。此处仅介绍第一法，该法适用于果蔬汁、果蔬浆、酱菜、发酵豆制品、黄油、面包、糕点、烘烤食品馅料、复合调味料、预制肉制品及熟肉制品中脱氢乙酸含量的测定，其他食品可参考执行。

12.3.2.1　原理

固体（半固体）样品，沉降蛋白、经脱脂酸化后，用乙酸乙酯提取；果蔬汁、果蔬浆样品经酸化后，用乙酸乙酯提取；用配氢火焰离子化检测器的气相色谱仪分离测定，以色谱峰的保留时间定性，外标法定量。

12.3.2.2　仪器与试剂

仪器：气相色谱仪、天平、离心机、超声波清洗器、粉碎机、不锈钢高速均质器、pH计等。

试剂：盐酸溶液（1+1）、硫酸锌、氢氧化钠、脱氢乙酸标准品等。

12.3.2.3　分析步骤

（1）试样制备

① 果蔬汁、果蔬浆　称取样品 2～5g，置于 50mL 离心管中，加 10mL 水振摇 1min，加 1mL 盐酸溶液酸化后，准确加入 5.0mL 乙酸乙酯，振摇提取 2min，静置分层，取上清液供气相色谱测定。

② 酱菜、发酵豆制品　样品用不锈钢高速均质器均质。称取样品 2～5g，置于 50mL 离心管中，加入约 15mL 水、2.5mL 硫酸锌溶液，用氢氧化钠溶液调 pH 至 7.5，超声提取 15min，转移至 25mL 容量瓶中，加水定容。样液移入离心管中，4000r/min 离心 10min。取 10mL 上清液，加 1mL 盐酸溶液酸化后，准确加入 5.0mL 乙酸乙酯，振摇 2min，静置分层，取上清液供气相色谱测定。

③ 面包、糕点、烘烤食品馅料、复合调味料、预制肉制品及熟肉制品　样品用粉碎机粉碎或不锈钢高速均质器均质。称取样品 2～5g，置于 50mL 离心管中，加入约 15mL 水、2.5mL 硫酸锌溶液，用氢氧化钠溶液调 pH 至 7.5，超声提取 15min，转移至 25mL 容量瓶中，加水定容。样液移入分液漏斗中，加入 5mL 正己烷，振摇 1min，静置分层，取下层水相置于离心管中，4000r/min 离心 10min。取 10mL 上清液，加 1mL 盐酸溶液酸化后，准确加入 5.0mL 乙酸乙酯，振摇 2min，静置分层，取上清液供气相色谱测定。

④ 黄油　称取样品 2～5g，置于 50mL 离心管中，加入约 15mL 水、2.5mL 硫酸锌溶液，用氢氧化钠溶液调 pH 至 7.5，超声提取 15min，转移至 25mL 容量瓶中，加水定容。样液移入分液漏斗中，加入 5mL 正己烷，振摇 1min，静置分层，取下层水相置于离心管中，4000r/min 离心 10min。取 10mL 上清液，加 1mL 盐酸溶液酸化后，准确加入 5.0mL 乙酸乙酯，振摇 2min，静置分层，取上清液供气相色谱测定。

（2）仪器参考条件

① 毛细管柱　极性毛细柱（化学键和聚乙二醇固定相，30m×0.32mm×0.25μm），或相当者。

② 柱温升温程序　初温 150℃，以 10℃/min 速率升至 210℃，20℃/min 速率升至 240℃，保持 2min。

③ 进样口温度为 240℃；检测器温度为 300℃；N_2 流速为 1.0mL/min；分流比为 5：

1，进样体积 1.0μL。

（3）标准曲线的制作

将脱氢乙酸标准工作液分别注入气相色谱仪中，测定相应峰面积，以标准工作液的浓度为横坐标，峰面积为纵坐标，绘制标准曲线。脱氢乙酸标准色谱图见图 12-1。

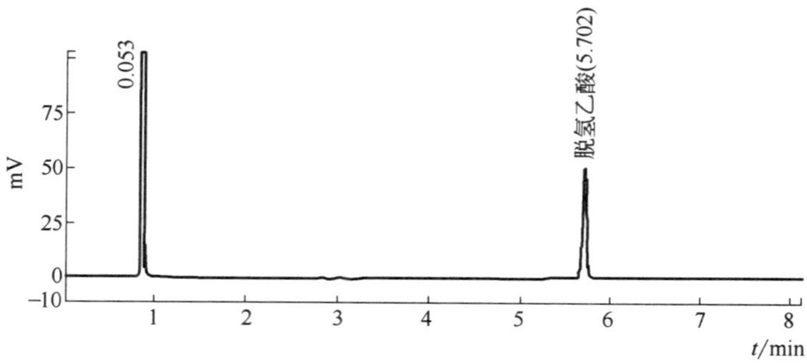

图 12-1　脱氢乙酸标准样品的气相色谱图

（4）测定

将测定溶液注入气相色谱仪中，以保留时间定性，同时记录峰面积，根据标准曲线得到测定溶液中的脱氢乙酸浓度。

（5）空白试验

除不加试样外，空白试验应与样品测定平行进行，并采用相同的分析步骤分析。

12.3.2.4　结果计算

果蔬汁、果蔬浆试样中脱氢乙酸含量按式（12-4）计算。

$$X_1=\frac{(c_1-c_0)\times V\times 1000}{m\times 1000\times 1000} \tag{12-4}$$

其他试样中脱氢乙酸含量按式（12-5）计算。

$$X_2=\frac{(c_1-c_0)\times V_1\times V\times 1000}{m\times V_2\times 1000\times 1000} \tag{12-5}$$

式中　X_1——试样中脱氢乙酸的含量，g/kg；

c_1——试样溶液中脱氢乙酸的质量浓度，μg/mL；

c_0——空白试样溶液中脱氢乙酸的质量浓度，μg/mL；

V——乙酸乙酯定容体积，mL；

m——称取试样的质量，g；

X_2——试样中脱氢乙酸的含量，g/kg；

V_1——试样处理后定容体积，mL；

V_2——萃取脱氢乙酸所取试样液体积，mL。

12.3.2.5　说明与注意事项

果蔬汁、果蔬浆取样量 5g，确定检出限为 0.0003g/kg，定量限为 0.001g/kg；其他试样取样量 5g，样液定容体积 25mL，取 10mL 样液提取，确定检出限为 0.001g/kg，定量限为 0.003g/kg。

12.3.3　对羟基苯甲酸酯的分析

根据《食品安全国家标准 食品中对羟基苯甲酸酯类化合物的测定》（GB 5009.31—2025）的规定，可采用三种方法测定食品中对羟基苯甲酸酯类化合物（对羟基苯甲酸甲酯、对羟基苯甲酸乙酯、对羟基苯甲酸丙酯、对羟基苯甲酸异丙酯、对羟基苯甲酸丁酯、对羟基苯甲酸异丁酯和对羟基苯甲酸庚酯）的含量。第一法为气相色谱法，适用于食品（热凝固蛋制品、酿造酱和调味酱除外）中对羟基苯甲酸酯类化合物的测定；第二法为高效液相色谱法，第三法为液相色谱-串联质谱法，第二、三法适用于食品中对羟基苯甲酸酯类化合物的测定。测定步骤此处不再赘述。

12.4　漂白剂的分析

漂白剂使食品有色物质褪色，分为还原型和氧化型，我国主要用亚硫酸类还原型漂白剂。它们通过二氧化硫还原作用抑制变色，要求不影响食品品质等。

12.4.1　还原型漂白剂的分析

根据《食品安全国家标准 食品中二氧化硫的测定》（GB 5009.34—2022）的规定，第一法为酸碱滴定法，第二法为分光光度法，第三法为离子色谱法。此处仅介绍第一法，该法适用于食品中二氧化硫的测定。

12.4.1.1　原理

采用充氮蒸馏法处理试样，试样酸化后在加热条件下亚硫酸盐等系列物质释放二氧化硫，用过氧化氢溶液吸收蒸馏物，二氧化硫溶于吸收液被氧化生成硫酸，采用氢氧化钠标准溶液滴定，根据氢氧化钠标准溶液消耗量计算试样中二氧化硫的含量。

12.4.1.2　仪器与试剂

仪器：玻璃充氮蒸馏仪器（图 12-2）、电子天平、滴定管、粉碎机、组织捣碎机等。

试剂：过氧化氢、盐酸、甲基红、氢氧化钠等。

12.4.1.3　分析步骤

（1）试样前处理

① 液体试样　取啤酒、葡萄酒、果酒、其他发酵酒、配制酒、饮料类试样，混合均匀后，密闭并标识，供检测用。

② 固体试样　取粮食加工品、固体调味品、饼干、薯类食品、糖果制品（含巧克力及制品）等试样，采样量应大于 600g，根据具体产品的不同性质

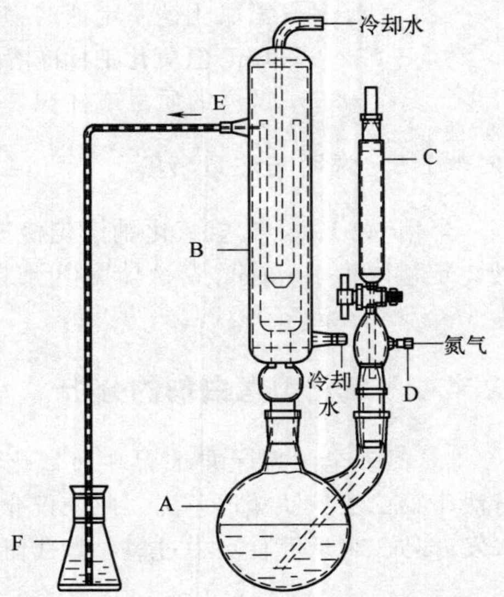

图 12-2　玻璃充氮蒸馏仪器装置原理图

A—圆底烧瓶；B—竖式回流冷凝管；C—（带刻度）分液漏斗；D—连接氮气流入口；E—SO_2 导气口；F—接收瓶

和特点，直接取样，充分混合均匀，或者将可食用的部分，采用粉碎机等合适的粉碎手段进行粉碎，充分混合均匀，贮存于洁净盛样袋内，密闭并标识，供检测用。

③ 半流体试样　对于袋装、瓶装等包装试样需至少采集 3 个包装；对于酱、果蔬罐头及其他半流体试样，采样量均应大于 600g，采用组织捣碎机捣碎混匀后，贮存于洁净盛样袋内，密闭并标识，供检测用。

(2) 试样测定

取固体或半流体试样 20～100g；取液体试样 20～200mL (g)，将称量好的试样置于图 12-2 中圆底烧瓶 A 中，加水 200～500mL。安装好装置后，打开回流冷凝管开关给水（冷凝水温度<15℃），将冷凝管的上端 E 口处连接的玻璃导管置于接收瓶底部。接收瓶内加入 3%过氧化氢溶液 50mL 作为吸收液（玻璃导管的末端应在吸收液液面以下）。在吸收液中加入 3 滴 2.5g/L 甲基红乙醇溶液指示剂，并用氢氧化钠标准溶液（0.01mol/L）滴定至黄色即终点（如果超过终点，则应舍弃该吸收溶液）。开通氮气，调节气体流量计至 1.0～2.0L/min；打开分液漏斗 C 的活塞，使 6mol/L 盐酸溶液 10mL 快速流入蒸馏瓶，立刻加热烧瓶内的溶液至沸，并保持微沸 1.5h，停止加热。将吸收液放冷后摇匀，用氢氧化钠标准溶液（0.01mol/L）滴定至黄色且 20s 不褪色，并同时进行空白试验。

12.4.1.4　结果计算

试样中二氧化硫的含量按式（12-6）计算。

$$X=\frac{(V-V_0)\times c\times 0.032\times 1000\times 1000}{m} \tag{12-6}$$

式中　X——试样中二氧化硫含量（以 SO_2 计），mg/kg 或 mg/L；

V——试样溶液消耗氢氧化钠标准溶液的体积，mL；

V_0——空白溶液消耗氢氧化钠标准溶液的体积，mL；

c——氢氧化钠滴定液的物质的量浓度，mol/L；

0.032——1mL 氢氧化钠标准溶液（1mol/L）相当的二氧化硫的质量（g），g/mmoL；

m——试样的质量或体积，g 或 mL。

12.4.1.5　说明与注意事项

当用 0.01mol/L 氢氧化钠滴定液时，固体或半流体称样量为 35g 时，检出限为 1mg/kg，定量限为 10mg/kg；液体取样量为 50mL (g) 时，检出限为 1mg/L (mg/kg)，定量限为 6mg/L (mg/kg)。

12.4.2　氧化型漂白剂的分析

《食品安全国家标准 食品中过氧化氢残留量的测定》(GB 5009.226—2016) 第一法为碘量法，第二法为钛盐比色法。此处仅介绍第一法，该法适用于预包装牛奶、饮料、豆制品、水发产品、鸡爪等食品中过氧化氢残留量的测定。

12.4.2.1　原理

食品中的强氧化物在稀硫酸中使碘化钾氧化，产生定量的碘，生成的碘以淀粉作指示剂，用硫代硫酸钠标准溶液滴定得到强氧化物总量。加入过氧化氢酶分解去除试样中的过氧化氢，用硫代硫酸钠标准溶液滴定去除过氧化氢后的其他氧化物含量。由两次滴定结果之差可计算得到样品中过氧化氢的含量。

12.4.2.2 仪器与试剂

仪器：电子天平、高速捣碎机等。

试剂：淀粉指示剂、碘化钾、硫酸、钼酸铵、过氧化氢酶、硫代硫酸钠标准品、亚铁氰化钾、乙酸锌、活性炭等。

12.4.2.3 分析步骤

(1) 样品制备

① 固体样品　取粉碎均匀的试样可食部分 10g，加适量水溶解，转移入 100mL 容量瓶中，对蛋白质、脂肪含量较高的样品可加入乙酸锌溶液 5mL、亚铁氰化钾溶液 5mL，加水定容至刻度（V_1），摇匀。浸泡 30min，用滤纸过滤，滤液作为试样液备用。

② 液体样品　称取 25g 试样于 100mL 容量瓶中，对蛋白质、脂肪含量较高的样品可加入乙酸锌溶液 5mL、亚铁氰化钾溶液 5mL，加水定容至刻度（V_1），摇匀，用滤纸过滤，滤液作为试样液备用。如样品滤液有颜色，加入 1g 活性炭，振摇 1min，用干燥滤纸过滤，弃去初滤液，滤液待用。

(2) 测定

分别吸取滤液 25.0mL（V_2），置于 A、B 两个 250mL 碘量瓶中，A 瓶中加入 0.1%过氧化氢酶溶液 0.5mL，加盖混匀，放置 10min（放置过程中摇动数次）。在 A、B 两瓶中各加入 10%硫酸溶液 5.0mL、碘化钾溶液 5.0mL、3%钼酸铵溶液 3 滴，混匀，置暗处放置 10min，各加水 50mL，分别用硫代硫酸钠标准溶液滴定，待滴至微黄色时，加淀粉指示剂 0.5mL，继续滴至蓝色消失，分别记录 A、B 两瓶消耗硫代硫酸钠标准溶液的体积（mL）。

12.4.2.4 计算方法

试样中过氧化氢的含量，按式（12-7）计算。

$$X=\frac{(V_B-V_A)\times c\times V_1\times 17.01}{m\times V_2}\times 1000 \tag{12-7}$$

式中　X——样品中过氧化氢的含量，mg/kg；

V_B——B 瓶中消耗硫代硫酸钠标准滴定溶液的体积，mL；

V_A——A 瓶中消耗硫代硫酸钠标准滴定溶液的体积，mL；

c——硫代硫酸钠标准滴定溶液的浓度，mol/L；

V_1——试样处理液总体积，mL；

17.01——与 1.00mL 硫代硫酸钠标准溶液（1mol/L）相当的过氧化氢的质量，mg；

m——试样质量，g；

V_2——测定用样液体积，mL；

1000——换算系数。

12.5 抗氧化剂的分析

《食品中叔丁基羟基茴香醚（BHA）与 2，6-二叔丁基对甲酚（BHT）的测定》（GB/T 5009.30—2003），第一法为气相色谱法，第二法为薄层色谱法，第三法为比色法。此处仅介绍第一法，该法适用于糕点和植物油等食品中 BHA、BHT 的测定。

12.5.1 原理

试样中的叔丁基羟基茴香醚（BHA）和 2，6-二叔丁基对甲酚（BHT）用石油醚提取，通过层析柱使 BHA 与 BHT 净化，浓缩后，经气相色谱分离后用氢火焰离子化检测器检测，根据试样峰高与标准峰高比较定量。

12.5.2 仪器与试剂

仪器：气相色谱仪、色谱柱、气相色谱柱等。

试剂：硅胶 G（60～80 目）、弗罗里硅土（60～80 目）、BHT 标准品、BHA 标准品等。

12.5.3 分析步骤

（1）试样的制备

称取 500g 含油脂较多的试样，含脂肪少的试样取 1000g，然后用对角线取四分之二或六分之二，或根据试样情况取有代表性试样，在玻璃乳钵中研碎，混合均匀后放置广口瓶内保存于冰箱中。

（2）脂肪的提取

① 含油脂高的试样（如桃酥等） 称取 50.0g，混合均匀，置于 250mL 具塞锥形瓶中，加 50mL 石油醚（沸程 30～60℃），放置过夜，用快速滤纸过滤后，减压回收溶剂，残留脂肪备用。

②含油脂中等的试样（如蛋糕、江米条等） 称取 100g 左右，混合均匀，置于 500mL 具塞锥形瓶中，加 100～200mL 石油醚（沸程 30～60℃），放置过夜，用快速滤纸过滤后，减压回收溶剂，残留脂肪备用。

③ 含油脂少的试样（如面包、饼干等） 称取 250～300g，混合均匀后，置于 500mL 具塞锥形瓶中，加入适量石油醚浸泡试样，放置过夜，用快速滤纸过滤后，减压回收溶剂，残留脂肪备用。

（3）色谱柱制备

于色谱柱底部加入少量玻璃棉、少量无水硫酸钠，称取硅胶-弗罗里硅（6＋4）共 10g，用石油醚湿法混合装柱，柱顶部再加入少量无水硫酸钠。

（4）试样净化

① 称取（2）提取的脂肪 0.50～1.00g，用 25mL 石油醚溶解移入（3）制备的色谱柱上，再以 100mL 二氯甲烷分五次淋洗，合并淋洗液，减压浓缩近干时，用二硫化碳定容至 2mL，该溶液为待测溶液。

② 植物油试样 称取混合均匀试样 2.00g 置于 50mL 烧杯中，加 30mL 石油醚溶解，转移到（3）制备的色谱柱上，再用 10mL 石油醚分数次洗涤烧杯并转移到层析柱，用 100mL 二氯甲烷分五次淋洗，合并淋洗液，减压浓缩近干，用二硫化碳定容至 2.0mL，该溶液为待测溶液。

（5）色谱条件

色谱柱：长 1.5m，内径 3mm 玻璃柱，质量分数为 10％ QF-1 的 Gas Chrom Q（80～100 目）。检测器：FID。温度：检测室 200℃，进样口 200℃，柱温 140℃。载气流量：氮气 70mL/min；氢气 50mL/min；空气 500mL/min。

(6) 测定

注入气相色谱 3.0μL 标准使用液，绘制色谱图，分别量取各组分峰高或面积，进 3.0μL 试样待测溶液（应视试样含量而定），绘制色谱图，分别量取峰高或面积，与标准峰高或面积比较计算含量。

12.5.4　结果计算

待测溶液 BHA（或 BHT）的质量按式（12-8）计算。

$$m_1=\frac{h_i}{h_s}\times\frac{V_m}{V_i}\times V_s\times c_s \tag{12-8}$$

式中　m_1——待测溶液中 BHA（或 BHT）的质量，mg；

h_i——注入色谱试样中 BHA（或 BHT）的峰高或面积；

h_s——标准使用液中 BHA（或 BHT）的峰高或面积；

V_i——注入色谱试样溶液的体积，mL；

V_m——待测试样定容的体积，mL；

V_s——注入色谱中标准使用液的体积，mL；

c_s——标准使用液的浓度，mg/mL。

食品试样中以脂肪计 BHA（或 BHT）的含量按式（12-9）计算。

$$X_1=\frac{m_1\times1000}{m_2\times1000} \tag{12-9}$$

式中　X_1——试样中以脂肪计 BHA（或 BHT）的含量，g/kg；

m_1——待测溶液中 BHA（或 BHT）的质量，mg；

m_2——油脂（或试样中脂肪）的质量，g。

12.6　合成着色剂的分析

合成色素稳定性好、色泽鲜艳、附着力强，能调出任意色泽，但部分具有毒性、致泻性与致癌性，需限制使用范围和用量。根据《食品安全国家标准 食品中合成着色剂的测定》(GB 5009.35—2023) 的规定，该法适用于食品中 11 种合成着色剂（柠檬黄、新红、苋菜红、靛蓝、胭脂红、日落黄、诱惑红、亮蓝、酸性红、喹啉黄和赤藓红）的测定。

12.6.1　原理

食品合成色素在酸性条件下用聚酰胺吸附或用液-液分配法提取，制成水溶液，注入高效液相色谱仪，经反相色谱分离，以保留时间和峰面积进行定性和定量。

12.6.2　仪器与试剂

仪器：高效液相色谱仪、pH 计、涡旋混合器、超声波发生器或恒温摇床、高速离心机、固相萃取装置、氮气浓缩装置、WAX 混合型弱阴离子交换反相吸附或等效固相萃取柱 (150mg/6mL)、针筒过滤器（孔径为 0.45μm）等。

试剂：乙醇、甲醇、氨水、乙酸铵、甲酸、着色剂标准品等。

12.6.3 分析步骤

（1）试样制备

液体试样和粉状固体试样应分别混合均匀，半固体试样取固液共存物进行匀浆混合，固体试样（带核蜜饯凉果需先去核，取可食部分）经电动搅拌器粉碎等方式混合均匀，密封，制备好的试样在－18℃以下避光保存，备用。

（2）试样提取

① 液体类试样（饮料、调制乳、调味糖浆等）、冷冻饮品（风味冰、冰棍类） 称取试样 2g，冷冻饮品可先温水浴加热融化再称样，置于 50mL 具塞离心管中，加入适量乙醇氨水溶液，涡旋 1min，5000r/min 离心 5min，并用乙醇氨水溶液定容至 50mL，即得提取液；准确吸取上清液 10mL，50℃下氮气浓缩至 3mL 左右，分 2～3 次共加入 10mL 5%甲醇水溶液溶解，作为待净化液。

② 固体类试样（加工水果、腌渍的蔬菜、糖果、蛋卷、焙烤食品馅料及表面用挂浆等） 称取试样 2g，置于 50mL 具塞离心管中，先加入适量水，50℃水浴加热混匀样品，加入 25mL 乙醇氨水溶液，涡旋 1min，50℃超声提取 20min，8000r/min 离心 5min，取上清液置于 50mL 容量瓶中，每次加入 5～10mL 乙醇氨水溶液重复提取操作至上清液无明显颜色，离心后合并上清液，用乙醇氨水溶液定容至 50mL，即得提取液。准确吸取提取液 10mL，50℃氮气浓缩至 3mL 左右，分 2～3 次共加入 10mL 5%甲醇水溶液溶解，作为待净化液。

③ 含油量较大的试样（可可制品、糕点、熟肉制品、复合调味料和冰淇淋、雪糕等） 称取试样 2g，置于 50mL 具塞离心管中，加入 20mL 石油醚，涡旋 1min，超声或振摇提取 10min，8000r/min 离心 5min，弃去上清液，油脂含量较高的可重复提取一次，弃去上清液，加入 25mL 乙醇氨水溶液，涡旋 1min，50℃超声提取 20min，8000r/min 离心 5min（若离心后提取液仍然浑浊，可转入高速离心机专用管，15000r/min 离心 5min），取上清液置于 50mL 容量瓶中，按照②操作。

（3）试样净化

依次用 6mL 甲醇和 6mL 水活化固相萃取柱，保持柱体湿润。活化后立即将待净化液以 2～3s/1 滴的流速加载到固相萃取柱上。依次用 6mL 2%甲酸水溶液和 6mL 甲醇淋洗固相萃取柱，弃去淋洗液，真空抽 2min 至柱体近干。50℃氮气浓缩至近干，准确加入 2mL pH 为 9.0 的乙酸铵缓冲溶液溶解，溶液用针筒过滤器、孔径 0.45μm 的滤膜过滤，弃去 2～5 滴初滤液，取续滤液作为待测液。

（4）仪器参考条件

① 色谱柱 C_{18} 柱，4.6mm×250mm，5μm，或同等性能色谱柱。

② 进样量为 10μL；柱温为 30℃。

③ 二极管阵列检测器波长范围 400～800nm，检测波长：415nm（柠檬黄、喹啉黄），520nm（新红、苋菜红、胭脂红、日落黄、诱惑红、酸性红和赤藓红），610nm（靛蓝、亮蓝）。

④ 参考洗脱梯度见二维码 12-4，流动相 A 为 20mmol/L 乙酸铵溶液，流动相 B 为甲醇。

二维码 12-4
洗脱梯度

（5）标准曲线的制作

将标准系列工作液分别注入液相色谱仪中，测定相应物质的峰面积，以标准系列工作液中该物质的浓度为横坐标，以该物质峰面积的响应值为纵坐标，绘制标准曲线。

（6）试样溶液的测定

将试样溶液注入液相色谱仪中，得到对应的峰面积，根据标准曲线计算得到待测液中的各物质浓度。

12.6.4　结果计算

试样中合成着色剂的含量按式（12-10）计算。

$$X=\frac{c\times V_1\times V_2}{V_3\times m\times 1000} \tag{12-10}$$

式中　X——试样中合成着色剂的含量，g/kg；

c——由标准曲线计算得到的待测液中合成着色剂浓度，μg/mL；

V_1——样品经净化洗脱后的最终定容体积，mL；

V_2——样品提取液体积，mL；

V_3——用于净化分取的样品提取液体积，mL；

m——试样的取样量，g；

1000——换算系数。

12.6.5　说明与注意事项

本方法中，当样品取样量为 2g，定容体积为 2mL 时，柠檬黄、新红、胭脂红、日落黄、喹啉黄、赤藓红的检出限均为 0.5mg/kg，定量限均为 1.5mg/kg，苋菜红、诱惑红、亮蓝、酸性红、靛蓝的检出限均为 0.3mg/kg，定量限均为 1.0mg/kg。11 种合成着色剂标准溶液（10.0μg/mL）的高效液相色谱图见二维码 12-5。

二维码 12-5
高效液相色谱图

课后练习

1. 名词解释

食品添加剂；抗氧化剂；漂白剂

2. 判断题

（1）食品添加剂都是无害的，可以随意使用。（　　）

（2）气相色谱法只能用于分析挥发性化合物。（　　）

（3）高效液相色谱法可以分析所有类型的食品添加剂。（　　）

（4）薄层色谱法通常用于定量分析。（　　）

（5）分光光度法可以用于测定食品中的二氧化硫含量。（　　）

3. 单项选择题

（1）下列哪种物质不属于天然食品添加剂？（　　）

A. 姜黄素　　B. 维生素 C　　C. 苯甲酸钠　　D. 柠檬精油

（2）高效液相色谱法常用的检测器是？（　　）

A. 氢火焰离子化检测器　　B. 紫外检测器　　C. 热导检测器　　D. 荧光检测器

(3) 下列哪种添加剂属于防腐剂?( )

A. 糖精钠　　B. 阿斯巴甜　　C. 山梨酸　　D. 胡萝卜素

(4) 气相色谱法中，用于分离化合物的关键是?( )

A. 流动相　　B. 固定相　　C. 检测器　　D. 进样器

(5) 下列哪种方法不适用于食品中二氧化硫的测定?( )

A. 盐酸副玫瑰苯胺比色法　　B. 蒸馏滴定法

C. 高效液相色谱法（不经衍生化）　　D. 碘量法

4. 问答题

(1) 请阐述食品分析在食品安全监管和质量控制体系中的地位和作用，并举例说明食品分析如何保障公众健康。

(2) 食品分析的主要内容可以分为哪几个主要类别? 请分别说明这些类别在食品质量控制中的具体应用。

(3) 简要介绍国内外现行食品分析标准的主要差异，并讨论这些差异对食品国际贸易的影响。

(4) 当前食品分析技术面临的挑战有哪些? 请结合实例说明这些挑战是如何影响食品分析结果的准确性和可靠性的。

(5) 食品分析的发展方向有哪些? 请从技术创新、方法标准化、数据分析自动化等角度进行分析。

知识拓展

食品安全是重大民生问题，关乎人们健康和社会稳定。庞国芳院士团队在食品安全检测领域贡献卓越，特别是在农药残留检测技术方面，跨越多个发展阶段，研发了多种高效准确的技术，成果获国内外专利，并参与制定140余项国家标准和国际标准，为食品质量提供坚实技术支撑。

庞国芳院士团队的研究成果彰显了自主创新的重要性，直接服务于人民群众生命健康，体现了科技为民的宗旨。通过提高检测技术水平，减少农药残留，保护生态环境，符合可持续发展理念。参与国际标准制定，提升了我国在国际食品安全领域的话语权，体现了我国积极参与全球治理的决心。其工匠精神是推动社会进步和科技创新的重要动力。

第13章

食品中有毒有害物质分析

【学习重点与难点】

学习重点： 食品中的有毒元素、农药残留、兽药残留、病原微生物、生物毒素及其他有害物质的来源、分析测定原理和操作方法。
学习难点： 根据食品特性和有毒有害物质的特点选择合适的分析方法。

13.1 食品中有毒元素的分析

13.1.1 铅的分析

食品中铅含量的测定主要有石墨炉原子吸收光谱法、电感耦合等离子体质谱法和火焰原子吸收光谱法，均属于《食品安全国家标准 食品中铅的测定》（GB 5009.12—2023）中规定的方法，适用于各类食品中铅含量的测定。本节选用石墨炉原子吸收光谱法对食品中的铅进行分析。

13.1.1.1 原理

试样消解处理后，经石墨炉原子化，测定其吸光度，在一定浓度范围内，铅的吸光度值与铅含量成正比，与标准系列比较定量。

13.1.1.2 仪器与试剂

仪器：原子吸收光谱仪、分析天平、电热板、微波消解系统、恒温干燥箱等。

试剂：磷酸二氢铵-硝酸钯溶液、铅标准使用液、铅标准系列溶液等。

13.1.1.3 分析步骤

（1）试样制备

粮食、豆类等样品：去除杂物后，粉碎；蔬菜、水果、鱼类、肉类等样品：用水洗净，晾干，取可食部分，制成匀浆。

（2）试样前处理

称取固体试样 0.2～2g 或准确移取液体试样 0.50～3.00mL 于微波消解罐中，按照表 13-1 条件进行消解处理。同时做试剂空白试验。

表 13-1 微波消解升温程序

步骤	设定温度/℃	升温时间/min	恒温时间/min
1	120	5	5
2	160	5	10
3	180	5	10

(3) 测定

① 仪器参考条件　将仪器性能调至最佳状态，参考条件见表 13-2。

表 13-2 石墨炉原子吸收光谱法仪器参考条件

元素	检测波长/nm	狭缝宽度/nm	灯电流/mA	干燥参数	灰化参数	原子化参数
铅	283.3	0.5	8～12	85～120℃ 40～50s	750℃ 20～30s	2300℃ 4～5s

② 标准曲线的制作　按质量浓度由低到高的顺序分别将 10μL 铅标准系列溶液和 5μL 磷酸二氢铵-硝酸钯溶液注入石墨炉，原子化后测其吸光度值，以质量浓度为横坐标，吸光度值为纵坐标，制作标准曲线。

③ 试样溶液的测定　在与测定标准溶液相同的实验条件下，将 10μL 空白溶液或试样溶液与 5μL 磷酸二氢铵-硝酸钯溶液注入石墨炉，原子化后测其吸光度值，与标准系列比较定量。

13.1.1.4 分析结果表述

试样中铅的含量按式（13-1）计算。

$$X=\frac{(\rho-\rho_0)\times V}{m\times 1000} \tag{13-1}$$

式中　X——试样中铅的含量，mg/kg 或 mg/L；

ρ——试样溶液中铅的质量浓度，μg/L；

ρ_0——空白溶液中铅的质量浓度，μg/L；

V——试样消化液的定容体积，mL；

m——试样称样量或移取体积，g 或 mL；

1000——换算系数。

13.1.2 汞的分析

食品中总汞的测定有原子荧光光谱法、直接进样测汞法、电感耦合等离子体质谱法和冷原子吸收光谱法等。本节选择《食品安全国家标准 食品中总汞及有机汞的测定》（GB 5009.17—2021）中的原子荧光光谱法对食品中的总汞进行分析。

13.1.2.1 原理

试样经酸加热消解后，在酸性介质中，试样中的汞被硼氢化钾或硼氢化钠还原成原子态汞，由载气载入原子化器中，在汞空心阴极灯照射下，基态汞原子被激发至高能态，在由高能态回到基态时，发射出特征波长的荧光，其荧光强度与汞的含量成正比，外标法定量。

13.1.2.2 仪器与试剂

仪器：原子荧光光谱仪、电子天平、微波消解系统、恒温干燥箱、控温电热板、超声水浴箱、匀浆机、高速粉碎机等。

试剂：氢氧化钾溶液、硼氢化钾溶液、重铬酸钾的硝酸溶液、汞标准储备溶液、汞标准系列溶液等。

13.1.2.3　分析步骤

（1）试样预处理

粮食、豆类等样品：去除杂物后粉碎均匀，装入洁净聚乙烯瓶中，密封保存备用；蔬菜、水果、肉类、鱼类及蛋类等新鲜样品：洗净晾干，取可食部分匀浆，装入洁净聚乙烯瓶中，密封，于 2～8℃冰箱冷藏备用。

（2）试样消解

称取固体试样 0.2～0.5g 或准确称取液体试样 1.0～3.0g；按照微波消解仪的标准操作步骤进行消解（微波消解参考条件见表 13-3）。同时做空白试验。

表 13-3　微波消解升温程序

步骤	设定温度/℃	升温时间/min	恒温时间/min
1	120	5	5
2	160	5	10
3	190	5	25

（3）测定

① 根据仪器性能将参考条件调至最佳状态　光电倍增管负高压，240V；汞空心阴极灯电流，30mA；原子化器温度，200℃；载气流速，500mL/min；屏蔽气流速，1000mL/min。

② 标准曲线制作　由低到高浓度顺序测定标准溶液的荧光强度，以汞的质量浓度为横坐标，荧光强度为纵坐标，绘制标准曲线。

③ 试样溶液的测定　分别测定处理好的试样空白和试样溶液。

13.1.2.4　分析结果表述

试样中汞含量按式（13-2）计算。

$$X=\frac{(\rho-\rho_0)\times V\times 1000}{m\times 1000\times 1000} \tag{13-2}$$

式中　X——试样中汞含量，mg/kg；

ρ——试样溶液中汞含量，μg/L；

ρ_0——空白液中汞含量，μg/L；

m——试样的质量，g；

V——试样消化液定容总体积，mL；

1000——换算系数。

13.1.3　镉的分析

镉的毒性较大，被镉污染的空气和食物对人体危害严重，且在人体内代谢较慢。下面选择石墨炉原子吸收光谱法测定食品中的镉含量。

13.1.3.1 原理

试样经消解处理后，经过石墨炉原子化，在一定浓度范围内，镉的吸光度值与镉含量成正比，与标准系列溶液比较定量。

13.1.3.2 仪器与试剂

仪器：原子吸收光谱仪、电子天平、可调式电炉、微波消解仪、恒温干燥箱、匀浆机、高速粉碎机等。

试剂：磷酸二氢铵-硝酸钯混合溶液、氯化镉、镉标准储备液、镉标准系列工作溶液等。

13.1.3.3 分析步骤

（1）试样制备

豆类、谷物、菌类、茶叶、干制水果、焙烤食品等低含水量样品，取可食部分；蔬菜、水果、肉类、鱼类及蛋类等含水量高的样品，取可食部分制成匀浆。

（2）试样消解

固体试样称取 0.2～0.5g，液体试样准确移取或称取 0.500～3.00mL（g）于微波消解罐中，按照微波消解的操作步骤消解试样（表 13-4）。同时做空白试验。

表 13-4 微波消解升温程序

步骤	设定温度/℃	升温时间/min	恒温时间/min
1	120	5	5
2	160	5	10
3	180	5	10

（3）试样测定

① 按照仪器性能将仪器参考条件调至最佳状态　石墨炉原子吸收光谱测定镉元素参考条件如下：波长 228.8nm，狭缝 0.8nm，灯电流 5～7mA，干燥温度 85～105℃，干燥时间 30～50s；灰化温度 450～650℃，灰化时间 15～30s；原子化温度 1500～2000℃，原子化时间 4～5s。

② 镉标准曲线的制作　按质量浓度由低到高的顺序分别取 10μL 标准系列溶液、5μL 磷酸二氢铵-硝酸钯混合溶液注入石墨管，原子化后测其吸光度值，以质量浓度为横坐标，吸光度值为纵坐标，绘制标准曲线。

③ 试样溶液测定　在测定标准曲线相同的试验条件下，吸取 10μL 空白溶液或试样消化液、5μL 磷酸二氢铵-硝酸钯混合溶液注入石墨管，原子化后测其吸光度值。根据标准曲线得到待测液中镉的质量浓度。

13.1.3.4 分析结果表述

试样中镉含量按式（13-3）计算。

$$X=\frac{(\rho-\rho_0)\times f\times V}{m\times 1000} \tag{13-3}$$

式中 X——试样中镉含量，mg/kg 或 mg/L；

ρ——试样消化液中镉的质量浓度，μg/L；

ρ_0——空白液中镉的质量浓度，μg/L；

f——稀释倍数；

V——试样消化液定容体积，mL；

m——试样质量或体积，g 或 mL；

1000——换算系数。

13.1.4　砷、铬、氟的分析

食品中总砷的测定可以采用电感耦合等离子体质谱法、银盐法和原子荧光光谱法。原子荧光光谱法见二维码 13-1。食品中铬的测定方法主要包括石墨炉原子吸收光谱法、电感耦合等离子体质谱法、二苯氨基脲比色法、硫酸亚铁铵容量法等多种方法，电感耦合等离子体质谱法见二维码 13-2。食品中氟的测定方法有多种，常用的包括离子选择电极法、离子色谱法、分光光度法等，离子选择电极法见二维码 13-3。

二维码 13-1　原子荧光光谱法

二维码 13-2　电感耦合等离子体质谱法

二维码 13-3　离子选择电极法

13.2　食品中农药残留的分析

13.2.1　农药残留的常规分析

根据《水果和蔬菜中 450 种农药及相关化学品残留量的测定 液相色谱-串联质谱法》(GB/T 20769—2008）和《粮谷中 486 种农药及相关化学品残留量的测定 液相色谱-串联质谱法》(GB/T 20770—2008）国家标准，可采用液相色谱-串联质谱法对水果和蔬菜中的 450 种农药以及粮谷中 486 种农药及相关化学品残留量进行测定。

13.2.1.1　原理

用乙腈均质法提取试样中的农药及相关化学品，凝胶渗透色谱净化，液相色谱-串联质谱仪测定，外标法定量。

13.2.1.2　仪器与试剂

仪器：配有电喷雾离子源（ESI）的液相色谱-串联质谱仪、分析天平、高速组织捣碎机、离心机、旋转蒸发仪、移液器、氮气吹干仪等。

试剂：乙腈、正己烷、异辛烷、丙酮、二氯甲烷、甲醇、氯化钠、甲苯、甲酸、乙酸铵、无水硫酸钠、农药及相关化学品标准物质等。

13.2.1.3　分析步骤

① 试样制备与保存　水果、蔬菜样品取可食部分切碎，混匀，密封，作为试样，标明标记，置于 0～4℃冷藏保存。

② 提取　称取 20g 试样于离心管中，加入 40mL 乙腈，用高速组织捣碎机匀浆提取 1min，加入氯化钠，再匀浆提取 1min，离心 5min，取上清液 20mL，在 40℃水浴中旋转浓缩至约 1mL，待净化。

③ 净化　在氨基固相萃取柱中加入无水硫酸钠，加样前先用 4mL 乙腈＋甲苯

（3＋1，体积比）预洗柱，将样品浓缩液转移至净化柱上，用 25mL 乙腈＋甲苯（3＋1，体积比）洗脱农药及相关化学品，合并洗脱液，在 40℃水浴中旋转浓缩至近干。将浓缩液置于氮气吹干仪上吹干，迅速加入 1mL 乙腈水溶液，经滤膜过滤后进行液相色谱-串联质谱测定。

13.2.1.4 液相色谱-串联质谱测定条件

（1）A、B、C、D、E、F 组液相色谱-串联质谱测定条件

色谱柱：AtlantisT3，3μm，150mm×2.1mm；柱温：40℃；扫描方式：ESI^{+}；检测方式：多反应监测；电喷雾电压：5000V；离子源温度：725℃。

（2）G 组液相色谱-串联质谱测定条件

色谱柱：InertsilC_8，5μm，150mm×2.1mm；柱温：40℃；扫描方式：ESI^{-}；检测方式：多反应监测；电喷雾电压：－4200V；离子源温度：700℃。流动相和梯度洗脱条件见二维码 13-4。

二维码 13-4 流动相和梯度洗脱条件

13.2.1.5 结果计算

液相色谱-串联质谱测定采用标准曲线法定量，标准曲线法定量结果按式（13-4）计算。

$$X=C\times\frac{V\times1000}{m\times1000} \tag{13-4}$$

式中 X——试样中被测组分含量，mg/kg；

C——从标准工作曲线得到的试样溶液中被测组分的浓度，μg/mL；

V——试样溶液定容体积，mL；

m——样品溶液所代表试样的质量，g。

13.2.2 有机磷农药残留的常规分析

下面介绍通过气相色谱法对蔬菜和水果中的有机磷农药残留量进行分析的步骤。

13.2.2.1 原理

试样中有机磷类农药经乙腈提取，提取溶液经过滤、浓缩后，用丙酮定容，用双自动进样器同时注入气相色谱仪的两个进样口，农药组分经不同极性的两根毛细管柱分离，火焰光度检测器（FPD 磷滤光片）检测。用双柱的保留时间定性，外标法定量。

13.2.2.2 仪器与试剂

仪器：气相色谱仪：带有双火焰光度检测器（FPD 磷滤光片）、双自动进样器、双分流/不分流进样口、组织捣碎机、涡旋混合器、匀浆机、氮吹仪等。

试剂：乙腈、丙酮、氯化钠、铝箔、敌敌畏等 54 种农药标准品等。

13.2.2.3 分析步骤

① 试样制备　蔬菜、水果样品，取可食部分，经缩分后，将其切碎，充分混匀放入组织捣碎机粉碎，制成待测样。

② 提取　称取 25.0g 试样放入匀浆杯中，加入乙腈，在匀浆机中高速匀浆后用滤纸过滤，滤液收集到装有氯化钠的具塞量筒中，收集滤液后剧烈振荡，在室温下静置使乙腈相和水相分层。

③ 净化　从具塞量筒中吸取乙腈溶液，在 80℃水浴锅上蒸发近干，加入丙酮，盖上铝箔。将上述备用液完全转移至离心管中，在涡旋混合器上混匀，分别移入两个样品瓶中，供色谱测定。如定容后的样品溶液过于浑浊，滤膜过滤后再进行测定。

④ 测定　色谱参考条件如下：色谱柱：A 柱：50％聚苯基甲基硅氧烷柱；B 柱：100％聚甲基硅氧烷柱；进样口温度：220℃；检测器温度：250℃；柱温：150℃（保持 2min），8℃/min 升温至 250℃（保持 12min）；载气：氮气；燃气：氢气；助燃气：空气；进样方式：不分流进样，由双自动进样器同时进样，以双柱保留时间定性，以 A 柱获得的样品溶液峰面积与标准溶液峰面积比较定量。

13.2.2.4　分析结果表述

① 定性分析　双柱测得样品溶液中未知组分的保留时间（RT）分别与标准溶液在同一色谱柱上的保留时间（RT）相比较，如果样品溶液中某组分的两组保留时间与标准溶液中某一农药的两组保留时间相差都在±0.05min 内，则可认定为该农药。

② 定量结果计算　试样中农药残留量按式（13-5）计算。

$$X=\frac{V_1\times A\times V_3}{V_2\times A_S\times m}\times\rho \tag{13-5}$$

式中　ρ——标准溶液中农药的质量浓度，mg/L；

A——样品溶液中被测农药的峰面积；

A_S——农药标准溶液中被测农药的峰面积；

V_1——提取溶剂总体积，mL；

V_2——吸取出用于检测的提取溶液的体积，mL；

V_3——样品溶液定容体积，mL；

m——试样的质量，g。

13.2.3　农药残留的快速分析

农药残留的快速分析可采用速测卡法（纸片法）进行测定。其原理是胆碱酯酶可催化靛酚乙酸酯（红色）水解为乙酸与靛酚（蓝色），有机磷或氨基甲酸酯类农药对胆碱酯酶有抑制作用，使催化、水解、变色的过程发生改变，由此可判断出样品中是否有高剂量有机磷或氨基甲酸酯类农药的存在。

选取有代表性的蔬菜样品，剪成碎片，取 5g 放入带盖瓶中，加入 10mL 缓冲溶液，振摇后静置。取一片速测卡，用白色药片蘸取提取液，放置 10min 以上进行预反应。将速测纸对折，用恒温装置恒温，使红色药片和白色药片叠合发生反应。每批测定应设一个缓冲液的空白对照卡。结果以酶被有机磷或氨基甲酸酯类农药抑制（为阳性）、未抑制（为阴性）表示。与空白对照卡比较，白色药片不变色或略有浅蓝色，均为阳性结果。白色药片变为天蓝色或与空白对照卡相同，为阴性结果。对阳性结果的样品，可用其他分析方法进一步确定具体农药品种和含量。

13.3 食品中兽药残留的分析

下面主要介绍《动物性食品中克伦特罗残留量的测定》(GB/T 5009.192—2003) 中第二法——高效液相色谱法。

(1) 原理

固体试样剪碎，用高氯酸溶液匀浆，液体试样加入高氯酸溶液，进行超声加热提取后，用异丙醇和乙酸乙酯萃取，有机相浓缩，经阳离子交换柱进行分离，用乙醇胺溶液洗脱，洗脱液经浓缩，流动相定容后在高效液相色谱仪上进行测定，外标法定量。

(2) 仪器与试剂

仪器：阳离子交换柱、超声清洗器、酸度计、离心机、振荡器、旋转蒸发器、涡旋混合器、微孔过滤膜、匀浆器、高效液相色谱仪等。

试剂：盐酸克伦特罗标准品、磷酸二氢钠、氢氧化钠、氯化钠、高氯酸、浓氨水、异丙醇、乙酸乙酯、乙醇、甲醇等。

(3) 分析步骤

① 提取　称取肌肉、肝脏或肾脏试样 10g，用高氯酸溶液匀浆，置于超声清洗器中超声，取出置于 80℃水浴中加热。取出冷却后离心，取上清液，沉淀物用高氯酸溶液洗涤，再次离心和合并上清液。用氢氧化钠溶液调 pH 值至 9.5±0.1，将上清液转移至磨口玻璃离心管中，加入氯化钠，混匀后加入异丙醇＋乙酸乙酯 (40＋60，体积比)，置于振荡器上振荡，用吸管小心将上层有机相移至旋转蒸发瓶中，在旋转蒸发器上浓缩至近干。用磷酸二氢钠缓冲液充分溶解残留物，经微孔过滤膜过滤，转移至玻璃离心管中，并用磷酸二氢钠缓冲液定容。

② 净化　依次用乙醇、水、磷酸二氢钠缓冲液、水冲洗弱阳离子交换柱，取适量提取液至弱阳离子交换柱上，弃去流出液，分别用水和乙醇冲洗柱子，弃去流出液，用 6 mL 乙醇＋浓氨水 (98＋2，体积比) 冲洗柱子，收集流出液。将流出液在氮吹仪上浓缩至干。

③ 试样测定前的准备　于净化、吹干的试样残渣中加入流动相，在混合器上充分振摇，用微孔滤膜过滤，进行液相色谱测定。

④ 测定　色谱柱：BDS 或 ODS 柱，250mm×4.6mm，5μm；流动相：甲醇＋水 (45＋55，体积比)；流速：1mL/min；柱箱温度：25℃；紫外检测器：244nm。

吸取 20～50μL 标准校正溶液及试样液注入液相色谱仪，以保留时间定性，用外标法单点或多点校准法定量。

(4) 分析结果表述

按外标法计算试样中盐酸克伦特罗的含量，根据式 (13-6) 进行计算：

$$X=\frac{A\times f}{m} \tag{13-6}$$

式中　X——试样中盐酸克伦特罗的含量，μg/kg 或 μg/L；

A——试样色谱峰与标准色谱峰的峰面积比值对应的盐酸克伦特罗的质量，ng；

f——试样稀释倍数；

m——试样的取样量，g 或 mL。

13.4 食品中有毒微生物的分析

13.4.1 大肠埃希菌的检测

本节以《食品安全国家标准 食品微生物学检验 大肠埃希氏菌 O157：H7/NM 检验》(GB 4789.36—2016) 为检验依据介绍生化分析方法。实验涉及的计数方法依据《食品安全国家标准 食品微生物学检验 大肠埃希氏菌计数》(GB 4789.38—2025) 所述进行。

13.4.1.1 仪器与试剂

仪器：恒温培养箱、均质器、显微镜、无菌均质杯或无菌均质袋、无菌培养皿、pH 计、长波紫外线灯、微生物鉴定系统等。

试剂：改良 EC 肉汤、改良山梨醇麦康凯琼脂 (CT-SMAC)、亚碲酸钾、头孢克肟、三糖铁 (TSI) 琼脂、营养琼脂、半固体琼脂、月桂基硫酸盐胰蛋白胨肉汤-MUG (MUG-LST)、氧化酶试剂、革兰氏染色液、大肠埃希菌 O157 显色培养基、大肠埃希菌 O157 和 H7 诊断血清或 O157 乳胶凝集试剂、鉴定试剂盒等。

13.4.1.2 分析步骤

(1) 增菌

以无菌操作取检样加入含有改良 EC 肉汤的均质袋中，在拍击式均质器上连续均质。(36±1)℃培养 18～24h。

(2) 分离

取增菌后的改良 EC 肉汤，划线接种于 CT-SMAC 平板和大肠埃希菌 O157 显色琼脂平板上，(36±1)℃培养 18～24h，观察菌落形态。在 CT-SMAC 平板上，典型菌落为圆形、光滑、较小的无色菌落，中心呈现较暗的灰褐色；在大肠埃希菌 O157 显色琼脂平板上的菌落特征按产品说明书进行判定。

(3) 初步生化试验

在 CT-SMAC 和大肠埃希菌 O157 显色琼脂平板上分别挑取 5～10 个可疑菌落，分别接种 TSI 琼脂，同时接种 MUG-LST 肉汤，并用大肠埃希菌菌株 (ATCC25922 或等效标准菌株) 做阳性对照和大肠埃希菌 O157：H7 (NCTC12900 或等效标准菌株) 做阴性对照，于 (36±1)℃培养 18～24h，必要时进行氧化酶试验和革兰氏染色。在 TSI 琼脂中，典型菌株为斜面与底层均呈黄色，产气或不产气，不产生硫化氢 (H_2S)。置 MUG-LST 肉汤管于长波紫外线灯下观察，MUG 阳性的大肠埃希菌菌株应有荧光产生，MUG 阴性的应无荧光产生，大肠埃希菌 O157：H7/NM 为 MUG 试验阴性，无荧光。挑取可疑菌落，在营养琼脂平板上分离纯化，于 (36±1)℃培养 18～24h，并进行下列鉴定。

(4) 鉴定

① 血清学试验　在营养琼脂平板上挑取分纯的菌落，用 O157 和 H7 诊断血清或 O157 乳胶凝集试剂作玻片凝集试验。对于 H7 因子血清不凝集者，应穿刺接种半固体琼脂，检查动力，经连续传代 3 次，动力试验均阴性，确定为无动力株。

② 生化试验　自营养琼脂平板上挑取菌落，进行生化试验。大肠埃希菌 O157：H7/NM 生化反应特征见表 13-5。

表 13-5 大肠埃希菌 O157:H7/NM 生化反应特征

生化试验	特征反应
三糖铁琼脂	底层及斜面层黄色，H_2S 阴性
山梨醇	阴性或迟缓发酵
靛基质	阳性
甲基红-伏普试验(MR-VP)	MR 阳性，VP 阴性
氧化酶	阴性
西蒙氏柠檬酸盐	阴性
赖氨酸脱羧酶	阳性(紫色)
鸟氨酸脱羧酶	阳性(紫色)
纤维二糖发酵	阴性
棉子糖发酵	阳性
MUG 试验	阴性(无荧光)
动力试验	有动力或无动力

13.4.1.3 结果报告

综合生化和血清学试验结果，报告样品中检出或未检出大肠埃希菌 O157:H7 或大肠埃希菌 O157:NM。

13.4.2 食源性致病菌的分子生物学检测方法

本节将介绍利用实时荧光聚合酶链式反应（PCR）技术检测出口食品中的食源性致病菌的方法。

13.4.2.1 原理

在 PCR 基础上，加入一条与模板 DNA 匹配的、两端有荧光基团标记的寡核苷酸探针。PCR 每进行一次循环，合成的新链数与释放的荧光基团数呈对应关系，即 PCR 产物的量与荧光信号的强度呈对应关系。当荧光信号超过所设定的阈值时，荧光信号可被检测出来，仪器检测荧光基团的增加量可以间接地体现目的片段的扩增量。样品的模板 DNA 进行实时荧光 PCR 扩增，观察实时 PCR 的增幅曲线，从而对食品中的致病菌进行快速检测。

13.4.2.2 仪器与试剂

仪器：实时荧光 PCR 仪、离心机、微量移液器、恒温培养箱、高压灭菌器、核酸蛋白分析仪或紫外分光光度计等。

试剂：Taq DNA 聚合酶、脱氧核糖核苷三磷酸、脱氧腺苷三磷酸、脱氧胸苷三磷酸、去氧胞苷二磷酸、脱氧鸟苷三磷酸三钠、DNA 提取试剂、引物和探针等。

13.4.2.3 分析步骤

(1) 预增菌

无菌操作取 25g（mL）样品，置于无菌均质杯中均质。无菌操作将样品转至锥形瓶，置于（36±1)℃培养 8～18h。

(2) 选择性增菌

轻轻摇动预增菌的培养物，转种后于（42±1)℃培养 18～24h。

(3) 分离

振荡混匀选择性增菌的培养物后，用接种环取选择性增菌的培养物各一环，分别划线接种，于 (36±1)℃分别培养 40～48h，观察各个平板上生长的菌落，是否符合表 13-6 的菌落特征。

表 13-6　不同分离琼脂平板上沙门菌的菌落特征

分离琼脂平板	菌落特征
BS 琼脂	菌落为黑色有金属光泽、棕褐色或灰色，菌落周围培养基可呈黑色或棕色；有些菌株形成灰绿色的菌落，周围培养基不变色
XLD 琼脂	菌落呈粉红色，带或不带黑色中心，有些菌株可呈现大的带光泽的黑色中心，或呈现全部黑色的菌落；有些菌株为黄色菌落，带或不带黑色中心
HE 琼脂	蓝绿色或蓝色，多数菌落中心黑色或几乎全黑色；有些菌株为黄色，中心黑色或几乎全黑色
沙门菌显色培养基	符合相应产品说明书的描述

(4) 模板 DNA 的制备

① 增菌液模板 DNA 的制备　取上述培养的沙门菌增菌液离心，吸取上清，加入 DNA 提取液，混匀后沸水浴，离心后取上清保存于－20℃备用以待检测。

② 可疑菌落模板 DNA 的制备　挑取上述分离到的可疑菌落或菌体，加入 DNA 提取液，再按照①步骤制备模板 DNA 以待检测。

(5) DNA 浓度和纯度的测定

取适量 DNA 溶液原液加双蒸水稀释一定倍数后，使用核酸蛋白分析仪或紫外分光光度计测 260nm 和 280nm 处的吸光度。DNA 的浓度按照式 (13-7) 计算。

$$P = A_{260} \times N \times 50 \tag{13-7}$$

式中　P——DNA 浓度，μg/mL；

A_{260}——260nm 处的吸光度；

N——核酸稀释倍数。

当浓度为 10～100μg/mL，A_{260}/A_{280} 比值在 1.7～1.9 之间时，适宜于实时荧光 PCR 扩增。

(6) 实时荧光 PCR 检测

① 实时荧光 PCR 反应体系　反应体系体积为 25μL：10×PCR 缓冲液 2.5μL、引物对 (10μmol/L) 各 1μL、探针 (10μmol/L) 1μL、dNTP (10mmol/L) 1μL、Taq DNA 聚合酶 (5U/μL) 0.5μL，模板 DNA (0.1～2μg) 2μL，水补足至 25μL。

② 实时荧光 PCR 反应参数　95℃预变性 3min，94℃变性 5s，60℃退火延伸 40s，同时收集 FAM 荧光，进行 40 个循环，4℃保存反应产物。

③ 对照　检测过程中分别设阳性对照、空白对照。阳性对照为扩增片段的阳性克隆分子 DNA 或阳性菌株 DNA，空白对照为无菌水。

13.4.2.4　结果判定及报告

① 质控标准　阳性对照：出现典型的扩增曲线，Ct 值应＜30.0；空白对照：无扩增曲线，Ct 值＞40.0；否则，实验视为无效。Ct 值为每个反应管内的荧光信号达到设定的阈值时所经历的循环数。

② 结果判定和报告　Ct 值≥40.0，可判定样品结果为阴性，可直接报告未检出相对应致病菌；Ct 值＜35.0，可判定该样品结果为阳性；Ct 值＞35.0 而＜40.0，建议样本重做。

13.4.3 霉菌毒素的分析

现已查明的天然霉菌毒素有 200 多种，常见的对人类危害较大的有十几种，如黄曲霉毒素、赭曲霉毒素 A、单端孢霉烯族毒素、玉米赤霉烯酮、伏马毒素、杂色曲霉毒素等。下面主要介绍黄曲霉毒素的测定。

13.4.3.1 原理

试样提取液中黄曲霉毒素 B_1 与检测条中胶体金微粒发生呈色反应，颜色深浅与试样中黄曲霉毒素 B_1 含量相关。用读数仪测定检测条上检测线和质控线颜色深浅，根据颜色深浅和读数仪内置曲线自动计算出试样中黄曲霉毒素 B_1 含量。

13.4.3.2 仪器与试剂

仪器：天平、粉碎机、离心机、涡旋振荡器、孵育器、读数仪、黄曲霉毒素 B_1 胶体金快速定量检测条、针头式滤器等。

试剂：稀释缓冲液（由胶体金检测条配套提供，或根据产品使用说明书配制）等。

13.4.3.3 分析步骤

（1）样品处理

取有代表性的样品用粉碎机粉碎至全部通过 20 目筛，混匀。准确称取 10.00g 试样于具塞锥形瓶中，加入试样提取液（70％甲醇水溶液），密闭，用涡旋振荡器振荡，取 1.0～1.5L 混合液于离心管中，离心后上清液加入稀释缓冲液，充分混匀待测。

（2）样品测定

将胶体金检测条从冷藏状态取出放置至室温。将孵育器预热。将检测条平放在孵育器凹槽中，打开加样孔。移取待测溶液加入检测条加样孔中，关闭加样孔及孵育器盖。孵育后取出检测条观察 C 线（质控线）和 T 线（检测线）显色情况。若出现下述情况，视为无效检测：①C 线不出现；②C 线出现，但弥散或严重不均匀；③C 线出现，但 T 线弥散或严重不均匀。

13.4.3.4 分析结果表述

试样中黄曲霉毒素 B_1 含量由读数仪自动计算并显示，单位为微克每千克（μg/kg）。

13.4.4 海洋毒素的分析

常见的海洋毒素包括麻痹性贝类毒素（PSP）、腹泻性贝类毒素（DSP）、神经性贝类毒素（NSP）和记忆缺失海洋毒素。测定方法见二维码 13-5 所述。

二维码 13-5
测定方法

13.5 其他有害物质的分析

13.5.1 *N*-亚硝胺的分析

本节主要介绍用气相色谱-质谱/质谱法对食品中 *N*-亚硝胺类化合物进行

分析。

13.5.1.1　原理

本法以 N-二甲基亚硝胺-D_6 为内标，试样中加入内标，经水蒸气蒸馏，样品中的 N-二甲基亚硝胺通过二氯甲烷吸收，液液萃取分离，采用气相色谱-质谱/质谱联用仪（GC-MS/MS）测定，内标法定量。

13.5.1.2　仪器与试剂

仪器：气相色谱-质谱/质谱联用仪（GC-MS/MS）、旋转蒸发仪、全玻璃水蒸气蒸馏装置或全自动水蒸气蒸馏装置、氮吹仪、电子天平、制冰机、冷却水制备机、水浴锅等。

试剂：二氯甲烷、浓硫酸、异辛烷、无水硫酸钠、氯化钠、N-二甲基亚硝胺标准品等。

13.5.1.3　分析步骤

① 试样制备　代表性样品取可食部分捣碎后，制备成均匀试样，装入洁净的容器，密封并做好标识。试样于－18℃冷冻保存，备用。

② 提取　准确称取 20g 试样，加入 N-二甲基亚硝胺内标标准中间液，加入 100mL 水和 50g 氯化钠于蒸馏瓶（管）中，充分混匀。载样前后均需进行气密性检查。在 250mL 锥形瓶中加入 50mL 二氯甲烷、0.5mL 异辛烷，冷凝管（冷却水温度控制在 10～15℃）出口伸入二氯甲烷液面下，并将锥形瓶于冰浴中，开启蒸馏装置加热蒸馏，收集 200～250mL 冷凝液后关闭加热装置，停止蒸馏。

③ 净化　在盛有冷凝液的锥形瓶中加入 15g 氯化钠和 2mL 硫酸溶液，搅拌使氯化钠完全溶解。然后将溶液转移至 500mL 分液漏斗中，振荡 5min，静置分层后，将二氯甲烷层转移至另一圆底烧瓶中，再用 120mL 二氯甲烷分 3 次萃取，合并萃取液。

④ 浓缩　将二氯甲烷萃取液用 10g 无水硫酸钠脱水后，于 5～18℃水浴温度条件下旋转蒸发浓缩，转入试管中，控制氮吹温度在 18～25℃，氮吹至近干，用二氯甲烷溶解残渣，准确定容至 1.0mL，上机检测。

⑤ 气相色谱条件　色谱柱：强极性石英毛细管 WAX 柱；进样口温度：220℃；载气：氦气，纯度≥99.999 %；流速 1mL/min；进样方式：不分流进样；进样量：1μL；升温程序：初始温度 40℃，10℃/min 升至 80℃，1℃/min 升至 90℃，再 30℃/min 升至 240℃，保持 2min。

⑥ 质谱/质谱条件　离子源温度：250℃；色谱与质谱接口温度：250℃；电离方式：电子轰击源（EI 源）；电离能量 70eV；四极杆温度：150℃；监测模式：多反应监测模式，离子对参数见表 13-7。

表 13-7　N-二甲基亚硝胺及其内标的监测离子对

目标物	定量离子对	定量离子对碰撞能/eV	定性离子对	定性离子对碰撞能/eV
NDMA	74.0/44.0	3	74.0/42.1	19
NDMA-D_6（内标物）	80.0/50.1	5	—	—

⑦ 标准曲线的制作　将 N-二甲基亚硝胺标准及内标混合系列工作溶液按浓度由低到高的顺序注入气相色谱-质谱/质谱仪进样分析，以 N-二甲基亚硝胺的质量浓度为横坐标，以 N-二甲基亚硝胺及其对应氘代同位素内标的峰面积比值为纵坐标，绘制标准曲线。

⑧ 试样溶液的测定　将试样溶液注入气相色谱-质谱/质谱仪中，得到 N-二甲基亚硝胺的峰面积与对应同位素内标的峰面积的比值，根据标准曲线得到试样溶液中被测化合物的浓度。

13.5.1.4　分析结果表述

试样中 N-二甲基亚硝胺含量按式（13-8）计算。

$$X=\frac{(\rho-\rho_0)\times V\times 1000}{m\times 1000} \tag{13-8}$$

式中　X——试样中 N-二甲基亚硝胺的含量，μg/kg；

ρ——试样中 N-二甲基亚硝胺色谱峰与对应内标物色谱峰的峰面积比值，经标准曲线求得的对应 N-二甲基亚硝胺质量浓度，g/L；

ρ_0——空白试验溶液中 N-二甲基亚硝胺色谱峰与对应内标物色谱峰的峰面积比值，经标准曲线求得的对应 N-二甲基亚硝胺质量浓度，μg/L；

V——试液最终定容体积，mL；

1000——换算系数；

m——试样的质量，g。

13.5.2　多氯联苯的分析

食品中多氯联苯的分析测定方法主要包括气相色谱法、气相色谱-质谱联用法等。这些方法具有高灵敏度、高选择性、分离效果好等优点，能够准确测定食品中多氯联苯的含量。

13.5.2.1　原理

单层食品接触用纸中的多氯联苯采用正己烷-二氯甲烷混合溶液水浴振荡提取或快速溶剂萃取仪提取；复合食品接触用纸中的多氯联苯采用快速溶剂萃取仪提取。提取液经浓缩、浓硫酸磺化处理后，用配有电子捕获检测器的气相色谱仪进行检测，内标法定量。

13.5.2.2　仪器与试剂

仪器：气相色谱仪（GC）：配有电子捕获检测器、快速溶剂萃取仪、天平、离心机、旋转蒸发仪、氮吹浓缩仪、涡旋振荡器等。

试剂：正己烷-二氯甲烷混合液（1+1，体积比）、2,2′,5-三氯联苯、2,4,4′-三氯联苯、2,2′,5,5′-四氯联苯、2,2′,4,5,5′-五氯联苯、2,3′,4,4′,5-五氯联苯、2,2′,3,4,4′,5′-六氯联苯、2,2′,4,4′,5,5′-六氯联苯、2,2′,3,4,4′,5,5′-七氯联苯、内标物 2,2′,3,3′,4,4′,5,5′,6,6′-十氯联苯、尼龙滤膜、硅藻土单体 G 等。

13.5.2.3　分析步骤

（1）试样的制备

取一份代表性样品，剪成碎片，混合均匀。取样后用铝箔包裹，确保试样不受污染。

（2）试样的提取

称取约 2g 样品，加入定量内标物工作液与硅藻土拌匀，装入底部放有玻璃纤维素滤纸片的不锈钢萃取池中（装样前萃取池底部先装入一层硅藻土），再装入硅藻土充满不锈钢萃取池，拧上盖子，放至快速溶剂萃取仪萃取池托盘上进行萃取。萃取完成后，将萃取液转入鸡心瓶中，40℃水浴旋转蒸发浓缩至近干。

(3) 测定

① 气相色谱参考条件　色谱柱：5% 苯基-甲基聚硅烷填料毛细管柱；进样口温度：280℃；升温程序：开始温度 90℃；以 15℃/min 升温至 200℃，保持 5min；以 2.5℃/min 升温至 250℃，保持 2min；以 20℃/min 升温至 290℃，保持 5min；检测器温度：300℃；载气：高纯氮气，1.0 mL/min。

② 试样测定　在仪器最佳工作条件下，对待测溶液进样。标准系列溶液和试样溶液中被测物的响应值应在仪器检测的线性范围内。色谱峰保留时间定性，内标法定量，必要时采用气相色谱-质谱法进行确证。

13.5.2.4　分析结果表述

试样中 8 种多氯联苯的含量按式 (13-9) 计算。

$$X_i = \rho_i \times \frac{V}{m} \times f \tag{13-9}$$

式中　X_i——试样中各被测组分的含量，mg/kg；

ρ_i——从校正曲线得到的被测组分溶液浓度，mg/L；

V——试样溶液定容体积，mL；

m——试样称样量，g；

f——稀释系数。

13.5.3　丙烯酰胺的分析

通常采用液相色谱质谱法对食品中丙烯酰胺的含量进行分析，具体见二维码 13-6 所述。

13.5.4　三聚氰胺的分析

原料乳与乳制品中三聚氰胺的检测可参照二维码 13-7 所述进行。

二维码 13-6 丙烯酰胺的含量分析方法　二维码 13-7 三聚氰胺的检测　二维码 13-8 测定食品中多环芳烃的含量

13.5.5　多环芳烃的分析

采用气相色谱-质谱联用法 (GC-MS) 测定食品中多环芳烃含量可参照二维码 13-8 所述进行。

课后练习

1. 名词解释

食源性疾病；生化鉴定；农药残留；兽药残留

2. 判断题

(1) 原子吸收分光光度分析是一种良好的定性定量分析方法。(　　)

(2) 原子吸收分光光度法可以同时测定多种元素。(　　)

(3) 在汞含量的测定中，样品消解可采用干灰化法或湿消解法。(　　)

(4) 气相色谱法是测定食品中农药残留最为广泛的方法。( )

(5) 国家标准中所采用的分析方法一定是最先进、最科学的分析方法。( )

3. 单项选择题

(1) 原子吸收分析中的吸光物质是( )。

A. 分子 B. 离子 C. 基态原子 D. 激发态原子

(2) 原子吸收分析中采用标准加入法进行分析可消除( )的影响。

A. 光谱干扰 B. 基体干扰 C. 化学干扰 D. 背景吸收

(3) 属于食品中有毒元素的是( )。

A. 铅 B. 铁 C. 锌 D. 钙

(4) 下列关于色谱流出曲线(色谱图)的作用叙述中,正确的是( )。

A. 根据色谱峰的位置可以进行定量分析

B. 根据色谱峰的面积或高度可以进行定量检测

C. 根据色谱峰的高度,可以对色谱柱分离情况进行评价

D. 根据色谱峰的形状,可以判断被分离物质的某些性质,如酸碱性、氧化性等

4. 问答题

(1) 测定砷含量时,样品处理的常用方法有哪些?

(2) 简述气相色谱法测定有机磷农药残留的原理。

(3) 测定农药残留的常规分析方法有哪些?

(4) 测定铅含量时,需要注意的事项有哪些?

(5) 分析食品中生物毒素常用的方法有哪些?

知识拓展

2024 年 8 月,宣城市宣州区农业农村局开展农产品质量安全监督抽查,从养殖户孙某某处抽取的 1 批次牛蛙样品中,检出恩诺沙星含量超过国家食品安全标准规定的残留限量。经查,当事人销售牛蛙数量 50 千克、违法所得 800 元,销售兽药残留不符合农产品质量安全标准的农产品的行为属实。2024 年 10 月 10 日,宣城市宣州区农业农村局依据《中华人民共和国农产品质量安全法》第七十一条第一项规定,作出没收违法所得 800 元、罚款 2750 元的行政处罚。

通过案例分析,让学生感受到国家监管部门有力维护了消费者合法权益,切实保障了"舌尖上的安全",食品安全重于泰山,食品安全问题关乎每一个人的健康和生活质量,解决好这个问题才能保护消费者权益、提升市场环境、促进消费。

第 14 章

转基因食品快速分析

【学习重点与难点】

学习重点： 酶联免疫分析（ELISA）的原理及其在转基因食品中的应用；聚合酶链式反应（PCR）的基本概念，特别是实时荧光 PCR 和数字 PCR 的原理与应用；基因芯片技术的流程与结果解读。

学习难点： ELISA 中抗体选择的复杂性对结果的影响；实时荧光定量 PCR 与数字 PCR 操作细节及数据分析的挑战。

14.1 概述

转基因技术是将人工分离和修饰过的基因导入目标生物体的基因组中，以实现生物性状改变的技术。转基因食品是指以转基因生物为食品或以转基因生物为原料加工生产的食品。转基因食品利用转基因技术，导入其他生物的基因，使遗传性状朝着人们所需要的方向发生改变，包括感官品质、营养品质、消费品质等，体现了科技为改善人民生活服务的宗旨。

14.1.1 我国转基因技术的发展情况

20 世纪 80 年代，我国启动“国家高技术研究与发展计划”，开启了对转基因作物的相关研究。20 世纪 90 年代，国家科学技术委员会颁布了《基因工程安全管理办法》，指导基因工程研发和开发工作，之后陆续颁布了转基因番茄等安全证书，批准了转基因作物的商业化种植。截至 2022 年底，我国相继颁布了转基因抗虫水稻、转基因抗虫耐除草剂玉米、转基因耐除草剂大豆等生产应用的安全证书，共计批准农业转基因生物安全证书 187 项，这不仅推动了农业现代化，也为实现粮食安全和可持续发展提供了重要保障。

14.1.2 转基因食品的安全性

转基因技术的安全性，主要包括转基因食品的物质构成及化学成分等是否发生改变、长时间食用转基因食品对人体的发育及成长是否会产生不良影响、转基因食品的抗逆性是否会带来生物链中的负面效应等几个方面。除此之外，转基因食品的安全性还表现在以下几个方面。

① 过敏反应　转基因食品中的蛋白质进入人体后，可能提高人体产生过敏反应的风险程度。转基因食品的基因发生重组，外源基因可能会产生食品中本不存在的新成分，进而由

于重组基因新成分的表达而产生过敏反应。

② 潜在毒性　导入的外来基因可能会造成食品中毒素蛋白质的过量表达，从而使转基因食品存在潜在毒性。由于外源基因来源多样，若长期食用转基因食品，潜在毒性积累是否会对人体健康产生影响还需要更进一步研究与验证。

③ 抗药性　已有实验表明，抗生素抗性标记基因可通过转基因技术得以成功筛选并转入带有外源基因的细胞中，产生耐药菌株，影响抗生素抗性。通过摄入转基因食品，抗生素抗性基因可转移到人或动物消化道的微生物群中，并得以表达，从而导致人体（牲畜）抗生素药效失效。

14.1.3　转基因食品分析技术

目前常见的转基因检测技术主要是基于核酸水平和基于蛋白水平。基于核酸水平的检测技术主要针对整合进受体植物基因组上的外源基因进行检测，包括定性 PCR 技术、定量 PCR 技术、等温扩增技术、基因芯片技术等，一般以核酸扩增技术为核心，包括核酸提取、核酸扩增、扩增产物检测 3 个步骤，操作较为烦琐，对仪器设备要求较高。基于蛋白水平的检测技术主要依据免疫分析的原理针对外源表达蛋白进行检测，包括 ELISA 技术、Western blot 技术和免疫色谱技术等，操作较为简便，外源蛋白较为稳定，在现场快速检测领域应用较为广泛。高效、便捷的转基因检测手段，不仅帮助社会及时应对可能的食品安全问题，也体现了科技为民生服务的理念。

（1）基于核酸水平的快速检测技术

① 核酸提取技术　核酸提取是扩增前不可或缺的步骤，对检测结果的准确性有重要影响。传统的十六烷基三甲基溴化铵法（CTAB）、十二烷基硫酸钠法（SDS）、十二烷基硫酸钠-聚乙烯吡咯烷酮法（SDS-PVP）及试剂盒法等核酸提取方法由于依赖大型仪器、步骤烦琐、耗时长、成本高等特点，难以满足大规模现场快速检测。为了满足转基因快速检测和现场检测的需求，近年来碱裂解法、磁性微球 DNA 提取法、气压法、基因组 DNA 直接提取法、纤维素滤纸提取纯化法等一些新型快速高效的核酸提取方法得到开发和应用。

② 核酸扩增技术　PCR 是最常用的核酸扩增方法，可结合凝胶电泳或荧光检测等方法进行分析。近年来新兴的核酸等温扩增技术应用较为广泛，尤其是环介导等温扩增技术（LAMP），已发布相关标准。近年来出现的重组酶聚合酶扩增技术（RPA）可通过重组酶和链置换聚合酶的作用，实现模板 DNA 的快速扩增，但相关的应用研究仍处于起步阶段。

③ 扩增产物检测技术　核酸扩增产物可以采用凝胶电泳、实时荧光、核酸试纸条和显色、生物传感器等多种方法进行检测。此外，还可以通过检测核酸扩增过程中生成的副产物焦磷酸来达到检测的目的，且操作简单、用时少、成本低。

（2）基于蛋白水平的快速检测技术

① 免疫色谱技术　基于夹心或竞争原理，将免疫技术与色谱法相结合，通过显色反应来显示检测结果，无需大型仪器和专业技术人员就可直接进行检测，用时短且成本低廉，是目前应用最为广泛和成熟的现场快速检测技术。

② ELISA　将抗原、抗体免疫反应的特异性与酶催化作用的高效性有机地结合起来的一种非放射性应用型检测方法，是转基因靶标蛋白定量分析的主要技术手段之一，具有设备需求低、易于读取结果等优点。

（3）其他快速检测技术

① 生物传感器　基于目标化合物和识别元件之间的选择性相互作用，检测识别反应产

生的光、电等信息，再由相应的换能器转变成可定量和可处理的电信号进行检测的仪器。生物传感器主要包括生物敏感膜（分子识别元件）、换能器和信号处理放大装置三个部分，识别元件主要是核酸、蛋白等生物材料，信号转换元件主要是光、电、磁、热等。生物传感器具有分析速度快、灵敏度高、通量高等优点，适合转基因的现场检测和快速筛查。

② 表面等离子体共振（SPR）技术　通过分子吸附在重金属膜上引起介电常数的变化来进行检测，是一项基于物理光学原理的新型生化分析技术。SPR 技术具有样品用量少、灵敏度高、特异性强、可实时和快速检测等优势，近年来广泛应用于转基因成分定性及定量检测等各个领域。

14.2　ELISA 分析方法

14.2.1　概述

ELISA 是一种将抗原、抗体免疫反应的特异性与酶催化作用的高效性有机地结合起来的非放射性检测方法。ELISA 技术的基础是抗体（抗原）的固相化及抗原（抗体）的酶标记，其原理包括抗体（抗原）吸附在固相载体的外表面，并维持其免疫活性；抗原（抗体）通过共价键与酶连接而形成酶复合物，并维持其免疫学活性和酶学活性；酶复合物与对应的抗体（抗原）结合后，可根据加入底物后的颜色改变来判定试验结果。ELISA 技术可用于测定抗原，也可用于测定抗体，广泛应用于农产品及食品中农药残留和兽药残留检测、致病微生物检测、重金属污染检测、生物毒素检测、非食用物质检测、过敏原检测、转基因食品检测等。

14.2.2　蛋白质检测法

14.2.2.1　原理

从测试样品中按照一定的程序抽提出含有目标蛋白的基质，利用抗体与目标蛋白（抗原）特异性结合特性，通过偶联抗体与抗原抗体复合物的作用产生可检测的信号。

14.2.2.2　仪器

搅拌器、匀浆器、冷冻离心机、酶标仪等。

14.2.2.3　分析步骤

① 一般要求　抗体、偶联抗体、底物等的贮藏条件和保质期应与生产商要求一致。为了实施本部分分析，应注意实验室的质量保证（如有关仪器的校准、两次测定、空白、标准物质的使用、制作标准曲线等），认真清洗与样品直接接触的所有仪器，以防污染。

② 样品溶液的准备　对于固体等不能直接测试的样品，经磨碎、搅拌等处理后进行测试；粉末、面粉有膨胀特性，有时需要用两倍体积的抽提液；脂肪含量高的实验室样品需要抽提较大的测试样本。称取适量有代表性的分析样品于聚丙烯管中，其中一部分用于蛋白质抽提，加入抽提液，匀浆或混匀，制备样品溶液。

二维码 14-1
附录 A

③ 蛋白质抽提　测试样品或标准品的抽提和稀释等见附录 A（见二维码

14-1：附录A转基因植物机器产品中CP4 EPSPS蛋白的ELISA检测)。在抽提和分析时使用相同的缓冲液，以尽可能减少基质对检测的影响，抽提缓冲液应保证最大量地从样品中抽提出目标蛋白成分。应使用聚丙烯管抽提蛋白，以避免蛋白吸附。

④ 标准曲线的制作　使用与基质一致的阳性标准品来制作标准曲线。

⑤ 分析程序　按照附录A所列程序，根据空白对照、阴性标准品、阳性标准品及测试样品的数量选取适量的检测试剂，将测试样品的溶液稀释到适合分析的浓度。根据所选方法，轻轻混匀，使反应在规定的时间和温度范围内进行，终止反应后，及时读出检测数值。

14.2.2.4　结果分析与表述

(1) 一般要求

重复测定同一样品的吸光值的差异不得超过15%，计算所得的浓度差异不得超过20%。如果超过变异系数百分数的上限，必须重新选取样品检测，重复3次以上。检测结果不能表述为在样品中无转基因成分。

(2) 定量分析

需要分析空白对照、阴性标准品、阳性标准品及测试样品的原始数据；重复试验的变异系数百分数；阳性标准品的变异系数百分数；对照样品的变异系数百分数四项参数。所有最后检测结果在报告时都必须考虑检测方法的不确定度。定量结果应根据在阳性标准品线性范围内的测量值来计算。

(3) 结果的表述

① 定性检测结果表述　阴性结果表述为“在×××检测下限时未检测到×××”或“低于×××检测的下限时未检测到×××”；阳性结果表述为“在×××检测下限时检测到×××”或“高于×××检测的下限时检测到×××”。

② 定量检测结果表述　低于定量下限的阳性结果表述为“阳性，高于检测下限，但低于定量下限”；高于定量下限阳性结果表述为“在×××检测下限时检测到×××，含量为×××”或“高于×××检测下限时检测到×××，含量为×××”。

14.2.2.5　说明与注意事项

① 本方法适用于以检测目标蛋白为基础的转基因产品定性定量检测。如果对检测结果存在疑问，可以用定性或定量PCR检测方法验证。

② 影响检测结果的参数　每次测试样品得到的实验数据，应与试剂盒的各种参数的标准值进行比较，以保证检测结果的可靠性和一致性。当检测的数值与试剂盒提供的各种参数不一致时，说明检测结果不准确，需进一步对这些检测数据进行验证。

③ 交叉反应　检测一个特定的目标蛋白，需分析其在不同基质中反应的特异性。可以用目标蛋白的类似物即具有相似序列的蛋白来评价交叉反应，同时也要对含有成分尽可能相近的非转基因样品进行检验和比较。

④ 基质效应　不同的基质所适用的免疫检测范围不同，应明确基质的应用范围，用与基质相一致的标准品，制作阳性标准品的稀释曲线，用于测试样品的定量检测，标准曲线的形状不应因基质效应而改变。如果样品与标准品在不同的基质中进行检验，应考虑基质效应。

⑤ 线性范围　对于定量检测来说，应明确不同基质免疫分析的线性范围。阳性标准品

的检测数值在一定范围内应该是线性关系；如果出现曲线，应该检测更多的阳性标准品，获得更多标准点，制作标准曲线；如果曲线斜率不相同，应对样品进行稀释后测试，并进行统计分析。

14.3　PCR 分析技术

14.3.1　概述

PCR 是在体外选择性扩增特定 DNA 片段的方法，是一种用于放大扩增特定的 DNA 片段的分子生物学技术，可以看作是生物体外的特殊 DNA 复制。PCR 分析技术的原理是利用 DNA 在体外高温时变性成为单链，低温时引物与单链按碱基互补配对原则结合，再调温度至 DNA 聚合酶最适反应温度时 DNA 聚合酶沿着磷酸到五碳糖的方向合成互补链。在食品安全检测中，常采用的是实时荧光 PCR，即在 PCR 反应体系中加入荧光物质（荧光基团），并实时监测荧光信号积累的整个 PCR 进程，最后通过标准曲线对未知模板进行定量分析的方法。此外，还有目标序列测序法、数字 PCR 法等，为科学领域的持续发展提供了更多可能性。

14.3.2　实时荧光定性 PCR

14.3.2.1　原理

提取样品 DNA 后，通过实时荧光 PCR 技术对样品 DNA 进行筛选检测，再根据实时荧光 PCR 扩增结果，判断该样品中是否含有转基因成分。对外源基因检测结果为阳性的样品，或已知为转基因阳性的样品，如需进一步进行品系鉴定，则对品系特异性片段进行实时荧光 PCR 检测，根据结果判定该样品中含有哪（些）种转基因品系成分。

14.3.2.2　仪器与试剂

仪器：实时荧光 PCR 仪、样品粉碎仪或研磨机、天平、水浴锅或恒温孵育器、冷冻离心机、高压灭菌锅、涡旋振荡器、生物安全柜、pH 计、核酸蛋白分析仪或紫外分光光度计、微量移液器等。

试剂：罗丹明、TaqDNA 聚合酶、$MgCl_2$、dATP、dUTP、dCTP、dGTP、UNG 酶等。

14.3.2.3　分析步骤

① 取样和制样　按照《转基因产品检测 抽样和制样方法》（GB/T 19495.7—2004）规定的方法执行。

② 样品 DNA 的提取与纯化　按照《转基因产品检测 核酸提取纯化方法》（GB/T 19495.3—2004）规定的方法或采用具有相同效果的植物基因组 DNA 提取试剂盒进行 DNA 提取。每个样品应制备 2 个测试样品提取 DNA（提取平行重复）。

③ DNA 浓度测定和定量　按照《转基因产品检测 核酸提取纯化方法》（GB/T 19495.3—2004）规定的方法执行。

④ 实时荧光 PCR 检测　转基因成分筛选检测基因的选择：对于未知是否为转基因产品的样品，按照表 14-1 选用筛选检测基因。

表 14-1 转基因筛选检测基因选用

物种	选用基因
大豆及其加工品	内源基因，pCaMV35S，pFMV35S，tNOS，BAR，PAT，Gox，CP4-EPSPS，CTP2-CP4-PSPS，tE9
玉米及其加工品	内源基因，pCaMV35S，pFMV35S，tNOS，NPTⅡ，BAR，PAT，GOX，CP4-EPSPS，CTP2-CP4-EPSPS，Cry3A，tCaMV35S，PMI，CryIA(b)，CRYIA(c)，pRice-Eactin
油菜及其加工品	内源基因，pCaMV35S，pFMV35S，tNOS，NPTⅡ，BAR，PAT，GOX，CP4-EPSPS，CTP2-CP4-EPSPS，pNOS，pSSuAra，pTA29，tCaMV35S，tE9，tOCS，tg7
水稻及其加工品	内源基因，pCaMV35S，tNOS，BAR，CryIA(b)，CRYIA(c)
棉花及其加工品	内源基因，pCaMV35S，pFMV35S，tNOS，NPTⅡ，BAR，PAT，CP4-EPSPS，pUbi，tE9，CryIA(b)，CRYIA(c)
马铃薯及其加工品	内源基因，pCaMV35S，pFMV35S，tNOS，NPTⅡ，CP4-EPSPS，Cry3A，pNOS
亚麻及其加工品	内源基因，pCaMV35S，pFMV35S，tNOS，NPTⅡ
甜菜及其加工品	内源基因，pCaMV35S，pFMV35S，tNOS，NPTⅡ，PAT，CP4-EPSPS，CTP2-CP4-EPSPS
苜蓿及其加工品	内源基因，pFMV35S，CTP2-CP4-EPSPS，tE9
番茄	pCaMV35S，pFMV35S，tNOS，NPTⅡ，CRYIA(c)
苹果	pCaMV35S，pFMV35S，tNOS，NPTⅡ
菊苣	pCaMV35S，pFMV35S，tNOS，BAR，NPTⅡ
华北剪股颖	pCaMV35S，pFMV35S，tNOS，CP4-EPSPS
烟草	pCaMV35S，pFMV35S，tNOS，NPTⅡ
李子	pCaMV35S，pFMV35S，tNOS，NPTⅡ
甜瓜	pCaMV35S，pFMV35S，tNOS，NPTⅡ
木瓜	pCaMV35S，pFMV35S，tNOS，NPTⅡ
小麦	pCaMV35S，pFMV35S，tNOS，CP4-EPSPS
茄子	pCaMV35S，pFMV35S，tNOS，NPTⅡ，CRYIA(c)
桉树	pCaMV35S，pFMV35S，tNOS，NPTⅡ

实时荧光 PCR 反应体系：实时荧光 PCR 反应体系配制见表 14-2。每个样品设置 2 个平行重复。

表 14-2 实时荧光 PCR 反应体系

名称	储液浓度	终浓度
10×PCR 缓冲液	10×	1×
$MgCl_2$	25mmol/L	2.5mmol/L
dNTP(含 dUTP)	2.5mmol/L	0.2mmol/L
UNG 酶	5U/μL	0.075U/μL
上游引物	10μmol/L	参考附录 B 中表 B.1、表 B.2(见二维码 14-2)
下游引物	10μmol/L	参考附录 B 中表 B.1、表 B.2
探针	10μmol/L	参考附录 B 中表 B.1、表 B.2
Taq 酶	5U/μL	0.05U/μL
DNA 模板	—	50～250ng
超纯水	—	补足至 25μL

实时荧光 PCR 反应程序：实时荧光 PCR 反应参数为 50℃/2min；95℃/10min；95℃/15s，60℃/60s，40 个循环。注：95℃/10min 专门适用于化学变构的热启动 Taq 酶。以上参数可根据不同型号实时荧光 PCR 仪和所选 PCR 扩增试剂体系不同作调整。

二维码 14-2
附录 B

仪器检测通道的选择：将 PCR 反应管或反应板放入实时荧光 PCR 仪后，设置 PCR 反应荧光信号收集条件，应与探针标记的报告基团一致。具体设置方法可参照仪器使用说明书。

实验设立以下对照：阴性对照，相应的非转基因植物样品 DNA；阳性对照，目标转基因植物品系基因组 DNA，或含有上述片段的质粒标准分子 DNA；空白对照设两个，一是提取 DNA 时设置的提取空白对照（以双蒸水代替样品），二是 PCR 反应的空白对照（以双蒸水代替 DNA 模板）。

14.3.2.4　结果分析与表述

① 质量控制

空白对照：内源基因检测 Ct 值≥40，外源基因或品系特异性检测 Ct 值≥40。

阴性对照：内源基因检测 Ct 值≤30，转化事件特异性检测 Ct 值≥40。

阳性对照：内源基因检测 Ct 值≤30，转化事件特异性检测 Ct 值≤35。

上述指标有一项不符合者，须重新进行实时荧光 PCR 扩增。

② 结果判定　测试样品外源基因检测 Ct 值≥40，内源基因检测 Ct 值≤30，则可判定该样品不含所检基因或品系；测试样品外源基因检测 Ct 值≤35，内源基因检测 Ct 值≤30，判定该样品含有所检基因或品系；测试样品外源基因检测 Ct 值在 35～40，应调整模板浓度，重做实时荧光 PCR。再次扩增后的外源基因检测 Ct 值仍在 35～40，则可判定为该样品含有所检基因或品系。再次扩增后的外源基因检测 Ct 值≥40，则可判定为该样品不含所检基因或品系。

③ 结果表述　结果为阳性的，表述为“检出×××外源基因”或“检出×××转基因品系”。结果为阴性的，表述为“未检出×××外源基因”或“未检出×××转基因品系”。对于核酸无法有效提取的样品，检测结果为“未检出核酸成分”。

14.3.2.5　说明与注意事项

① 本方法适用于大豆、玉米、油菜、水稻、棉花、马铃薯、亚麻、甜菜、苜蓿、番茄、木瓜、苹果、菊苣、华北剪股颖、烟草、李子、甜瓜、小麦、茄子和桉树等植物转基因筛选检测，也适用于大豆、玉米、油菜、棉花、水稻、马铃薯、亚麻、甜菜和木瓜等植物的品系特异性检测。

② 防污染措施：检测过程中防止交叉污染的措施按照《实验室质量控制规范 食品分子生物学检测》（GB/T 27403—2008）和《转基因产品检测 实验室技术要求》（GB/T 19495.2—2004）的规定执行。

③ 实时荧光 PCR 反应体系配制时，可选用含有 PCR 缓冲液、$MgCl_2$、dNTP 和 Taq 酶等成分的基于 Taqman 探针的实时荧光 PCR 预混液进行实时荧光 PCR 扩增；ROX 荧光试剂仅在具有 ROX 校正通道的实时荧光 PCR 仪上进行扩增时添加，否则用超纯水补足；反应体系中各试剂的量可根据具体情况或不同的反应总体积进行适当调整。

④ 品系特异性检测引物探针：根据需要检测的转基因植物品系，参照附录 C（见二维码 14-3）中表 C.1 的序列合成引物和探针，加超纯水配制成 100μmol/L 储备液，实时荧光 PCR 扩增的引物和探针工作液浓度为 10μmol/L。

二维码 14-3
附录 C

⑤ 方法的最低检出限：各基因片段的实时荧光 PCR 扩增的最低检出限（LOD）为 0.01%。

14.3.3　实时荧光定量 PCR

14.3.3.1　原理

在 PCR 反应体系中，除加入特异的引物外，再加入与模板 DNA 相匹配的具有荧光标记的探针。随着 PCR 反应的进行，PCR 反应产物不断累积，荧光信号强度也等比例增加。每经过一个循环，收集一个荧光强度信号，这样就可以通过荧光强度变化监测产物量的变化，从而得到一条荧光扩增曲线。当荧光信号超过所设定的阈值时，荧光信号可被检测出来。每个模板的 Ct 值与该模板起始拷贝数的对数存在线性关系，起始拷贝数越多，Ct 值越小。利用已知起始拷贝数的基体标准物质或质粒标准分子可制备标准曲线，其中横坐标代表起始拷贝数的对数，纵坐标代表 Ct 值。因此，只要获得未知样品的 Ct 值，即可通过制备的标准曲线计算出该样品的内标准基因和某品系的起始拷贝数，计算出的两个目标核酸拷贝数的比值（百分数）即为测定品系的相对含量。

14.3.3.2 仪器与试剂

仪器：实时荧光 PCR 仪、样品粉碎仪或研磨机、恒温孵育器或水浴锅、离心机、高压灭菌锅、涡旋振荡器、生物安全柜、核酸蛋白分析仪或紫外分光光度计、微量移液器等。

试剂：罗丹明、TaqDNA 聚合酶、$MgCl_2$、dATP、dUTP、dCTP、dGTP、UNG 酶等。

14.3.3.3 分析步骤

（1）取样和制样

按照《转基因产品检测 抽样和制样方法》（GB/T 19495.7—2004）中规定的方法执行。

（2）样品 DNA 的提取与纯化

按照《转基因产品检测 核酸提取纯化方法》（GB/T 19495.3—2004）规定的方法或采用具有相同效果的植物基因组 DNA 提取试剂盒进行 DNA 提取。每个样品应制备 3 个测试样品提取 DNA（提取平行重复）。

（3）DNA 浓度测定和定量

按照《转基因产品检测 核酸提取纯化方法》（GB/T 19495.3—2004）规定的方法执行。

二维码 14-4 附录 D　二维码 14-5 附录 E

（4）实时荧光 PCR 扩增

实时荧光 PCR 反应体系：实时荧光 PCR 反应体系配制见表 14-3。每个提取平行重复分别进行至少 3 次内标准基因和品系特异性序列的扩增反应（扩增平行重复）。

表 14-3 实时荧光 PCR 反应体系

名称	储液浓度	终浓度
10×PCR 缓冲液含量	10×	1×
$MgCl_2$	25mmol/L	2.5mmol/L
dNTP(含 dUTP)	2.5mmol/L	0.2mmol/L
UNG 酶	5U/μL	0.075U/μL
上游引物	10μmol/L	参考附录 D(见二维码 14-4)
下游引物	10μmol/L	参考附录 D
探针	10μmol/L	参考附录 D
Taq 酶	5U/μL	0.05U/μL
ROX	50×	1×
DNA 模板	—	参考附录 E(见二维码 14-5)进行计算
双蒸水	—	补足至 25μL

a. 实时荧光 PCR 反应程序 实时荧光 PCR 反应参数为 50℃/2min，95℃/10min，95℃/15s，60℃/60s，40 个循环。注：以上参数可根据不同型号实时荧光 PCR 仪和所选 PCR 扩增体系不同作适当调整。

b. 仪器检测通道的选择 设置 PCR 反应荧光信号收集条件，应与探针标记的报告基团一致。具体设置方法可参照仪器使用说明书。

c. 实验设立以下对照 阴性对照，相应的非转基因植物样品 DNA；阳性对照，为目标转基因植物品系基因组 DNA，或含有上述片段的质粒标准分子 DNA；空白对照设两个，一是提取 DNA 时设置的提取空白对照（以双蒸水代替样品），二是 PCR 反应的空白对照（以双蒸水代替 DNA 模板）。

(5) 标准曲线制备

① 通用要求 制备标准曲线时需设置至少 5 个浓度点，且设置的最低浓度点应尽量接近该扩增目标的定量下限。标准曲线上的每个浓度应至少做 3 个平行重复。

② 基于基体标准物质的标准曲线制备 将基体标准物质基因组 DNA（或基因组 DNA 标准物质）稀释至合适浓度，后做梯度稀释。如可采用 5 倍梯度对 DNA 模板进行稀释至 4×10^4 拷贝、8000 拷贝、1600 拷贝、320 拷贝和 25 拷贝，其中 25 拷贝为定量下限模板浓度，必须设置。采用稀释后的 DNA 溶液进行实时荧光 PCR 扩增制备标准曲线。每个浓度模板 DNA 设置至少 3 个平行重复扩增。扩增后，根据扩增 Ct 值与样品浓度（拷贝数）对数值间的线性关系制备标准曲线。标准曲线即以 DNA 拷贝数的对数作为横坐标，Ct 值作为纵坐标作图，并获得标准曲线方程。

③ 基于质粒标准分子的标准曲线制备

a. 标准曲线制备 将含有目标转基因品系和植物内标准基因的质粒标准分子 DNA 溶液进行梯度稀释。如可采用 10 倍梯度稀释，每微升推荐浓度梯度为 10^7、10^6、10^5、10^4、10^3、10^2，并以每微升 25 拷贝为定量下限（必须设置）。采用稀释后的 DNA 溶液进行实时荧光 PCR 扩增制备标准曲线。每个浓度模板 DNA 设置至少 3 个平行重复扩增。扩增后，根据扩增 Ct 值与样品浓度（拷贝数）对数值间的线性关系制备标准曲线。标准曲线即以 DNA 拷贝数的对数作为横坐标、Ct 值作为纵坐标作图，并获得标准曲线方程。

b. Cf 值测定 在对实际样品中转基因品系进行定量时，需要测定 Cf 值，以弥补质粒 DNA 与植物基因组 DNA 的背景差异。采用一定含量的转基因植物材料（包括基体标准物质）基因组 DNA（浓度在 10^2 拷贝至 10^5 拷贝之间）进行 Cf 值的测定。即采用基因组 DNA 分别扩增内标准基因和品系特异性序列，扩增反应均设置 3 个平行重复。然后根据上述基于质粒标准分子获得的标准曲线方程计算出基因组 DNA 的内标准基因和品系特异性序列拷贝数，再按式 (14-1) 计算 Cf 值。

$$\mathrm{Cf}=\frac{\mathrm{cp_{evnt}}}{\mathrm{cp_{ref}}\times\mathrm{pct_{gmo}}} \tag{14-1}$$

式中 $\mathrm{cp_{evnt}}$——品系特异性序列拷贝数；

$\mathrm{cp_{ref}}$——内标准基因拷贝数；

$\mathrm{pct_{gmo}}$——转基因植物材料目标品系含量，如采用纯合转基因植物材料进行 Cf 值测定，则目标品系含量为 100%。

14.3.3.4 结果计算

① 质量控制

空白对照：内标准基因扩增 Ct 值≥40，品系特异性序列扩增 Ct 值≥40。

阴性对照：内标准基因扩增 Ct 值≤30，品系特异性序列扩增 Ct 值≥40。

阳性对照：内标准基因扩增 Ct 值≤30，品系特异性序列扩增 Ct 值≤35。

上述指标有一项不符合者，需重新进行实时荧光 PCR 扩增。

被检测的样品核酸浓度应在标准曲线测定范围内，如不在标准曲线测定范围内，则需对样品核酸浓度进行适当调整后重新进行检测。

扩增平行重复测试结果（转基因品系含量）的相对标准偏差≥25%，或提取平行重复的测试结果（转基因品系含量）的相对标准偏差≥35%，则应重新进行实验，重新进行的实验应从制备测试样品开始。标准偏差（SD）和相对标准偏差（RSD）按式（14-2）和式（14-3）进行计算。

$$SD=\sqrt{\frac{\sum_{i=1}^{n}(X_i-\overline{X})^2}{n-1}} \tag{14-2}$$

$$RSD=\frac{SD}{\overline{X}}\times 100\% \tag{14-3}$$

式中 n——重复次数；

X_i——各测定值；

$\overline{X}$——测定值的平均值。

② 样品 DNA 浓度与拷贝数间的换算　将样品 DNA 浓度换算为 DNA 拷贝数可参照式（14-4）进行计算。

$$cp_{DNA}=\frac{6.022\times 10^{23}\times cont_{DNA}}{len_{DNA}\times 10^{9}\times 660} \tag{14-4}$$

式中 cp_{DNA}——DNA 拷贝数；

$cont_{DNA}$——DNA 量，ng；

len_{DNA}——基因组 DNA 长度，bp。

③ 样品中目标转基因品系含量计算　当采用基体标准物质（包括基因组 DNA 标准物质）制备标准曲线时，样品中目标转基因品系含量按式（14-5）进行计算。

$$pct_{tgt}=\frac{cp_{evnt}}{cp_{ref}}\times 100\% \tag{14-5}$$

式中 pct_{tgt}——目标转基因品系含量；

cp_{evnt}——品系特异性序列拷贝数；

cp_{ref}——内标准基因拷贝数。

当采用质粒标准分子制备标准曲线时，样品中目标转基因品系含量按式（14-6）进行计算。

$$pct_{tgt}=\frac{cp_{evnt}}{cp_{ref}\times Cf}\times 100\% \tag{14-6}$$

式中 pct_{tgt}——目标转基因品系含量；

cp_{evnt}——品系特异性序列拷贝数；

cp_{ref}——内标准基因拷贝数。

④ 样品转基因成分含量计算　每个提取平行重复的转基因品系含量为 3 次扩增平行重复计算出的转基因成分含量的平均值。样品的转基因品系含量（%）为 3 个提取平行重复转

基因品系含量（%）的平均值。平均值按式（14-7）进行计算。

$$pct_{fnl}=(pct_{rpt1}+pct_{rpt2}+pct_{rpt3})/3 \tag{14-7}$$

式中　pct_{fnl}——转基因品系含量；

pct_{rpt1}——重复 1 转基因含量；

pct_{rpt2}——重复 2 转基因含量；

pct_{rpt3}——重复 3 转基因含量。

市场上的水稻、玉米和油菜等种子往往是杂交种，单一转基因品系有纯合体和杂合体之分。对于纯合体，其以品系特异性序列拷贝数为依据测得的含量与以质量为依据测得的含量相同。对于杂合体，其以品系特异性序列拷贝数为依据测得的含量仅为以质量为依据测得含量的一半。

⑤ 定量检测结果表述　定量检测结果有 3 种可能，分别表述见表 14-4。

表 14-4　定量检测结果表述

检测结果	结果表述
检出物种内标准基因，但未检出目标品系特异性序列	未检出转基因××（植物名称）××品系（品系名称）
检出物种内标准基因和品系特异性序列，但含量小于定量下限	检出转基因××（植物名称）××品系（品系名称）
检出物种内标准基因和目标品系特异性序列，含量在标准曲线测定范围内	检出转基因××（植物名称）××品系（品系名称），含量为×%

⑥ 不确定度计算　按照《测量不确定度评定与表示》（JJF 1059.1—2012）、《转基因检测实验室测量不确定度评估指南》（SN/T 4562—2016）的要求计算方法不确定度。

14.3.3.5　说明与注意事项

① 本方法适用于大豆、玉米、油菜、水稻（大米）、棉花、马铃薯、甜菜、木瓜等植物及其产品中转基因品系含量的定量检测。

② 防污染措施　检测过程中防止交叉污染的措施按照《实验室质量控制规范 食品分子生物学检测》（GB/T 27403—2008）和《转基因产品检测 实验室技术要求》（GB/T 19495.2—2004）的规定执行。

③ 实时荧光 PCR 反应体系中各试剂的量可根据具体情况或不同的反应总体积进行适当调整；可选用含有 PCR 缓冲液、$MgCl_2$、dNTP 和 Taq 酶等成分的基于 Taqman 探针的实时荧光 PCR 预混液进行实时荧光 PCR 扩增；ROX 荧光试剂仅在具有 ROX 校正通道的实时荧光 PCR 仪上进行扩增时添加，否则用双蒸水补足。

④ 定量检测限　各品系特异性序列的实时荧光 PCR 扩增定量检测限（LOQ）为 0.1%（拷贝数比例）。

14.3.4　目标序列测序法

该法是通过抽样与制样获得待测样品与质控样品，首先提取并片段化样品基因组 DNA，随后连接接头序列，并对连接产物进行 PCR 扩增，之后通过探针捕获扩增产物并扩增捕获产物，进而获得测序文库，随后进行高通量测序，分析测序数据并进行质量控制，最后得出检测结论。本方法利用不同样品条形码识别，控制实验室气溶胶污染；通过外源基因特征片段识别外源基因并区分微生物污染；借助与多种转基因元件匹配的杂交探针同时检测多种转基因成分。具体操作见二维码 14-6 所述。

二维码 14-6
具体操作

14.3.5 数字 PCR 法

现阶段数字 PCR 的实现形式包括芯片式数字 PCR 与微滴式数字 PCR 两种。其中芯片式数字 PCR 通过微流控芯片实现对原始反应体系的分割，这种分割方式具有稳定性好、均一性好的优点，但是这种分割方式的实验成本相对较高；微滴式数字 PCR 平台通过产生微小油包水体系实现反应体系的分割，这种分割方式具有反应速度快、分割成本低的优点，但是相对来说，这种分割方法的稳定性较差，而且对于数据分析的要求也相对较高。在科研技术日益发展的今天，探索不同数字 PCR 平台的协同分析，反映了科学家在推动技术进步与应用普及方面的责任与担当。

本方法针对通用筛选元件 CaMV35s 启动子和 NOS 终止子设计选取特异性引物和探针进行数字 PCR 扩增，并根据扩增结果来判定 CaMV35s 启动子和 NOS 终止子的外源筛选元件成分。另外，通过芯片式数字 PCR 和微滴式数字 PCR 的协同比对，本方法可以在两种平台中达到同样的检测目的。具体操作见二维码 14-7 所述。

二维码 14-7
具体操作

14.4 基因芯片技术

14.4.1 概述

基因芯片技术是将大量的核酸分子以大规模阵列形式排布在很小的载体上，根据碱基互补配对原理与标记的样品分子进行杂交，再通过检测杂交信号的强弱及分布，进而获取样品中靶分子的数量和序列信息的分析技术。基因芯片根据片基不同可分为无机片基芯片和有机合成片基芯片，根据制备方法不同可分为原位合成芯片和合成后交联芯片，根据结构不同可分为 DNA 阵列和寡核苷酸芯片，根据应用不同可分为表达谱芯片、诊断芯片、检测芯片。

14.4.2 基因芯片检测法

14.4.2.1 原理

基因芯片技术是将探针 DNA 有序地固定于玻片或其他固相载体上，测试样品的核酸分子经过标记，与固定在载体上的 DNA 阵列中的探针按碱基配对原理同时进行杂交，洗去未互补结合的片段。然后通过激光共聚焦荧光检测系统等对芯片进行扫描，检测杂交信号强度，用计算机软件进行数据的比较和分析，从而获取样品分子的数量和序列信息。

14.4.2.2 仪器与试剂

仪器：基因芯片点样仪、紫外交联仪、基因扩增仪、基因芯片扫描仪、杂交仪等。

试剂：cy5-dCTP、碳酸钠、十二烷基硫酸钠、SSPE 缓冲液、PBS 缓冲液、阴性标准物质、阳性标准物质、琥珀酸酐、吡咯烷酮、硼氢化钠等。

14.4.2.3 分析步骤

① 基因芯片的制备　根据需要检测的外源目的基因设计寡核苷酸探针，用于制备基因

芯片。在制备寡核苷酸探针时，一般在其 5′或 3′端进行氨基修饰，以利于其在玻片表面的固定。另外，对玻片表面进行氨基修饰，然后在氨基修饰后的玻片表面上连接双功能偶联剂，如戊二醛（GA）或对苯二异硫氰酸酯（PDC），制备成基片。探针合成好后，利用（通过）点样仪点在基片上，寡核苷酸的修饰氨基将与基片上戊二醛的另一个醛基发生化学反应，或与 PDC 分子的另一个异硫氰基发生类似的反应，从而达到寡核苷酸交联固定的目的。为了有利于寡核苷酸探针分子和目标基因片段之间的杂交，通常在所设计的寡核苷酸探针序列的 5′端或 3′端加入一段不直接参与杂交的重复序列，称为手臂分子。采用 poly（dT）10 作为手臂分子。点样完成后要对芯片进行后处理，后处理的目的主要是使探针能与载体表面牢固结合，同时，还对载体上未与探针结合的游离活性基团进行封闭以避免在杂交过程中非特异性的吸附对实验结果（特别是背景）造成影响。

② 样本的检测 包括目标 DNA 的标记、杂交和结果判断等部分。测试样本（目标 DNA）在酶促反应中通过掺入法或引物修饰等方法进行标记。利用核酸碱基配对的性质，将标记的测试样本变性后与点在芯片上的寡核苷酸探针特异性杂交，这样芯片上与标记测试样本特异性结合的点就会显示信号，通过基因芯片扫描仪检测发出的信号及其强度，根据信号值判断测试样本中是否存在特定的基因。

14.4.2.4 结果分析与表述

① 阴性结果表述：未检出×××转基因成分，检测低限为×%。

② 阳性结果表述：检出×××转基因成分，检测低限为×%。如果进行了品系检测，则进一步报告该检测样品是×××转基因品系。

14.4.2.5 说明与注意事项

① 本方法适用于用基因芯片对转基因产品的筛选基因、物种结构特异性基因、品系鉴定检测基因和内源基因等的检测。

② 测试样品中 DNA 的提取，应按照《转基因产品检测 核酸提取纯化方法》（GB/T 19495.3—2004）的规定执行。每个测试样品提取时应做两个提取重复。

③ 每批测试实验需设置对照。对照的设置应符合《转基因产品检测 实验室技术要求》（GB/T 19495.2—2004）的规定。所有对照的结果中若有一项不符合者，测试结果应放弃并重做。

④ 基因芯片检测的种类：根据测试样品的类型和（或）分析检测的要求，转基因产品的基因芯片检测分为：筛选检测、物种结构特异性基因检测和品系特异性基因检测等。

⑤ 测试报告应符合《转基因产品检测 通用要求和定义》（GB/T 19495.1—2004）和《转基因产品检测 实时荧光定性聚合酶链式反应（PCR）检测方法》（GB/T 19495.4—2018）的规定，并且至少还应包括采用基因芯片检测方法的依据以及核酸提取方法的依据等附加信息。

课后练习

1. 名词解释

ELISA；PCR；实时荧光定量 PCR；数字 PCR；基因芯片

2. 判断题

(1) 实时荧光定量 PCR 可以在反应的每个周期中实时监测产物的生成。( )

(2) 数字 PCR 的灵敏度通常高于传统 PCR。( )

(3) 基因芯片技术只能检测转基因植物中的转基因蛋白。( )

(4) 目标序列测序法可以用于确定转基因序列的准确性。( )

(5) PCR 技术只适用于 DNA 的扩增，不能用于 RNA。( )

3. 单项选择题

(1) ELISA 中用于检测的主要成分是以下哪项？( )

A. DNA　B. RNA　C. 蛋白质　D. 糖类

(2) 以下哪种 PCR 技术可以提供绝对定量的结果？( )

A. 实时荧光 PCR　B. 数字 PCR　C. 常规 PCR　D. 反转录 PCR

(3) 哪种方法适合检测转基因食品中的特定 DNA 序列？( )

A. ELISA　B. 数字 PCR　C. 质谱　D. 染色质免疫沉淀

(4) 在基因芯片实验中，样本的标记一般使用以下哪项？( )

A. 酶　B. 放射性同位素　C. 荧光染料　D. 磁珠

(5) 以下符合实时荧光 PCR 特点的是哪项？( )

A. 只能进行定性分析　B. 结果需要后续分析

C. 可实时监测 DNA 扩增　D. 不能准确定量

4. 问答题

(1) 简述 ELISA 分析方法的基本原理及其在转基因食品检测中的应用。

(2) 在 PCR 分析技术中，实时荧光定量 PCR (qPCR) 与传统 PCR 相比，有哪些优势？

(3) 简要介绍基因芯片技术的基本原理及其在转基因食品检测中的应用。

(4) 假设你要对市场上销售的转基因大豆产品进行检测，如何选择合适的分析方法？

①请比较 ELISA、PCR 和基因芯片技术在该检测中的优缺点。

②针对转基因成分的特定目标，你会优先选择哪种方法，并说明理由。

(5) 在使用数字 PCR 法进行转基因食品分析时，请对该方法的优势及适用场景进行分析。

知识拓展

近年来，转基因技术在保障粮食安全方面受到越来越多的重视。2021 年，我国出台了《中华人民共和国生物安全法》，为转基因技术的研发和应用提供了法律保障，强调科学研究与公众参与。2023 年，中国科学家挖掘了调控小麦高产、抗病、抗旱、耐低温等性状相关的新基因，创制了具有高产、抗病、优质等性状的转基因小麦新种质，产量比普通小麦提高了 30%，这一成果在国际上引起了广泛关注。此外，转基因大豆的推广应用也显著降低了饲料成本，提升了安全性和营养价值。尽管转基因食品面临公众质疑，但随着科学普及工作的推进，社会对其理解逐渐加深。与此同时，中国还积极与美国、巴西等国的农业科研机构展开合作，共同探讨转基因技术在粮食安全中的应用，致力于应对全球粮食危机。

科技创新在国家粮食安全战略中具有核心作用，科学研究与政策制定紧密联系。转基因技术的进步不仅提升了农作物的产量和抗逆性，也为应对气候变化和保障食品安全提供了有效手段。此外，通过国际合作，中国在全球农业科技领域发挥了积极作用，促进了知识共享和技术交流。公众对转基因技术的逐步理解和接受，有助于消除误解，推动科学素养的提升。这一过程不仅增强了国家的粮食安全保障能力，也为实现可持续发展目标奠定了基础。

第 15 章

食品掺伪分析

【学习重点与难点】

学习重点： 食品掺伪的定义、分类、方式及危害；不同食品掺伪分析的内容。
学习难点： 不同食品掺伪的方式、掺伪鉴别的特征指标及掺伪分析方法的种类及特点。

15.1 概述

15.1.1 食品掺伪的含义

美国食品药品监督管理局（FDA）认为：欺诈性或故意替换产品中某种物质或者向产品中添加某种物质，以便增加其表面价值或降低其生产成本，是一种食品掺假行为，是食品掺伪的一种重要形式。我国大多数学者认为食品掺伪定义如下：食品掺伪是蓄意和有意图地加入物理性状或形态非常相似的非所固有物质，增加其质量或体积，降低某种原料成本或改变某种质量，以低劣的色、香、味来迎合消费者心理的行为。根据掺入物质的不同可将食品掺伪分为食品掺假、食品掺杂、食品伪造。食品掺假是指向食品中非法掺入物理特性相似的非同种食品物质，利用较便宜的成分替代较高价值的真实成分，达到获利目的的行为。食品掺伪是为了将食品进行伪装、粉饰或改善口感而掺入物理特性相似的非食品物质的行为。其中，超限量、超范围滥用食品添加剂是食品掺伪类食品安全问题的突出表现。食品伪造是指人为地用一种或多种物质完全替代某一食品成分，进行加工仿造，冒充某种食品进行生产加工销售的行为。

15.1.2 食品掺伪方式

目前食品掺伪方式主要分为以下三种：

① 稀释　是指在食品中掺入可能有毒或者无毒的成分来稀释较高价值的真实成分，一般是指液体食品的稀释。例如白酒、牛乳、酱油、食醋、果蔬汁的兑水，棉籽油稀释橄榄油等。

② 替代　是指用价格较低的成分部分替代或者完全替代较高价值的成分。例如新米掺入陈米、牛肉中掺入马肉、核桃露中掺入花生露、木薯淀粉充当红薯淀粉等。

③ 添加　是指部分生产者为改善食品的色泽、味道、香气来迎合消费者心理，或改善食品某种质量指标而向食品中掺入色素、香料、甜味剂及其他添加剂的行为。

15.1.3　食品掺伪分析技术

食品掺伪分析是对掺伪食品检测的方法，包括掺伪成分的识别、掺伪类型的鉴定、掺伪方法的检测、掺伪成分的定量分析。目前食品掺伪分析技术主要可分为传统感官评价、传统化学分析技术、仪器分析技术、现代分子生物学分析技术、免疫学分析技术以及电子鼻电子舌等新技术，这些技术已应用到食品掺伪的各个方面。其中感官评价技术受人为影响较大，主要靠检验员的鉴别经验和掺伪规律进行鉴别，缺乏科学的定性依据，但随着显微分析技术的发展与应用逐渐克服了感官评价主观性强的缺点，极大提升了检测的精确性与可靠性。传统化学分析法主要包括酸碱滴定、比色法等，此方法检验成本低，不受设备限制，但自动化程度低，分析效率较低。仪器分析是目前食品掺伪检测最常用的技术，包括分光光度法、气相色谱法、气相色谱质谱法、液相色谱法、液相色谱质谱法、原子吸收光谱法、电感耦合等离子体发射光谱法、电感耦合等离子体发射质谱法、荧光光度法、红外光谱法、拉曼光谱法及核磁共振法等。仪器分析有自动化程度高、操作简单、分析速度快、灵敏度高等特点，其中气相色谱法、气相色谱质谱法、液相色谱法、液相色谱质谱法被广泛应用于我国标准体系中。现代分子生物学技术是以遗传物质为基础建立的对动植物源性鉴别最准确的方法，其中最常用的为聚合酶链式反应（polymerase chain reaction，PCR），又可分为荧光 PCR 技术、实时荧光定量 PCR、数字 PCR 技术等，是目前动植物源性鉴别应用最广泛、最成熟的方法之一。免疫学方法是基于抗原与抗体特异性结合的原理，鉴别待测成分及含量的方法，主要包括胶体金免疫色谱法、酶联免疫分析等，是目前应用于现场快速检验最常用的方法，但此方法假阳性率较高，需采用仪器方法进行验证。

15.2　肉及其制品的掺伪分析

15.2.1　肉质新鲜度的分析

15.2.1.1　感官分析

病死肉通常肉质颜色暗红或带有血丝，脂肪呈桃红色，肉质松软，肌肉弹性差，肌肉组织中有出血点。不新鲜的肉通常肉色发暗，无光泽，切面黏手，肉腥味较淡，有淡酸味。新鲜猪肉的肉质呈鲜红色，组织紧实具有光泽，切面湿润不黏手，有肉腥味。

15.2.1.2　畜禽肉中 pH 值分析

畜禽肉在储藏过程中，随着时间的延长 pH 值逐渐增大。新鲜的肉 pH 为 5.7～<6.2；次新鲜的肉 pH 为 6.2～<6.6；变质肉的 pH≥6.6。pH 的测定方法依据《食品安全国家标准　食品 pH 值的测定》（GB 5009.237—2016）采用复合电极 pH 计进行测定。

15.2.1.3　畜禽肉挥发性盐基氮分析

挥发性盐基氮是指动物性食品在腐败过程中，由于酶和细菌的作用，使蛋白质分解产生氨以及胺类等碱性含氮物质，是反映肉品新鲜程度的主要评价指标。《食品安全国家标准　鲜（冻）畜、禽产品》（GB 2707—2016）规定畜禽肉中挥发性盐基氮含量≤15mg/100g。挥发性盐基氮依据《食品安全国家标准 食品中挥发性盐基氮的测定》（GB 5009.228—2016）。此标准有三种方法：第一法为半微量定氮法，第二法为自动凯氏定氮仪法，第三法为微量扩散法。因第二法凯氏自动定氮仪法操作简单、高效，在实验室应用最为广泛。

感官评价、pH 测定以及挥发性盐基氮三个指标都能反映肉质的新鲜程度，但与感官评价相比，后两种测定方法更加准确，能够更直观反映肉质的新鲜度，不足之处是与挥发性盐基氮指标相比，pH 受个体差异影响较大，需要较大的样品量才能真实反映肉质的新鲜度。除上述方法外，近年来拉曼光谱和可见-近红外光谱技术也被应用于猪肉新鲜度的测定。

15.2.2 瘦肉精的分析

瘦肉精是 β-肾上腺素受体激动剂类化合物的统称，这类药物能加速畜禽体内的瘦肉生长，同时也能抑制畜禽体内的肥肉生长，主要包括莱克多巴胺、沙丁胺醇、盐酸克伦特罗等。在我国禁止瘦肉精在饲料和畜牧生产中使用。

目前瘦肉精常用的检测方法主要包括高效液相色谱质谱法、气相色谱法、液相色谱法、胶体金免疫色谱法、酶联免疫分析、微阵列生物芯片试剂盒法等，其中液相色谱-质谱联用法、气相色谱法、液相色谱法是瘦肉精的确证方法，高效液相色谱-质谱联用法因其测定范围广、测定准确、检出限低等特点已成为实验室测定瘦肉精的主要方法。而胶体金免疫色谱法、酶联免疫分析、微阵列生物芯片试剂盒法因其操作方便快捷，不受实验场所的限制，可作为瘦肉精快检的主要手段，但其假阳性率较高，检出阳性时仍需要用实验室仪器进行确证。我国标准体系中瘦肉精的检测标准主要包括《食品安全国家标准　动物性食品中 β-受体激动剂残留量的测定　液相色谱-串联质谱法》（GB 31658.22—2022）、《动物性食品中克伦特罗残留量的测定》（GB/T 5009.192—2003）、《动物组织中盐酸克伦特罗的测定　气相色谱/质谱法》（NY/T 468—2006）、《动物源性食品中克伦特罗、莱克多巴胺及沙丁胺醇的快速检测　胶体金免疫层析法》（KJ 201706）、《进出口食用动物中莱克多巴胺、沙丁胺醇、盐酸克伦特罗的测定 酶联免疫吸附法》（SN/T 4818—2017）等。

15.2.3 成分替代的分析

15.2.3.1 组织成分的替代——“淋巴肉”分析

“淋巴肉”指淋巴结分布较集中的组织，如咽后和颈部浅表，不法商贩将淋巴肉经绞碎后掺入可食用猪肉中，很难从外观和味道上辨别，目前淋巴肉的检测暂无国家标准。不过有学者利用前列腺素 E_2 在淋巴结和可食用猪肉中的含量具有显著差异的特点，将其作为淋巴肉鉴别的依据，其中主要测定方法为高效液相色谱-质谱联用法，此方法仍在实验室研究阶段，其可行性还需要验证。

15.2.3.2 肉源性成分分析

肉源性成分的检测方法主要包括聚合酶链式反应（PCR）、酶联免疫分析法、重组酶等温扩增技术、质谱技术、近红外光谱技术、电子鼻技术等。PCR 是目前肉源性鉴别应用最广泛、最成熟的方法之一，但有检测成本高，且易受 DNA 降解、复杂基质干扰检测结果等缺点；重组酶等温扩增技术缩短了反应时间，适合对大量样品进行现场快速鉴别。酶联免疫分析法特异性强、灵敏度高，但抗原抗体的识别过程特异性很强，抗原蛋白质一旦变性失活，就会导致无法有效识别结果或出现假阳性事件。而质谱技术是根据不同来源肉类产品中特异性蛋白质的差别，在串联质谱建立多反应监测方法，一次同时检测多个特征肽，从而识别多个物种，有效地去除假阳性，增强检测结果的可靠性。近红外光谱技术、电子鼻技术均为无损采样检测，方法灵敏快速，但质谱技术、近红外光谱技术及电子鼻技术，在日常检测工作中尚未推广应用。

我国发布的国家标准、行业标准和地方标准，几乎可以开展所有动物源性成分的检测，主要检验方法包括《常见畜禽动物源性成分检测方法　实时荧光 PCR 法》(GB/T 38164—2019)、《食品及饲料中常见畜类品种的鉴定方法　第 8 部分：猪成分检测　实时荧光 PCR 法》(SN/T 3730.8—2013) 等系列标准、《出口食品中鸡源性成分快速检测　重组酶介导链替换核酸扩增法（RAA 法）》(SN/T 5227.1—2019) 等系列标准。

15.2.4　掺入非肉类添加物的分析

15.2.4.1　注水肉分析

注水肉是不法商家为了增加肉的重量而向新鲜的畜禽肉中注入水的肉类，主要可通过肉质中水分的测定进行检测。正常畜禽肉的水分应符合《畜禽肉水分限量》(GB 18394—2020) 之规定。目前肉水分主要的检测方法为直接干燥法、蒸馏法、红外线干燥法及近红外法。检验标准可见《畜禽肉水分限量》(GB 18394—2020)、《食品安全国家标准 食品中水分的测定》(GB 5009.3—2016)、《畜禽肉品质检测 水分、蛋白质、脂肪含量的测定 近红外法》(GB/T 41366—2022) 等。

15.2.4.2　肉制品中色素分析

目前肉及肉制品中色素的检测方法主要包括液相色谱法和液相色谱-质谱联用法。《食品安全国家标准 食品中合成着色剂的测定》(GB 5009.35—2023)、《肉及肉制品中 7 种合成红色素的测定　液相色谱-串联质谱法》(NY/T 4262—2022) 等方法都可用于肉及肉制品中色素的测定。

15.2.4.3　肉制品中亚硝酸盐分析

亚硝酸盐是肉制品生产过程中常用的发色剂和防腐剂。其检测方法主要有：离子色谱法、分光光度法及盐酸萘乙二胺法等。其中离子色谱法、分光光度法是检测机构实验室最常用的方法，而盐酸萘乙二胺法主要用于市场监管部门的现场执法或快检。其现行标准主要有《食品安全国家标准 食品中亚硝酸盐与硝酸盐的测定》(GB 5009.33—2016)、《食品中亚硝酸盐的快速检测　盐酸萘乙二胺法》(KJ 201704) 等。

15.3　食用油脂的掺伪分析

15.3.1　感官分析

根据食用油本身的特性，通过辨别色泽、闻其气味、品其滋味等方法直接检测。例如猪油：凝固状态下呈软膏状，白色，细腻，融化状态下呈微黄色，澄清透明。花生油：油色常温下呈淡黄色，透明，稍有沉淀，有花生油香气，滋味正常，加热后油色不变，无沉淀析出。芝麻油：油色呈棕红色，清晰，透明，无沉淀物，具有浓郁的芝麻油香味，口味纯正，加热后油色不变，无沉淀析出。

15.3.2 理化指标分析

来源不同的油脂具有独特的物理化学特性，通过测定皂化值、折射率、碘值等指标可检测食用油是否掺伪。检验方法为《动植物油脂　皂化值的测定》（GB/T 5534—2024）、《动植物油脂 折光指数的测定》（GB/T 5527—2024）、《动植物油脂 碘值的测定》（GB/T 5532—2022）等。由于常规的理化方法特征指标专一性不强，检测灵敏度和检测准确度不高，只适用于初步判断油脂是否掺伪，不能确定掺伪的成分和实际掺伪比例。

15.3.3 脂肪酸组成分析

不同的食用油中脂肪酸组成及含量也各不相同。当食用油掺假时，其脂肪酸的含量将会发生变化，对食用油中脂肪酸的组成和含量进行测定，并与国家标准（如《芝麻油》GB/T 8233—2018）中不同油脂的脂肪酸组成标准进行对比，可判定食用油掺假情况及其掺假浓度，是目前较优的判断油脂掺伪的方法。检测方法为气相色谱法，见《食品安全国家标准　食品中脂肪酸的测定》（GB 5009.168—2016）。

15.3.4 非法添加香精、香料的分析

市场监管部门日常抽检监测过程中发现违规添加最多的香料为乙基麦芽酚和乙基香兰素，也是日常食用油监管的重点项目。其测定方法包括液相色谱法、液相色谱-质谱联用法、气相色谱-质谱联用法等。检验标准见《食品安全国家标准 食品中乙基麦芽酚的测定》（GB 5009.250—2016）、《食品安全国家标准 食品中香兰素、甲基香兰素、乙基香兰素和香豆素的测定》（GB 5009.284—2021）等。

15.3.5 “地沟油”的分析

“地沟油”是指从下水道或通过其他途径获取的残存食用油，经提炼而成的再生食用油。由于“地沟油”在再加工过程中难以完全去除辣椒素，辣椒素可作为鉴别“地沟油”的特征指标。主要测定方法为液相色谱法、液相色谱-质谱联用法、荧光免疫色谱法、时间分辨荧光免疫色谱法、酶联免疫分析、胶体金法、磁微粒化学发光法。其中液相色谱法、液相色谱-质谱联用法定性定量准确，是检测实验室最常用的方法也是辣椒素的确证方法，后 5 种方法是食用油中辣椒素的快速检测方法，是监管人员现场执法常用的方法。国内主要标准包括《植物源产品中辣椒素类物质的测定 液相色谱-质谱/质谱法》（GB/T 40348—2021）、《食用植物油中天然辣椒素的快速检测　荧光免疫层析法》（KJ 202103）等。

15.3.6 掺入非食用油的分析

非食用油是指不适合人类食用的油脂，它们可能含有有毒成分或损害人体健康的物质，其检测方法主要为化学显色法。现行标准《食用植物油卫生标准的分析方法》（GB/T 5009.37—2003）中 4.10 对常见的非食用油脂包括桐油、矿物油、大麻油的鉴别方法进行了详细描述，可作为非食用油掺伪的检验依据，除此之外动植物油脂中的矿物油还可采用《动植物油脂　矿物油的检测》（GB/T 37514—2019）进行检测。

15.4　乳及其制品的掺伪分析

15.4.1　奶源产地的掺伪分析

市售的乳及乳制品因奶源地不同价格差异较大。新西兰、荷兰、中国青藏高原、德国、爱尔兰被广泛认为是全球重要的高品质奶源地，与其他产地奶源相比，这几个地区奶源品质更受消费者青睐。与此相同的是，有机牧场的奶源其营养价值也被认为高于非有机牧场奶源，其价格也明显高于普通奶源。由于优质奶源地和有机牧场的价格优势，不良商家可以获取更高利润，便会出现奶源掺伪的行为。

不同产地的奶源在乳蛋白成分上有很大的差异，利用蛋白组学的差异可以鉴别产地掺伪。近几年研究学者主要采用高分辨质谱、基质辅助激光解吸电离飞行时间质谱、纳米液相色谱电喷雾电离串联质谱、液相色谱四级杆飞行时间质谱分析等高分辨质谱建立蛋白组学和代谢组学数据指纹库，掺伪乳及乳制品经高分辨质谱分析与指纹库对比而进行掺伪鉴定。元素分析-稳定同位素质谱技术在婴幼儿配方奶粉奶源地追溯及有机乳与非有机乳鉴定中也得到应用。

15.4.2　不同动物奶源的掺伪分析

不同动物奶源的营养价值与产量不同，导致不同种类乳与乳制品的混合掺伪，尤其表现在特种乳的掺伪。近年来，特种乳因其营养价值较高、易吸收等优势，逐渐受到消费者的青睐。特种乳由于产量远低于牛乳，且售价昂贵，在经济利益的驱动下，特种乳掺伪行为频发。目前市售的特种乳主要包括羊乳及其制品、骆驼乳及其制品、牦牛乳及其制品和水牛乳及其制品等。

利用乳中蛋白质、脂质及 DNA 遗传物质的差异，目前已有多种检测方法被用于乳与乳制品奶源的检测。基于蛋白质、脂质为目标分子的分析检测方法主要包括聚合酶链式反应、高效液相色谱-质谱联用法、酶联免疫分析、毛细管电泳分析方法、近红外光谱方法及低场核磁共振方法等。基于遗传物质 DNA 为分析靶标的检测技术，是目前可信度较高的定性检测方法，也是我国标准体系中常用的方法，包括常规 PCR、多重 PCR、实时荧光定量 PCR、数字 PCR 及其他与 PCR 相结合的技术。标准检验方法包括《羊奶真实性鉴定技术规程》（NY/T 3050—2016）、《动物产品中牛、山羊和绵羊源性成分三重实时荧光 PCR 检测方法》（SN/T 2980—2011）等。

15.4.3　非法添加富氮化合物的分析

乳及乳制品中的蛋白质含量是由氮元素含量计算得到的，一些不法分子向乳及乳制品中掺杂富氮化合物以提高其表观蛋白质含量，从而降低成本、牟取利益，也是乳及乳制品掺伪的主要形式。已发现的掺氮类物质主要分为两种：一种是非蛋白氮类化合物，如三聚氰胺、尿素、铵盐等；另一种为蛋白类物质，如革皮水解物、大豆蛋白、植物水解蛋白等。

目前，在日常检验工作中以三聚氰胺作为判断乳及乳制品是否掺杂富氮化合物的主要指标。其检测方法也比较成熟，已有多种标准。主要有高效液相色谱法、液相色谱-质谱联用法、气相色谱-质谱联用法、拉曼光谱法、极谱法、胶体金免疫色谱法、酶联免疫分析等。

标准见《原料乳与乳制品中三聚氰胺检测方法》(GB/T 22388—2008)、《出口液态乳中三聚氰胺快速测定 拉曼光谱法》(SN/T 2805—2011)、《液体乳中三聚氰胺的快速检测 胶体金免疫层析法》(KJ 201907) 等。除上述三聚氰胺检测方法外，非蛋白氮类化合物测定方法还包括荧光光谱法、近红外光谱法及核磁共振波谱法。

蛋白类物质中L-羟脯氨酸作为革皮水解物的特征成分也被作为判断乳及乳制品掺伪的另一指标。其检验方法包括：分光光度法、液相色谱-质谱联用法、酶标法等。标准包括《生乳中L-羟脯氨酸的测定》(NY/T 3130—2017)、《出口食品中L-羟脯氨酸的测定 液相色谱-质谱/质谱法》(SN/T 3929—2014)、《生鲜乳中革皮水解物(L-羟脯氨酸)的快速筛查方法》(DB61/T 1242—2019) 等。掺入蛋白类物质的检测方法还包括实时荧光PCR技术等分子生物学技术及蛋白质组学技术。

15.4.4 违规使用添加剂的分析

《食品安全国家标准 食品添加剂使用标准》(GB 2760—2024) 中明确规定巴氏杀菌乳、灭菌乳和高温杀菌乳、发酵乳、稀奶油及覆盖0～6个月婴幼儿配方食品不得添加任何食用香料，同时苯甲酸作为防腐剂不得应用于乳及乳制品。对于香料、防腐剂的检测也是乳及乳制品掺伪的重要手段。其中乳及乳制品中常用的香精主要包括香兰素类化合物，其检测方法包括液相色谱法、液相色谱-质谱联用法及气相色谱-质谱联用法等。标准见《食品安全国家标准 食品中香兰素、甲基香兰素、乙基香兰素和香豆素的测定》(GB 5009.284—2021)、《食品中香兰素、甲基香兰素和乙基香兰素的测定》(BJS 201705)。除香精成分外，食用香精常用的溶剂丙二醇也作为近几年鉴定乳及乳制品掺入香精香料的另一种方式，国家标准中检测方法为气相色谱法，见《食品安全国家标准 食品中1,2-丙二醇的测定》(GB 5009.251—2016)。防腐剂的检测主要涉及乳及乳制品中苯甲酸含量的测定，标准体系中主要采用液相色谱法，如《食品安全国家标准 食品中苯甲酸、山梨酸和糖精钠的测定》(GB 5009.28—2016)、《出口乳及乳制品中苯甲酸、山梨酸、对羟基苯甲酸酯类防腐剂的测定 高效液相色谱法》(SN/T 4262—2015) 等。

15.5 豆制品的掺伪分析

15.5.1 真菌毒素的分析

《食品安全国家标准 食品中真菌毒素限量》(GB 2761—2017) 中规定了大豆中黄曲霉毒素 B_1、赭曲霉毒素A的残留限量。其检测方法主要包括同位素稀释液相色谱-串联质谱法、高效液相色谱-柱前衍生法、高效液相色谱-柱后衍生法、酶联免疫分析筛查法、薄层色谱法、胶体金免疫色谱法等。主要检测标准见《食品安全国家标准 食品中黄曲霉毒素B族和G族的测定》(GB 5009.22—2016)、《食品安全国家标准 食品中赭曲霉毒素A的测定》(GB 5009.96—2016)、《食品中赭曲霉毒素A的快速检测 胶体金免疫层析法》(KJ 202101) 等。

15.5.2 掺入工业漂白剂的分析

腐竹是豆制品掺伪的重灾区，添加漂白剂可改善腐竹的色泽，提高其价格。腐竹中常见的非法添加物质包括甲醛合次硫酸氢钠、硼砂。甲醛合次硫酸氢钠就是人们常说的“吊白块”，对腐竹有保色、防腐及增产等作用，一些商贩在腐竹生产、加工过程中违法使用对人体造成严重危害。腐竹中加入硼砂的主要目的也是增加腐竹产量及韧性，使其品相更好。但在我国甲醛合次硫酸氢钠和硼砂均禁止用作食品添加剂，因此“吊白块”和硼砂是豆制品掺伪检测的重要指标。

目前现有的方法大多是利用甲醛次硫酸氢钠分解产生的甲醛与二氧化硫的含量定量分析，通过数据进行比对间接确定是否添加“吊白块”。二氧化硫质量浓度超过甲醛质量浓度两倍时，就有添加“吊白块”的可能。豆制品中甲醛的测定目前常用的检测方法主要有分光光度法、液相色谱法等，见 GB 5009.307—2025。二氧化硫的主要检测方法主要包括酸碱滴定法、分光光度法和离子色谱法，见《食品安全国家标准 食品中二氧化硫的测定》(GB 5009.34—2022)。研究中也有直接测定“吊白块”的方法如：盐酸副玫瑰苯胺分光光度法适合于现场快速检测、高效液相色谱法及在线衍生-高效液相色谱法适合实验室更准确定性定量。硼砂的测定主要采用比色法，见《食品安全国家标准 食品中硼酸的测定》(GB 5009.275—2016)。

15.5.3　掺入防腐剂、甜味剂等禁用添加剂的分析

《食品安全国家标准　食品添加剂使用标准》(GB 2760—2024) 中明确规定在非发酵型豆制品中不得使用防腐剂苯甲酸及甜味剂甜蜜素。在日常市场监管部门的监督抽检中屡屡在非发酵型豆制品中检出苯甲酸及甜蜜素，是豆制品主要的不合格项目。对于苯甲酸的测定方法包括液相色谱法、液相色谱-质谱联用法及气相色谱法。食品安全国家标准中苯甲酸的测定方法仅限于液相色谱法，气相色谱法不适用于豆制品基质样品，见《食品安全国家标准　食品中苯甲酸、山梨酸和糖精钠的测定》(GB 5009.28—2016)。甜蜜素，其化学名称为环己基氨基磺酸钠，是常用的甜味剂，测定方法有气相色谱法、高效液相色谱法及液相色谱-质谱/质谱法，见《食品安全国家标准　食品中环己基氨基磺酸盐的测定》(GB 5009.97—2023)，三种方法均能准确测定豆制品中甜蜜素的含量，其中液相色谱-质谱/质谱法检出限低、灵敏度高。

15.6　粮食制品的掺伪分析

15.6.1　真菌毒素的分析

由于大多数粮食具有吸湿性强、后熟期长等特性，因此粮食在储藏和运输阶段极易积聚大量水分和热量，形成陈化粮、酸败粮和霉变粮。而在这些变化中主要影响品质变化的是真菌侵染及其导致的真菌毒素污染，食用被真菌毒素污染的粮食及其制品会对人类健康造成危害，真菌毒素是影响粮食产品质量的关键因素之一。《食品安全国家标准　食品中真菌毒素限量》(GB 2761—2017) 对粮食的黄曲霉毒素 B_1、黄曲霉毒素 M_1、赭曲霉毒素 A、玉米赤霉烯酮及脱氧雪腐镰刀菌烯醇（又称呕吐毒素）含量制定了严格的限量标准。

目前，常用的粮食制品各体系标准中真菌毒素检测方法主要有以下几种：液相色谱法、液相色谱-质谱联用法、酶联免疫分析筛查法、薄层色谱法、免疫色谱法、胶体金快速测定法等。其中液相色谱法与液相色谱-质谱联用法是实验室对粮食制品真菌毒素检测最常用的方法，具有灵敏度高、准确性高的特点，是真菌毒素测定的确证方法。见标准《食品安全国家标准　食品中黄曲霉毒素 B 族和 G 族的测定》(GB 5009.22—2016)、《粮油检验 粮食中黄曲霉毒素 B_1 测定　胶体金快速定量法》(LS/T 6111—2015)、《食品安全国家标准　食品

中赭曲霉毒素 A 的测定》(GB 5009.96—2016)、《食品安全国家标准　食品中玉米赤霉烯酮的测定》(GB 5009.209—2016)、《食品安全国家标准　食品中脱氧雪腐镰刀菌烯醇及其乙酰化衍生物的测定》(GB 5009.111—2016)、《粮油检验 粮食中脱氧雪腐镰刀菌烯醇测定 胶体金快速定量法》(LS/T 6113—2015) 等。

15.6.2 滑石粉的分析

滑石粉是造纸橡胶行业所使用的一种原料，滑石粉添加在粮食中在改善粮食制品品相、提高粮食制品质量的同时，会破坏粮食制品原有的营养成分，消费者长期摄入甚至会出现营养不良、脏器损伤等。为此，《食品安全国家标准　食品添加剂使用标准》(GB 2760—2024) 中规定滑石粉仅用于糖果的加工工艺、发酵提取工艺，禁止作为食品添加剂掺入粮食制品中。目前我国国家标准《食品安全国家标准　食品中滑石粉的测定》(GB 5009.269—2016) 中用硝酸加高氯酸（或硝酸加过氧化氢）消解试样，将滑石粉与其他含镁物质进行分离，滑石粉与氢氟酸反应生成难溶于水的镁盐，原子吸收光谱法测定镁含量，根据镁元素含量测定滑石粉的含量。此方法对粮食制品中滑石粉含量的测定准确、稳定性强，适合所有粮食及制品中滑石粉的测定。目前，对粮食制品中滑石粉检测的方法除国标规定方法外，太赫兹时域光谱、14MeV 中子活化分析法、瞬发 γ 射线中子活化分析法和 X 射线衍射分析法等也被研究者采用。

15.6.3 增白剂——“吊白块”、过氧化苯甲酰、二氧化钛的分析

粮食制品增白剂是对粮食制品起漂白和促进成熟作用的一种食品添加剂，可使粮食制品的颜色亮白，虚假增加其品质。如小麦粉中类胡萝卜素等色素会使小麦粉颜色变暗，影响色泽，加入增白剂后可氧化这些色素，将其褪色起到增白的作用。但其在增加粮食制品色泽的同时，破坏粮食制品的营养成分，而且所释放出的物质对人体也会造成一定伤害。目前粮食制品中所添加的增白剂主要为“吊白块”、过氧化苯甲酰及二氧化钛。

粮食中“吊白块”的测定方法有液相色谱法、分光光度法、醋酸铅试纸法、试剂盒比色法及电子鼻等方法。其中液相色谱法是实验室最常用的方法，见《小麦粉与大米粉及其制品中甲醛次硫酸氢钠含量的测定》(GB/T 21126—2007)。在酸性溶液中，样品中残留的甲醛次硫酸氢钠分解释放出的甲醛被水提取，提取后的甲醛与 2，4-二硝基苯肼发生加成反应，生成黄色的 2，4-二硝基苯腙，用正己烷萃取后，经高效液相色谱仪分离，与标准甲醛衍生物的保留时间对照定性，用标准曲线法定量。

二氧化钛的测定方法主要有二安替比林甲烷比色法、电感耦合等离子体质谱法、电感耦合等离子体原子发射光谱法、分光光度法、X 射线荧光光谱法等。其中电感耦合等离子体原子发射光谱法和二安替比林甲烷比色法是国家标准中规定方法，见《食品安全国家标准　食品中二氧化钛的测定》(GB 5009.246—2016)。

15.7 蜂蜜及其制品的掺伪分析

15.7.1 蜂蜜及其制品产地来源掺伪分析

不同地域来源的蜂蜜所富含的营养成分不同，具有其产地特征产物，其商品价值也存在巨大差异。根据其产地特征产物如糖类物质、酚类物质、氨基酸类物质及矿物质等的结构、

种类和含量等不同建立产地蜂产品数据库，对其进行产地来源掺伪鉴别。目前产地溯源的主要分析方法是光谱分析技术、质谱分析技术、差示扫描量热技术及稳定同位素技术等。其中光谱分析技术应用最广的是红外光谱法，主要是利用不同地域的蜂产品对红外光谱吸收的波段不同而呈现出的差异，该方法分析速度快，分析效率高，可对样品进行无损检测，被广泛应用。质谱分析技术主要包括气相色谱质谱法、液相色谱-质谱联用法及电感耦合等离子体质谱法等。气相色谱-质谱联用法通过不同产地蜂产品中挥发成分不同进行产地识别；液相色谱-质谱联用法利用蜂产品中所含植物来源的黄酮、酚类等成分及蜂蜜中含有其他代谢成分的差异对其产地进行鉴别；电感耦合等离子体质谱法可通过测定不同地域蜂产品中微量元素的差异来鉴别不同产地的蜂产品；差示扫描量热技术将蜂蜜的主要热力学性质差异作为蜂蜜产地区分的主要指标与参照；稳定同位素技术利用稳定同位素标记特定的化合物追踪标记物在生命活动中的变化规律来识别其特征。以上几种鉴别方法各有不同的特点，在蜂产品产地鉴别分析中相互印证才能确保产地掺伪检测结果的可靠性。

15.7.2　蜂蜜及其制品的植物来源掺伪分析

植物来源是决定蜂蜜成分的重要因素之一。单花蜜的植物蜜源单一，营养价值、性状特点优于杂花蜜，常出现植物蜜源掺伪如杂花蜜掺入单花蜜，同时也存在低价单花蜜冒充高价单花蜜的问题。根据不同植物蜜源中所含成分的不同，可采用薄层色谱法、稳定碳同位素比值法、气相色谱法、气相色谱-质谱联用法、液相色谱-质谱联用法、离子色谱法、核磁共振法、拉曼光谱法、红外光谱法、紫外光谱法等方法对其特征成分进行分析以鉴别不同植物来源，标准见《蜂蜜中雷公藤甲素的测定》(BJS 202108)、《蜂蜜中苦参碱和氧化苦参碱含量的测定　液相色谱-串联质谱法》(GH/T 1395—2022)、《薰衣草蜂蜜风味挥发物质的测定　气相色谱质谱联用法》(GH/T 1398—2022) 等。除此之外还可通过植物遗传物质的区别采用实时荧光 PCR 检测方法对植物源进行鉴定，标准见《出口蜂蜜中常见蜜源植物成分的检测方法　实时荧光 PCR 法 第 1 部分：荆条》(SN/T 4848.1—2017) 等系列标准。其中实时荧光 PCR 检测方法被认为是最可靠的检测方法，也是用于确证的方法。

15.7.3　蜂蜜中糖浆掺伪分析

由于蜂产品需求量与产量的差异，掺入糖浆的假蜂蜜层出不穷。果葡糖浆、玉米糖浆、淀粉糖浆、高果糖浆、甜菜糖浆、甘蔗糖浆等是常见的掺假糖浆。目前蜂蜜中糖浆掺假的主要检测方法包括稳定碳同位素比率法、薄层色谱法、分光光度法、气相色谱法、液相色谱法、高效阴离子交换色谱-脉冲电流检测、超高效液相色谱四极杆飞行时间质谱联用技术、核磁共振技术、红外光谱技术、拉曼光谱、化学计量学集成红外光谱技术等。目前我国标准体系中主要通过碳-4 植物糖、脯氨酸、淀粉酶值、蔗糖转化酶及松二糖、松三糖等成分对其进行鉴别，如《蜂蜜中碳-4 植物糖含量测定方法 稳定碳同位素比率法》(GB/T 18932.1—2002)、《蜂蜜中脯氨酸的测定 高效液相色谱法》(GB/T 32946—2016)、《蜂蜜中淀粉酶值的测定方法 分光光度法》(GB/T 18932.16—2003)、《蜂蜜中蔗糖转化酶的测定 分光光度法》(GB/T 40152—2021)、《蜂蜜中松二糖、松三糖、吡喃葡糖基蔗糖、异麦芽糖和蜜三糖含量的测定 高效液相色谱法》(GH/T 1316—2020)。由于蜂蜜中天然产物复杂，且掺入的糖浆种类不断变化使得蜂蜜中糖浆掺入分析成为检测难点，近几年发展的超高效液相色谱-四极杆飞行时间质谱联用技术、核磁共振技术及稳定碳同位素比率法均能快速分析其掺伪成分，但其这些技术检测成本高一直未被推广普及，因此分析成本低、准确率高、灵敏度高的检测技术是蜂蜜中糖浆掺伪研究的重点。

15.8 调味品的掺伪分析

15.8.1 食醋中游离矿酸的分析

食醋掺伪主要体现在食用工业用冰乙酸稀释或添加廉价的硫酸、硝酸、盐酸等无机酸，以达到食醋总酸含量的检测指标，其中以游离矿酸及冰乙酸作为食醋掺伪的重要检测指标。游离矿酸测定方法主要包括电位滴定法和试纸法，我国国家标准《食品安全国家标准 食醋中游离矿酸的测定》(GB 5009.233—2016) 中食醋游离矿酸的检测主要采用试纸法，该方法成本低，操作方便简单易行，是目前食醋中游离矿酸掺伪检验中的主要方法。用自动电位滴定法测定食醋中的游离矿酸，准确度高，仪器简单，分析速度快，终点判断客观，也可在食醋掺伪中推广应用。冰乙酸假冒食醋的鉴别主要采用气相色谱-稳定同位素比值质谱法，该方法适合鉴别以低压羰基化法生产的冰乙酸作为主要原料稀释后假冒食醋，详细操作方法见《冰乙酸假冒食醋的鉴别方法 气相色谱-稳定同位素比值质谱法》(BJS 202302)。

15.8.2 非酿造酱油冒充酿造酱油的分析

非酿造酱油冒充酿造酱油较常见的掺伪手段是在酱油中掺入酸水解植物蛋白液和酸水解动物蛋白液，其中氯丙醇和乙酰丙酸可作为酸水解植物蛋白液的特征指标，羟脯氨酸可作为酸水解动物蛋白液的特征指标。乙酰丙酸测定方法主要有气相色谱法、气相色谱-质谱联用法、离子色谱法、液相色谱法和比色法等，标准见《食品安全国家标准 食品中乙酰丙酸的测定》(GB 5009.252—2016)；氯丙醇的测定方法主要有气相色谱法、气相色谱-质谱联用法等，标准见《食品安全国家标准 食品中氯丙醇及其脂肪酸酯、缩水甘油酯的测定》(GB 5009.191—2024)；羟脯氨酸的测定方法有氨基酸自动分析仪法、紫外分光光度计法、比色法、高效液相色谱法及高效液相色谱-质谱联用法等目前暂无标准体系的方法，其中高效液相色谱法其成本较高效液相色谱-质谱联用法低，是目前常见的分析方法。比色法操作方便，在常规的实验室均可开展，但其灵敏度、准确性较差，受到了一定限制。

15.8.3 掺入非食用色素的分析

不法商家在调味品生产加工过程中为降低成本、增加食物鲜亮的色彩，违法使用非食用色素，如在辣椒粉、辣椒酱或火锅底料中使用苏丹红染料、碱性橙染料及罗丹明 B 等，严重危害消费者身体健康。目前非食用色素的主要检测方法为高效液相色谱法、高效液相色谱-质谱联用法、比色法、分光光度法、毛细管电泳法、荧光光谱法、电化学法、拉曼光谱法、极谱法、薄层色谱法、胶体金免疫色谱法、酶联免疫分析法等。其中高效液相色谱法、高效液相色谱-质谱联用法、胶体金免疫色谱法是标准体系中常用的方法，前两者主要用于非食用色素的确证及定量分析，方法高效、灵敏准确，是判定其掺伪的主要检验方法；胶体金法操作简单，分析速度快，适用于现场快速检测。主要检测标准见《食品中苏丹红染料的检测方法 高效液相色谱法》(GB/T 19681—2005)、《辣椒制品中苏丹红 I 的快速检测 胶体金免疫层析法》(KJ 201801)、《食品中罗丹明 B 的测定》(BJS 201905)、《食品中罗丹明 B 的快速检测 胶体金免疫层析法》(KJ 201703)、《食品中禁用物质的检测 碱性橙染料 高效液相色谱法》（GB/T 23496—2009）等。

15.8.4　添加非食品药物的分析

个别不法商贩在调味品中尤其是火锅底料、半固态调味料、调味酱中非法添加致使消费者成瘾的非食品药物，而增加客流，牟取暴利，极大地危害人民的身体健康。如火锅底料中添加罂粟壳或罂粟籽，可通过检测罂粟碱、吗啡、蒂巴因、可待因、那可丁等生物碱成分以实现对火锅底料中成瘾性物质的监测。目前罂粟碱、吗啡、蒂巴因、可待因、那可丁的测定方法主要有薄层色谱法、气相色谱法、高效液相色谱法、气相色谱-质谱联用法、液相色谱-质谱联用法、极谱法、酶联免疫分析法等。其中液相色谱质谱法是目前最常用的方法，具有分辨率高、检出限低、操作简单、分析速度快等特点，也是我国标准体系中最常用的方法，操作方法见《出口调味料、调味面制品及肉制品中罂粟碱、那可丁、蒂巴因、吗啡和可待因的测定　液相色谱-质谱/质谱法》（SN/T 5511—2023）、《食品中吗啡、可待因、罂粟碱、那可丁和蒂巴因的测定》（BJS 201802）等。

15.9　饮料的掺伪分析

根据《食品安全国家标准　饮料》（GB 7101—2022）中定义，饮料是指用一种或几种食用原料，添加或不添加辅料、食品添加剂、食品营养强化剂，经加工制成定量包装的、供直接饮用或冲调饮用、乙醇含量不超过质量分数 0.5%的制品，如碳酸饮料、果蔬汁类及其饮料、蛋白饮料、固体饮料等。饮料掺假主要表现为植物蛋白饮料的掺伪、果蔬汁的掺伪及固体饮料非法添加功能性成分等行为。

15.9.1　植物蛋白饮料的掺伪分析

植物蛋白饮料的掺伪主要体现在将价格低廉的植物原料掺入产品欺骗消费者，如在核桃饮品或杏仁饮品中掺入花生、大豆等成分。目前主要依赖于植物蛋白饮料中固有成分和遗传物质的区别对其进行掺伪检测。通过植物蛋白饮料中掺入其他植物类成分后其脂肪酸及蛋白质组成发生变化的特性来鉴定其掺假行为的检测技术主要包括气相色谱技术、液相色谱-质谱联用技术、红外光谱技术及酶联免疫分析技术；根据其掺入其他植物成分 DNA 的区别可采用聚合酶链式反应技术、DNA 条形码技术等进行鉴定。目前我国标准体系所采用的标准主要为《植物蛋白饮料 豆奶和豆奶饮料》（GB/T 30885—2014）、《植物蛋白饮料 核桃露（乳）》（GB/T 31325—2014）、《植物蛋白饮料中植物源性成分鉴定》（BJS 201707）等。

15.9.2　果蔬汁的掺伪分析

果蔬汁掺伪形式主要包括用水稀释，添加甜味剂、合成着色剂，使用腐烂变质的果蔬作为加工原料、以复原果蔬汁冒充原榨果蔬汁等。可根据其还原糖、L-抗坏血酸、氨基酸态氮、果蔬汁含量、香气成分等产品特征指标以及甜味剂、色素等外源性添加物含量对其进行掺伪分析。其中还原糖、L-抗坏血酸、氨基酸态氮、果蔬汁含量的测定可参考国家标准《饮料通用分析方法》（GB/T 12143—2008）、《果蔬汁类及其饮料》（GB/T 31121—2014）中方法进行分析。香气成分可依赖气相色谱法、气相色谱-质谱联用法来建立香气成分指纹图谱，通过指纹图谱数据库确定果蔬汁中香气成分含量，进而确定掺伪行为。方法具有操作简单、灵敏度高、适用范围广等特点，可推广应用于果蔬汁掺伪分析技术中。对于甜味剂（糖精钠）及合成着色剂的测定可参考《食品安全国家标准 食品中乙酰磺胺酸钾的测定》（GB 5009.140—2023）、《食品安全国家标准 食品中合成着色剂的测定》（GB 5009.35—2023）。除此之外，同位素分析技术、红外光谱技术、拉曼光谱技术、电子鼻技术、电子舌技术、数字成像技术等也被用于果蔬汁掺伪技术的研究。

15.9.3 固体饮料非法添加功能性药物分析

固体饮料是指用食品原辅料、食品添加剂等加工制成的粉末状、颗粒状或块状等供冲调或冲泡饮用的固态制品，属于普通食品饮料的一种。我国明确禁止在普通食品中添加功能性药物成分。在固体饮料中添加功能性药物成分以虚假提升其保健功效，是饮料掺伪的重要形式。其主要添加物包括奥利司他等减肥类药物、二甲双胍等辅助降血糖类药物和对乙酰氨基酚等解热镇痛类药物。目前对于固体饮料中非法添加功能性药物的主要检测方法包括高效液相色谱-四极杆飞行时间高分辨质谱法、高效液相色谱质谱法、胶体金免疫色谱法、拉曼光谱法及原位质谱法等，其中高效液相色谱-质谱联用法是固体饮料中非法添加药物检测最常用的方法，具有灵敏度高、分析速度快、专属性强等特点。主要参考标准为《食品中二甲双胍等非食品用化学物质的测定》（BJS 201901）、《食品中那非类物质的测定》（BJS 201805）、《食品中西布曲明等化合物的测定》（BJS 201701）、《食品中非法添加药物西布曲明的快速检测 拉曼光谱法》（T/HBIQA 0002.7—2024）、《饮料、茶叶及相关制品中对乙酰氨基酚等 59 种化合物的测定》（BJS 201713）等。

15.10 酒类的掺伪分析

15.10.1 白酒年份造假分析

白酒年份越长，其陈酿时间越长，白酒的香味成分会随着陈放时间的增长而变化，白酒价值也会随之增长。主要检测方法为气相色谱质谱法、稳定同位素质谱法及荧光光谱法。通过采用气相色谱或气相色谱-质谱联用仪测定产品挥发性风味组分指纹图谱，建立风味组分数据库，通过气相色谱指纹图谱验证其真实性。采用稳定同位素质谱测定白酒中乙醇及微量醇酯的比值，建立年份酒同位素数据库对白酒的年份进行鉴定。使用荧光光谱仪测定白酒年份酒样品的三维荧光光谱，获得荧光激发-发射数据矩阵，并建立白酒年份酒的年份测定模型，将待测酒样的得分矩阵输入模型，获得待测酒样的年份值。方法标准见《白酒年份酒》（T/CBJ 2101—2019）、《白酒年份酒的荧光光谱测定方法》（T/CBJ 2203—2019）。

15.10.2 “冒牌白酒”的分析

“冒牌白酒”主要是利用工业酒精或食用酒精及香料等添加剂进行勾兑，冒充其他品牌的白酒。可通过酒精度、甲醇、氰化物、乙酸乙酯、己酸乙酯、乳酸乙酯、总酸、总酯等指标对其进行测定以鉴别其真伪，通过风味物质建立白酒指纹图谱来对其进行鉴别，及测定其添加物如甜味剂等的含量以测定其掺伪。对于掺伪白酒的检测方法主要有酸碱滴定法、比色法、色谱分析法、电子鼻和电子舌技术等。电子鼻和电子舌技术是近年来发展起来的新技术，与色谱法相比更加方便快捷，但也存在测量误差较大的缺点。

我国现行标准体系中鉴定白酒掺伪主要采用酸碱滴定法、比色法、色谱分析法，其中比色法检测甲醛、氰化物等，酸碱滴定法检测其总酯、总酸等。气相色谱法、气相色谱质谱法、顶空固相微萃取气质联用法检测甲醇、乙酸乙酯、己酸乙酯等风味物质，液相色谱法及液相色谱质谱法检测甜蜜素、三氯蔗糖等甜味剂。标准见《食品安全国家标准　食品中甲醇的测定》（GB 5009.266—2016）、《白酒分析方法》（GB/T 10345—2022）、GB/T 10781 系列白酒质量标准、《食品安全国家标准　食品中三氯蔗糖（蔗糖素）的测定》（GB 5009.298—2023）、《食品安全国家标准　食品中环己基氨基磺酸盐的测定》（GB 5009.97—2023）等。

15.10.3　掺伪葡萄酒的分析

葡萄酒的掺伪采用加水、调酒精度、调总酸、加色素、加甜味剂等途径进行。其掺伪葡萄酒的检测指标主要为感官评价，以及酒精度、总糖、干浸出物、挥发酸、柠檬酸、甲醇、甜蜜素、三氯蔗糖及合成色素苋菜红、胭脂红、赤藓红、新红、柠檬黄、日落黄等理化指标。还可通过液相色谱-质谱联用法及气相色谱-质谱联用法对葡萄酒组成成分和代谢组学成分进行高通量分析，建立葡萄酒的指纹图谱通过图谱比对来鉴别葡萄酒掺伪。其中感官评价主要通过色泽、澄清度、香气和滋味对葡萄酒掺伪进行识别，有经验的品酒师或酿酒师能从其外观、口感、香气等方面分辨真伪。但感官评价方法主观性强，无法量化。通过理化指标来判别葡萄酒掺伪是目前较为可靠的方法，其标准见《葡萄酒》（GB/T 15037—2006）、《葡萄酒、果酒通用分析方法》（GB/T 15038—2006）、《食品安全国家标准　食品中三氯蔗糖（蔗糖素）的测定》（GB 5009.298—2023）、《食品安全国家标准　食品中环己基氨基磺酸盐的测定》（GB 5009.97—2023）、《食品安全国家标准　食品中合成着色剂的测定》（GB 5009.35—2023）等。

15.10.4　非法添加药物的分析

随着酒类行业的发展，一些暗示具有保健功效的酒类产品开始出现。在监管部门日常抽检中发现有些生产者为增加其酒类功效，向其中加入非食品药物如解热镇痛药对乙酰氨基酚等，主要掺伪行为是配制酒中的非法添加，也是酒类日常监管的重点。

对于配制酒中非法添加药物的检测方法主要有薄层色谱法、高效液相色谱法、高效液相色谱-质谱联用法以及液相色谱-核磁共振联用法、原位质谱法及胶体金法等。其中薄层色谱法分离度较差，不适合高通量药物的检测，而液相色谱法分离度和灵敏度都不如高效液相色谱-质谱联用法，其中液相色谱-核磁共振联用法和原位质谱法因设备成本较高，在实验室未能推广，胶体金法仅适合快速测定，但假阳性率高。液相色谱-质谱联用法有灵敏度高、分析速度快、高通量分析等特点，是目前测定配制酒中非法添加药物的主要方法，也是标准体系中常用的方法。标准见《食品中西地那非、他达拉非等化合物的测定》（BJS 202405）、《保健食品中西地那非和他达拉非的快速检测 胶体金免疫层析法》（KJ 201901）、《食品中那非类物质的快速检测方法 原位质谱法》（T/QGCML 2843—2023）等。

15.11　水产品的掺伪分析

15.11.1　水产品中甲醛、二氧化硫的分析

向水产品中加入甲醛、二氧化硫可以达到保鲜效果，增加持水性和韧性，但同时也增加

了水产品的毒性，误食可使人免疫力下降、脏器损伤，甚至致人死亡。水产品中甲醛测定方法有比色法、分光光度法、液相色谱法、气相色谱法、气相色谱-质谱联用法及荧光探针法等，其中标准体系主要采用比色法、分光光度法和液相色谱法，比色法适用于定性鉴别，后两者适用于定量测定，标准见《水发产品中甲醛的快速检测》（KJ 201904）等。二氧化硫的测定方法主要有碘量法、酸碱滴定法、盐酸副玫瑰苯胺比色法、间断化学分析法、离子色谱法、气相色谱法、气相色谱-质谱联用法、电感耦合等离子体发射光谱法等，其中常用方法为酸碱滴定法和离子色谱法，标准见《食品安全国家标准　食品中二氧化硫的测定》（GB 5009.34—2022）、《食品中二氧化硫的测定 蒸馏-电感耦合等离子体发射光谱法》（T/ZACA 022—2020）、《食品中二氧化硫残留量的测定 间断化学分析法》（T/SATA 081—2024）等。

15.11.2　违规违法使用兽药的分析

个别生产经营者为提高水产品产量，提升经济效益，不严格遵守相关规定用药，未按照规定执行用药后的休药期或非法使用违禁药品，而导致水产品中兽药残留超标或禁用药物的检出。这些残留物通过食物链进入人体，威胁人类身体健康。《食品安全国家标准　食品中兽药最大残留限量》（GB 31650—2019）、《食品安全国家标准　食品中 41 种兽药最大残留限量》（GB 31650.1—2022）、农业农村部公告 第 250 号（见二维码 15-1）明确规定了 31 个水产品兽药残留限量项目，7 种可以用于治疗但不允许检出的药物及 21 种食品动物中禁止使用的药品及其他化合物。其中涉及违规较多的药物包括禁用药物，如硝基呋喃类、孔雀石绿、氯霉素等；限量使用药物，如磺胺类、喹诺酮类等。其主要检测方法有气相色谱法、液相色谱法、液相色谱-质谱联用法等色谱常规检测技术，以及酶联免疫分析技术、免疫色谱技术、胶体金免疫色谱技术等快速检测方法。标准方法主要来源于国家标准和农业农村部公告，如《食品安全国家标准　水产品中硝基呋喃类代谢物多残留的测定　液相色谱-串联质谱法》（GB 31656.13—2021）、《食品安全国家标准　动物性食品中四环素类、磺胺类和喹诺酮类药物残留量的测定　液相色谱-串联质谱法》（GB 31658.17—2021）、《水产品中孔雀石绿和结晶紫残留量的测定》（GB/T 19857—2005）、《食品安全国家标准　水产品中氯霉素、甲砜霉素、氟苯尼考和氟苯尼考胺残留量的测定　气相色谱法》（GB 31656.16—2022）、《水产品中 17 种磺胺类及 15 种喹诺酮类药物残留量的测定　液相色谱-串联质谱法》（农业部 1077 号公告-1-2008）、《水产品中硝基呋喃类代谢物残留量的测定　液相色谱-串联质谱法》（农业部 783 号公告-1-2006）、《水产品中氯霉素、甲砜霉素、氟甲砜霉素残留量的测定　气相色谱法》（农业部 958 号公告-13-2007）、《水产品中孔雀石绿残留量的测定　液相色谱法》（SC/T 3021—2004）、《水产品中孔雀石绿的快速检测　胶体金免疫层析法》（KJ 201701）、《动物性食品中磺胺类药物残留检测　酶联免疫吸附法》（农业部 1025 号公告-7-2008）等。

二维码 15-1 农业农村部公告第 250 号

15.11.3　水产品中动物源性掺伪分析

水产品中动物源性掺伪主要涉及鱼糜制品、鳕鱼及其制品、三文鱼及其制品等。主要掺伪方式为以低价畜禽肉或水产肉代替较高价值的水产，例如鱼丸中未检出鱼肉成分、鳕鱼肠中掺入鸡肉或小杂鱼、虹鳟鱼充当三文鱼等。主要检测方法包括免疫学方法、蛋白质方法、近红外光谱方法和荧光定量 PCR 技术等方法。其中免疫学方法包括免疫印迹、酶联免疫分析法、胶体金试纸条，其中后两者是最常用的方法。蛋白质方法包括凝胶电泳法、等电点聚焦电泳、毛细管电泳及高效液相色谱等。其中免疫学方法、蛋白质学方法受样品状态及加工程度的影响结果的假阳性较高，而近红外光谱法和荧光定量 PCR 法准确度较高适用于水产品动物源性的确证鉴别。

15.11.4　海参的掺伪分析

由于海参具有极高的营养价值和经济价值，个别生产者或经营者为了牟取暴利，在生产加工过程中掺杂掺假。其中主要掺伪行为为干海参的掺伪，其掺伪品有：盐干海参、糖干海参、掺杂海参及假海参。其检测方法主要包括感官评价、盐分测定、水溶性糖等指标鉴定分析。其检测方法参照《食品安全国家标准　干海参》(GB 31602—2015)。

课后练习

1. 名词解释

食品掺伪；挥发性盐基氮

2. 判断题

(1) 食品掺假行为是食品掺伪的一种重要形式。(　　)

(2) 挥发性盐基氮可作为判断畜禽肉新鲜度的一个指标。(　　)

(3) 油脂中的理化指标可以用来确定掺伪的成分和实际掺伪比例。(　　)

(4) 国家标准中食醋中游离矿酸的测定采用的检测方法为点位滴定法。(　　)

(5) 虹鳟鱼充当三文鱼可采用荧光定量 PCR 的方法进行检测。(　　)

3. 单项选择题

(1) 改善口感而掺入物理特性相似的非食品物质的行为属于哪一类行为？(　　)

A. 食品掺假　　B. 食品掺杂　　C. 食品伪造　　D. 食品替代

(2) 陈化粮、酸败粮和霉变粮的鉴定指标主要是？(　　)

A. 真菌毒素　　B. 增白剂　　C. 防腐剂　　D. 色素

(3) 固体饮料非法添加功能性药物检测方法不包括？(　　)

A. 高效液相色质谱法　　B. 胶体金免疫色谱法

C. 拉曼光谱法　　D. 感官评价

(4) 哪个组分可用于测定白酒年份造假？(　　)

A. 挥发性风味组分　B. 甜蜜素　　C. 净含量　　D. 三氯蔗糖

(5) 碳-4 植物糖可用于鉴别哪种类型的蜂蜜掺伪现象？(　　)

A. 蜂蜜产地掺伪　　B. 蜂蜜植物源性掺伪

C. 蜂蜜中糖浆掺伪　　D. 单花蜜掺入杂花蜜

4. 问答题

(1) 简述食品掺伪的方式，并举例说明。

(2) 简述肉及肉制品中掺入非肉类添加物的方式及检测技术。

(3) 调味品掺伪主要体现在哪些方面，其检测指标和检测技术有哪些？

(4) 已发现的乳及其制品中掺入的氮类物质主要有哪些？并举例说明其检测方法。

(5) 食用油脂的掺伪方式有哪些？可通过哪些指标及方法对其进行掺伪分析？

知识拓展

非法添加历来是食品安全最突出的问题，也是食品安全监管中的疑难点。“禁止添加类”非法添加行为较为常见的案例有：在生猪饲喂过程中使用“瘦肉精”，在汤底、卤味中掺入“罂粟壳”，以及销售含“西布曲明”“他达拉非”等成分的保健食品等。江苏省苏州市公安局对食品中非法添加物现场检测的应用进行研究，将常用的拉曼光谱、分光光度计、胶体金等检测技术集成在一个便携式手提箱内，在AI算法应用、数据库建设、增强试剂自研等方面进行创新，研发快检系统，实现对新型非法添加物及其衍生物的准确检测，满足食品现场快检需求。他们所研究的新技术将多种检测技术相结合，解决了快检过程中假阳性的问题，是对食品快检领域的一项新突破，也是我国科技创新在基层组织中的体现，使食品安全形势得到有效管控，保障了人民群众“舌尖上的安全”。

第16章

辐照食品分析

【学习重点与难点】

学习重点： 食品辐照的定义和原理；辐照食品的安全性、食品辐照的应用以及辐照食品的分析。

学习难点： 辐照食品的科学原理和安全性评估；辐照食品的生物学以及化学效应。

16.1 概述

食品辐照是利用电离辐射在食品中产生的辐射化学与辐射微生物学效应而达到抑制发芽、延迟或促进成熟、杀虫、杀菌和防腐等目的。通过辐射源对食品进行一定剂量的处理，食品中的微生物、寄生虫的DNA遭到随机破坏，大剂量辐射致使其无法在食物中生长繁殖，达到杀菌效果；特定剂量的辐射能够抑制块茎植物如马铃薯、洋葱发芽，延长其保质期。其他用途还包括延缓果实成熟、增加果汁产量和改善保水性。迄今为止，已有50多个国家和地区批准了240多种辐照食品，冻虾、大蒜、马铃薯、洋葱、调味品等多个品种已实现商业化。

16.1.1 食品辐照的辐照射线源

被批准用于食品辐射的辐照射线源有^{60}Co和^{137}Cs产生的γ射线、能量为5MeV以下的X射线、电子加速器产生的10MeV以下的电子束射线以及波长介于可见光和微波之间的红外线，其中射线具有强大的穿透能力，应用最为普遍；红外线光谱波长范围广，能够广泛适用于多种食品。

16.1.1.1 电离辐照

表示电离辐射强度的符号为D（吸收剂量），单位为戈瑞（Gy），1Gy＝1J/kg。根据不同的辐照目的，人们采用不同的辐照工艺进行食品和农产品的辐照加工。吸收剂量分为三个类别。

① 剂量范围为10～50kGy的高剂量辐照（high-dose irradiation，简称HDI） 又称辐射商业无菌。该辐照吸收剂量可使食品中微生物减少到零或有限个数，辐照后的食品可在室温下贮藏，但需防止再次污染。该剂量可应用于辐照密封包装的肉、精制食品、蔬菜、海鲜、火腿、香料、调料以及调味品。

② 剂量范围为1～10kGy的中剂量辐照（medium dose irradiation，简称MDI）又称辐射巴氏杀菌。该辐照吸收剂量可使食品中检测不到特定的无芽孢致病菌（如肉毒杆菌、沙门菌、金黄色葡萄球菌等），既可延长食品贮存期、杀灭致腐和致病微生物，又可改善食品的工艺品质，可用于辐照鲜鱼、浆果以及脱水蔬菜等。

③ 低剂量辐照（low dose irradiation，简称LDI）是一种利用电离辐射技术对食品进行处理的方法。它通过使用≤1kGy的辐射剂量，来实现抑制发芽、延迟成熟、杀虫灭菌和防止霉变等目的，从而达到保鲜和提高产品质量的效果。低剂量辐照技术因其节能、高效、不升温、安全可靠和保持食品良好感官品质等优点，得到了全球范围内的广泛关注和应用。

尽管辐照加工是一种有效的食品保藏手段，但它也可能对食品的质量和品质产生影响。例如，过高的辐照剂量可能会导致食品营养成分的损失、色泽的变化、质地的改变以及风味的受损。因此，在进行食品辐照时，应根据辐照目的采用合适的辐照工艺，以确保食品质量和安全。

16.1.1.2 红外辐照

红外辐照无需传热介质，避免了外界污染物干扰以及红外辐照处理过程中污染物的生成，且在真空、常压或高压操作环境中即可高效率地完成传热过程，从而避免温度边界层对传热过程的阻碍，具有传热速度快、效率高等优点。红外辐照对于具有一定厚度的物料，具有内部加热特性，可提高物料的升温速度。有研究表明，红外辐照有助于减少抗性淀粉含量，提高面粉的加工特性，改善淀粉类食品的消化特性。红外辐射加热存在热效应与非热效应的共同作用，可有效杀灭食品中的细菌、真菌、虫卵以及成虫，应用于灭酶、杀菌、烘焙、脱皮、干燥、解冻等食品加工环节。红外辐照处理机制如下。

① 匹配吸收理论　1938年，红外辐射技术首次被应用于油漆的固化干燥，此后该技术被逐步应用于食品加工领域。1971年，远红外加热的匹配吸收理论被首次提出，该理论的提出基于红外辐射加热的反射、吸收、透过原理。匹配吸收理论指红外线波长与被加热物料的吸收波长相匹配时，红外线波长中的能量会被吸收从而达到加热的目的。通过匹配红外源的辐射峰与黑体峰，可显著提高辐射通量密度，并确保能量的有效利用。这不仅有助于提高系统的性能，还能减少能源消耗，更加环保和高效。同时物料的红外光谱对含水率变化较为敏感，其影响程度甚至远大于物料品种差异所造成的影响。这是因为水在红外光谱中会有明显的吸收峰，特别是在3580～3670cm^{-1}范围内是游离水的O-H伸缩振动的尖峰，而在3550～3230cm^{-1}范围内则是氢键缔合的O-H伸缩振动的宽峰。这些水的吸收峰可能会与其他羟基峰重叠，导致干扰。因此，在进行红外光谱分析时，通常需要确保样品不含水分或其他杂质。

根据普朗克黑体辐射定律调节红外源表面温度能够改变红外源辐射红外线波长，达到匹配的目的。根据普朗克黑体辐射定律，物体的辐射峰值波长与温度之间存在关系。维恩位移定律指出，$\lambda_{max}=b/T$，其中λ_{max}表示辐射峰值波长，b表示维恩位移常数，T表示温度。这意味着温度越高，辐射的红外线波长越短。所以调节红外源表面温度能够改变红外源辐射红外线波长。在实际应用中可通过控制温度来调整红外线波长，达到与特定需求相匹配的目的，如在一些红外线探测设备的校准中，就需要利用这种关系来确保探测的准确性。而农产品物料普遍为热敏性物料，限制了红外源温度的可调节范围。

② 非匹配吸收理论　侯兰田等（1983年）通过对一定厚度木材物料红外辐射加热吸收谱的研究，提出了红外线的非匹配吸收理论。在食品加工与贮藏过程中，物料本身具有一定

的厚度或呈多层堆积的状态放置，热量穿透到物料内部的过程可能会受到多种因素影响。这些因素包括物料的物理性质（如导热系数、密度、比热容）、环境条件（如温度、湿度）、具体的加工或贮藏方式等，具体见表 16-1 所述。

表 16-1　热量穿透的影响因素

影响因素	描述
导热系数	物料的导热系数决定了热量在物料内部传递的速度。导热系数越高，热量传递速度越快
密度	密度较大的物料，热量传递可能较慢，因为需要更多的能量来加热单位体积的物料
比热容	比热容大的物料，需要吸收更多的热量才能达到相同的温度变化，因此热量穿透速度较慢
环境温度	环境温度直接影响物料表面的温度，进而影响热量向内部传递的速度
湿度	湿度会影响物料的导热性能，尤其是在干燥或冷冻过程中
加工或贮藏方式	不同的加工或贮藏方式（如冷藏、冷冻、烘干）会影响热量传递的方式和效率

在非匹配吸收理论下，红外辐射加热涉及三个关键部分：表面反射、表面吸收和穿透吸收。表面反射指红外辐射照射到物体表面时，有一部分能量会被反射回去；表面吸收则是物体表面能够吸收一部分红外辐射能量；穿透吸收是指红外辐射能够穿透物体表面，并在物体内部被吸收。这三个部分共同决定了红外辐射加热的效果和效率。食品作为生化大分子、生化聚合物、无机盐和水组成的复杂混合物，各组分均具有独特的红外吸收图谱。

16.1.2　辐照食品的安全性

人们对辐照食品的担忧很大程度上是担心辐照食品具有放射性，特别关注的是辐照食品是否被放射性元素污染和是否诱发了食品感生放射性。实际上，辐照不会使食物具有放射性，作为辐照源的放射性物质被密封在双层的钢管内，射线只能透过钢管壁照射到食品上，放射源不可能泄漏和污染食品。物质经过射线照射后，可诱发放射性，称之为感生放射性，但射线必须达到一定的阈值才可能诱发感生放射性。辐照也不会影响食品营养质量，不会明显改变食品味道、质地或外观，辐照对食品产生的任何变化都非常微小。美国食品药品监督管理局、世界卫生组织等相关权威机构对其安全性进行了长达 30 年的评估，证实辐照食品很安全。中、美、俄等国家航天局通过对肉类进行辐照消毒，避免宇航员在太空飞行期间患食源性疾病。美国军方研究表明，10MeV 电子束能量所诱发的感生放射性可以忽略，而现在辐照食品常用的辐射源能量都在 10MeV 以下，辐照食品不可能诱发感生放射性或者诱发的感生放射性可以忽略不计。

相较于传统的冷冻、加热、化学熏蒸、腌制等技术，食品辐照技术具有更好的普适性、更佳的微生物杀灭效果、更高的加工效率以及无残留等特点。此外，辐照食品技术还能与其他食品加工技术产生协同作用，有更好的贮藏效果。

16.1.3　食品辐照的效应

食品辐照过程中涉及复杂的化学和生物学变化，以下是食品辐照过程中主要的化学效应和生物学效应。

16.1.3.1　食品辐照的化学效应

食品辐照可以影响食品中各种化学物质的变化，如蛋白质、糖类、维生素和脂类等。辐照后食品品质受食品吸收剂量、温度、食品的物理状态（液态、固态或冷冻态）以及添加剂和氧含量等因素的影响。电离辐照后，食品可产生多种离子、粒子及质子，基本过程如下。

①直接作用，指辐射直接与生物大分子（如 DNA、蛋白质等）相互作用，导致这些分子发生断裂或化学变化，称之为初级辐射。辐射后形成离子、激发态分子或分子碎片，其数量和程度与辐射强度有关。②间接作用，指辐射与水分子相互作用，产生自由基（如·OH），这些自由基再与生物大分子相互作用，导致其结构变化，称之为次级辐射，它受温度等其他条件影响。

辐照后，若无链式反应的发生，辐解产物的总 G 值从分子层面看通常在 1～6 个/100eV 之间，即当辐照强度为 10kGy、食品密度为 $1.8g/cm^3$ 时，辐解产物的总产率少于 $6\times10^{-3}mol/kg$，可得出高剂量辐照（10kGy）下不会引起食品主要组分明显变化的结论。但在某些情况下，即使少量的辐解产物亦会引起食品质量的明显下降，如引起食品软化或出现不良气味。

食品主要组分的辐解产物研究的另一个目的是鉴定辐照食品，特别是国际贸易中进口国希望知道进口的食品是否经过电离辐照。如果辐照过，接受了多大剂量的辐照，是否符合本国辐照食品的法规等，这些都有赖于辐照食品成分的研究结果。

① 蛋白质和氨基酸　水分是食品中重要的组成部分，辐照过程中产生的活性物质，如水合电子、H 原子、·OH 等，能够与食品中的其他化学组分发生相互作用，进而影响蛋白质和氨基酸。例如，水合电子作为强还原剂，可与芳香族化合物、羧酸、醛、酮、硫代化合物以及二硫化合物迅速反应，尽管与氨基酸和糖的反应速度较慢，但仍然会对蛋白质和氨基酸的结构产生一定影响。蛋白质的复杂结构使其在低剂量辐照下表现出相对不敏感的特性。然而，在辐照过程中，尤其是当样品是蛋白质的水溶液或含有蛋白质的混合物时，会产生自由基，导致蛋白质分解并释放出氨基酸。具体来说，辐照可以引起蛋白质末端氨基酸的脱氨基和脱羧基反应，以及肽链的断裂，从而产生酰胺类物质和相应的酸或酮类化合物。此外，辐照还会导致蛋白质的氢键和二硫键断裂，引发蛋白质变性和空间构象的破坏。

关于辐照是否会导致氨基酸降解，目前的科学研究尚未给出明确答案。一些研究表明，γ 射线辐照可能会导致牛奶中的部分氨基酸含量下降，电子束辐照对蛋白质中的氨基酸含量没有明显影响。然而，也有研究表明，电子束辐照可以降解某些氨基酸，如色氨酸和酪氨酸，且降解程度受辐照剂量等多种因素影响。

② 糖类　糖类在辐照过程中相对稳定，仅在大剂量辐照下才会氧化和分解。固态的低分子量的糖类物质经辐照处理后，其理化性质会发生很大变化，如熔点降低，辐解产物通常为棕色物质，某些糖的旋光性也可能会减小。辐照后可使气体释放，主要是 H_2、CO_2 和痕量 CH_4、CO 和 H_2O 等，当辐照过的糖溶于水时溶液呈酸性，pH 为 3～5。单糖和低聚糖在单一水溶液中受到高剂量的辐照后能形成明显的辐解产物，同时伴随 pH 的下降。50kGy 高剂量辐照处理后，可使还原糖的还原性降低，类似于高温 100℃ 处理 10h 的变化。辐照会引起多糖链的断裂，产生链长不等的糊精碎片，同时形成不同的辐解产物。辐照小麦淀粉所形成的糖有葡萄糖、麦芽糖、麦芽三糖、麦芽四糖和麦芽五糖，各种糖的含量基本上随辐照量的增大而增加。总之，食品中糖对辐照是不敏感的，采用灭菌剂量辐照，对糖的消化率和营养价值没有影响，剂量提高到 20～50kGy 也不会使糖类的品质和营养价值发生明显变化。

③ 脂类　电离辐射对脂类的作用主要有三种：理化性质的变化、诱发自氧化及非自氧化的辐解变化。在通常食品辐照剂量下，其物理性质，如熔点、折射率、介电常数、黏度和密度等无显著变化。脂肪和脂肪酸被射线照射时产生的主要效应是脂肪酸中 C-C 键的断裂，生成正烷类；次级反应可生成正烯类物质。饱和脂肪比较稳定，而

不饱和脂肪容易氧化；一些高脂肪的食品，在辐照后会产生辐照异味。脂质氧化作用的程度与温度、氧气存在量、脂肪酸饱和程度及是否存在助氧化剂和抗氧化剂等有关。研究表明，辐照后的脂类物质与未经辐照但被光、热等其他处理方法引发氧化的脂肪中所发现的降解产物是基本相同的。

④ 维生素　辐射对维生素的效应很大程度取决于维生素在食品中存在的环境。单一维生素溶液易受到辐照处理的破坏，在食品复杂体系中，维生素被辐照处理的破坏作用减弱，这是由于水溶液中电离辐射对维生素的破坏主要是水辐解产物间接作用的结果。无论是水溶性还是脂溶性维生素，在食品体系中的辐射稳定性与其热稳定性相对应，与氧气存在状况有关，在有氧气存在时，对热不稳定的维生素对辐射的敏感性较强。

16.1.3.2　食品辐照的生物学效应

食品辐照的生物学效应指辐射对生物体（如微生物、昆虫、寄生虫、植物等）的影响，这种影响是由生物体内的化学变化造成的。已有研究证实，辐照不会在生物体内产生特殊毒素，但在辐照后某些机体组织中有时会发现带有毒性的不正常代谢产物。辐照对活体组织的损伤主要与相应的代谢反应有关，与机体组织受辐照损伤后的恢复能力有关，同时还取决于所使用的辐射总剂量的大小。

(1) 对微生物的作用

辐射对一般微生物的作用机制有直接效应和间接效应两种。直接效应是电离辐射直接造成生物大分子的损伤效应；例如细胞内 DNA 受损，即 DNA 分子碱基发生分解或氢键断裂等。细胞内膜受损，造成细胞膜泄漏，酶释放出来，酶功能紊乱，干扰微生物代谢，使新陈代谢中断，从而使微生物死亡。间接效应是电离辐射作用于细胞中的水分子，引起水分子的电离和激发，形成化学性质非常活泼的一系列产物（如自由基），起氧化还原作用，这些激活的水分子能与微生物内的生理活性物质相互作用，继而再作用于生物大分子引起损伤，从而使细胞生理机能受到影响。

(2) 对虫类的作用

辐照对虫类的作用是通过破坏其 DNA 分子结构，从而阻止细胞分裂和生物体的繁殖发育。辐照杀虫是利用电离辐射与害虫的相互作用所产生的物理、化学和生物效应，导致害虫不育或死亡的一种物理防虫技术。电磁波辐照一般对昆虫的破坏效应是致死、击倒、缩短寿命、延迟羽化、不育、减少孵化和发育迟缓等，这些都是在一定照射剂量下实现的。例如，昆虫细胞的辐照敏感性与其生殖活性成正比，与分化程度成反比。幼虫对辐照较为敏感，成虫对辐射的敏感性较小，高剂量辐照才能使成虫死亡。但成虫的性腺细胞对辐照具有较高敏感性，使用低剂量辐照即可造成成虫绝育或引起其配子在遗传上的紊乱，导致其不育。辐射可使寄生虫不育或死亡。γ 射线、电子束等电离辐射射线与物质作用产生物理效应、化学效应和生物效应，由此达到杀虫灭菌、防止霉变、提高食品卫生质量、保持营养品质和风味及延长货架期的目的。

(3) 对植物的作用

辐照亦可应用在植物性食品（主要是水果和蔬菜）上，是通过对植物核酸的破坏或部分破坏作用影响其生理代谢过程，从而达到抑制蔬菜发芽、蘑菇开伞、果实后熟的目的。

① 抑制蔬菜发芽　例如，马铃薯和洋葱的储藏主要通过控制其休眠来实现。在休眠结束后，如果温度和湿度适宜，它们就会开始旺盛地发芽。电离辐射可破坏植物的分生组织，干扰植物核酸和植物激素代谢，同时导致核蛋白发生变性。采用 0.15kGy 低剂量辐照处理

既可抑制马铃薯、洋葱、大蒜、板栗和甘蓝等的发芽，亦可抑制马铃薯在光照条件下的绿变。采用中剂量 3kGy 辐照处理可抑制蘑菇开伞，从而延长蘑菇的保质期。

② 抑制果实后熟　果实采收后的成熟过程称为后熟，后熟的速度直接影响储藏期的长短。食品辐照可以减缓这一过程，从而延长储藏期限。其机理是在后熟之前，水果的呼吸速率降至最小值，当后熟开始时呼吸速率会大幅增大，并达到顶峰，随之进入水果的老化期，在老化期呼吸速率又降低。在水果后熟之前（呼吸速率最小时）用辐照处理，可抑制其后熟期，主要是通过改变植物体内乙烯的产生速率达到推迟水果后熟的目的。采用 1kGy 的低剂量辐照处理番茄、青椒、西洋梨等蔬菜和水果，即可达到延迟后熟的目的。

16.1.4 食品辐照的应用

16.1.4.1 食品储藏

食品辐照技术能够高效杀灭大肠埃希菌、沙门菌等各类微生物，有效预防食源性疾病的发生。同时，它还能消灭导致食品变质分解的生物，显著延长食品保质期。在进出口水果方面，辐照可以精准杀灭其中携带的昆虫，达到控制害虫的目的。从农业生产角度来看，辐照通过对农作物基因片段的特定改变，能够延迟植物发芽与果实成熟的时间，进而延长植物的整体寿命。此外，辐照用于食品消毒效果显著，经过辐照消毒的食品，在常温储存条件下能够保存多年。一般来讲，低剂量辐照会抑制发芽和延迟成熟，中剂量辐照会灭活病原体和腐败微生物，高剂量辐照可用于消毒和除菌，具体辐照剂量取决于加工条件、成熟度以及环境条件。

影响辐射效应的因素有四种，分别是温度、氧气、水活度以及培养基成分。辐射在 45℃以上的亚致死温度区间内，其致死效应会随着温度的上升而呈现协同增强的态势。当作用于冷冻状态下的植物细胞时，由于细胞内自由基发生固定化，辐射耐受性相较于在环境温度下显著提升，幅度可达 2～3 倍。有氧气时，电离辐射对微生物细胞的致命影响会增加。降低食品的水活度可以防止电离辐射对微生物的致命影响。培养基成分越复杂，由水产生的自由基与产生辐射的活化分子之间的竞争越大，从而起到保护微生物的作用。

16.1.4.2 食品干燥

1941 年，辐射加热（如红外辐射）已被应用于种子的干燥研究中，随后红外辐射技术在农产品干燥中的应用非常广泛，包括大米、小麦、玉米等大宗粮油物料，以及香菇、茶树菇、杏鲍菇等食用菌，还有猕猴桃、胡萝卜、苦瓜等果蔬。

红外辐射加热技术在食品干燥中的应用具有以下优点：①高效，红外加热技术的主要能量是电磁波，传递速度快，介质损耗小，因此升温快、干燥速率大；②节能，红外辐射的能量与辐射温度的 4 次方成正比，与传统加热方式相比，生产效率提高 20%～30%，节电 30%～50%，节省其他能源约 30%；③环保，红外加热技术的能量来源于电能，能量转化过程无碳排放，且能量可直接被物料吸收，不会产生任何废弃物；④提高食品品质，辐射（红外）有利于热量向物料内部传递，具有一定的穿透能力，具有分解大分子团簇的能力，有利于加速物料水分的内扩散，从而强化干燥效率，能够有效避免物料在干燥过程中产生裂纹，保留干制食用菌的风味、色泽等品质特征，以及果蔬原有营养物质和风味；⑤节约成本，红外加热器投资少、生产场地小，不会产生其他费用，因此生产成本较低；⑥易于精准控制，现代化工业中使用的辐射源，如德国 Elstein 陶瓷红外线辐射器，配套适当的温控器、温控线路，可实现精准控制。

另外，红外辐射可与其他干燥技术联用，提高干燥效率。①红外-热风干燥技术：是利用红外线的辐射传热，能够深入物料内部，迅速提供干燥所需的热能，而热风干燥则是通过空气流动带走水分，两者结合可以提高干燥效率；②红外-微波干燥技术：结合了红外线的快速加热和微波的深层穿透能力，能够在短时间内实现高效干燥；③红外-热泵联合干燥法：结合了红外辐射加热和热泵干燥的优点，实现了高效、节能的干燥过程，适用于多种热敏性物料的干燥，如胡萝卜、青椒、枣糕、软糖、山药、鱼、肉、中成药等；④红外-真空冷冻干燥技术：具有干燥效率高、产品品质高的优点，适用于茯苓、玫瑰花干制品等。

16.1.4.3　其他应用

红外辐射焙烤是一种利用红外线辐射来加热烘焙物料的现代烘焙技术。这种技术通过控制红外线的波长、功率和照射时间，可实现对物料的快速、均匀加热，具有烘焙时间短、烘焙质量高、能源利用率高等优点。广泛应用于面包、坚果、肉类等食品中。红外辐照加热脱皮是利用红外线的热效应，使食品表面温度迅速升高，导致果皮松弛和破裂，从而实现去皮的一种技术。具有能量利用率高、安全环保、加热迅速均匀、产品品质破坏少、能减少水和碱液的使用量等特点，适用于罐头、干果、婴儿食品和果汁等食品的加工。红外辐照解冻则是利用红外线的热效应，通过食品表面的吸收，将红外线能量转化为热能，从而使食品内部的冰晶融化，达到解冻的目的。由于红外线可以直接穿透食品表面，因此可以实现快速均匀加热，避免了传统解冻方法中可能出现的表面过热而内部仍然冻结的问题。

16.1.5　辐照食品分析的必要性

消费者对辐照食品的恐惧心理主要来源于两个方面：对核能的恐惧和对辐照食品缺乏认识。核能在人们的印象中常常与灾难性事件如切尔诺贝利或福岛核事故联系在一起，这些事件加深了人们对核能的负面印象。此外，辐照食品的概念对于大多数人来说仍然是新颖且不熟悉的，缺乏足够的科普教育导致消费者对辐照技术的理解不足，从而产生了不必要的担忧。辐照食品分析的必要性主要体现在以下几个方面：①确保食品安全，通过分析食品中的微生物和化学污染物，可以确保食品的安全性，防止食源性疾病和化学污染对人体的危害；②监测辐照剂量，分析食品的辐照剂量可以确保食品经过适当的辐照处理，达到杀菌和延长保质期的目的，同时避免因过量辐照导致的食品营养成分损失和潜在危害；③提升产业形象，通过严格的分析和监管，可以提升辐照食品产业的形象，增强消费者对产业的信任度；④促进技术创新和标准化发展，分析技术的不断发展和标准化可以促进辐照食品产业的技术创新和标准化发展，提高产业的竞争力；⑤消除消费者疑虑，发展食品辐照的分析技术，消除消费者对辐照食品的疑虑，提高消费者对辐照食品的接受程度。因此，在推动辐照食品商业化的过程中，必须重视并加强辐照食品的分析工作。

16.2　辐照食品的分析

开展科学的辐照食品分析工作，可以切实保障消费者的选择权与知情权，全方位管控食品安全，严格遵循国际贸易条例。辐照分析不仅能对食品是否经历辐照处理给出精准的定性结论，还能对食品所受辐照水平展开精确的定量检测。

16.2.1 气相色谱-质谱联用法

16.2.1.1 原理

含脂类食品经辐照后，脂类物质的酰氧键断裂，生成2-烷基环丁酮类产物（2-ACBs），此类物质是脂肪酸经过辐照后生成挥发性的烷、烯、醛、酯（内酯）和有四碳环的环状化合物，是辐照食品的特异性产物，在食品辐照科学中作为探针化合物。辐照后脂肪酸酰氧键发生断裂，碳链发生重排，辐照产物与脂肪酸碳原子数相同，烃基碳链上4个碳原子形成四碳环，辐照前后碳链的重排极具规律性，可以根据辐照前脂肪酸的结构推测辐照产物的结构。可通过气相色谱对其进行定性和定量分析，可分析含脂类且脂肪含量大于1%的样品。表16-2梳理了常见脂肪酸以及经辐照后产生的辐照产物。

表16-2 常见的脂肪酸及相应的辐照产物

碳链长度	脂肪酸	辐照产物
10	癸酸	2-己基环丁酮
12	月桂酸	2-辛基环丁酮
14	肉豆蔻酸	2-癸基环丁酮
16	棕榈酸	2-十二烷基环丁酮
16	棕榈油酸	顺-2-十二烷基-5′-烯-环丁酮
18	硬脂酸	2-十四烷基环丁酮
18	油酸	顺-2-十四-5-烯-环丁酮
18	亚油酸	顺5,顺8-2-十四-二烯-环丁酮
18	亚麻酸	顺5,顺8,顺11-2-十四-三烯-环丁酮

16.2.1.2 仪器与试剂

仪器：气相色谱仪（推荐使用弱极性或者非极性的色谱柱，如ZB-5或DB-5）、质谱仪、索氏提取器、氮吹仪、电动搅拌机、鼓风干燥箱、恒温水浴锅、旋转蒸发仪、玻璃色谱柱等。

试剂：正己烷、无水硫酸钠、乙醚、氮气、氦气等。

16.2.1.3 分析步骤

以探针化合物1，2-二溴-2，4-二氰基丁烷（2-DCB）为例，分析步骤如下。

① 提取辐照产物　选取样品脂肪较多的位置，固体切成小块，使用电动搅拌机粉碎固体，搅拌均匀后置于密闭容器中，称量适量的样品和无水硫酸钠（1∶1）于抽提套管中（纤维材质），充分混匀后，用脱脂棉塞住管口。100mL正己烷加入索氏提取器，将上述套管与索氏提取器进行组装，再加40mL正己烷，提取脂肪及辐照产物，提取速度控制在1h虹吸4次，加热萃取4h。收集脂肪提取液，在45℃、25kPa的条件下水浴旋蒸，旋蒸浓缩至2～4mL，将浓缩液转移至带塞玻璃管中使用氮吹仪吹至恒重。

② 分离纯化辐照产物　称取30g去活化硅胶，填充至玻璃色谱柱，于硅胶上层均匀铺1cm厚无水硫酸钠，用2倍柱体积正己烷预淋洗色谱柱。称取1g浓缩液，溶于5mL正己烷后，倒入色谱柱。先以2mL/min流速，用150mL正己烷淋洗，再用480mL含1%乙醚的正己烷混合液洗脱，仅收集最后250mL洗脱液。将收集的洗脱液转移至旋蒸瓶，旋蒸至2～6mL，随后转移至小试管。用4mL正己烷分两次洗涤旋蒸瓶，合并洗涤液至小试管。在40℃下，用氮吹仪将小试管内溶液吹至微干，以正己烷定容至0.5mL。

③ 气相色谱质谱联用技术分析辐照产物　使用气质联用分析样品，进样量设定为1μL，载气使用氦气，流速为1mL/min，进样口和检测器温度设定为250℃，接口温度设定为

280℃。色谱柱升温程序如下：初始温度为 120℃，保持 1min；随后以 15℃/min 的速率升温至 160℃；调整升温速率为 0.5℃/min，升温至 175℃；调整升温速率为 30℃/min，直至温度升至 290℃，并保持 10min。质谱的离子源为 EI 源，70eV，测定方式为选择离子监测（SIM)，监测离子质荷比（m/z）为 112、98、55，定量离子 m/z 为 98。

16.2.1.4 结果计算

DCB 在气相色谱上保留时间为 17.1min，若待检溶液中测出谱峰保留时间与标准溶液保持一致（±2s)，可确定待测样品经过辐照处理；通过不同梯度浓度的 2-DCB 标准溶液曲线，可推出溶液中探针化合物浓度。扣除背景图后，设定 112、98、55（m/z）出现，相对峰的相对丰度与标准峰差别不大时（±0.2)，即可认定该样品为辐照食品。

16.2.1.5 说明与注意事项

① 硅胶在使用前需要活化，活化步骤为将硅胶于 100℃烘箱内放置 12h，后续在干燥器内冷却，将硅胶与水一起加入锥形瓶中（质量比为 100∶4)，分散均匀后置于干燥器中平衡 12h 以上。

② 相对丰度是指各离子峰的强度与最强峰（通常是基峰）强度的比值。基峰是质谱图中强度最高的峰，其相对丰度定义为 100%。

16.2.2 电子自旋共振波谱法

电子自旋共振（ESR）波谱法可用于辐照食品的检测。在电离辐射的作用下，食品中的物质会受到激发，转化为自由基形态。这些自由基在电子自旋共振波谱仪的作用下，电子之间会出现相互作用，产生自旋共振现象。通过对自旋共振现象中出现的波谱线进行观察，实现对辐照食品的检测。《食品安全国家标准 辐照食品鉴定 电子自旋共振波谱法》(GB 31642—2016) 所述的分析步骤如下。

16.2.2.1 原理

食品在电离辐照过程中能产生一定数量的自由基，通过 ESR 波谱技术可检测出辐照后在骨组织中产生的自由基，反映在 ESR 图谱上出现典型的不对称信号（分裂峰)，产生的自由基数量随吸收剂量的增加而增加，故 ESR 信号强度也随吸收剂量的增加而增强。因此，可用 ESR 波谱技术检测含骨动物源性食品和含纤维素食品是否经过辐照处理。

16.2.2.2 仪器与设备

ESR 波谱仪（含磁体系统、微波系统、场调制和信号检测系统)、真空干燥箱、冷冻干燥箱、ESR 样品管（内径为 4mm 的石英管)、电动粉碎机、电子天平等。

16.2.2.3 分析步骤及条件

① 分析步骤 样品制备与测定剔除骨头样品中的肉和骨髓，使骨头清洁，真空冷冻干燥（真空度 180Pa，冷冻温度−45℃，干燥时间 12h)，然后粉碎。称量 100mg 样品于 ESR 样品管中。将样品管放入 ESR 波谱仪谐振腔中，扫描测量。

② 分析条件 微波频率为 9.5GHz，功率为 5～12.5mW；中心磁场为 348mT，扫场宽度为 5～20mT；调制频率为 50～100kHz，调制振幅为 0.2～0.4mT，时间常数为 50～

200ms；扫描频率为 2.5～10mT/min；增益为 1.0×10^{4}～1.0×10^{6}。

16.2.2.4 结果计算及分析

当样品的 ESR 图谱是各向同性时，不会出现不对称信号（分裂峰），则样品无法判定是否被辐照过（见图 16-1）；当样品的 ESR 图谱上出现不对称信号（分裂峰）时（图 16-2），则计算 ESR 图谱的分裂因子 g 值。

分裂因子 g 值按式（16-1）计算：

$$g=71.448\nu/B \tag{16-1}$$

式中 g——光谱分裂因子；

71.448——折算系数；

ν——微波频率，GHz；

B——磁感应强度，mT。

计算结果保留至小数点后三位，计算 g 值需要测量图 16-2 箭头所示位置的频率和场强。

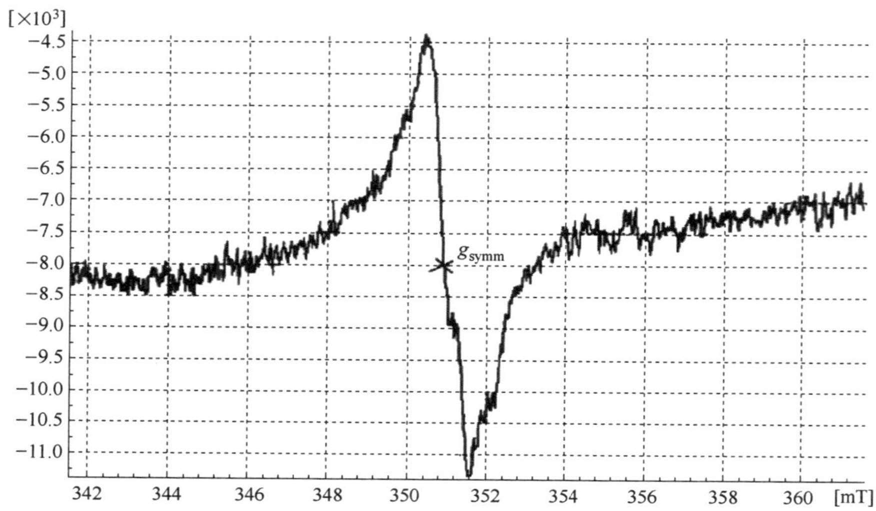

图 16-1 未辐照猪排的 ESR 波谱图

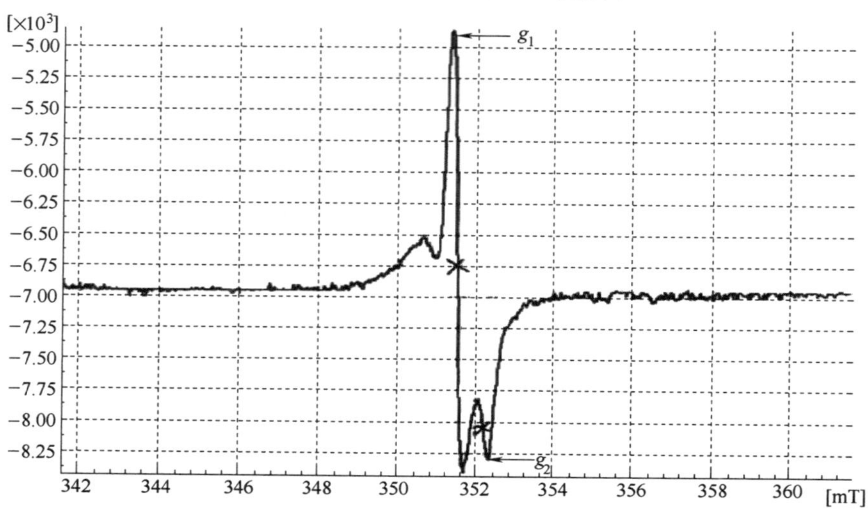

图 16-2 辐照 1.0KGy 猪排的 ESR 波谱图

16.2.2.5 说明与注意事项

ESR法可用于检测贮存食品中产生的自由基是否稳定。当辐照剂量为6～8kGy时，辐照产生的自由基在固相成分中相对稳定，此时可采用ESR法测定。含有纤维素的食物如水果类、蔬菜类、坚果类、香辛料可测得ESR吸收光谱。含有骨或碎骨的禽肉和鱼肉辐照后在ESR光谱中能观测到相似的信号。对羊骨辐照的ESR信号研究结果表明，信号随辐照剂量增加而增强，且样品与处理方法对光谱的吸收峰也有一定影响。ESR检测法还可用于含结晶糖辐照食品的检测。

16.2.3 生物学分析法

16.2.3.1 辐照食品的微生物计数比较检测法

辐照食品的微生物计数是比较辐照前后食品中微生物数量的一种重要检测方法。以下是几种常用的微生物计数比较检测法。

① 平板计数法（APC法） 通过将食品样品稀释后涂布在培养基上，培养一段时间后统计菌落数量，适用于大多数食品的微生物计数，特别是用于检测食品中的总菌落数。辐照食品中的APC法得出的结果通常比未辐照食品的DEFT法结果少。

② 直接显微镜计数法（DEFT法） 通过显微镜直接观察食品样品中的微生物数量，适用于快速检测食品中的微生物数量，但准确性可能不如平板计数法。未辐照食品中的DEFT法结果通常与APC法接近。

③ 实时荧光定量PCR法 通过实时荧光定量PCR技术，检测食品样品中的特定微生物DNA，适用于检测特定的微生物种类，如致病菌。具有较高的灵敏度和特异性，可快速准确检测出低浓度的微生物。

④ 热释光法（TL法） 利用辐照后食品中的矿物残骸在加热后释放的能量进行检测，适用于检测食品是否经过辐照处理。信号超过上限的样品通常为辐照样品，信号在上下限之间的样品需要进一步研究。

⑤ 细菌回收法 通过培养基回收食品样品中的微生物，然后进行计数，适用于检测食品中的活菌数量。可以评估辐照处理后的微生物存活率。

⑥ 高通量测序技术 通过高通量测序技术，对食品样品中的微生物群落结构进行分析，评估辐照处理对食品微生物群落的影响。可以提供详细的微生物组成信息，帮助了解辐照处理的效果。

总之，不同的微生物计数比较检测法各有优缺点，选择合适的方法取决于具体的检测需求和食品类型。例如，平板计数法和直接显微镜计数法适用于常规的微生物计数，而实时荧光定量PCR法和高通量测序技术则更适合于特定微生物的检测和微生物群落结构的分析。热释光法则主要用于检测食品是否经过辐照处理。通过综合应用这些方法，可以更全面地评估辐照食品的微生物安全性。

16.2.3.2 辐照食品DNA裂解产物的检测方法

(1) *原理*

在辐照作用下，食品成分中的DNA片段会发生断裂。该法根据辐照后食品DNA片段、食品中微生物等发生生物性变化来分析。

（2）仪器与试剂

仪器：凝胶电泳仪、荧光显微镜等。

试剂：吖啶橙、碘化吡啶或溴化乙锭、硝酸银等。

（3）分析步骤

①利用裂解试剂对分子膜进行破坏；②对样品实施电泳处理，在此过程中，受损的DNA片段会迅速向电泳阳极移动；③采用吖啶橙、碘化吡啶或溴化乙锭等染色剂对DNA进行染色，同时进行硝酸银染色；④针对经过吖啶橙、碘化吡啶或溴化乙锭染色的样品，通过荧光显微镜对载玻片进行细致观察，其中，经吖啶橙染色的DNA会呈现绿色，而经碘化吡啶或溴化乙锭染色的DNA则呈现红色；⑤对于经过硝酸银染色的样品，则使用常规显微镜对载玻片进行观察；⑥观察结果，经过辐照处理的食品，其完整的细胞数量极少，大部分细胞呈现出长长的拖尾形态，形成典型的彗星图像；相比之下，未经辐照处理的细胞大多保持完整状态，细胞形态接近于圆形。

（4）说明与注意事项

荧光颜料已发生荧光淬灭，整个染色过程要谨慎迅速；荧光颜料有毒，注意个人防护及实验后处理。

课后练习

1. 判断题

（1）辐照后的食品有辐射性，不能食用。（　　）

（2）辐照有抑制发芽、延迟或促进成熟、杀虫、杀菌和防腐的作用。（　　）

（3）在ESR波谱图中，出现不对称信号则可判定该样品经过辐照处理。（　　）

（4）硬脂酸经过辐照作用后，辐照产物为2-十二烷基环丁酮。（　　）

（5）辐照会导致食品的DNA片段发生断裂。（　　）

2. 单项选择题

（1）辐照食品有哪些功能？（　　）

A. 杀菌　　B. 杀灭虫卵　　C. 加热　　D. 抑制成熟

（2）辐照食品分析手段中哪些方法属于生物法分析？（　　）

A. 热释光法　　B. DNA彗星法

C. 电子自旋共振波谱法　　D. 挥发性碳氢化合物法

（3）以下哪个样品不适合用电子自旋共振波谱法来分析辐照食品？（　　）

A. 鸡蛋　　B. 带刺鱼肉　　C. 含骨猪肉　　D. 新鲜蔬菜

3. 问答题

（1）辐射源有哪些？

（2）简述影响食品辐照大小的因素。

（3）简述食品辐照技术的特点。

（4）简述食品辐照技术的应用领域。

（5）简述食品辐照技术的基本原理。

知识拓展

2009 年 7 月，有媒体报道称，某知名品牌的方便面调味料包可能经过了辐照处理，但并未在包装上标注“辐照食品”字样，这一行为违反了《食品安全国家标准　预包装食品标签通则》的相关规定。这一事件引发了公众对辐照食品安全性的广泛关注和讨论。食品辐照技术是 20 世纪发展起来的一种灭菌保鲜技术，它运用高能射线对食品进行加工处理，以达到杀虫、杀菌、抑制生理过程的目的。经过多年的研究和发展，目前已有多个国家承认了辐照食品的安全性，并将其应用于商业食品中。世界卫生组织等权威机构已明确表示，辐照食品就像用巴斯德杀菌法杀菌的食品一样安全。辐照食品能够消除危害全球人类健康的食源性疾病，使食物更安全，并延长食品的货架期。根据我国的相关规定，经电离辐射线或电离能量处理过的食品，应在食品名称附近标明“辐照食品”。这一规定旨在保障消费者的知情权和选择权，避免消费者对辐照食品产生误解和恐慌。

以上案例说明，同学们应树立科学严谨的态度，对待食品分析和检测技术要实事求是，不盲目跟风或传播不实信息。还要强化法律法规意识，认识到食品生产和加工必须遵守国家的相关法律法规和标准要求，遵守相关规定，确保辐照食品在生产和销售过程中的合法性和安全性。

第17章 食药同源物质分析

【学习重点与难点】

学习重点：食药同源功能因子的种类和基本结构、特性；食药同源功能因子的分析方法，如光谱法、色谱法等。
学习难点：食药同源物质的掺伪识别和分析手段。

17.1 概述

17.1.1 食药同源物质的定义和种类

食药同源，亦说药食同源或医食同源，食药同源物质是指那些既可以作为食品又可以作为中药材使用的物质，这些物质在我国传统饮食文化中经常被作为食材广泛食用。截至2024年12月，我国共发布了4批食药同源名单，共计106种物质。第一批名单发布于2002年，包括丁香、八角茴香、刀豆、小茴香、小蓟、山药、山楂、马齿苋、乌梅、木瓜、火麻仁、甘草、白芷、白果、龙眼肉、决明子、百合、肉豆蔻、肉桂、余甘子、佛手、杏仁(甜、苦)、沙棘、牡蛎、芡实、花椒、赤小豆、阿胶、麦芽、昆布、枣、罗汉果、郁李仁、金银花、青果、鱼腥草、姜、枳椇子、枸杞子、栀子、砂仁、胖大海、茯苓、香橼、香薷、桃仁、桑叶、桑椹、益智仁、荷叶、莱菔子、莲子、高良姜、淡竹叶、淡豆豉、菊花、菊苣、黄芥子、黄精、紫苏、紫苏籽、葛根、黑芝麻、黑胡椒、槐米、槐花、蒲公英、蜂蜜、榧子、酸枣仁、鲜白茅根、鲜芦根、橘皮、薄荷、薏苡仁、薤白、覆盆子、藿香等87种物质。第二批名单发布于2020年，包括当归、山柰、西红花、草果、姜黄、荜茇等6种物质。第三批名单发布于2023年，包括党参、肉苁蓉、铁皮石斛、西洋参、黄芪、灵芝、山茱萸、天麻、杜仲叶等9种物质。2024年又有4种新物质被纳入食药同源名单，包括地黄、麦冬、天冬、化橘红等。

17.1.2 食药同源物质的安全性和分析

17.1.2.1 食药同源物质的安全性

在我国，食药同源物质有着悠久的历史和深厚的文化底蕴。许多食药同源物质在长期的民间传统中使用，积累了丰富的使用经验。这些经验往往表明，在适量和正确使用的情况下，大多数食药同源物质是安全的。现代科学研究对这些物质进行了毒理学、药理学等方面研究，大多数食药同源物质在适量使用时被认为是安全的。然而，科学研究也是不断发展的，对于某些物质的安全性评估可能会随着新证据的出现而更新。不同的食药同源物质可能存在相互作用，使用时应注意配伍禁忌，避免产生不良反应。即使是普遍认为安全的食药同源物质，也可能因个体差异（如年龄、性别、健康状况、遗传背景等）而导致不同的反应。因此，对于特定个体，某些物质可能并不安全，应根据个人体质和需要适量食用。孕妇、哺乳期妇女、儿童、老年人以及慢性病患者在使用食药同源物质时应特别小心，必要时应咨询医生。安全性也与摄入的剂量和频率有关。适量使用通常被认为是安全的，但过量或长期大量使用可能会导致不良反应。在我国，国家市场监督管理总局等部门对食药同源物质进行监管，规定了可以使用的中药材名单和相应的使用标准，以确保公众使用这些物质的安全性。消费者在使用时应遵守法律法规，按照《中华人民共和国食品安全法》和相关法规使用食药同源物质。这包括不在禁止添加药品的食品中添加这些物质，以及确保使用的物质已列入食药同源目录。

17.1.2.2　食药同源物质的分析

食药同源物质分析是一个综合性的过程，涉及多个步骤和方法。首先需从不同的来源收集食药同源物质样品，在样品处理阶段，常用干燥、研磨、提取、纯化等步骤，以获得可供分析的样品。在定性分析方面，薄层色谱（TLC）用于初步鉴定样品中的成分；高效液相色谱（HPLC）用于更精确的成分鉴定和含量测定；气相色谱（GC）适用于挥发性成分的分析；质谱（MS）结合 HPLC 或 GC 使用，用于成分的精确鉴定；核磁共振（NMR）用于确定化合物的结构。在定量分析方面，使用 HPLC、GC 等色谱技术结合适当的检测器（如紫外检测器、荧光检测器、质谱检测器）进行定量分析，通过标准曲线法或内标法进行定量。在含量测定方面，主要测定食药同源物质中的有效成分、营养成分或有害成分的含量。在稳定性测试方面，通过加速稳定性试验或长期稳定性试验来评估样品在不同条件下的稳定性。在微生物分析时，主要检测样品中的细菌、真菌、酵母等。在重金属和有害物质检测方面，常使用原子吸收光谱（AAS）、电感耦合等离子体质谱（ICP-MS）等方法，检测的有害物质包括残留农药、毒素等。通过细胞实验、动物实验等评价食药同源物质的药理活性。

17.2　食药同源功能性因子的分析

食药同源功能性因子的分析是一个多学科交叉的领域，涉及食品科学、药物化学、生物化学等多个方面。例如，东莞理工学院研究团队专注于食药同源的岭南特色资源，研究内容包括膳食功能因子（如多糖、蛋白质、多酚等）的高效创制、精准分析及其结构功能活性的研究与应用，这些研究有助于理解膳食功能因子之间的相互作用及其对营养品质与健康效应的调控。沈阳药科大学的研究团队在药食同源中药功能因子和特境微生物活性次级代谢产物研究领域取得了系列进展。这些研究不仅发现了多种具有生物活性的化合物，还探讨了其潜在的作用机制，为中药的二次开发提供了物质保障。也有研究者探讨了食药同源香辛料的活性成分及其功能特性，聚焦于食药同源物质对胃肠道功能的改善作用。这些研究对于理解食药同源物质的生物活性及其在食品工业中的应用具有重要意义。

17.2.1　酚类物质的分析

酚类物质是一类含有一个或多个羟基（—OH）直接连接在芳香环上的化合物。药食同源植物中，很多都含有酚类物质，例如，当归中含有阿魏酸等多酚类化合物，枸杞中含有枸杞多酚，红枣中含有多种多酚类化合物如儿茶素，槐花中含有多种黄酮类多酚化合物。酚类物质的分析方法主要有以下几种。①高效液相色谱（HPLC）是最常用的分析方法，可以分离和定量多种酚类物质，通常与紫外检测器（UV）、二极管阵列检测器（DAD）或质谱（MS）联用。②气相色谱（GC）适用于挥发性酚类物质的分析，需要先将酚类物质衍生化以提高其挥发性。③毛细管电泳（CE）适用于分离和定量酚类化合物，尤其适用于复杂样品的分析。④紫外-可见分光光度法（UV-Vis）简单、快速，但灵敏度较低，适用于酚类物质的初步筛查。⑤傅里叶变换红外光谱（FTIR）用于鉴定酚类物质的官能团和结构。⑥质谱（MS）单独使用或与 HPLC、GC 联用，可以提供酚类物质的结构信息和准确的定量分析。

需要注意的是，酚类物质容易氧化，因此在样品处理和分析过程中应尽量避免其暴露在空气中。应选择合适的溶剂和提取方法，以减少样品中的干扰物质。确保仪器的校准和检测器的灵敏度，以获得准确的分析结果。本节主要介绍采用高效液相色谱法测定枸杞中的 6 种多酚类化合物。

17.2.1.1 原理

试样中的多酚类物质经乙醇溶液提取，用高效液相色谱仪测定，保留时间定性，外标法定量。

17.2.1.2 仪器与试剂

仪器：高效液相色谱仪（配有二极管阵列检测器）、高速粉碎机、组织捣碎机等。

试剂：无水乙醇、甲醇、乙腈、冰醋酸、标准品（1-咖啡酰奎宁酸、绿原酸、4-香豆酸、芦丁、山柰酚、水仙苷）等。

17.2.1.3 分析步骤

（1）试样制备与保存

取－18℃冷冻的枸杞干果，用高速粉碎机（可加少量液氮）粉碎（30g 样品粉碎时间为 30s），混匀后分别置于样品瓶中，－18℃冷冻备用。或取枸杞鲜果适量，去除果蒂、叶子等杂质，用组织捣碎机打浆，2～10℃冷藏备用，用前摇匀。

（2）试样提取

取枸杞干果粉末约 1.0g，加 25mL 60％乙醇溶液，超声 20min，摇匀，用 0.45μm 的滤膜过滤，取续滤液上机测定。或取枸杞鲜果浆（枸杞原浆）约 7.0g，加 25mL90％乙醇溶液，超声 20min，摇匀，用 0.45μm 的滤膜过滤，取续滤液上机测定。

（3）设置液相色谱条件

①色谱柱为 C_{18} 柱，配备二极管阵列检测器，长 150mm，内径 4.6mm，粒径 5μm（pH 为 1～11）或相当者。②流动相 A 为乙腈；流动相 B 为 0.5％醋酸溶液；梯度洗脱条件见表 17-1。③检测波长为 320nm，进样体积为 10μL，柱温为 25℃。

表 17-1 梯度洗脱条件

时间/min	流动相 A/％	流动相 B/％	流速/(mL/min)
0	6	94	1.0
30	20	80	1.0
40	85	15	1.0
42	6	94	1.0
47	6	94	1.0

（4）绘制标准曲线和测定试样

取标准使用溶液进行测定，记录峰面积。以对照品溶液浓度为横坐标，峰面积为纵坐标，绘制标准曲线。取两份平行的试样溶液测定，试样中各多酚类化合物的响应值应在标准曲线范围内。按外标法计算含量。

17.2.1.4　结果计算

试样中 1-咖啡酰奎宁酸、绿原酸、4-香豆酸、芦丁、山柰酚、水仙苷的含量按占干燥品的比例计，按式（17-1）计算：

$$W=\frac{c\times V}{m}\times\frac{1000}{1000} \tag{17-1}$$

式中　W——试样中各多酚类化合物的含量，mg/kg；

c——由标准曲线计算所得试样中各多酚类化合物的质量浓度，mg/L；

m——试样的质量，g；

V——试样中加入并定容的提取溶液的体积，mL。

17.2.1.5　说明与注意事项

本方法对 1-咖啡酰奎宁酸、绿原酸、4-香豆酸、山柰酚和水仙苷的检出限为 1.5mg/kg，定量限为 5.0mg/kg；对芦丁的检出限为 20.0mg/kg，定量限为 60.0mg/kg。

17.2.2　多糖的分析

多糖是由多个单糖分子通过糖苷键连接而成的高分子聚合物。其基本结构单元是单糖，常见的单糖有葡萄糖、果糖、半乳糖、甘露糖等。多糖的结构可以非常简单，也可以极其复杂，这取决于组成它们的单糖种类、连接方式（α-1，4-糖苷键、β-1，4-糖苷键等）和空间构型。

多糖的分析方法多种多样，涵盖从分子结构到生物活性的各个方面。

① 物理性质分析　可采用凝胶渗透色谱（GPC）通过分子筛效应分离不同分子量的多糖，也可用静态光散射（SLS）和动态光散射（DLS）法测定其分子量。也可通过测量溶液的流动时间来评估多糖的分子量。

② 化学组成分析　可用高效液相色谱（HPLC）分析多糖的水解产物，确定单糖的种类和比例，而气相色谱（GC）适用于单糖衍生物的分析。常用红外光谱（IR）识别多糖中的官能团，用核磁共振（NMR）提供多糖结构的详细信息。

③ 结构分析　常用核磁共振（NMR），尤其是^{13}C NMR 确定单糖之间的连接方式，用质谱（MS）分析多糖片段，推断连接顺序。在空间构型分析方面，用 X 射线晶体学确定多糖的精确三维结构，用圆二色性（CD）光谱分析多糖的二级结构。

④ 生物活性分析　酶联免疫吸附分析（ELISA）可检测多糖与免疫细胞的相互作用，DPPH 自由基清除法、ABTS 自由基清除法等手段可分析多糖的抗氧化活性，通过细胞增殖实验、细胞凋亡检测等可分析其抗肿瘤活性。

⑤ 生物降解性分析　可通过测定多糖被特定酶降解的速率来评估其生物降解性。

⑥ 分子修饰与分析　常用的化学修饰方法包括硫酸化、磷酸化等，随后通过上述方法分析修饰效果。

⑦ 微观形态分析　可用扫描电镜（SEM）观察多糖的表面形态，用透射电镜（TEM）

观察多糖的内部结构。这些方法往往需要综合运用，才能全面了解多糖的性质和结构。随着科技的发展，新的分析技术和方法也在不断涌现，使得多糖的研究更加深入和精确。

枸杞多糖是以半乳糖、阿拉伯糖、葡萄糖、鼠李糖、木糖、甘露糖、半乳糖醛酸、葡萄糖醛酸等为单糖单元的多糖，通过脱水缩合以糖苷键聚合而成的高分子化合物。本节以枸杞多糖为例，根据《枸杞及其制品中枸杞多糖的测定　离子色谱法》（GB/T 44739—2024）的规定，离子色谱法适用于经干燥加工制成的各品种的枸杞成熟果实及枸杞制品枸杞原浆中枸杞多糖含量的测定，其他枸杞制品中枸杞多糖含量的测定也能参考本方法。

17.2.2.1　原理

样品经乙醇除杂、水回流提取得到枸杞多糖后，用三氟乙酸消解，产物经阴离子色谱柱分离，经离子色谱仪测定，外标法定量，以各单糖的峰面积为基准计算出样品中枸杞多糖的含量。

17.2.2.2　仪器与试剂

仪器：离子色谱仪（配脉冲安培检测器，Au 为工作电极，Pd 为参比电极）、微波消解仪（配有聚四氟乙烯消解管，升温参数：0～8min，升温至 120℃）、小型粉碎机、旋转蒸发仪/平行浓缩仪、反相净化小柱（RP 前处理小柱，C_{18} 填料）、0.22μm 尼龙水系膜等。

试剂：半乳糖（纯度≥98%）、阿拉伯糖（纯度≥98%）、葡萄糖（纯度≥98%）、鼠李糖（纯度≥98%）、木糖（纯度≥98%）、甘露糖（纯度≥98%）、半乳糖醛酸（纯度≥98%）、葡萄糖醛酸（纯度≥98%）等。

17.2.2.3　分析步骤

（1）试样制备

对枸杞样品，取 60℃真空干燥至恒重的枸杞样品，去除果蒂、叶子等杂质，粉碎，混匀备用。对枸杞制品，选择市售枸杞原浆混匀备用。

（2）试样提取

称取 0.5～5.0g 试样，置入 250mL 圆底烧瓶中，加入 150mL 乙醇溶液，加热回流 1h，趁热过滤，弃去滤液，滤渣与滤器用约 50mL、45～75℃的 80%乙醇溶液分 5 次过滤洗涤并弃去洗涤液；滤渣连同滤纸置烧瓶中，用 150mL 的 60%乙醇溶液重复提取 2 次后，滤渣连同滤纸置烧瓶中，将烧瓶置于 80℃水浴锅中挥发除去残留的乙醇；加 150mL 水，加热回流 2h，趁热过滤，用约 50mL、70～100℃的水过滤洗涤滤器，合并滤液与洗涤液于 500mL 浓缩瓶中，在 70℃水浴中旋转蒸发浓缩至约 10mL，待冷却后转移至 25mL 容量瓶中，用水少量多次清洗旋蒸瓶，并将清洗液转移至容量瓶，定容，即得枸杞多糖提取液。

（3）试样消解

准确移取 4mL 枸杞多糖提取液于微波消解管中，加入 4mL 三氟乙酸溶液，置于 120℃微波消解仪中消解 20min 后，冷却至室温；准确移取 1mL 消解液至旋蒸瓶中，于 45℃水浴浓缩至样品完全干燥。用水少量多次完全溶解上述干燥样品，并将溶液转移至 5mL 容量瓶中，定容，混匀，得试样溶液。

二维码 17-1
梯度洗脱程序

（4）设置色谱条件

① 色谱柱为基于聚苯乙烯-二乙烯基苯聚合物填料的阴离子交换色谱柱（4.0mm×250mm，5μm），或性能相当者；②进样量为 20μL，流速为 0.6mL/min，柱温为

30℃；③流动相 A 相为水，B 相为 100mmol/L 氢氧化钠和 150mmol/L 乙酸钠混合溶液，梯度洗脱程序见二维码 17-1 所述；④检测器为脉冲安培检测器，Au 工作电极，Pd 参比电极，检测器电位波形程序见二维码 17-2 所述。

二维码 17-2 检测器电位波形程序

(5) 绘制标准曲线

分别移取混合单糖标准中间溶液 0mL、1mL、5mL、10mL、15mL、20mL、25mL 至 500mL 容量瓶，用水定容至刻度，混匀，配制成不同质量浓度的混合单糖标准系列工作溶液，见表 17-2。

表 17-2 混合单糖标准系列工作溶液的质量浓度

标准品名称	质量浓度/(mg/L)						
	1	2	3	4	5	6	7
半乳糖	0.0	0.2	1.0	2.0	3.0	4.0	5.0
阿拉伯糖	0.0	0.4	2.1	4.2	6.3	8.4	10.5
葡萄糖	0.0	0.3	1.5	3.0	4.5	6.0	7.5
鼠李糖	0.0	0.1	0.6	1.2	1.8	2.4	3.0
木糖	0.0	0.3	1.4	2.8	4.2	5.6	7.0
甘露糖	0.0	0.1	0.3	0.6	0.9	1.2	1.5
半乳糖醛酸	0.0	1.0	5.1	10.2	15.3	20.4	25.5
葡萄糖醛酸	0.0	0.1	0.3	0.6	0.9	1.2	1.5

将反相净化小柱依次用 5mL 甲醇、10mL 水活化，放置 30min 后使用。吸取 4mL 混合单糖标准系列工作溶液过 0.22μm 尼龙水系膜后，加载至反相净化小柱，弃去前 2～3mL 流出液，收集续滤液，待测。按照设定的色谱条件，待仪器稳定后，依次测定混合单糖标准系列工作溶液的色谱峰面积。以各单糖质量浓度为横坐标，以峰面积为纵坐标绘制标准曲线。混合单糖标准工作溶液色谱图和空白试样色谱图见二维码 17-3。

二维码 17-3 混合单糖标准工作溶液色谱图和空白试样色谱图

(6) 测定试样溶液

吸取 4mL 试样溶液，过 0.22μm 尼龙水系膜后，加载至反相净化小柱，弃去前 2～3mL 流出液，收集续滤液，待测。按照设定的色谱条件，待仪器稳定后，依次测定试样的色谱峰面积。试样中各单糖的响应值均应在标准曲线线性范围之内，超过线性范围则应稀释后再进行分析。根据标准品的保留时间定性，外标法定量。以相同体积的水代替试样溶液，采用上述测定步骤进行测定。

17.2.2.4 结果计算

样品中各单糖的质量按式 (17-2) 计算：

$$m_i=\frac{c_i \times D \times V_1}{V_2}\times V_3 \times 10^{-3} \tag{17-2}$$

式中 m_i——试样中各单糖的质量，mg；

c_i——由标准曲线计算所得试样中各单糖组分的质量浓度，mg/L；

D——稀释倍数；

V_1——消解后总体积，mL；

V_2——用于消解的枸杞多糖提取液的体积，mL；

V_3——枸杞多糖提取液浓缩后定容的总体积，mL。

样品中多糖的质量按式 (17-3) 计算：

$$m = \sum_{i=1}^{n} \left(m_i - \frac{m_i}{M_i} \times M_0\right) \tag{17-3}$$

式中　m——试样中多糖的质量，mg；

m_i——试样中各单糖的质量，mg；

M_i——试样中各单糖的摩尔质量，g/mol；

M_0——水的摩尔质量，g/mol。

样品中多糖的含量按式（17-4）计算：

$$W = \frac{m \times 10^{-3}}{m_0 \times 100} \tag{17-4}$$

式中　W——枸杞多糖含量，g/100g；

m——试样中多糖的质量，mg；

m_0——试样的质量，g。

17.2.2.5 说明与注意事项

单糖标准储备溶液须在4℃避光保存，葡萄糖、半乳糖醛酸和葡萄糖醛酸标准储备溶液有效期为2个月，其他单糖标准储备溶液有效期为6个月。本方法中各单糖方法检出限和方法定量限见表17-3。

表17-3　各单糖方法检出限和方法定量限

单糖名称	方法检出限/(g/100g)	方法定量限/(g/100g)
半乳糖	0.6×10^{-3}	1.7×10^{-3}
阿拉伯糖	0.7×10^{-3}	1.7×10^{-3}
葡萄糖	0.6×10^{-3}	1.7×10^{-3}
鼠李糖	1.2×10^{-3}	3.6×10^{-3}
木糖	0.5×10^{-3}	1.5×10^{-3}
甘露糖	0.8×10^{-3}	3.6×10^{-3}
半乳糖醛酸	3.4×10^{-3}	10.0×10^{-3}
葡萄糖醛酸	1.5×10^{-3}	5.0×10^{-3}

17.2.3 黄酮类化合物的分析

黄酮类化合物是一大类广泛存在于植物界的次生代谢产物，它们的基本结构特征是含有两个苯环（A环和B环）通过三个碳原子相连形成的氧杂环结构，这个核心结构被称为黄酮骨架。根据氧杂环的结构和取代基的不同，黄酮类化合物可以分为多个亚类，包括黄酮、黄酮醇、查耳酮、异黄酮、二氢黄酮等。

黄酮类化合物分析可以确定黄酮类化合物的种类和结构、测定黄酮类化合物在样品中的含量、评估黄酮类化合物的生物活性以及质量控制和食品安全监测。一般来说，先使用溶剂（如甲醇、乙醇、水）或超临界流体（如二氧化碳）提取黄酮类化合物，通过固相萃取（SPE）、液-液萃取等方法去除杂质，使用色谱技术分离黄酮类化合物，通过质谱、核磁共振或紫外光谱等方法鉴定化合物结构，通过色谱法结合适当检测器进行定量分析。本节以枸杞为例，《枸杞中黄酮类化合物的测定》（NY/T 3903—2021）规定了枸杞（包含干果、鲜果）中总黄酮含量的分光光度计和枸杞（包含干果、鲜果）中3种黄酮类化合物含量的高效液相色谱法，此处仅介绍高效液相色谱法。采用高效液相色谱-串联质谱法测定葛根中黄酮类化合物相关操作可依据《葛根中黄酮类化合物的测定　高效液相色谱-串联质谱法》（NY/

T 4307—2023）进行。

17.2.3.1　原理

枸杞中的芦丁、山柰酚-3-*O*-芸香糖苷和异鼠李-芸香糖苷（水仙苷）经甲醇溶液提取后，C_{18} 柱分离，用紫外检测器在波长 360nm 处测定，外标法定量。

17.2.3.2　仪器与试剂

仪器：高效液相色谱仪（配有紫外检测器）、超声波清洗器、离心机、涡旋混合器、高速粉碎机、均质器、微孔滤膜（0.45μm，有机系）等。

试剂：甲醇、乙腈、标准品［芦丁、山柰酚-3-*O*-芸香糖苷和异鼠李-芸香糖苷（水仙苷），纯度均≥98%］等。

17.2.3.3　分析步骤

（1）试样制备

对枸杞干果，去除枸杞中的果柄等杂质，将样品置于－18℃冷冻 12h 以上或液氮冷冻，取出后立即用高速粉碎机粉碎至枸杞中的籽粒成粉末状，置于样品瓶中于－18℃冷冻保存，备用。对枸杞鲜果，去除枸杞中的果柄等杂质，用破壁机匀浆后测定。

（2）试样提取

枸杞干果：称取粉碎试样约 1g 于 50mL 离心管中，加 25.0mL 甲醇溶液，涡旋混匀 1min，超声提取 60min（每间隔 10min，振摇 1 次）或 10000r/min 匀浆 2min 后，于 4000r/min 离心 10min，上清液过滤膜，待测定。枸杞鲜果：称取匀浆试样约 2g 于 50mL 离心管中，加 20mL 甲醇溶液涡旋混匀 1min，超声提取 60min（每间隔 10min，振摇 1 次）或 10000r/min 匀浆 2min 后，于 4000r/min 离心 10min，上清液转入 25.0mL 容量瓶，定容至刻度，混匀后过滤膜，待测定。

（3）设置液相色谱条件

① 色谱柱为 C_{18} 柱（4.6mm×250mm，粒径 5.0μm），或同等性能的色谱柱。②流动相为乙腈-水，梯度洗脱条件见表 17-4。③流速为 1.0mL/min，进样量为 10μL，检测波长为 360nm。

表 17-4　流动相梯度洗脱条件

时间/min	乙腈/%	水/%
0.0	5	95
10.00	18	82
17.00	22	78
20.00	60	40
25.00	60	40
25.10	5	95
30.00	5	95

（4）绘制标准曲线

用甲醇将芦丁、山柰酚-3-*O*-芸香糖苷、异鼠李-芸香糖苷（水仙苷）标准储备液稀释得到系列浓度为 0mg/L、1.0mg/L、2.0mg/L、5.0mg/L、10.0mg/L、20.0mg/L、30.0mg/L、50.0mg/L 的混合标准工作液，依次由低到高进样检测，以质量浓度（mg/L）为横坐标、相应的峰面积为纵坐标进行线性回归，分别得到标准曲线回归方程。

(5) 定量测定

在相同的色谱条件下，取等体积的试样待测液和相应浓度的标准工作溶液进行色谱分析，以保留时间定性，色谱峰面积外标法定量。试样待测液中各黄酮类化合物的响应值均应在标准曲线范围内，超过线性范围时应根据测定浓度进行适当倍数稀释后再进行分析。

17.2.3.4 结果计算

试样中芦丁、山柰酚-3-*O*-芸香糖苷、异鼠李-芸香糖苷（水仙苷）黄酮的含量按式(17-5)计算。

$$W=\frac{c\times V}{m\times 1000} \tag{17-5}$$

式中 W——试样中芦丁、山柰酚-3-*O*-芸香糖苷、异鼠李-芸香糖苷（水仙苷）含量，mg/g；

c——从标准曲线上查得试样待测液中芦丁、山柰酚-3-*O*-芸香糖苷、异鼠李-芸香糖苷（水仙苷）的质量浓度，mg/L；

V——试样中加入的提取溶液体积，mL；

m——试样的质量，g。

17.2.3.5 说明与注意事项

芦丁、山柰酚-3-*O*-芸香糖苷和异鼠李-芸香糖苷（水仙苷）标准储备液须避光于0～4℃保存。芦丁、山柰酚-3-*O*-芸香糖苷、异鼠李-芸香糖苷（水仙苷）的检出限均为0.002mg/g，定量限均为0.006mg/g。

17.2.4 萜类物质的分析

萜类物质是一类广泛存在于植物中的天然有机化合物，它们由异戊二烯单元构成。根据其碳原子数和结构特点，可分为以下几类。①单萜（monoterpene）：由两个异戊二烯单元组成，含有10个碳原子。例如：柠檬烯、薄荷醇、松油醇等。②倍半萜（sesquiterpene）：由三个异戊二烯单元组成，含有15个碳原子。例如：姜黄素、薰衣草醇等。③二萜（diterpene）：由四个异戊二烯单元组成，含有20个碳原子。如阿托品、咖啡酸等。④三萜（triterpene）：由六个异戊二烯单元组成，含有30个碳原子。例如：甾体化合物、皂苷等。⑤多萜（polyterpene）：含有更多异戊二烯单元，如四萜（40个碳原子）和胡萝卜素。

萜类物质的分析通常采用以下技术：气相色谱法（GC）适用于挥发性萜类化合物的分析；液相色谱法（HPLC）适用于非挥发性或热不稳定萜类化合物的分析；质谱法（MS）可与GC或HPLC联用，用于萜类化合物的结构鉴定和定量分析；核磁共振波谱法（NMR）用于确定萜类化合物的结构。

本节以灵芝为例，《灵芝中总三萜含量的测定　分光光度法》（NY/T 3676—2020）规定了灵芝中总三萜含量的测定方法。该法适用于灵芝子实体、切片以及超细粉等灵芝产品总三萜含量的测定，测定范围为0.06%～10%，一般按照样品0.5g称样量，加50mL提取液，提取液的移取量为2.5mL进行测定计算，该方法的检出限（LOD）为0.02%，定量限（LOQ）为0.06%。

17.2.4.1 原理

灵芝中三萜类化合物在酸性条件下与香草醛反应生成蓝紫色产物，在550nm波长下有最大吸收，吸光度值与总三萜含量成正比。

17.2.4.2　仪器与试剂

仪器：分光光度计（配 1cm 比色皿，波长 550nm）、水浴锅、超声波提取仪、高速离心机、粉碎机等。

试剂：无水乙醇、高氯酸、冰醋酸、甲醇、齐墩果酸标准品（纯度≥99%）。

17.2.4.3　分析步骤

① 样品制备　取不少于 200g 具代表性的样品，用样品粉碎机粉碎（灵芝超细粉样品无须粉碎），过 0.425mm 标准网筛，将样品装于密封容器中，0～20℃保存备用。

② 样品提取　称取样品 0.5g 至 250mL 具塞锥形瓶中，准确加入无水乙醇 50mL，盖紧塞子，摇匀，置于超声波提取仪中超声提取 1h，其间经常摇动，提取后混合均匀，取适当体积于 8000r/min 的离心机中离心 10min，取上清液作为样品提取液备用。

③ 绘制标准曲线　准确移取齐墩果酸标准储备溶液 0mL、0.1mL、0.2mL、0.3mL、0.4mL 和 0.5mL，置于 10mL 试管中，标准品质量分别为 0μg、20μg、40μg、60μg、80μg、100μg。将试管置于温度为 90～100℃的水浴锅中挥干溶剂，加入 5%香草醛-冰醋酸溶液 0.1mL，高氯酸 0.8mL，混匀后于 60℃水浴中保温显色 20min。取出后迅速置于冰水浴中冷却 3～5min，终止显色反应，再加入 5.0mL 冰醋酸，混匀后，室温放置 10min，立即用 1cm 比色皿，以 0 管调节零点，在波长 550nm 处测定吸光度。以齐墩果酸标准品的质量为纵坐标、相应的吸光度值为横坐标，绘制标准曲线。

④ 测定样品　准确移取适量体积的样品提取液于 10mL 试管中（不同含量样品其提取液移取量的参考值参见表 17-5），置于温度为 90～100℃的水浴锅中挥干溶剂，以下操作步骤同上。同时做试剂空白，并根据样品提取液的吸光度计算样品中总三萜含量。若样品中总三萜含量测定值超出标准曲线范围，应适当稀释或增加移取体积后再次测定。

表 17-5　样品中总三萜含量与提取液移取量的参考值

样品总三萜含量/%	提取液移取量/mL	样品总三萜含量/%	提取液移取量/mL
≥3.0	≤0.2	0.25～0.5	2.0～0.6
1.5～3.0	0.3～0.2	0.06～0.25	2.5～2.0
0.5～1.5	0.6～0.3		

注：样品中总三萜含量超过 3%且 2 次独立测试结果未达到标准重复性要求时，建议将样品提取液稀释至合适倍数后再测定。

17.2.4.4　结果计算

样品中总三萜（以齐墩果酸计）的含量按式（17-6）进行计算：

$$W=\frac{m_1\times V_1\times n}{m_2\times V_2\times 10^6}\times 100 \tag{17-6}$$

式中　W——样品中总三萜的含量，%；

m_1——从标准曲线上查得样品反应液总三萜的量（以齐墩果酸计），μg；

V_1——提取时准确加入的无水乙醇体积，mL；

n——样品溶液稀释倍数；

m_2——样品的质量，g；

V_2——比色测定时移取的样品提取液的体积，mL；

10^6——克换算为毫克的换算系数。

17.2.4.5 说明与注意事项

① 齐墩果酸标准储备溶液制备时，准确称取105℃干燥至恒重的齐墩果酸标准品20mg，用甲醇溶解并定容至100mL。该标准液中齐墩果酸的质量浓度为200μg/mL，4℃冰箱密封保存，有效期1个月。

② 总三萜的测定结果以2次测定结果的算术平均值表示，测定结果小数点后位数的保留应与方法检出限一致，最多保留3位有效数字。

17.3 食药同源物质的掺伪分析

食药同源物质通常具有较高的经济价值，故在市场上存在广泛的掺伪（即掺杂、伪造）现象。例如，滇枣仁用油炒后冒充酸枣仁；人参的常见掺伪物包括白萝卜、甘薯等根茎类植物；枸杞有时会掺入其他小果实或使用染色剂；黄芪可能掺有其他根茎类植物，如柴草根、甘草等；当归的掺伪物可能包括其他根茎类植物，如白芷、川芎等；天麻的常见掺伪物包括马铃薯、木薯等，石斛可能掺有其他植物的茎，或者使用化学方法进行处理。这些食药同源物质的掺伪不仅影响了食品的养生功效，还可能对消费者的健康造成威胁。因此，加强其质量控制和市场监管非常重要。通过现代分析技术，如色谱、光谱、DNA鉴定等，可以有效识别和防止其掺伪现象。以下是食药同源物质掺伪的一些常见鉴别和分析方法。

① 观察法　主要采用外观检查法观察物质的颜色、形状、大小、质地等是否与正品相符。断面检查时，观察其切断面的特征，如纤维性、粉性、油性等，或通过特定的化学反应，比较颜色变化，检测掺伪。也可以使用光学显微镜或电子显微镜观察物质的组织结构，判断是否掺有其他物质。例如，对人参掺伪而言，可以通过观察其芦头、横断面特征、气味和味道来鉴别，或使用显微镜观察其组织结构。正品枸杞颜色自然，无染色剂，可以通过水溶性染料测试来鉴别是否被染色。可观察茯苓外观判别真假，真茯苓外观表面平坦规则、颜色一致，而掺假的茯苓外观不平且色泽不一致。

② 色谱法　可以采用薄层色谱（TLC）法比较样品与对照品的色谱行为来检测掺伪，采用高效液相色谱（HPLC）法定量分析其中的有效成分，检测是否有异常成分。例如，用HPLC检测川贝母中的特有成分，如川贝母素、贝母碱等，同时检查是否有其他药材的成分。对挥发性成分的分析可采用气相色谱（GC）法。色谱法也可以结合质谱法（MS），如LC-MS或GC-MS检测和鉴定掺伪物质。例如，一些不法商贩回收提取过的五味子，晒干后再次出售，或在已提取过成分的人参、西洋参表面喷洒香精。采用GC法进行成分分析，检测它们的挥发性物质，便能准确掌握其造假情况。

③ 光谱法　可以通过比较物质的红外光谱图识别物质中的掺伪成分，或采用核磁共振光谱法（NMR）确定其化学结构并检测掺伪物质。采用激光诱导击穿光谱（LIBS）快速无损检测物质中的元素组成，以识别掺伪成分。也可利用色谱或光谱技术建立食药同源物质的指纹图谱，用于质量控制。

④ DNA分析　建立DNA条形码，通过提取药材的DNA，进行PCR扩增和序列分析，验证其物种真实性。例如，人参和西洋参是两种价格差异很大的食药同源物质，外观上有时

难以区分，通过DNA分析，可以准确鉴定它们的种属，区分人参和西洋参，这种方法比传统的形态学鉴定更为准确可靠。不同地区生产的同一种中药材，其药效成分可能有所不同。例如，怀山药主要产自河南焦作温县，通过DNA分析可以验证其地理来源，保证其品质。

⑤ 感官评价　通过嗅觉、味觉、触觉等感官来识别掺伪。例如，金银花等花类物质可能会被加入与其颜色相似的豆粉或泥沙。根茎类、全草类、果实类食药同源物质可能会用硫酸盐、食盐、糖浸泡后干燥以达到增重的目的。可观察其表面是否有结晶体反光，口尝是否有酸涩感，或通过手感检查是否有滑腻感并观察是否有反光点。天麻的掺假通常是将填充物塞入天麻中空部分。辨别真假天麻时，需留意其形状、颜色和质地，真品天麻外观有横纹或皱褶，颜色均匀，质地坚硬，而伪品则多从外观难以鉴别，刨开后即可见到填充物。

⑥ X射线衍射分析（XRD）　该法可用于分析食药同源物质的晶体结构，检测是否有矿物质掺伪。例如，山药饮片常掺入石膏（硫酸钙）、滑石（滑石粉）等，XRD可以用来确定其晶体结构和化学成分，区分石膏、滑石粉和山药，从而保证山药的真实性和有效性。对于经过炮制的物质，XRD分析可以用来检查炮制过程中是否引起了晶体结构的变化，进而影响食药同源物质的功效。

课后练习

1. 名词解释

食药同源物质；多酚类物质；黄酮类物质；萜类物质

2. 判断题

(1) 高效液相色谱（HPLC）是分析食药同源物质中有效成分最常用的方法。（　）

(2) 食药同源物质中的所有成分都是安全无害的，不需要进行安全性评价。（　）

(3) 在进行食药同源物质分析时，样品的前处理步骤可以省略，直接进行分析。（　）

(4) 食药同源物质的安全性评价只需要考虑其营养价值，不需要考虑毒理学特性。（　）

(5) 多酚类物质的提取通常使用水作为溶剂，因为它们大多数是水溶性的。（　）

3. 单项选择题

(1) 以下哪种技术不常用于食药同源物质的有效成分分析？（　）

A. 高效液相色谱　B. 气相色谱　C. 紫外-可见光谱　D. 量子计算

(2) 在多酚类物质的分析中，以下哪种检测器不是常用的？（　）

A. 紫外检测器　B. 二极管阵列检测器

C. 荧光检测器　D. 热导检测器

(3) 以下哪种物质不属于食药同源物质？（　）

A. 枸杞　B. 人参　C. 橘红　D. 蜂胶

(4) 在进行食药同源物质的安全性评价时，以下哪项不是主要考虑的因素？（　）

A. 毒性　B. 营养价值　C. 经济效益　D. 过敏性

(5) 以下哪个法规与食药同源物质的安全性和分析无关？（　）

A.《中华人民共和国食品安全法》　B.《中华人民共和国药品管理法》

C.《中华人民共和国环境保护法》　D.《化妆品监督管理条例》

4. 问答题

(1) 请简述食药同源物质分析中样品前处理的重要性，并列举三种常用的前处理方法。

(2) 在食药同源物质的安全性评价中，如何平衡其药效与潜在毒性之间的关系？

(3) 高效液相色谱（HPLC）在食药同源物质分析中的应用有哪些局限性？

(4) 请说明在食药同源物质分析中，如何利用质谱技术进行有效成分的定性和定量分析。

(5) 针对食药同源物质，如何建立一个全面的质量控制体系，确保其安全性和有效性？

知识拓展

2020 年 9 月，上海市发生了一起食药同源假药案，唐某和吴某以茯苓、芡实、菊花、沙棘 4 味中药材为原料，采用添加食用级盐酸等方法，制成了“芡实茯苓饮品”（又名“百草神口服液”），再进一步提纯浓缩，又制成了“溶瘤素”，用羌活、防风、威灵仙 3 味中药材制作了“白药水”。根据权威部门的检测结果，这些产品没有检测到氰化物、有机磷类、氨基甲酸酯类、菊酯类、除草剂等农药，没有检测到苯丙胺类、阿片类、氯胺酮、大麻、可卡因等毒品，也没有检测到汞（$\leqslant 0.2\mu g/g$）、砷（$\leqslant 0.2\mu g/g$）等有毒成分。尽管如此，上海市药品监督管理局认为，百草神 1 号口服液、百草神 2 号口服液、汤剂 A（溶瘤素）、汤剂 K（白药水）等实为无药品生产资质的企业生产的不具有安全性和有效性的产品，为非药品冒充药品产品。根据修订后的《中华人民共和国药品管理法》第九十八条规定，以非药品冒充药品或者以他种药品冒充此种药品为假药。因此，上述涉案产品应依法认定为假药。唐某和吴某的行为存在违法行为。另外，根据《中华人民共和国食品安全法》的规定，食品中不得添加药品。

尽管食药同源物质在中国传统医学中有着悠久的历史，但其在现代食品和药品监管体系中的地位仍然存在一定的模糊性。这可能导致一些生产者和消费者对食药同源物质的使用和监管存在误解，从而引发食品安全问题。因此，加强食药同源物质的安全监管和公众教育是非常必要的。

第 18 章

食品分析综合实验设计

【学习重点与难点】

学习重点： 各类食品品质指标的分析方法；形成完整的食品分析评价方案。

学习难点： 能够根据实际需求（如食品质量控制、食品安全监管、营养标签标示、科学研究）清晰、准确地定义要分析的目标物、检测限、定量限、允许误差等，科学合理设计实验方案。

18.1 食品品质综合分析实验

18.1.1 火腿肠的品质分析

与火腿肠品质相关的标准主要为《火腿肠质量通则》（GB/T 20712—2022）和《食品安全国家标准　熟肉制品》（GB 2726—2016）。优质火腿肠应具有均匀的红色或淡红色，色泽自然，无霉变或褪色现象。肉质细腻，切面紧密，无大气孔，组织结构均匀。质地弹牙，咀嚼感良好，不油腻，无异味。具有特有的肉香和调味料的香味，无不良气味。不得含有致病微生物，如沙门氏菌、金黄色葡萄球菌等。铅、镉、汞等重金属含量不得超过国家规定的限量标准，不得有违禁药物残留，如抗生素、激素等。蛋白质是评价火腿肠营养价值的重要指标，含量应适中。脂肪含量可影响火腿肠的口感和保质期，应控制在合理范围内。水分含量对火腿肠的口感和保质期也有重要影响，过高可能导致微生物生长，过低则影响口感。

（1）感官评价

火腿肠在感官上应具有产品应有的色泽、滋味、气味，无异味，无异臭，无正常视力可见的外来异物，无焦斑和霉斑。此处以红肠为例说明火腿肠的感官分析方法。取适量试样置于洁净的白色盘（瓷盘或同类容器）中，在自然光下观察色泽和状态，并用不锈钢尺测其长、宽、直径，观察是否符合要求。其形态呈长竿状，表面有分布均匀的核桃状皱纹。长度、直径视具体规格而定，两端结扎良好，不允许有大弯曲状、破裂和畸形；用不锈钢刀切开，切面组织紧密，指压有弹性，肉糜和肥膘分布均匀，无大肥膘块、碎骨、软骨或筋头。不允许有明显气孔，但允许有微小气孔存在。外表色泽鲜红，开水浸烫无明显褪色，不得有色差明显的深紫色和粉红色。横切面肉糜的色泽应为自然的腌制肉色，不得有紫褐、灰褐色、氧化变色现象。横切面渗入肉糜的色圈不得超过 1.2mm。具有红肠应有的香味并有轻度烟熏味，不得有焦煳味、霉味及其他异味；无肉眼可见杂质。

（2）理化指标分析

根据火腿肠的配方，特级产品外源蛋白配料（非肉类蛋白质）添加量≤2.5%，优级产品外源蛋白配料（非肉类蛋白质）添加量≤5.0%，普通级产品外源蛋白配料（非肉类蛋白质）添加量≤7.0%。无淀粉火腿肠生产过程中不应添加淀粉。理化指标分析方法和要求如表 18-1 所示。对其他营养成分，如维生素可选择高效液相色谱法；矿物质分析可选择原子吸收光谱法或电感耦合等离子体质谱法（ICP-MS）。

表 18-1 火腿肠的理化指标分析方法和要求

项目	指标			分析方法
	特级	优级	普通级	
水分/(g/100g)	≤72.0			烘干法或卡尔·费休法
蛋白质/(g/100g)	≥12.0	≥11.0	≥10.0	凯氏定氮法
脂肪/(g/100g)	≤16.0			索氏提取法
淀粉/(g/100g)	≤6.0	≤8.0	≤10.0	旋光法

注：无淀粉火腿肠应满足相应等级的指标，同时满足淀粉含量≤1%。

（3）微生物指标分析

火腿肠的致病菌限量应符合《食品安全国家标准 预包装食品中致病菌限量》（GB 29921—2021）的标准，微生物限量和分析方法还应符合表 18-2 的规定。

表 18-2 火腿肠的微生物限量和分析方法

项目	指标				分析方法
	n	c	m	M	
菌落总数/(CFU/g)	5	2	10^4	10^5	平板计数法
大肠菌群/(CFU/g)	5	2	10	10^2	乳糖胆盐发酵法

注：火腿肠的采样和处理方法依据《食品安全国家标准 食品微生物学检验 总则》（GB 4789.1—2016）执行。该表不适用于发酵肉制品类的菌落总数限量。沙门菌的分析可用选择性培养基法。

（4）食品添加剂分析

火腿肠中的添加剂通常有防腐剂、发色剂、抗氧化剂、着色剂、护色剂、磷酸盐、香精等。常用方法有高效液相色谱法、气相色谱法、分光光度法等。例如，采用分光光度法测定火腿肠中的亚硝酸盐含量时，常用步骤如下。

① 取适量火腿肠样品，切碎混匀。准确称取一定量（如 10g）的样品于研钵中，加入适量蒸馏水，研磨均匀。将研磨后的样品溶液过滤，收集滤液。

② 分别配制硫酸溶液、盐酸溶液、对氨基苯磺酸溶液和 NED［*N*-(1-萘基）乙二胺盐酸盐］溶液。取适量滤液于试管中，加入硫酸溶液和盐酸溶液，混匀后加入对氨基苯磺酸溶液，混匀后静置 5min，向溶液中加入 NED 溶液，混匀后静置 15min，使显色反应充分进行。

③ 配制一系列浓度的亚硝酸盐标准溶液，进行显色反应，使用分光光度计在 540nm 波长下测定吸光度，绘制标准曲线。将处理好的样品溶液在相同条件下测定吸光度。

④ 根据吸光度和标准曲线，计算样品中亚硝酸盐的浓度，以 mg/kg 表示亚硝酸盐的含量。同时进行空白试验，确保实验过程中无污染。最后，在样品中加入已知量的亚硝酸盐标准品，进行加标回收试验，验证方法的准确性和可靠性。

（5）有害物质残留分析

火腿肠中的有害元素（如铅、汞、镉、砷）可采用原子吸收光谱法或 ICP-MS 法分析，兽药残留可用 GC-MS 或 HPLC 测定。根据《食品安全国家标准 食品中污染物限量》（GB 2762—2022）的规定，火腿肠中的铅（以 Pb 计）含量应≤0.3mg/kg，砷（以 As 计）含量应≤0.5mg/kg，镉（以 Cd 计）含量应≤0.1mg/kg，汞（以 Hg 计）含量应≤0.05mg/kg。

以有害元素的分析为例，分析步骤如下。

① 取适量火腿肠样品，切碎混匀。准确称取一定量（如1～2g）的样品于消解罐中，加入硝酸和盐酸混合酸（通常比例为4∶1），进行微波消解或石墨炉消解。消解完成后，冷却至室温，将消解液转移至容量瓶中，定容至刻度。

② 配制一系列浓度的重金属标准溶液，制作标准曲线。使用标准溶液对原子吸收光谱仪或电感耦合等离子体质谱仪进行校准，建立标准曲线。

③ 将处理好的样品溶液按照仪器操作规程进行测定，记录吸光度或信号强度。根据标准曲线和样品的吸光度或信号强度，计算样品中各重金属的含量。

18.1.2 挂面的品质分析

优质挂面应色泽均匀，呈淡黄色或乳白色，无斑点，无霉变。外观应粗细均匀，表面光滑，无断裂，无粘连。煮熟后应有一定的透明度，表明面团揉和均匀，质地良好，口感筋道，不黏牙，有弹性。面条应内部结构紧密，不易糊化，煮制过程中不易断裂。挂面应在合理的时间内煮熟，通常为3～5min。在煮制过程中应具有良好的吸水率，能充分吸收汤汁的味道。挂面应无致病微生物污染，符合国家食品安全标准。重金属和农药残留应控制在国家规定的安全范围内。蛋白质含量是衡量挂面营养价值的重要指标，含量越高，面条的筋道感越强。水分含量应适中，过高可能导致挂面发霉，过低则影响口感。

(1) 感官评价

根据《挂面》(GB/T 40636—2021) 的规定，挂面应以小麦粉为原料，以水、食用盐（或不添加)、碳酸钠（或不添加）为辅料，经过和面、压片、切条、悬挂干燥等工序加工而成。下列描述的感官分析方法适用于以小麦粉为原料，以水、食用盐（或不添加)、碳酸钠（或不添加）为辅料制作的普通挂面，不适用于添加禽蛋、蔬菜、水果或其他粮食等原料制作的花色挂面和手工制作的挂面。整体来讲，挂面的感官要求色泽均匀一致，无酸味、霉味及其他异味，无正常视力可见的异物，煮熟后在口中咀嚼时不牙碜。

所有参加感官评价的评价员均应符合《感官分析 方法学 总论》(GB/T 10220—2012) 的要求，并接受面条感官评价相关知识的专门培训，具有相同的资格水平和检验能力。应由5位及以上专家评价员或10位及以上优选评价员组成评价小组进行感官评价。优选评价员应符合《感官分析 选拔、培训与管理评价员一般导则 第1部分：优选评价员》(GB/T 16291.1—2012) 的要求，专家评价员应符合《感官分析 选拔、培训和管理评价员一般导则 第2部分：专家评价员》(GB/T 16291.2—2010) 的要求。经感官评价小组评价，选出综合评分的平均值在 (87±1) 分样品一份，作为每次品评的参照样品。

① 色泽检验　取被测样品，在自然光下观察色泽，色泽均匀一致的结果以“正常”表示，否则为“不正常”。对结果为“不正常”的应加以说明。

② 气味检验　取被测样品，在无异味环境中闻其气味。无酸味、霉味及其他异味的结果以“正常”表示，否则为“不正常”。对结果为“不正常”的应加以说明。

③ 杂质检验　取被测样品，在自然光下查看，正常视力下无可见异物的结果以“无”表示，否则为“有”。对结果为“有”的应加以说明。

④ 口感检验　用可调式电炉加热盛有样品质量50倍沸水的1000mL烧杯或锅，保持水的微沸状态。随机抽取挂面40根，放入沸水中，用秒表开始计时。达到所测烹调时间煮熟后，用筷子挑出挂面分别放入5个烧杯中，自然冷却1min。如果5个检验人员都认为煮熟后口感不牙碜，则判定为“正常”。如果有1个及以上检验人员认为煮熟后口感牙碜，则判

定为“不正常”，并给出分数。根据《粮油检验 小麦粉面条加工品质评价》（GB/T 35875—2018），评分标准如表 18-3 所示。

表 18-3 挂面的感官评分标准

评价指标	满分	评分方法	样品得分
坚实度	10 分	软硬合适(8～10 分)；稍软或稍硬(7 分)；很软或很硬(4～6 分)	
弹性	25 分	弹性好(21～25 分)；弹性一般(16～20 分)；弹性差(10～15 分)	
光滑性	20 分	光滑爽口(17～20 分)；较光滑(13～16 分)；不爽口(9～12 分)	
食味	5 分	具有麦香味(5 分)；基本无异味(4 分)；有异味(2～3 分)	
表面状态	10 分	表面光滑、有明显透明质感(8～10 分)；表面较光滑、透明质感不明显(7 分)；表面粗糙、明显膨胀(4～6 分)	
色泽	30 分	亮白或亮黄(26～30 分)；亮度一般或稍暗(20～25 分)；灰暗(14～19 分)	
综合评分			

(2) 理化指标分析

挂面的理化指标包括基本成分含量（如蛋白质、脂肪、淀粉、灰分、水分等）和品质指标（如酸度、自然断条率、熟断条率、烹煮损失率等），挂面的理化指标应符合表 18-4 的要求。水分含量采用烘干法进行分析，蛋白质含量采用凯氏定氮法，脂肪含量可采用索氏提取法，灰分含量可采用高温灰化法进行测定，淀粉含量采用旋光法，膳食纤维采用酶质量法，维生素和矿物质含量采用 HPLC、原子吸收光谱法或 ICP-MS 进行分析。

表 18-4 挂面的理化指标要求

项目	要求	项目	要求
水分含量/%	≤14.5	熟断条率/%	≤5.0
酸度/(mL/10g)	≤4.0	烹调损失率/%	≤10.0
自然断条率/%	≤5.0		

自然断条率是一定质量的挂面样品中，长度不足平均长度三分之二的部分占样品的质量分数，其测定步骤为：①随机抽取完整的 10 根挂面，测量取平均值；②随机抽取独立包装的样品 1.0kg 左右称重，将长度不足平均长度三分之二的挂面捡出称量；③按式（18-1）计算自然断条率。

$$A=\frac{m_0\times100}{m} \tag{18-1}$$

式中 A——自然断条率，以质量分数计，%；

m_0——不足平均长度三分之二的挂面质量，g；

m——样品质量，g。

熟断条率是一定根数的挂面样品在规定条件下煮熟后，被煮断的根数占样品根数的比例，其测定步骤如下。

① 测定烹调时间，用可调式电炉加热盛有样品质量 50 倍沸水的 1000mL 烧杯或锅，保持水的微沸状态。随机抽取完整的挂面 40 根，放入沸水中，用秒表开始计时。从 2min 开始取样，然后每隔 30s 取样一次，每次取 1 根，用两块玻璃板压扁，观察挂面内部白硬心线，白硬心线消失时所记录的时间即为烹调时间。

② 用可调式电炉加热盛有样品质量 50 倍沸水的 1000mL 烧杯或锅，保持水的微沸状态。随机抽取完整的挂面 40 根，放入沸水中，用秒表开始计时。达到所测烹调时间后，用竹筷将面条轻轻挑出，数取完整的面条根数，按式（18-2）计算熟断条率。

$$S=\frac{40-N}{40} \tag{18-2}$$

式中 S——熟断条率，%；

N——完整面条根数。

烹调损失率是一定质量的挂面样品在规定条件下煮熟后，流失在面汤中的干物质占样品的质量分数，其测定步骤如下。

① 称取约 10g 样品，放入盛有 500mL 沸水（蒸馏水）的烧杯中，用可调式电炉加热，保持水的微沸状态，按测定的烹调时间煮熟后，用筷子挑出挂面，面汤放至常温后，转入 500mL 容量瓶中定容、混匀。

② 取 50mL 面汤倒入恒重的 250mL 烧杯中，放在可调式电炉上蒸发掉大部分水分后，再加入面汤 50mL 继续蒸发至近干，放入 105℃烘箱内烘至恒重。

③ 按式（18-3）计算烹调损失率。

$$B=\frac{5m_1\times100}{m\times(1-C)} \tag{18-3}$$

式中 B——烹调损失率，以质量分数计，%；

m_1——100mL 面汤中干物质质量，g；

m——样品质量，g；

C——挂面水分含量，%。

（3）微生物指标分析

挂面产品应符合一定的菌落总数、大肠菌群等微生物指标要求，以确保产品的卫生安全，不能含有有害菌和致病菌，如金黄色葡萄球菌等。挂面中的菌落总数可采用平板计数法测定，大肠菌群采用乳糖胆盐发酵法，致病菌采用选择性培养基法进行分析鉴别。

18.1.3 果蔬饮料的品质分析

优质的果蔬饮料应具有原料本身特有的色泽，色泽均匀，无异常色斑。对于澄清型果蔬饮料，透明度越高，品质通常越好。应具有原料的天然香气，无异味。口感应细腻、协调，无不良口感，甜度、酸度等应适中。应保留原料中的天然维生素，尤其是维生素 C、维生素 A 等，钾、钙、镁等矿物质也应得到保留。对于某些果蔬饮料，保留一定量的膳食纤维有助于提高其营养价值。微生物指标应符合国家食品安全标准，无致病微生物污染。原料中的农药残留应控制在安全范围内。应分析并控制重金属含量，确保不超过国家标准的限量。

（1）感官评价

取 50mL 混合均匀的被测样品于洁净的样品杯（约 100mL 小烧杯）中，置于明亮处，用肉眼观察其色泽和可见杂质，嗅其气味，品其滋味。产品具有所含原料水果、蔬菜应具有的色泽、香气和滋味，无异味，无肉眼可见的外来杂质。《绿色食品 果蔬汁类及其饮料》（NY/T 434—2025）规定的果蔬汁的感官指标如下：①色泽，具有与所标示的该种（或几种）水果、蔬菜制成的汁液（浆）相符的色泽，或具有与添加成分相符的色泽；②滋味和气味，具有所标示的该种（或几种）水果、蔬菜制成的汁液（浆）应有的滋味与香气，或具有与添加成分相符的滋味和气味，无异味；③状态，无正常视力可见的外来异物。

（2）理化指标分析

根据《饮料通用分析方法》（GB/T 12143—2008）的规定，果蔬饮料的 pH 值可使用 pH 计直接测定，总酸度采用滴定法测定，氨基态氮含量采用甲醛滴定法测定。维生素可用高效液相色谱法进行分析，矿物质可用原子吸收光谱法或ICP-MS，膳食纤维含量可用酶重量法或洗涤法进行分析。可溶性固形物使用折光仪测定，适用于透明液体、半黏稠、含悬浮物的果蔬饮料。透明液体制品可充分混匀，直接测定。半黏稠制品（果浆、菜浆类）需将试样充分混匀，用四层纱布挤出滤液，弃去最初几滴，收集滤液供测试用。含悬浮物制品（果粒果汁类饮料）的待测样品应先置于组织捣碎机中捣碎，用四层纱布挤出滤液，弃去最初几滴，收集滤液供测试用。

果蔬饮料中的L-抗坏血酸含量较高，此处以乙醚萃取法为例说明果蔬饮料中的L-抗坏血酸含量的分析。本方法根据氧化还原反应原理，2，6-二氯靛酚能被L-抗坏血酸还原为无色体，微过量的2，6-二氯靛酚用乙醚提取，然后由醚层中的玫瑰红色来确定滴定终点。

① 果蔬饮料的抗坏血酸含量在0.05mg/mL以下的样品，混匀后直接取样测定。抗坏血酸含量在0.05mg/mL以上的样品，称取含抗坏血酸4～10mg有代表性的样品，用2%草酸溶液稀释到200mL，混匀供测。对果蔬汁碳酸饮料，先将样品旋摇到基本无气泡后，再按上述方法制备。对固体饮料，称取含抗坏血酸4～10mg有代表性的样品，用2%草酸溶液溶解并稀释至200mL，混匀后供测。

② 对于高度乳化或样液色泽较深且易被乙醚抽提的样品，取样后置于分液漏斗中。加30mL乙醚，充分振摇但勿使之乳化。待分层后将下层样液放入容量瓶中，分液漏斗中加入20mL 2%草酸溶液。适当振摇，待分层后，将下层水溶液放入上面述200mL容量瓶中。如此反复操作四次，将每次的下层水溶液均放入200mL容量瓶内，然后用2%草酸溶液稀释至刻度。

③ 按试液制备中所确定的取样量称取同一样品，置于锥形瓶中，加20mL 10%硫酸铜溶液，加水使总体积约为100mL，置于垫有石棉网的电炉上小心加热至沸并保持微沸15min，然后用流动水冷却到室温。将此溶液转移到200mL容量瓶中，用水稀释至刻度，摇匀，供空白测定用。

④ 取10～15支50mL比色管，在每支比色管中加入10.00mL试液，各加2.5mL丙酮。放置3min后，在第一支比色管中加入1mL的2，6-二氯靛酚溶液，充分混匀，精确控制40s后，加入2mL乙醚，充分振摇，放置几分钟，待乙醚与水溶液分层后，观察醚层有无出现玫瑰红色。当出现淡玫瑰红色时，则表明已达到测定的暂定终点。如果2，6-二氯靛酚全部被抗坏血酸还原，乙醚层保持无色，则在第二支比色管中加入1.5mL2，6-二氯靛酚溶液。如还不显红色，再逐一按2.0mL、2.5mL、3.0mL、3.5mL、4.0mL、4.5mL、5.0mL的量加入2，6-二氯靛酚溶液，直到乙醚层出现玫瑰红色达到暂定终点为止。这时所加的2，6-二氯靛酚的量常常是过量的，所以需进一步试验，确定精确的终点。如果加到3.0mL 2，6-二氯靛酚溶液时出现玫瑰红色，则从第六支加有试液的比色管中开始分别加入2.6mL、2.7mL、2.8mL、2.9mL 2，6-二氯靛酚溶液，直至呈现淡玫瑰红色为止。如在2.9mL刚呈红色，则2.9mL为滴定终点。如加到2.9mL 2，6-二氯靛酚溶液仍不显玫瑰红色，则上面的3.0mL就是滴定终点。记录所用2，6-二氯靛酚溶液体积。对于抗坏血酸含量低于2mg/100g的样品，用100mL比色管直接加倍取样测定。丙酮与乙醚的加入量也相应加倍。

⑤ 测定空白试液，并根据式（18-4）计算L-抗坏血酸含量的结果：

$$W=\frac{(V_1-V_0)}{m}\times F\times 100 \tag{18-4}$$

式中　W——100g（或100mL）样品所含L-抗坏血酸的质量，mg/100g或mg/100mL；

V_1——测定试液时所需 2，6-二氯靛酚溶液的体积，mL；

V_0——测定空白试液时所需 2，6-二氯靛酚溶液的体积，mL；

F——2，6-二氯靛酚溶液的滴定度，即每毫升此溶液相当于 L-抗坏血酸的质量，mg/mL；

m——10mL 试液中所含样品的量，g 或 mL。

（3）微生物指标分析

果蔬饮料中存在的微生物种类和分析方法见表 18-5。

表 18-5　果蔬饮料中的微生物种类和分析方法

微生物种类	分析方法
细菌	平板计数法，通常选择 30～300 个菌落范围的平板进行计数
大肠菌群	乳糖胆盐发酵法
粪链球菌	使用选择性培养基，如 KF 链球菌琼脂，计数典型菌落并进行生化试验确认
沙门菌	使用相应的选择性培养基，如 SS 琼脂、Baird-Parker 琼脂或 HE 琼脂。将样品接种到培养基上，按照特定温度和时间进行培养。对可疑菌落进行分离纯化，并通过生化试验和血清学试验进行确认
金黄色葡萄球菌	
志贺菌	
酵母和霉菌	使用马铃薯葡萄糖琼脂(PDA)或萨巴罗培养基，计数菌落数量并进行形态学鉴定

（4）有害物质残留分析

果蔬饮料中的有害元素（如铅、锡）可采用原子吸收光谱法或 ICP-MS 法分析，农药残留可用 GC-MS 或 HPLC 测定。根据《食品安全国家标准　食品中污染物限量》（GB 2762—2022）的规定，果蔬饮料（不含浆果及小粒水果）中的铅（以 Pb 计）含量应≤0.03mg/kg，锡（以 Sn 计）含量应≤150mg/kg。针对果蔬饮料中其他有害化学残留，可依据《食品安全国家标准　果蔬汁和果酒中 512 种农药及相关化学品残留量的测定 液相色谱-质谱法》（GB 23200.14—2016）进行测定。

18.1.4　植物油的品质分析

高品质的植物油通常具有较浅的色泽，表明油品纯净，氧化程度低。良好的植物油应清澈透明，无悬浮物或沉淀。应具有该油种特有的轻微香味，无异味或酸败味。口感应纯正，无苦、涩或其他不良口感。不同植物油的脂肪酸组成不同，应与该油种的标准相符。酸值反映油脂中游离脂肪酸的含量，酸值越低，油脂品质越好。过氧化值反映油脂氧化程度，过氧化值越低，油脂越新鲜。碘值反映油脂中不饱和脂肪酸的含量，碘值越高，不饱和度越大。不同植物油的密度略有差异，通常在 0.91～0.93g/cm^3 之间。折射率可用于区分不同类型的植物油，每种油的折射率都有一定的范围。不同植物油的熔点不同，通常与脂肪酸组成有关。植物油是维生素 E 的良好来源，尤其是橄榄油和葵花籽油。一些植物油中含有植物固醇，对降低胆固醇有益。在安全性方面，应分析并控制植物油中的农药残留量，确保重金属含量不超过国家标准，还应无致病微生物污染。植物油应具有一定的抗氧化性，以防止油脂氧化酸败。

（1）感官评价

可依据《食品安全国家标准　植物油》（GB 2716—2018）进行分析。植物油试样混匀过滤于烧杯中（直径 50mm，杯高 100mm），油层高度不得小于 5mm，室温下先对着自然光观察，观察植物油在透明容器中的澄清度，再于白色背景前借其反射光线观察并按下列词句描述：白色、灰白色、柠檬色、淡黄色、黄色、橙色、棕黄色、棕色、棕红色、棕褐色等。将植物油倒入 150mL 烧杯中，于水浴上加热至 50℃，以玻璃棒迅速搅拌，嗅其气味，并蘸取少许试样，辨尝其滋味，判断是否有异味或酸败味。用正常、焦煳、酸败、苦辣等词句描述。

（2）理化指标分析

植物油的理化指标是衡量其品质和安全性的重要参数。以下是一些常见的理化指标及其分析方法。①酸值（acid value，AV）表示油脂中游离脂肪酸含量的指标，以每克油脂中消耗氢氧化钾的质量（mg）表示。分析方法为滴定法（中和滴定），通常使用乙醇溶液和酚酞作为指示剂。②碘值（iodine value，IV）表示油脂中不饱和脂肪酸含量的指标，以每100克油脂能吸收碘的质量（g）表示。分析方法为韦氏滴定法或电子滴定法，使用碘-碘化钾溶液和淀粉作为指示剂。③皂化值（saponification value，SV）表示油脂中脂肪酸的平均分子量，以每克油脂完全皂化所需氢氧化钾的质量（mg）表示。皂化反应后，通过滴定剩余的碱来计算皂化值。④过氧化值（peroxide value，PV）表示油脂中过氧化物的含量，是油脂初级氧化产物的指标。分析方法为滴定法，使用碘化钾-淀粉溶液作为指示剂。⑤折射率（refractive index，RI）表示油脂对光线的折射能力，是油脂的物理性质之一。使用折光仪在特定温度下测定。⑥密度表示油脂单位体积的质量，使用密度计或比重瓶在特定温度下测定。⑦色泽表示油脂的颜色深浅，通常通过比色法测定，如罗维朋比色计或色差计。⑧水分表示油脂中水分的含量，通常使用卡尔·费休滴定法或烘箱干燥法测定。

（3）脂肪酸组成分析

如果要分析植物油中的脂肪酸组成，确定饱和脂肪酸、单不饱和脂肪酸和多不饱和脂肪酸的种类及其相对含量，可参考《食品安全国家标准　食品中脂肪酸的测定》（GB 5009.168—2016）所述方法。

（4）氧化稳定性测试

可根据《动植物油脂　氧化稳定性的测定（加速氧化测试）》（GB/T 21121—2024）评估植物油的氧化稳定性，预测其货架寿命。

（5）有害物质分析

对植物油中的重金属，可采用原子吸收光谱法（AAS）或电感耦合等离子体质谱法（ICP-MS）分析；对农药残留，可采用气相色谱-质谱联用法（GC-MS）；对多环芳烃，可采用高效液相色谱法（HPLC）或GC-MS进行分析。此外，若杂质为油脂中不可皂化物质，则可通过皂化后质量差计算其含量。溶剂残留指油脂中溶剂（如己烷、正己烷等）的残留量，常用气相色谱法（GC）进行分析。

18.1.5 发酵乳的品质分析

我国发酵乳的品质应符合《食品安全国家标准　发酵乳》（GB 19302—2025）的要求。高品质的发酵乳应具有均匀的色泽，通常为乳白色或略带黄色。应具有良好的质地和稳定性，无分离和水析现象。有愉悦的酸味和淡淡的奶香，无不良气味。口感应细腻、滑润，酸度适中，无颗粒感。发酵乳中的活性乳酸菌数量应达到一定的标准，通常要求每克产品中至少含有10^6CFU活菌数。发酵乳中的菌种应保持纯度，无有害微生物污染。在保质期内，发酵乳应保持一定数量的活菌。蛋白质含量应符合国家标准，高品质发酵乳的蛋白质含量通常较高。脂肪含量可根据不同产品的类型有所不同，但应均匀分布。发酵过程中乳糖部分转化为乳酸，但其含量仍需符合标准。酸度是衡量发酵程度的重要指标，通常用pH值或滴定酸度表示。发酵过程可能增加某些维生素的含量，如维生素B_{12}。发酵乳也是钙、磷等矿物质的良好来源。重金属和污染物应符合相关标准要求，确保无有害物质。农药和兽药残留应控制在安全范围内。发酵乳在储存和运输过程中应保持稳定的组织状态，无沉淀和分层。在保质期内，发酵乳应无有害微生物生长。

（1）感官评价

取适量发酵乳样品放入 50mL 敞口透明容器中，置于 4～6℃冷藏环境中，不得与有毒、有害、有异味或对产品产生不良影响的物品同处存放。评鉴开始前取出，使评鉴时温度在 6～10℃。取适量试样置于 50mL 烧杯中，在自然光下观察色泽和组织状态。闻其气味，用温开水漱口，品尝滋味。发酵乳制品要达到的感官要求如下：①发酵乳，色泽均匀一致，呈乳白色或微黄色，具有发酵乳特有的滋味、气味，组织细腻，均匀，允许有少量乳清析出；②风味发酵乳，具有与添加成分相符的色泽，具有与添加成分相符的滋味，具有添加成分特有的组织状态。

（2）理化指标分析

发酵乳含蛋白质不低于 2.9%，含脂肪不低于 3.1%；风味发酵乳的蛋白质含量不低于 2.3%，脂肪含量不低于 2.5%。蛋白质含量可用凯氏定氮法或双缩脲法测定，脂肪含量可用罗兹法或索氏提取法。酸乳的酸度是直接影响成品风味与口感的品质指标，pH 值可使用 pH 计测定，酸度可用滴定法测定。矿物质和维生素可用原子吸收光谱法（AAS）、电感耦合等离子体质谱法（ICP-MS）或高效液相色谱法（HPLC）进行分析。

非脂乳固体能够反映产品中含有的除脂肪之外的其他物质的含量。国家标准规定，发酵乳中非脂乳固体含量不低于 8.1g/100g，依据《食品安全国家标准　乳和乳制品中非脂乳固体的测定》（GB 5413.39—2010）测定。此处仅详细介绍发酵乳中非脂乳固体含量的分析，即先分别测定出发酵乳中的总固体含量、脂肪含量、蔗糖等非乳成分含量，再用总固体减去脂肪和蔗糖等非乳成分含量，即为非脂乳固体。

① 测定总固体。在平底皿盒中加入 20g 石英砂或海砂，在（100±2）℃的干燥箱中干燥 2h，于干燥器内冷却 0.5h，称量，并反复干燥至恒量。称取 5.0g 试样于恒量的平底皿内，置于水浴上蒸干，擦去皿外的水渍，于（100±2）℃干燥箱中干燥 3h，取出放入干燥器中冷却 0.5h，称量，再于（100±2）℃干燥箱中干燥 1h，取出冷却后称量，至前后两次质量相差不超过 1.0mg。

②发酵乳试样中总固体的含量按式（18-5）和式（18-6）进行计算：

$$W=\frac{(m_1-m_2)}{m}\times 100 \tag{18-5}$$

式中　W——发酵乳中总固体的含量，g/100g；

m_1——皿盒、海砂加试样干燥后质量，g；

m_2——皿盒和海砂的质量，g；

m——发酵乳的质量，g。

$$X=W-A-B \tag{18-6}$$

式中　X——发酵乳中非脂乳固体的含量，g/100g；

W——发酵乳中总固体的含量，g/100g；

A——发酵乳中脂肪的含量，g/100g；

B——发酵乳中蔗糖的含量，g/100g。

（3）微生物指标分析

发酵乳中的正常微生物主要包括乳酸菌（如乳杆菌和链球菌）以及可能的酵母菌。乳酸菌包括乳杆菌属（*Lactobacillus*）和链球菌属（*Streptococcus*），常见的酵母菌包括酿酒酵母和其他一些能在乳制品中存活的酵母。对总菌落数的测定可采用平板计数法，将发酵乳样品进行系列稀释后，取适量稀释液接种到 MRS 琼脂（用于乳酸菌）或马铃薯葡萄糖琼脂（用于酵母菌），在适宜温度（通常乳酸菌在 30～37℃，酵母菌在 25～30℃）下培养，选择合适菌落数量的平板进行菌落计数。对乳酸菌的特异性分析采用选择性培养基、PCR、DNA 测序等方法，即使用 MRS 琼脂加选择性抑制剂来促进乳酸菌的生长，从选择性培养基上挑选典型菌落进行纯化，进行糖发酵试验、过氧化氢酶试验等以鉴定乳酸菌种类，提取纯化菌株的 DNA，使用乳酸菌特异性引物进行 PCR 扩增，并对扩增产物进行测序分析。对酵母菌的特异性分析可使用含有抗生素的培养基来抑制细菌生长，促进酵母菌的生长。观察菌落形态、细胞形态等。进行糖发酵试验、产孢子试验等以鉴定酵母菌种类。在质量控制方面，对大肠埃希菌可采用平板计数法，金黄色葡萄球菌、沙门菌、霉菌、酵母菌等可依据 GB 4789 系列标准所述方法进行分析。

18.2 食品安全综合分析实验

18.2.1 油条中有害物质的分析

油条在其生产和加工过程中可能会产生一些有害物质，主要包括：①丙烯酰胺，在油炸过程中，淀粉类食物在高温下容易产生丙烯酰胺，这是一种潜在的神经毒素和致癌物质；②反式脂肪酸，油炸油条时使用的油脂在高温下可能会发生部分氢化，产生反式脂肪酸，反式脂肪酸与心血管疾病、糖尿病和其他健康问题有关；③多环芳烃（PAHs），油脂在高温油炸过程中可能会产生多环芳烃，这些物质具有致癌性；④重金属，如果油炸用的油质量不达标，可能含有重金属污染物，如铅、镉等；⑤过氧化值，油脂在反复高温使用后，其过氧化值会升高，产生过氧化物和自由基，这些物质对人体有害；⑥醛类和酮类物质，油脂在高温下还会产生醛类和酮类物质，这些物质可能具有毒性。

优质油条应呈金黄色，色泽均匀，无焦煳现象。口感应外酥内软，有适当的弹性，无油腻感。应有油炸食品特有的香味，无异味或油哈喇味。油条中的脂肪含量应适中，过高可能导致油脂氧化和健康问题。应含有适量的蛋白质和糖类，以保持营养均衡。油条中的丙烯酰胺、反式脂肪酸、多环芳烃、重金属等有害物质含量应控制在安全标准范围内，应无致病微生物污染，符合食品安全标准。油炸用油应使用高品质的食用油，并定期更换，以控制油脂的过氧化值和有害物质的形成。使用的食品添加剂应符合国家标准，不得超量使用。

（1）丙烯酰胺含量分析

油条样品经研磨、提取、净化，采用高效液相色谱-串联质谱法（HPLC-MS/MS）进行分析。

（2）多环芳烃（PAHs）含量分析

油条样品经提取、净化、浓缩，采用气相色谱-质谱联用法（GC-MS）进行分析。

（3）反式脂肪酸含量分析

油条样品经脂肪提取、甲酯化，采用气相色谱法（GC）进行分析，基本步骤如下。

① 样品预处理　取适量油条样品，剪碎后称取 2～5g。将样品放入离心管中，加入 20mL 正己烷，充分振荡混匀，在 60℃恒温振荡器中提取 1h。取出离心管，冷却至室温后，4000r/min 离心 5min。取上清液，用旋转蒸发仪浓缩至近干，得到脂肪提取物。

② 甲酯化　将脂肪提取物转移至试管中，加入 2mL 甲醇和 0.5mL 氢氧化钠溶液（2mol/L）。在 60℃水浴中加热 30min，进行甲酯化反应。反应结束后，加入 1mL 盐酸中和，再加入 2mL 正己烷，振荡混匀。静置分层后，取上层正己烷相进行 GC-MS 分析。

③ GC-MS 分析　色谱条件设置为：色谱柱（如 HP-88 毛细管柱，100m×0.25mm×0.20μm）；进样口温度为 250℃；检测器温度为 250℃；程序升温：初始温度 50℃，以 5℃/min 升至 200℃，保持 10 分钟。质谱条件设置为：电子轰击离子源（EI），离子源温度为 230℃，接口温度为 280℃，扫描范围为 50～500amu。进样量为 1μL，采用不分流进样方式。

④ 数据处理与分析　通过 GC-MS 得到的总离子色谱图，对反式脂肪酸甲酯进行定性分析。采用内标法或外标法进行定量分析，计算油条中反式脂肪酸的含量即可。

（4）重金属含量分析

分析油条中铅、镉、汞等重金属的含量时，油条样品经消解（如微波消解）后采用原子吸收光谱法（AAS）、电感耦合等离子体质谱法（ICP-MS）进行分析。

18.2.2　芝麻油的安全性分析

如果芝麻在种植过程中使用了农药，可能会在油中留下残留。土壤和水源中的重金属可能通过芝麻转移到油中。炒籽是芝麻油提香的关键步骤，但芝麻中富含的脂类和蛋白质在高温（720℃）或长时间受热时会发生热解、聚合反应，直接生成致癌物苯并芘。在提取过程中使用的溶剂如果没有完全去除，可能会残留在油中。芝麻在储存过程中可能会受到黄曲霉毒素的污染，其不饱和脂肪酸在储存过程中容易氧化，产生过氧化物和自由基。为了延长保质期，有时会添加抗氧化剂，如 TBHQ（特丁基对苯二酚），需要控制其使用量以确保安全。

优质芝麻油应呈金黄色至深棕色，颜色均匀。具有特有的浓郁香味，无异味或酸败味。口感顺滑，无苦涩或其他不良口感。芝麻油富含不饱和脂肪酸，尤其是亚油酸和油酸，这些成分的比例对品质有重要影响。芝麻油中含有较多的维生素 E，这是一种天然抗氧化剂。芝麻油在室温下应清澈透明，无悬浮物或沉淀，黏度适中，不应过于黏稠或稀薄。酸值反映油中游离脂肪酸的含量，酸值越低，油品越新鲜。过氧化值反映油中的氧化程度，过氧化值越低，油品越稳定。油中不应含有可见杂质。农药残留应符合国家或国际标准，铅、镉、汞等重金属含量应在安全范围内。不应含有致病微生物。

（1）苯并芘分析

通过将芝麻油样品中的苯并芘提取、净化后，进行 HPLC-MS/MS 分析，从而测定苯并芘的含量。基本步骤如下。

① 样品预处理　称取 3～5g 芝麻油放入离心管中，加入 20mL 乙腈-正己烷（1∶1，体积比）混合溶剂，充分振荡混匀。在 60℃恒温振荡器中提取 1h。取出离心管，冷却至室温后，4000r/min 离心 5min。取上清液，用旋转蒸发仪浓缩至近干，得到提取液。

② 净化　将提取液用正己烷溶解，通过预先用正己烷活化的氧化铝柱和硅胶柱进行固相萃取净化。收集净化后的洗脱液，用旋转蒸发仪浓缩至近干。用适量二氯甲烷溶解残渣，氮吹至适当体积，用 HPLC-MS/MS 进行分析。

③ HPLC-MS/MS 分析　色谱条件设置为：色谱柱（如 C_{18} 柱，150mm×2.1mm×5μm）；流动相（乙腈/水，梯度洗脱）；流速 0.2～0.3mL/min；柱温 40℃；进样量 10～20μL。质谱条件设置为：电喷雾离子源（ESI），正离子模式；多反应监测（MRM）模式；碰撞能量、锥孔电压等参数根据仪器优化。

④ 数据处理与分析　通过 HPLC-MS/MS 得到的 MRM 色谱图，对苯并芘进行定性分析。采用外标法或内标法进行定量分析，计算芝麻油中苯并芘的含量。

（2）黄曲霉毒素 B_1 分析

提取芝麻油中的黄曲霉毒素 B_1 后，使用高效液相色谱-荧光检测法（HPLC-FLD）或 ELISA 试剂盒进行分析。

（3）重金属分析

消解芝麻油样品，释放重金属离子后，使用 AAS 或 ICP-MS 进行定量分析。

（4）微生物指标分析

采用平板计数法测定芝麻油中的细菌总数，将芝麻油样品稀释后涂布在营养琼脂平板上，在适宜温度下培养一定时间后，计数菌落数。采用多管发酵法或酶底物法检测芝麻油中的大肠菌群，将芝麻油样品接种到乳糖胆盐发酵管中，在特定温度下培养，观察是否产气，并进行确认试验。

18.2.3 面包中有害物质的分析

在生产、加工、储存和运输过程中，面包可能会产生或引入一些有害物质，如沙门氏菌、金黄色葡萄球菌等，可能导致食物中毒。面包在潮湿环境中容易发霉，某些霉菌可产生毒素，如黄曲霉毒素。面包中的农药残留可能来源于小麦等原料在种植过程中使用的农药，也可能来源于土壤、水源或加工设备。防腐剂如苯甲酸钠、山梨酸钾等，过量使用可能对人体有害。面包中的油脂在储存过程中可能氧化酸败，产生过氧化物和自由基。

优质面包应具有均匀的颜色和光滑的表面，无霉变或虫蛀迹象。内部结构应均匀，气孔大小适中，口感柔软且有弹性。应有面包特有的香味，无异味或酸味。蛋白质含量适中，影响面包的结构和口感。糖类主要是淀粉，是面包的主要能量来源。矿物质和维生素，如钙、铁、B 族维生素等，对面包的营养价值有重要贡献。适宜的水分含量可以保持面包的柔软度。优质面包应具有较长的保质期，不易变质。酸度可反映面包的新鲜程度，酸度低表明面包较新鲜。比容是面包体积与质量之比，比容大通常意味着面包更松软。面包中不应含有超过法定限量的致病微生物。重金属和农药残留应符合国家或国际安全标准。

（1）霉菌毒素分析

如黄曲霉毒素 B_1、赭曲霉毒素 A 等，这些毒素可能由原料谷物中的霉菌产生。采用高效液相色谱（HPLC）或液相色谱-串联质谱（LC-MS/MS）进行分析。

（2）重金属分析

包括铅、镉、汞等，可能来源于环境污染或加工设备。使用原子吸收光谱仪（AAS）、原子荧光光谱仪（AFS）或电感耦合等离子体质谱仪（ICP-MS）进行分析。

（3）农药残留分析

如有机磷农药、拟除虫菊酯类农药等，可能残留在小麦等原料中。通过气相色谱（GC）或气相色谱-质谱（GC-MS）进行分析。

（4）食品添加剂分析

如防腐剂、甜味剂、着色剂等，可能因生产过程中使用不当而超标。使用 HPLC 或 GC 进行分析。

（5）有害物质分析

多环芳烃（PAHs）：如苯并芘，可能来源于烘烤过程中的热解作用。采用 HPLC 或 GC-MS 进行分析。反式脂肪酸：主要来源于部分氢化植物油，可能存在于面包中作为添加剂。通过 GC 或 GC-MS 进行分析。

（6）致敏物质

如面筋、鸡蛋、牛奶等，对于特定人群可能引起过敏反应。使用酶联免疫分析（ELISA）或聚合酶链式反应（PCR）等方法进行分析。基本步骤如下。

① 样品准备　从面包的不同部位取样，确保样品具有代表性。将取样后的面包样品粉碎，以便于提取。

② 样品提取　将粉碎的样品与提取缓冲液混合，确保致敏原物质充分溶解。使用均质器将样品与提取缓冲液混合均匀。将均质化后的样品离心，取上清液用于后续分析。

③ ELISA 法检测致敏原　使用标准致敏原物质制备不同浓度的标准溶液，建立标准曲线。将提取的上清液和标准溶液分别加入预先包被有相应抗体的 ELISA 板中。在适宜的温度下孵育一定时间，使抗原与抗体结合。用洗涤液清洗 ELISA 板，去除未结合的抗原。向每个孔中加入酶标抗体，再次孵育。加入底物溶液，根据酶的活性产生显色反应。使用酶标仪测量吸光度，根据标准曲线计算样品中致敏原的浓度。

④ PCR 法检测致敏原　从提取的上清液中提取 DNA，使用针对特定致敏原基因的引物进行 PCR 扩增。通过琼脂糖凝胶电泳分析 PCR 产物，确定致敏原的存在。

⑤ 数据分析　定性分析根据 ELISA 或 PCR 的结果，判断样品中是否含有特定的致敏原。定量分析根据 ELISA 的标准曲线，计算样品中致敏原的具体含量。

18.2.4　韭菜的安全性分析

韭菜在种植过程中可能会受到病虫害的侵扰，因此农民可能会使用农药来保护作物。如果农药使用不当或未遵守安全间隔期，韭菜中可能会残留农药，对人体健康构成潜在威胁。韭菜可能通过土壤吸收重金属，如铅、镉、汞等。这些重金属一旦进入人体，可能会积蓄并对器官造成损害。在种植、收割、运输和销售过程中也可能会受到致病微生物如大肠埃希菌、沙门氏菌等的污染，导致食物中毒。在韭菜的收割和加工过程中，可能混入泥土、石头、杂草等杂质，影响食品安全。虽然韭菜通常不需要添加食品添加剂，但在某些情况下，为了保鲜或改善外观，可能会使用一些合法的添加剂。过量使用或使用非法添加剂都可能对消费者健康造成影响。

优质韭菜应为鲜绿色，叶片完整，无黄化、病斑或机械损伤。应具有韭菜特有的辛辣香气，无异味或腐败味。质地脆嫩，咀嚼感良好。韭菜富含维生素 C、维生素 A、钙、铁等营养成分。含有的膳食纤维有助于消化，对健康有益。新鲜韭菜应保持一定的水分，叶片挺拔，不萎蔫。适熟韭菜口感最佳，过熟或未熟都会影响品质。农药残留应符合国家或国际农药残留标准。重金属含量应控制在安全限量以内。不得含有超过法定限量的致病微生物。

（1）农药残留分析

分析韭菜中农药残留（如有机磷、拟除虫菊酯类）时，采用气相色谱法（GC）或液相色谱-串联质谱法（LC-MS/MS）进行分析。

（2）重金属污染分析

分析韭菜中铅、镉、汞等重金属的含量时，先消解韭菜样品，释放重金属离子，采用原子吸收光谱法（AAS）、原子荧光光谱法（AFS）或电感耦合等离子体质谱法（ICP-MS）进行分析。

（3）微生物指标分析

采用平板计数法测定韭菜中的细菌总数。样品前处理：将韭菜样品稀释后涂布在营养琼脂平板上，在适宜温度下培养一定时间后，计数菌落数。分析韭菜中大肠菌群和沙门氏菌时，大肠菌群采用多管发酵法或酶底物法，沙门氏菌采用显色培养基法或血清学鉴定法。将韭菜样品接种到相应的培养基中，在特定温度下培养，观察是否产气或具有特定菌落特征，并进行确认试验。

（4）天然毒素分析

分析韭菜中草酸含量可用分光光度法，基本步骤如下。

① 样品准备　从不同部位的韭菜中取样，确保样品具有代表性。用去离子水清洗韭菜样品，去除表面污物。将清洗后的韭菜样品晾干或用吸水纸吸干表面水分，将干燥的韭菜样品粉碎成粉末。

② 样品提取　准确称取一定量的韭菜粉末。将韭菜粉末放入烧杯中，加入适量去离子水，室温下浸泡一段时间。将浸泡后的混合物煮沸一定时间，以提取草酸，将煮沸后的混合物过滤，收集滤液。

③ 草酸含量测定　将草酸标准品稀释成一系列已知浓度，使用分光光度计在适当波长下测定各浓度标准品的吸光度，并绘制标准曲线。取适量滤液于试管中，加入一定量的盐酸和钙指示剂。用 EDTA 溶液滴定至颜色变化，记录 EDTA 的消耗量。根据 EDTA 的消耗量和标准曲线计算滤液中的草酸含量。

④ 数据处理　根据滤液中的草酸含量和样品的初始质量，计算韭菜中草酸的含量（mg/g）。重复性检验，进行至少三次平行实验，计算平均值和标准偏差。

亚硝酸盐的含量可用离子色谱法（IC）进行分析，基本步骤如下。

① 样品前处理　从韭菜的不同部位取样，确保样品具有代表性。用超纯水清洗韭菜样品，去除表面污物。将清洗后的韭菜样品晾干或用吸水纸吸干表面水分，将干燥的韭菜样品切碎。准确称取一定量切碎的韭菜样品，加入适量超纯水，匀浆提取。将匀浆后的样品离心，取上清液。将上清液通过 0.45μm 微孔滤膜过滤，得到待测液。

② 制备标准曲线　制备一系列不同浓度的亚硝酸盐标准溶液，按照离子色谱仪的操作规程，分别进样分析标准溶液，记录电导检测器的响应值。以亚硝酸盐浓度为横坐标，对应的峰面积为纵坐标，绘制标准曲线。

③ 样品分析　按照与标准溶液相同的条件，进样分析待测液，记录电导检测器的响应值，根据标准曲线计算待测液中的亚硝酸盐浓度。

④ 数据处理　根据待测液中的亚硝酸盐浓度和样品的初始质量，计算韭菜中亚硝酸盐的含量（mg/kg）。进行至少三次平行实验，计算平均值和相对标准偏差。

18.2.5　养殖虾的安全性分析

养殖虾常被微生物污染，如沙门氏菌、副溶血性弧菌、大肠埃希菌等，可能导致食物中毒。易污染的寄生虫包括肝吸虫、肺吸虫等，可能通过食用生的或未煮熟的虾传播。汞、铅、镉等重金属可能通过水体污染进入虾体，长期摄入对健康有害。抗生素、激素等药物残留可能影响人体健康。养殖水体污染可能导致虾体携带有害物质，饲料的品质直接影响虾的品质，不合格的饲料可能含有有害成分。加工和运输过程中的卫生条件不良可能导致微生物污染，非法或过量使用食品添加剂可能影响食品安全。

优质虾体表色泽鲜艳，壳薄而完整，无损伤或病变。新鲜虾应具有海产品特有的清鲜味，无异味，肉质紧密，口感鲜嫩，无异物感。虾是高蛋白食品，含有所有必需氨基酸以及钙、磷、铁等矿物质，富含 B 族维生素和维生素 E，对身体健康有益。新鲜虾的眼睛清澈，肉质有弹性，鳃呈鲜红色，适熟虾的肉质最为鲜美。微生物应符合国家或国际微生物限量标准，重金属和药物残留控制在安全限量以内。

① 病原微生物分析　分析养殖虾中是否有病原微生物（如副溶血性弧菌、霍乱弧菌、沙门菌）存在时，取虾肉样本进行匀浆处理，提取 DNA，进行 PCR 扩增和电泳分析；或将样本接种到选择性培养基上，进行培养和鉴定。

② 药物残留分析　分析养殖虾中抗生素和激素的残留，可采用高效液相色谱法（HPLC）和液相色谱-串联质谱法（LC-MS/MS）。

③ 重金属污染分析　分析养殖虾中铅、镉、汞等重金属的含量时，可采用原子吸收光谱法（AAS）、原子荧光光谱法（AFS）或电感耦合等离子体质谱法（ICP-MS）。分析前需要先消解虾肉样品，释放重金属离子。

④ 生物毒素分析　提取虾肉中的生物毒素（如贝类毒素、组胺），可使用高效液相色谱法（HPLC）、酶联免疫分析法（ELISA）进行分析。

课后练习

1. 判断题

（1）油条在油炸过程中，只要使用高品质的食用油并定期更换，就可以完全避免产生丙烯酰胺和反式脂肪酸等有害物质。（　　）

（2）在分析油条中反式脂肪酸含量时，样品预处理步骤中，使用正己烷的目的是提取样品中的脂肪。（　　）

（3）采用平板计数法评估芝麻油中的细菌总数时，直接将未经稀释的油样涂布在营养琼脂平板上即可进行培养和计数。（　　）

（4）面包在烘烤过程中，只要控制好温度和时间，就可以完全避免产生苯并芘等多环芳烃类有害物质。（　　）

（5）采用分光光度法测定韭菜中的草酸含量时，需要先制备一系列已知浓度的草酸标准溶液，并绘制吸光度与浓度的标准曲线。（　　）

2. 单项选择题

（1）以下哪项不属于油条在生产加工过程中可能产生的有害物质？（　　）

A. 丙烯酰胺　　B. 黄曲霉毒素　　C. 多环芳烃（PAHs）　　D. 醛类和酮类物质

（2）以下哪项不属于芝麻油在从种植到成品过程中可能存在的安全风险？（　　）

A. 种植过程中使用的农药残留　　B. 储存过程中产生的黄曲霉毒素污染

C. 提取过程中未完全去除的溶剂残留　D. 成品中因添加过多水分导致的微生物超标

（3）在分析芝麻油中的苯并芘含量时，样品预处理步骤中，使用乙腈-正己烷（1∶1）混合溶剂的主要目的是什么？（　　）

A. 杀死样品中可能存在的微生物

B. 将目标物苯并芘从油样中提取出来

C. 中和样品中的酸性物质

D. 与苯并芘发生化学反应，生成更易检测的衍生物

（4）以下哪项是评价面包物理品质的重要指标，其数值越大通常意味着面包越松软？（　　）

A. 酸度　　B. 比容　　C. 水分含量　　D. 蛋白质含量

(5) 以下哪项是韭菜在种植环节可能面临的主要安全风险？( )

A. 混入泥土、石头等物理性杂质　　B. 运输过程中致病微生物的交叉污染

C. 农药使用不当和土壤中重金属的吸收　　D. 为保鲜而过量使用食品添加剂

3. 问答题

(1) 简要说明评价一款油条是否为“优质油条”应从哪些方面进行考量？

(2) 请简述如何评价一瓶芝麻油的品质优劣，至少从感官、理化指标和安全性三个方面进行说明。

(3) 检测芝麻油中黄曲霉毒素 B_1 和重金属的基本流程和原理有何不同？

(4) 请简述面包在从原料到成品的过程中可能面临的主要生物性、化学性安全风险，并各举一例说明。

(5) 请比较分析韭菜中草酸含量测定（分光光度法）和亚硝酸盐含量测定（离子色谱法）在样品前处理和定量原理上的主要异同点。

知识拓展

在对虾高密度养殖中，为防治疾病，抗生素的使用较为普遍。不规范使用（如不遵守休药期、超剂量使用）会导致抗生素在虾体内残留，不仅危害消费者健康，还可能诱导细菌产生耐药性，对公共卫生构成严重威胁。传统检测方法效率低、通量小，难以满足市场监管的快速筛查需求。我国科研人员尝试采用液相色谱-串联质谱法（LC-MS/MS）进行分析，优化了样品前处理过程，使用 QuEChERS（快速、简便、廉价、有效、耐用、安全）方法进行提取和净化，大大提高了处理效率。通过优化色谱条件和质谱参数，实现了在 30 分钟内对超过 20 种抗生素的准确分离和定量。此外，他们还通过分析不同养殖环节（饲料、水体、虾体）的样品，尝试对抗生素残留的来源进行初步溯源。最终成功建立了一套高效、可靠的 LC-MS/MS 多残留检测方法，其灵敏度和准确度均满足国家残留限量标准的要求。

面对科研路上的挑战，我国科研人员没有将研究束之高阁，而是直面食品安全领域的“急难愁盼”问题，紧密围绕国计民生，旨在通过科学技术手段识别风险、评估危害、提供解决方案。他们将个人专业所长与国家需求、人民福祉紧密结合，将论文写在祖国的大地上，写在保障人民健康的防线上。这正是“科技报国”精神的生动实践，也是“以人民为中心”发展思想在科研领域的具体体现。科学研究的最终目的不是个人名利，而是要服务于社会，造福于人民，将个人理想融入国家发展的宏伟蓝图。

二维码 19-1
全书各章
末练习题
参考答案

参考文献

[1] 孟晓. 食品分析 [M]. 北京：中国轻工业出版社，2024.

[2] 孙兴盛. 食品检测仪器设备在食品检测中的应用分析 [J]. 中国设备工程，2024 (22)：187-189.

[3] 盛利娜，纪剑，宋晓宁，等. 人工智能辅助食品安全主动防控研究进展 [J]. 中国食品学报，2024，24 (10)：14-27.

[4] 刘家英. 延伸食品检测技术的食品安全保障研究 [J]. 食品安全导刊，2024 (30)：158-160.

[5] 谢希杨，黄天然，黄明. 基于碳点的荧光适配体传感器在食品安全检测中的应用研究进展 [J]. 食品科学，2024，45 (22)：361-372.

[6] 祖新. 化学计量在食品分析中的运用与现状 [J]. 中国计量，2022 (6)：149-150.

[7] 张晓林，陈虹. 国内外农药残留标准物质/标准样品现状分析 [J]. 中国检验检测，2019，27 (6)：58-61.

[8] 赵子剑，罗正红，吴镁春. 食品与药品检验实验与指导 [M]. 重庆：重庆大学出版社，2016.

[9] 陈昌云. 现代食品安全分析综合实训指导 [M]. 南京：南京大学出版社，2019.

[10] 王永华，戚穗坚. 食品分析 [M]. 4 版. 北京：中国轻工业出版社，2023.

[11] GB 5009. 238—2016. 食品安全国家标准　食品水分活度的测定 [S].

[12] 康明丽，白宝清，卢涵，等. 食品化学与实验 [M]. 北京：北京师范大学出版社，2021.

[13] 韦丽，潘宁，王娟. 食品分析与检验 [M]. 武汉：武汉理工大学出版社，2018.

[14] 黄晓燕，刘铖珺，李长城，等. 低水分活度食品微生物控制技术研究现状 [J]. 食品与发酵工业，2020，46 (23)：286-292.

[15] 张亚兰，吕思琪，张诗淇，等. 等温水分活度及其对低水分食品中微生物抗热性的影响研究进展 [J]. 食品工业科技，　2022，43 (05)：455-463.

[16] 连风，赵伟，杨瑞金. 低水分活度食品的微生物安全研究进展 [J]. 食品科学，2014，35 (19)：333-337.

[17] 高向阳. 现代食品分析 [M]. 2 版. 北京：科学出版社，2023.

[18] 任敏，万英奇，陈吉文. 基于质谱法的食品中蛋白质定量分析研究 [J]. 质谱学报，2024，45 (04)：552-557.

[19] 张龙，郝俊光，莫维，等. 柱前衍生-HPLC 法测定天龙泉糯米调味酒中 18 种氨基酸 [J]. 中国酿造，2024，43 (09)：234-240.

[20] 吕晓超，封雪，惠香，等. 食品中蛋白质检测方法研究进展 [J]. 食品安全导刊，2022 (08)：143-145.

[21] 田翔，王君杰，秦慧彬，等. 超高效液相色谱法测定不同黄酒中 17 种氨基酸的分析研究 [J]. 酿酒科技，2019 (11)：74-78＋82.

[22] 沈枫林，熊悦婷，刘晓慧，等. 基于质谱的蛋白质绝对定量研究策略和建议 [J]. 质谱学报，2021，42 (02)：101-117.

[23] GB 5009. 4—2016. 食品安全国家标准　食品中灰分的测定 [S].

[24] 李湖中，钟伟，黄建，等. 食品中矿物质最高强化水平的风险评估 [J]. 中国食品学报，2020，20 (06)：263-269.

[25] 周光理. 食品分析与检验技术 [M]. 北京：化学工业出版社，2020.

[26] 尹凯丹，万俊. 食品理化分析技术 [M]. 北京：化学工业出版社，2021.

[27] GB 5009. 92—2016. 食品安全国家标准　食品中钙的测定 [S].

[28] GB 5009. 90—2016. 食品安全国家标准　食品中铁的测定 [S].

[29] GB 5009. 241—2017. 食品安全国家标准　食品中镁的测定 [S].

[30] GB 5009. 242—2017. 食品安全国家标准　食品中锰的测定 [S].

[31] GB 5009. 13-2017. 食品安全国家标准　食品中铜的测定 [S].

[32] GB 5009. 14—2017. 食品安全国家标准　食品中锌的测定 [S].

[33] GB 5009. 93—2017. 食品安全国家标准　食品中硒的测定 [S].

[34] GB 5009. 87—2016. 食品安全国家标准　食品中磷的测定 [S].

[35] S. Suzannae Nielsen. 食品分析 [M]. 王永华，译. 5 版. 北京：中国轻工业出版社，2019.

[36] 陈家华. 现代食品分析新技术 [M]. 北京：化学工业出版社，2005.

[37] 李巧玲，韩俊华．食品分析技术［M］．北京：北京师范大学出版集团，2019.

[38] 孙丽平．食品分析［M］．北京：科学出版社，2024.

[39] 王喜波，张英华．食品分析［M］．北京：科学出版社，2015.

[40] 谢笔钧，何慧．食品分析［M］．2版．北京：科学出版社，2009.

[41] 张海德，胡建恩．食品分析［M］．湖南：中南大学出版社，2009.

[42] 宋健．探讨食品常用水分测定及酸度检验方法［J］．现代食品，2020（15）：209-211.

[43] 庞敏，蔡松铃，刘茜．葡萄酒中有机酸及其分析方法的研究进展［J］．食品安全质量检测学报，2019，10（6）：1588-1593.

[44] 汪慧敏，孙淼，屈锋．毛细管电泳法同时分析水、乳、膏类化妆品中5种有机酸［J］．色谱，2019，37（7）：773-777.

[45] 张春莉，黎升倩，曹秋娥，等．区带毛细管电泳法同时分离分析金银花及其制剂中的8种有机酸［J］．云南大学学报（自然科学版），2023，45（4）：928-936.

[46] 张雪琦，师丰丰，张串联，等．江西省4类中蜂蜜的品质分析［J］．食品研究与开发，2024，45（13）：172-178.

[47] 李丹，马兰婷，范剑，等．蜂蜜理化性质及微生物研究进展［J］．山东畜牧兽医，2023，44：88-93.

[48] 杨亚新，刘慧敏，孟璐，等．生乳酸度分析及影响因素研究进展［J］．畜牧兽医学报，2024，55（7）：2836-2845.

[49] 张亨明，徐书敏，霍红．转基因食品的国际经验与中国对策［J］．湖南科技大学学报（社会科学版），2024，27（04）：168-176.

[50] 徐文涛，程楠．食品安全快速检测［M］．北京：科学出版社，2023.

[51] 王颢潜，高鸿飞，王梦雨，等．转基因生物成分快速检测技术研究进展［J］．中国油料作物学报，2022，44（03）：491-496.

[52] 斯能武，李俊，武玉花，等．数字PCR在转基因定量检测中的研究进展［J］．中国油料作物学报，2021，43（01）：40-50.

[53] 杨宏苗，申孟，刘杨，等．转基因食品检测技术研究进展［J］．粮食与油脂，2019，32（12）：8-11.

[54] 李小芳．川贝母及其常见混伪品分子鉴别方法的构建及其应用［D］．武汉：湖北中医药大学，2023.

[55] 王颢潜，陈锐，李夏莹，等．转基因产品成分检测技术研究进展［J］．生物技术通报，2018，34（03）：31-38.

[56] 刘明明，秦爱，袁磊，等．转基因食品分析检测技术研究进展［J］．食品安全质量检测学报，2024，15（10）：155-164.

[57] 彭珊珊．食品掺伪鉴别检验．［M］．4版．北京：中国轻工业出版社，2024.

[58] 王世平．食品安全检测技术［M］．2版．北京：中国农业大学出版社，2016.

[59] 吴林海，陈默，牛亮云．基于历史比较研究方法的中国食品安全治理研究——以食品掺假为例［J］．江南大学学报（人文社会科学版），2024，23（04）：5-19.

[60] 孙媛媛．基于高光谱成像技术的羊肉掺假识别研究［D］．宁夏：宁夏大学，2023.

[61] 许文娟，赵晗，孔彩霞，等．肉及肉制品掺假鉴别技术研究进展［J］．肉类工业，2021（07）：44-49.

[62] 汪薇，江丰，吴婉琴，等．炎症和免疫相关代谢物定量方法结合化学计量学鉴别猪“淋巴肉”［J］．现代食品科技，2024，40（03）：309-318.

[63] 邓霖．熟制羊肉制品中鸭源性成分检测方法的建立及筛选［D］．成都：四川农业大学，2023.

[64] 齐亮，宋莹莹．猪肉新鲜度评价指标的实测与比较［J］．轻工科技，2017，33（10）：7-9.

[65] 汪薇，吴婉琴，江丰，等．超高效液相色谱-串联质谱法测定猪肉和淋巴肉中前列腺素E2含量［J］．现代食品科技，2024，40（07）：276-285.

[66] 黄扬明，郭鑫宇，唐果，等．牛奶中掺入尿素的近红外光谱法定量分析研究［J］．光谱学与光谱分析，2023，43（S1）：65-66.

[67] 潘鹏云，郝莉花，谢文佳，等．气相色谱法鉴别芝麻油掺伪大豆油方法探究［J］．食品安全导刊，2023（17）：89-92.

[68] 李少华，李申，李翠翠．食用油脂鉴别及掺假检测技术研究进展［J］．食品工业科技，2022，43（20）：430-436.

[69] 罗辉泰，黄晓兰，吴惠勤，等．超高效液相色谱-串联质谱法同时快速测定食用油中9种外源性杂质成分［J］．分析测试学报，2019，38（05）：532-538.

[70] 孙鹏飞，王睿晗，吴慧光，等．浅析各种乳制品掺假的鉴定方法［J］．中国奶牛，2022（12）：54-57.

[71] 杨怡中，陈悦，张雨晨，等．大豆及其制品质量安全风险及控制措施研究进展［J］．食品工业科技，2024，45

(10)：364-375.

[72] 曾逸凡，成莲，曾秀珊，等. 腐竹中掺杂掺假及非法添加物质检测方法的比较 [J]. 食品安全质量检测学报，2020，11 (06)：2007-2012.

[73] 黄婧楠. 粮食类食品掺伪的鉴别和检验探讨 [J]. 黑龙江科学，2018，9 (09)：160-161.

[74] 王瑞虎. 小麦储藏过程中真菌及主要真菌毒素变化规律研究 [D]. 郑州：河南工业大学，2023.

[75] 张月，王琪琦，王海燕，等. 蜂蜜真实性鉴别技术研究进展 [J]. 食品科学，2024，45 (15)：374-382.

[76] 屈亮亮. 基于 MALDI 的高通量蜂蜜糖浆掺假检测及植物源鉴别分析 [D]. 南昌：南昌大学，2020.

[77] 高锦红. 现代分析技术在调味品鉴别中的应用 [J]. 食品研究与开发，2019，40 (20)：219-224.

[78] 周佳汶，王金渝. 基于 SPE-UPLC-MS/MS 的火锅底料中生物碱测定研究 [J]. 中国食品工业，2024 (18)：101-103+106.

[79] 刘瑞，雷启迪，白李薇薇. 果汁掺假检测技术研究进展 [J]. 食品安全质量检测学报，2024，15 (23)：52-59.

[80] 刘素丽. 食品中非法添加物质情况及其检测方法研究概述 [J]. 中国食品药品监管，2022 (08)：90-95.

[81] 郝莉花，巩凡，潘鹏云，等. 气相色谱法测定不同香型白酒中 5 种醛类化合物的含量 [J]. 中国卫生检验杂志，2022，32 (20)：2433-2436.

[82] 杨博，郭启鹏，苏正，等. 现代检测技术在白酒真实性鉴别中的应用研究进展 [J]. 食品工业，2024，45 (02)：192-196.

[83] 金煜彬，林飞，周建峰，等. 白酒年份检测鉴定技术研究进展 [J]. 化学分析计量，2024，33 (01)：118-125.

[84] 周新丽，申炳阳，孔兵，等. 用于水产品中甲醛、双氧水和二氧化硫同时快速检测的微流控芯片系统研制 [J]. 食品与发酵工业，2019，45 (04)：187-192.

[85] 樊丹敏，寇灿，莫新春. 鱼糜制品掺假检测技术的研究进展 [J]. 北京农业，2015 (17)：138.

[86] 李艳，李彤，张丹娜. 水产品中兽药残留现状及检测方法 [J]. 养殖与饲料，2022，21 (04)：129-130.

[87] GB 31642—2016. 食品安全国家标准　辐照食品鉴定　电子自旋共振波谱法 [S].

[88] GB 21926—2016. 食品安全国家标准　含脂类辐照食品鉴定 2-十二烷基环丁酮的气相色谱-质谱分析法 [S].

[89] GB 23748—2016. 食品安全国家标准　辐照食品鉴定 筛选法 [S].

[90] Bisht B，Bhatnagar P，Gururani P，et al. Food irradiation：Effect of ionizing and non-ionizing radiations on preservation of fruits and vegetables——a review [J]. Trends in Food Science & Technology，2021，114：372-385.

[91] 张海伟，张雨露，费晨，等. 含脂食品辐照标志物 2-烷基环丁酮检测技术研究进展 [J]. 辐射研究与辐射工艺学报，2016，34 (4)：8.

[92] 句荣辉，潘妍. 食品质量安全检测 [M]. 北京：中国轻工业出版社，2023.

[93] 杜淑霞，王一凡. 食品理化检验技术 [M]. 2 版. 北京：科学出版社，2022.

[94] 刘长春，谭佩毅. 食品检验工（高级）[M]. 北京：机械工业出版社，2016.

[95] 孙春燕，李红霞. “现代食品分析新技术”课程思政教学设计与实践 [J]. 食品工业，2022，43 (7)：267-270.

[96] GB 5009. 12—2023. 食品安全国家标准　食品中铅的测定 [S].

[97] GB 5009. 11—2024. 食品安全国家标准　食品中总砷及无机砷的测定 [S].

[98] GB 5009. 26—2023. 食品安全国家标准　食品中 *N*-亚硝胺类化合物的测定 [S].

[99] GB 5009. 265—2021. 食品安全国家标准　食品中多环芳烃的测定 [S].

[100] GB 4789. 36—2016. 食品安全国家标准　食品微生物学检验 大肠埃希氏菌 O157：H7/NM 检验 [S].

[101] GB 5009. 192—2003. 食品安全国家标准　动物性食品中克伦特罗残留量的测定 [S].

[102] GB 20769—2008. 食品安全国家标准　水果和蔬菜中 450 种农药及相关化学品残留量的测定 液相色谱-串联质谱法 [S].

[103] 付丽. 食品分析 [M]. 重庆：重庆大学出版社，2014.

[104] 王钦德，杨坚. 食品试验设计与统计分析 [M]. 北京：中国农业大学出版社，2010.

[105] 张吴平，杨坚. 食品试验设计与统计分析 [M]. 北京：中国农业大学出版社，2017.

[106] 叶子弘，陈春. 生物数据统计与分析 [M]. 北京：化学工业出版社，2012.

[107] 王永华，戚穗坚. 食品分析 [M]. 3 版. 北京：中国轻工业出版社，2017.

[108] 王晓英，顾宗珠，史先振. 食品分析技术 [M]. 北京：中国轻工业出版社，2016.

[109] 杨月欣. 食品分析 [M]. 北京：北京大学医学出版社，2018.

[110] 王莉. 不同品种的普通玉米淀粉物理性质分析 [J]. 北京农业，2011 (06)：15-16.

[111] 柴兰琴，李晓军. 食品分析与食品安全 [M]. 成都：西南交通大学出版社，2010.

[112] 马良，李诚，李巨秀. 食品分析［M］. 2版. 北京：中国农业大学出版社，2021.
[113] GB 5009. 8—2023. 食品安全国家标准　食品中果糖、葡萄糖、蔗糖、麦芽糖、乳糖的测定［S］.
[114] GB 5009. 9—2023. 食品安全国家标准　食品中淀粉的测定［S］.
[115] GB 5009. 88—2023. 食品安全国家标准　食品中膳食纤维的测定［S］.
[116] GB 5009. 7—2016. 食品安全国家标准　食品中还原糖的测定［S］.
[117] GB 5009. 10—2003. 食品安全国家标准　植物类食品中粗纤维的测定［S］.
[118] GB 14490—2008. 食品安全国家标准　粮油检验　谷物及淀粉糊化特性测定 粘度仪法［S］.
[119] GB 20806—2022. 食品安全国家标准　饲料中中性洗涤纤维的测定［S］.
[120] GB 4125—2022. 食品安全国家标准　饲料中淀粉糊化度的测定［S］.
[121] GB 5009. 6—2016. 食品安全国家标准　食品中脂肪的测定［S］.
[122] GB 5009. 168—2016. 食品安全国家标准　食品中脂肪酸的测定［S］.
[123] GB 5009. 181—2016. 食品安全国家标准　食品中丙二醛的测定［S］.
[124] GB 5009. 227—2023. 食品安全国家标准　食品中过氧化值的测定［S］.
[125] GB 5009. 229—2016. 食品安全国家标准　食品中酸价的测定［S］.
[126] GB 5009. 230—2016. 食品安全国家标准　食品中羰基价的测定［S］.
[127] GB 5532—2022. 食品安全国家标准　动植物油脂 碘值的测定［S］.
[128] GB 5534—2008. 食品安全国家标准　动植物油脂 皂化值的测定［S］.
[129] GB 5009. 28—2016. 食品安全国家标准　食品中苯甲酸、山梨酸和糖精钠的测定［S］.
[130] GB 5009. 31—2016. 食品安全国家标准　食品中对羟基苯甲酸酯类的测定［S］.
[131] GB 5009. 34—2022. 食品安全国家标准　食品中二氧化硫的测定［S］.
[132] GB 5009. 35—2023. 食品安全国家标准　食品中合成着色剂的测定［S］.
[133] GB 5009. 97—2023. 食品安全国家标准　食品中环己基氨基磺酸盐的测定［S］.
[134] GB 5009. 121—2016. 食品安全国家标准　食品中脱氢乙酸的测定［S］.
[135] GB 5009. 263—2016. 食品安全国家标准　食品中阿斯巴甜和阿力甜的测定［S］.
[136] GB 5009. 30—2003. 食品安全国家标准　食品中叔丁基羟基茴香醚（BHA）与2，6-二叔丁基对甲酚（BHT）的测定［S］.
[137] GB 2760—2024. 食品安全国家标准　食品添加剂使用标准［S］.
[138] GB/T 5009. 1—2003. 食品卫生检验方法 理化部分 总则［S］.
[139] GB 5009. 86—2016. 食品安全国家标准　食品中抗坏血酸的测定［S］.
[140] GB 5009. 154—2023. 食品安全国家标准　食品中维生素 B_6 的测定［S］.
[141] GB 5009. 296—2023. 食品安全国家标准　食品中维生素D的测定［S］.
[142] GB 5009. 82—2016. 食品安全国家标准　食品中维生素A、D、E的测定［S］.
[143] GB 5009. 83—2016. 食品安全国家标准　食品中胡萝卜素的测定［S］.
[144] GB 5009. 84—2016. 食品安全国家标准　食品中维生素 B_1 的测定［S］.
[145] GB 5009. 85—2016. 食品安全国家标准　食品中维生素 B_2 的测定［S］.
[146] GB 5009. 158—2016. 食品安全国家标准　食品中维生素 K_1 的测定［S］.
[147] GB 5009. 290—2023. 食品安全国家标准　食品中维生素 K_2 的测定［S］.
[148] GB/T 44739—2024. 枸杞及其制品中枸杞多糖的测定 离子色谱法［S］.
[149] NY/T 3676—2020. 灵芝中总三萜含量的测定 分光光度法［S］.
[150] NY/T 4307—2023. 葛根中黄酮类化合物的测定 高效液相色谱-串联质谱法［S］.
[151] NY/T 3903—2021. 枸杞中黄酮类化合物的测定［S］.
[152] GB 2762—2022. 食品安全国家标准　食品中污染物限量［S］.
[153] GB 29921—2021. 食品安全国家标准　预包装食品中致病菌限量［S］.
[154] GB/T 20712—2022. 火腿肠质量通则［S］.
[155] GB 2726—2016. 食品安全国家标准　熟肉制品［S］.
[156] GB 4789. 1—2016. 食品安全国家标准　食品微生物学检验 总则［S］.
[157] GB/T 40636—2021. 挂面［S］.
[158] GB/T 10220—2012. 感官分析 方法学 总论［S］.
[159] GB/T 16291. 1—2012. 感官分析 选拔、培训与管理评价员一般导则 第1部分：优选评价员［S］.

[160] GB/T 16291. 2—2010. 感官分析 选拔、培训和管理评价员一般导则 第 2 部分：专家评价员 [S].

[161] GB/T 35875—2018. 粮油检验 小麦粉面条加工品质评价 [S].

[162] GB/T 12143—2008. 饮料通用分析方法 [S].

[163] GB 23200. 14—2016. 食品安全国家标准 果蔬汁和果酒中 512 种农药及相关化学品残留量的测定 液相色谱-质谱法 [S].

[164] GB 2716—2018. 食品安全国家标准 植物油 [S].

[165] GB 5009. 168—2016. 食品安全国家标准 食品中脂肪酸的测定 [S].

[166] GB/T 21121—2024. 动植物油脂 氧化稳定性的测定（加速氧化测试）[S].

[167] GB 5413. 39—2010. 食品安全国家标准 乳和乳制品中非脂乳固体的测定 [S].

[168] GB 31642—2016. 辐照食品鉴定 电子自旋共振波谱法 [S].

[169] GB 21926—2016. 含脂类辐照食品鉴定 2-十二烷基环丁酮的气相色谱-质谱分析法 [S].

[170] GB 23748—2016. 辐照食品鉴定筛选法 [S].

[171] 于贤龙，褚斌，肖红伟，等. 红外辐射食品热处理机制及应用研究进展 [J]. 食品与机械，2022（4）：213-219.

[172] 侯兰田，汤大新，李玉润. 木材的红外光谱和非匹配吸收干燥机理研究 [J]. 红外研究，1983，（01）：1-7.